中国地质调查成果 CGS 2016-057
华东地区矿产资源潜力评价成果系列丛书
"华东地区矿产资源潜力评价"项目资助(1212011121031)

华东地区自然重砂综合研究

HUADONG DIQU ZIRAN ZHONGSHA ZONGHE YANJIU

刘红樱　杨义忠　邹　霞　张　娟　马　明
许乃政　魏　峰　杨　辉　张　明　黄顺生　等著

中国地质大学出版社
ZHONGGUO DIZHI DAXUE CHUBANSHE

内容简介

本书系统整理了华东地区自然重砂样品数据，在分析华东地区区域地质背景条件及其成矿特征的基础上，优选了与预测矿种相关的40种自然重砂矿物，对华东地区铜、铅、锌、钨、金、锑、稀土、磷、锡、钼、镍、锰、银、硫铁矿、硼、锂、萤石、重晶石18个矿种进行了主要成矿类型和典型矿床的自然重砂矿物特征研究和特征异常的解释评价，以及典型预测工作区的剖析，划分出81个自然重砂矿物异常区（带），建立了30个典型矿床成因类型地质-地球化学自然重砂找矿模型。

根据华东地区成矿带和构造带特征，开展了自然重砂矿物区域地质成矿研究，初步总结出8种区域矿床类型、6种区域构造带和3种构造区块的自然重砂矿物组合特征、分布规律及其指示意义。

选择郯庐断裂带金刚石矿产和钦杭成矿带（东段）多金属矿产进行了自然重砂资料地质找矿的应用研究，进一步明确了郯庐断裂带、怀玉山地区和武夷北地区的找矿方向，提出了找矿有利地区。

图书在版编目（CIP）数据

华东地区自然重砂综合研究/刘红樱，杨义忠，邹霞，张娟，马明，许乃政，魏峰，杨辉，张明，黄顺生等著. —武汉：中国地质大学出版社，2017.6
（华东地区矿产资源潜力评价成果系列丛书）
ISBN 978-7-5625-4002-1

Ⅰ. ①华…
Ⅱ. ①刘…②杨…③邹…④张…⑤马…⑥许…⑦魏…⑧杨…⑨张…⑩黄
Ⅲ. ①重矿物-成矿规律-研究-华东地区
Ⅳ. ①P578

中国版本图书馆CIP数据核字（2017）第104986号

| 华东地区自然重砂综合研究 | 刘红樱 杨义忠 邹 霞 张 娟 马 明 许乃政 魏 峰 杨 辉 张 明 黄顺生 | 等著 |

责任编辑：段连秀	选题策划：毕克成 刘桂涛	责任校对：周旭
出版发行：中国地质大学出版社（武汉市洪山区鲁磨路388号）		邮编：430074
电　　话：(027)67883511	传　　真：(027)67883580	E-mail:cbb@cug.edu.cn
经　　销：全国新华书店		Http://cugp.cug.edu.cn
开本：880毫米×1230毫米　1/16		字数：520千字　　印张：16
版次：2017年6月第1版		印次：2017年6月第1次印刷
印刷：武汉中远印务有限公司		印数：1—800册
ISBN 978-7-5625-4002-1		定价：328.00元

如有印装质量问题请与印刷厂联系调换

《华东地区矿产资源潜力评价成果系列丛书》编辑委员会

主　任：郭坤一　邢光福　班宜忠　骆学全　高天山　赵牧华
　　　　陈国光　张　洁　刘红樱　肖志坚

委　员：（按姓氏笔画排列）

丁少辉　马　明　王存智　兰学毅　朱律运　朱静苹
江俊杰　安　明　许乃政　孙建东　苏一鸣　杨义忠
杨用彪　杨海翔　杨　辉　李　明　李明辉　李学燮
李　翔　肖　凡　吴文渊　吴礼彬　吴涵宇　余明刚
余根锌　邹　霞　张大莲　张开毕　张启燕　张　明
张宝松　张　娟　张　翔　陈　刚　陈志洪　陈　艳
陈润生　林乃雄　罗惠芳　金永念　周存亭　周效华
赵希林　胡海风　段　政　姜　杨　袁　平　袁　强
贾　根　夏春金　晏俊灵　徐振宇　陶　龙　黄国成
黄顺生　黄　燕　黄　震　曹祖华　康占军　鹿献章
梁红波　梁晓红　董长春　惠　军　湛　龙　谢　斌
靳国栋　雷良城　詹雅婷　魏邦顺　魏　峰

《华东地区自然重砂综合研究》

著　者：刘红樱　杨义忠　邹　霞　张　娟　马　明　许乃政
　　　　魏　峰　杨　辉　张　明　黄顺生

序

华东地区位于中国东南部，行政区划上包括皖、浙、赣、苏、沪、闽、台六省一市及所属海域，大地构造上横跨华北陆块区、秦祁昆造山系、扬子陆块区、钦杭结合带、华夏造山系和菲律宾造山系6个一级大地构造分区，经历了复杂的构造演化过程和丰富多彩的成矿作用。从全球角度看，华东地区位于世界巨型成矿域——环太平洋成矿域的西南部，涉及华北（陆块）、秦岭-大别、扬子、华南4个成矿省，14个Ⅲ级成矿（区）带，拥有长江中下游成矿带、钦杭成矿带（东段）、武夷山成矿带、武当-桐柏-大别成矿带（东段）、南岭成矿带（东段）等国家级重点成矿带。《华东地区矿产资源潜力评价成果系列丛书》主要是"全国矿产资源潜力评价"计划项目（2006—2013）下设工作项目——"华东地区矿产资源潜力评价与综合"（2006—2013）的系列研究成果，是在华东六省一市完成省级矿产资源潜力评价工作的基础上，以工作项目下设的华东全区成矿地质背景研究、重磁特征综合研究、化探综合研究、遥感地质综合研究、自然重砂综合研究、重要矿产区域成矿规律研究、重要矿种矿产预测研究、矿产资源潜力评价综合信息集成研究等各专题成果为单元分别编著的。诸多数据、资料都引用和参考了1999年以来实施的"新一轮国土资源大调查专项"、中央地勘基金、华东地区省级地勘基金专项及其他相关地质调查与科研工作的成果资料。

《华东地区矿产资源潜力评价成果系列丛书》包括：

《华东地区成矿地质背景研究》

《华东地区重磁场特征及其应用研究》

《华东地区化探综合研究》

《华东地区遥感地质综合研究》

《华东地区自然重砂综合研究》

《华东地区重要矿产区域成矿规律研究》

《华东地区重要矿产预测研究》

《华东地区矿产资源潜力评价综合信息集成研究》

本丛书系统介绍了华东地区的区域地质背景、区域地球化学特征、自然重砂特征及找矿模型、区域重磁和遥感资料及地质应用、重要矿产资源特征和区域成矿规律、矿产预测研究和区域矿产资源潜力评价综合信息集成研究等成果，以大地构造相和成矿系列研究及矿床勘查资料为基础，较深入地研究了华东地区区域成矿地质特征，并从战略高度进行了华东地区重要矿产资源潜力分析。

《华东地区成矿地质背景研究》以板块构造和大陆动力学理论为指导，运用大地构造相分析方法，从原始基础地质资料着手，利用新中国成立以来1：5万，1：20万和1：25万区域地质调查原始资料和最新科研成果资料，以岩石构造组合为基本单元，系统总结了区域沉积岩、火山岩、侵入岩、变质岩、大型变形构造等的大地构造相特征，总结了华东地区区域成矿地质背景，划分了华东地区大地构造单元，建立了全新的华东地区大地构造格架，为华东地区区域成矿规律、矿产资源预测和勘查评价等工作提供了基础地质资料支撑。本专著是第一部利用区域地质调查原始资料，采用大地构造相分析方法，从沉积岩、火山岩、侵入岩、变质岩、大型变形构造5个方面综合研究华东地区大地构造与成矿地质背景的专著。

《华东地区重磁场特征及其应用研究》系统总结了华东地区区域重磁地质调查成果，编制了华东地区区域重磁基础图件，运用数据处理与反演解释技术，对华东地区区域重力、磁场特征进行了分析研究。从地球物理学角度，对华东地区进行了构造分区，推断了华东地区主要断裂构造，圈定了岩体、沉积盆地、火山机构、变质岩地层、磁性蚀变带等地质对象，并对重要地质构造与地质体进行了 2.5D 定量计算，拟合了其空间位置与赋存状态；利用重磁资料，探讨了钦杭结合带空间位置、郯庐断裂带南延、徐淮地块与六安地块边界等一系列重大地质问题；评估了华东地区重磁应用效果和华东地区找矿潜力。

《华东地区化探综合研究》系统总结了华东地区区域地球化学调查成果，编制了华东地区 39 种元素地球化学图、地球化学异常图、地球化学推断地质构造图等，提出了华东地区区域地球化学系列参数，建立了华东地区 30 个典型矿床地质-地球化学找矿模型，集成了华东地区铜、铅、锌、钨、锑、稀土、金、磷、钼、锡、银 11 个矿种地球化学找矿预测图成果和 94 个综合找矿远景区综合成果，并对区内 59 个 A 级预测靶区、76 个 B 级预测区进行了铜资源量地球化学预测，最终预测了华东地区铜资源量。

《华东地区遥感地质综合研究》收集整理了华东地区六省一市（含上海市和台湾省）遥感及相关地质、矿产、典型矿床综合研究等方面的资料，运用遥感解译与蚀变信息提取技术，对安徽省、福建省（含台湾省）、江苏省（含上海市）、江西省及浙江省遥感地质特征进行了分析研究。从遥感地质学角度，对华东地区进行了构造分区，推断了华东地区主要断裂构造，提取了羟基异常、铁染异常、褐铁矿化、绿泥石化等蚀变信息，提出了离子吸附型稀土矿遥感找矿方法；系统阐述了遥感地质构造解译与蚀变异常关系、重要成矿带遥感预测与评价等成果。

《华东地区自然重砂综合研究》汇总集成了华东地区自然重砂资料应用研究成果，根据华东地区区域成矿地质背景、成矿控制条件、典型矿床、成矿模式和成矿规律，利用自然重砂矿物特征和异常特征，优选了与预测矿种相关的 40 种主要自然重砂矿物进行综合编图与研究，对华东地区的铜、铅、锌、钨、金、锑、稀土、磷、锡、钼、镍、锰、银、硫、硼、萤石、重晶石等矿种进行了主要成矿类型和典型矿床的自然重砂矿物特征研究和特征异常的解释评价，以及典型预测工作区的剖析，划分出 81 个自然重砂矿物异常区（带），建立了 30 个典型矿床成因类型地质-地球化学自然重砂找矿模型。初步总结出 8 种区域矿床类型、6 种区域构造带和 3 种构造区块的自然重砂矿物组合特征、分布规律及其指示意义。选择郯庐断裂带金刚石矿产和钦杭成矿带（东段）多金属矿产进行了自然重砂资料的找矿评价应用，进一步明确了郯庐断裂带、怀玉山地区和武夷地块北部地区的找矿方向。

《华东地区重要矿产区域成矿规律研究》对华东地区成矿地质条件进行了梳理，分别阐述了地层、侵入岩、火山岩、变质岩和大型变形构造与成矿之间的关系，运用矿床成矿系列理论体系，按照前南华世、南华纪—中三叠世和晚三叠世以来等构造演化阶段，对华东地区重要矿种进行了区域成矿规律总结。该书提出了华东地区成矿区带的划分方案，其中Ⅲ级成矿区带 14 个，Ⅳ级成矿亚区带 28 个，除苏北坳陷区，均以单独章节介绍了其他Ⅲ级成矿区带的区域地质特征、矿产资源特征、矿床成矿系列厘定方案、成矿亚区带划分方案、成矿谱系、区域成矿模式和最新找矿进展及找矿方向，较全面地表现了华东地区成矿作用的面貌。

《华东地区重要矿产预测研究》全面总结了华东地区重要矿种（组）矿产预测成果，以矿产预测类型为基本单元，在分析目标矿种的基础上，划分了华东地区铁、铜、锌、铅、金、磷、钨、锑、稀土、锰、镍、锡、铬、钼、银、硼、锂、硫、萤石、重晶石 20 个矿种（组）的矿产预测类型，建立了华东地区矿产预测类型谱系表；汇总和统计分析了不同层次、不同尺度的预测成果与资源量；以 28 个Ⅳ级成矿亚区带为纲，综述了它们的含矿建造构造特征，圈定了综合预测区，提出了找矿工作部署建议。

《华东地区矿产资源潜力评价综合信息集成研究》全面介绍了华东地区矿产地数据库、地质工作程度数据库等 8 个基础地质数据库及其更新维护方法和成果，系统阐述了华东地区基础地质编图及铁、铝、铜、锌、铅、金、磷、钨、锑、稀土、锰、镍、锡、钼、银、硼、锂、硫、萤石、菱镁矿、重晶石 21 个矿种（组）的矿产资源潜力评价专题图件数据库的建设方法、流程，以及华东地区矿产资源潜力评价综合信息集成的思路、方法及流程；建立了华东地区矿产资源潜力评价综合信息集成数据库，为华东地区矿产资源潜力评价提供了基础支撑，为矿产资源潜力评价的全流程信息化和数字化提供了方法依据。

本丛书系统收集和整理了华东地区基础地质、矿产勘查与研究等获得的海量地学资料，对重要成矿带的区域成矿地质背景和成矿作用进行了总结性研究，为区域地质调查和矿产资源勘查评价提供了重要资料，由此必将为深化华东地区成矿地质背景、成矿规律与成矿预测研究、矿产资源勘查和开发与社会经济发展规划，提供重要的科学依据。

本丛书是一套关于华东地区矿产资源潜力的最新、最实用的参考书，可供政府矿产资源管理人员、矿业投资者与从事地质矿产调查、科研和教学人员，以及对华东地区地质矿产资源感兴趣的社会公众参考。

丛书编委会
2016 年 11 月 17 日

前　言

　　本书是中国地质调查局计划项目"全国矿产资源潜力评价"的工作项目"华东地区矿产资源潜力评价"中"华东地区矿产资源潜力评价自然重砂资料应用研究"课题的研究成果，是在华东五省省级预测工作区自然重砂专题项目的基础上，对其自然重砂资料应用研究成果进行的分析研究与汇总；根据华东地区地质背景、成矿控制条件、典型矿床、成矿模式和成矿规律，以及相关的自然重砂矿物特征和异常特征，优选与预测矿种相关的主要自然重砂矿物进行综合编图与研究，并在华东区内具体找矿评价中实际应用，为自然重砂研究和后人利用提供基础资料和借鉴。

　　通过课题组成员的多年工作，取得的主要成果如下：

　　(1)总结了华东地区自然重砂矿物特征和异常分布规律，对典型异常特征及其解释评价进行了分析评价。

　　(2)系统整理了华东地区自然重砂样品数据，优选了与预测矿种相关的40种自然重砂矿物，对华东地区铜、铅、锌、钨、金、锑、稀土、磷、锡、钼、镍、锰、银、硫铁矿、硼、锂、萤石、重晶石18个矿种进行综合研究，制作了大量基础图件和综合图件，建立了自然重砂异常空间数据库。

　　(3)根据华东地区与预测矿种有关的自然重砂矿物的空间展布趋势和富集规律，结合成矿地质条件和矿床分布特征，同时综合考虑异常区(带)与Ⅲ级成矿区带的对应关系，梳理了81个异常区(带)。

　　(4)系统总结了华东五省预测工作区的自然重砂工作和研究情况，并梳理分析了16个预测矿种典型预测工作区的自然重砂异常特征及其找矿评价效果。

　　(5)在充分利用现有自然重砂矿物资料的基础上，结合华东地区重要的典型矿床进行综合研究，对其重砂矿物特征、异常特征及成矿模式进行了分析总结，建立了华东地区主要矿床成因类型地质-地球化学自然重砂找矿模型。

　　(6)选择特征重砂矿物，开展了与区域矿床类型及找矿潜力、区域构造带、构造成矿区块相关的自然重砂组合矿物异常研究。

　　(7)在郯庐断裂带金刚石找矿和钦杭成矿带(东段)多金属矿产找矿评价中，通过自然重砂资料应用研究，进一步明确了郯庐断裂带、怀玉山地区和武夷北地区的找矿方向，取得了较好的效果。

著　者
2016年11月

目　录

绪　论 ·· (1)
　　第一节　概　述 ·· (1)
　　　　一、任务来源 ·· (1)
　　　　二、目标任务 ·· (1)
　　　　三、项目组织 ·· (3)
　　第二节　工作过程及完成的主要工作量 ·· (3)
　　　　一、工作过程 ·· (3)
　　　　二、完成的主要工作量 ·· (5)
　　第三节　取得的主要成果 ·· (6)
　　　　一、资料性汇总 ·· (6)
　　　　二、研究性汇总 ·· (7)

第一章　区域地质地貌概况 ·· (9)
　　第一节　区域地貌概况 ·· (9)
　　第二节　区域水系分布规律 ·· (11)
　　第三节　区域地质矿产概况 ·· (12)
　　　　一、地层 ·· (13)
　　　　二、构造 ·· (14)
　　　　三、岩浆岩 ·· (14)
　　　　四、第四纪地质及新构造 ·· (15)
　　　　五、区域矿产 ·· (15)

第二章　数据基础与工作方法 ·· (17)
　　第一节　自然重砂工作程度 ·· (17)
　　第二节　自然重砂资料来源与质量评述 ·· (17)
　　第三节　技术标准和工作方法 ·· (18)
　　　　一、技术标准 ·· (18)
　　　　二、工作方法 ·· (18)
　　第四节　重砂矿物筛选与编图方法 ·· (20)
　　　　一、重砂矿物筛选原则 ·· (20)

二、重砂矿物异常下限及级别的确定 …………………………………………………………（20）
　　三、自然重砂各类图件编制方法 …………………………………………………………………（21）
　第五节　空间数据库建设 ………………………………………………………………………………（21）
　　一、图件编制 ………………………………………………………………………………………（22）
　　二、属性采集与挂接 ………………………………………………………………………………（22）
　　三、成果汇总 ………………………………………………………………………………………（23）
　　四、元数据采集 ……………………………………………………………………………………（23）

第三章　自然重砂矿物特征与异常解释评价 ……………………………………………………………（24）
　第一节　铜　矿 …………………………………………………………………………………………（26）
　　一、矿物特征及其区域分布规律 …………………………………………………………………（26）
　　二、成矿类型的重砂矿物学标志 …………………………………………………………………（26）
　　三、异常特征及解释评价 …………………………………………………………………………（27）
　第二节　铅锌矿 …………………………………………………………………………………………（28）
　　一、矿物特征及其区域分布规律 …………………………………………………………………（28）
　　二、成矿类型的重砂矿物学标志 …………………………………………………………………（28）
　　三、异常特征及解释评价 …………………………………………………………………………（29）
　第三节　金　矿 …………………………………………………………………………………………（34）
　　一、矿物特征及其区域分布规律 …………………………………………………………………（34）
　　二、成矿类型的重砂矿物学标志 …………………………………………………………………（34）
　　三、异常特征及解释评价 …………………………………………………………………………（34）
　第四节　钨　矿 …………………………………………………………………………………………（40）
　　一、矿物特征及其区域分布规律 …………………………………………………………………（40）
　　二、成矿类型的重砂矿物学标志 …………………………………………………………………（40）
　　三、异常特征及解释评价 …………………………………………………………………………（41）
　第五节　锡　矿 …………………………………………………………………………………………（45）
　　一、矿物特征及其区域分布规律 …………………………………………………………………（45）
　　二、成矿类型的重砂矿物学标志 …………………………………………………………………（45）
　　三、异常特征及解释评价 …………………………………………………………………………（45）
　第六节　钼　矿 …………………………………………………………………………………………（45）
　　一、矿物特征及其区域分布规律 …………………………………………………………………（45）
　　二、成矿类型的重砂矿物学标志 …………………………………………………………………（46）
　　三、异常特征及解释评价 …………………………………………………………………………（46）
　第七节　锑　矿 …………………………………………………………………………………………（47）
　第八节　稀土矿 …………………………………………………………………………………………（48）
　第九节　锰　矿 …………………………………………………………………………………………（48）
　第十节　银　矿 …………………………………………………………………………………………（49）

第十一节 硼矿 …………………………………………………………………………… (49)

第十二节 锂矿 …………………………………………………………………………… (50)

第十三节 硫铁矿 ………………………………………………………………………… (50)

第十四节 萤石矿 ………………………………………………………………………… (50)

第十五节 重晶石矿 ……………………………………………………………………… (51)

第四章 自然重砂异常区(带)划分及其特征 …………………………………………… (52)

第一节 Ⅱ-14 华北(陆块)成矿省 …………………………………………………… (52)

一、Ⅲ-63 华北陆块南缘铁-铜-金-钼-钨-铅-锌-铝土矿-硫铁矿-萤石-煤成矿带 …… (52)

二、Ⅲ-64 鲁西(断隆、含淮北)铁-铜-金-铝土矿-煤-金刚石成矿区 ………………… (52)

第二节 Ⅱ-7 秦岭-大别成矿省(东段) ……………………………………………… (53)

一、Ⅲ-66 北秦岭金-铜-钼-锑-石墨-蓝晶石-红柱石-金红石成矿带 ………………… (53)

二、Ⅲ-67 桐柏-大别-苏鲁(造山带)金-银-铁-铜-锌-钼-金红石-萤石-珍珠岩成矿带
…………………………………………………………………………………………… (54)

第三节 Ⅱ-15A 下扬子成矿亚省 ……………………………………………………… (55)

一、Ⅲ-68 苏北(断陷)石油-天然气-盐类成矿区(Kz) ………………………………… (55)

二、Ⅲ-69 长江中下游铜-金-铁-铅-锌(锶-钨-钼-锑)-硫铁矿-石膏成矿带 ………… (55)

三、Ⅲ-70 江南隆起东段金-银-铅-锌-钨-锰-钒-萤石成矿带 ………………………… (62)

四、Ⅲ-71 钦杭东段北部铜-铅-锌-银-金-钨-锡-铌-钽-锰-海泡石-萤石-硅灰石成矿带
…………………………………………………………………………………………… (65)

第四节 Ⅱ-16 华南成矿省 …………………………………………………………… (69)

一、Ⅲ-X 钦杭东段南部铁-钨-锡-铜-铅-锌-银-金-锰-叶蜡石-高岭石-石膏成矿带 … (69)

二、Ⅲ-79 台湾金-银-铜-铁-硫-明矾石-滑石-石油-天然气成矿带 ………………… (71)

三、Ⅲ-80 浙闽粤沿海铅-锌-铜-金-银-钨-锡-铌-钽-叶蜡石-明矾石-萤石成矿带 … (71)

四、Ⅲ-81 浙中-武夷隆起钨-锡-钼-金-银-铅-锌-铌-钽(叶蜡石)-萤石成矿带 …… (73)

五、Ⅲ-82 永安-梅州-惠阳(坳陷)铁-铅-锌-铜-金-银-锑成矿带 …………………… (77)

六、Ⅲ-83 南岭钨-锡-钼-铍-稀土(铅-锌-金)成矿带 ………………………………… (78)

第五章 预测工作区自然重砂矿物组合异常特征 ………………………………………… (83)

第一节 预测工作区划分依据 ………………………………………………………… (83)

一、确定矿产预测类型 ………………………………………………………………… (83)

二、确定预测工作区范围 ……………………………………………………………… (84)

第二节 预测工作区划分结果 ………………………………………………………… (84)

第三节 预测区工作情况 ……………………………………………………………… (84)

第四节 典型预测工作区 ……………………………………………………………… (85)

一、铜矿 ………………………………………………………………………………… (85)

二、铅锌矿 ……………………………………………………………………………… (87)

三、钨矿 ………………………………………………………………………………… (88)

四、金矿 …………………………………………………………………………… (93)
　　五、锑矿 …………………………………………………………………………… (96)
　　六、稀土矿 ………………………………………………………………………… (97)
　　七、磷矿 …………………………………………………………………………… (97)
　　八、锡矿 …………………………………………………………………………… (97)
　　九、钼矿 …………………………………………………………………………… (100)
　　十、锰矿 …………………………………………………………………………… (102)
　　十一、银矿 ………………………………………………………………………… (102)
　　十二、硫铁矿 ……………………………………………………………………… (105)
　　十三、硼矿 ………………………………………………………………………… (106)
　　十四、萤石矿 ……………………………………………………………………… (109)
　　十五、重晶石矿 …………………………………………………………………… (111)

第六章　自然重砂找矿模型综合研究 ……………………………………………… (113)

第一节　铜矿床 …………………………………………………………………… (114)
　　一、安徽省铜陵县新桥铜硫铁矿床 ……………………………………………… (114)
　　二、安徽省铜陵市铜官山铜矿床 ………………………………………………… (118)
　　三、江苏省江宁区安基山铜矿床 ………………………………………………… (121)
　　四、浙江省绍兴市平水铜矿床 …………………………………………………… (125)
　　五、江西省德兴铜矿床(田) ……………………………………………………… (128)
　　六、江西省城门山铜硫矿床 ……………………………………………………… (131)
　　七、福建省上杭紫金山铜金矿床 ………………………………………………… (135)

第二节　铅锌矿床 ………………………………………………………………… (139)
　　一、安徽省庐江县岳山银铅锌矿床 ……………………………………………… (139)
　　二、江苏省南京市栖霞山铅锌银矿床 …………………………………………… (142)
　　三、浙江省黄岩五部铅锌矿床 …………………………………………………… (146)
　　四、江西省冷水坑铅锌矿床 ……………………………………………………… (149)
　　五、福建省尤溪梅仙铅锌多金属矿床 …………………………………………… (154)

第三节　金矿床 …………………………………………………………………… (159)
　　一、安徽省铜陵市天马山金矿床 ………………………………………………… (159)
　　二、江苏省江宁区汤山金矿床 …………………………………………………… (162)
　　三、浙江省遂昌治岭头金矿床 …………………………………………………… (168)
　　四、江西省金家坞金矿床 ………………………………………………………… (171)
　　五、福建省泰宁何宝山金矿床 …………………………………………………… (175)

第四节　银矿床 …………………………………………………………………… (180)
　　一、安徽省池州市许桥银矿床 …………………………………………………… (180)
　　二、浙江省新昌县后岸银矿床 …………………………………………………… (183)

三、福建省武平悦洋银矿床 (186)

第五节　钨矿床 (189)
　　一、安徽省祁门县东源钨(钼)矿床 (189)
　　二、江西省西华山钨矿床 (192)
　　三、福建省清流行洛坑钨钼矿床 (196)
　　四、福建省建瓯上房钨矿床 (201)

第六节　钼矿床 (204)
　　一、安徽省金寨县沙坪沟钼矿床 (204)
　　二、安徽省池州市黄山岭铅锌钼矿床 (209)
　　三、浙江省青田石平川钼矿床 (215)
　　四、福建省漳平北坑场钼矿床 (219)

第七节　锡矿床 (221)
　　一、江西省会昌岩背锡矿床 (221)
　　二、江西省德安曾家垄锡矿床 (227)

第七章　自然重砂资料应用综合研究 (230)

第一节　区域地质成矿研究 (230)
　　一、与区域矿床类型及找矿潜力有关的自然重砂矿物组合 (230)
　　二、与区域构造带相关的自然重砂矿物组合 (231)
　　三、构造区块自然重砂矿物组合 (233)

第二节　地质找矿应用研究 (235)
　　一、郯庐断裂带金刚石找矿 (235)
　　二、钦杭成矿带(东段)找矿评价 (235)

第八章　结论与建议 (238)

第一节　结　论 (238)
　　一、资料性结论 (238)
　　二、研究性结论 (239)

第二节　存在的问题与建议 (239)

参考文献 (240)

绪　论

第一节　概　述

一、任务来源

为了贯彻落实《国务院关于加强地质工作的决定》中"积极开展矿产远景调查和综合研究,加大西部地区矿产资源调查评价力度,科学评估区域矿产资源潜力,为科学部署矿产资源勘查提供依据"的要求和精神,国土资源部部署了全国矿产资源潜力评价工作。该项工作纳入国土资源大调查项目,并于2006年设立《全国重要矿产资源潜力预测评价及综合》工作项目,《华东地区矿产资源潜力预测评价及综合》隶属于该工作项目的子项目之一。2007年《全国重要矿产资源潜力预测评价及综合》更名为《全国矿产资源潜力评价》,并升级为计划项目,《华东地区矿产资源潜力预测评价及综合》同时更名为《华东地区矿产资源潜力评价与综合》,相应升级为工作项目,《华东地区矿产资源潜力评价自然重砂资料应用研究》是该工作项目的研究课题之一。

工作项目名称：华东地区矿产资源潜力评价与综合
专 题 名 称：华东地区矿产资源潜力评价自然重砂资料应用研究
工作起止年限：2006—2013年
工作项目编码：1212011121031　1212010813033　1212010881614
任 务 书 编 号：资[2006]039-01-03　资[2007]038-01-33　资[2008]02-01-34
　　　　　　　资[2009]增16-33　资[2010]增22-33　资[2011]02-39-33
　　　　　　　资[2012]02-001-033　资[2013]01-033-004
归口管理部室：中国地质调查局资源评价部
所属计划项目：全国矿产资源潜力评价
实 施 单 位：中国地质科学院矿产资源研究所
组织管理部门：中国地质科学院项目办
承 担 单 位：中国地质调查局南京地质调查中心

二、目标任务

1. 总体目标

配合工作项目总体目标任务,结合本地区地质工作程度,全面总结和充分利用华东地区基础地质调查与矿产勘查工作成果和资料,实现以下3个方面的目标和任务：

(1)充分应用现代矿产资源预测评价的理论方法和GIS评价技术,按照项目任务和总体设计要求,根据全国矿产资源潜力评价项目办的统一部署,结合本区成矿特色,煤炭、铀分别由能源部门的专业队伍承担。本次工作开展铁、铝、铜、铅、锌、金、钨、锑、稀土、钾、磷、锰、镍、锡、铬、钼、银、硼、锂、硫、萤石、菱镁矿、重晶石23个矿种的资源潜力预测评价,以成矿区(带)为单元,在分省(区)开展重要矿产资源总量预测的基础上,汇总综合,编制系列图件,摸清华东地区重要矿产资源潜力及其空间分布,为全国矿产资源预测汇总提供支撑。

(2)以成矿地质理论为指导,深入开展各成矿区(带)区域成矿地质构造环境及成矿规律研究,研究总结各成矿区(带)典型矿床,建立矿床成矿模型(式)、区域成矿模式及区域成矿谱系;充分利用地质、物探、化探、遥感和矿产勘查等综合成矿信息,圈定靶区和找矿靶区,逐个评价靶区资源潜力,并进行分类排序;编制重要成矿区(带)成矿规律与预测图,为科学合理地规划和部署矿产勘查工作提供依据。

(3)建立完善全国重要矿产资源潜力预测相关数据库,特别是靶区的地学空间数据库、典型矿床数据库,为今后开展矿产勘查的规划部署研究奠定扎实的信息基础。

2. 具体工作任务

(1)指导省级项目组开展成矿地质背景、成矿规律、物探、化探、遥感、自然重砂、矿产预测等项研究、编图和建库工作。

(2)开展华东地区成矿地质背景、成矿规律、物探、化探、遥感、自然重砂、矿产预测等综合研究和汇总工作,编制华东地区大地构造相图、矿产预测类型分布图、成矿规律图、成矿预测成果图、勘查部署建议图等。

(3)汇总建立华东地区各类区域工作的空间数据库。

(4)参加全国汇总研究工作。

(5)负责对省级项目组的组织实施与管理,指导省级项目组开展各项技术工作,组织大区相关业务活动。

3. 专题目标任务

(1)指导省级项目组开展自然重砂资料研究、编图和建库工作。

(2)开展华东地区自然重砂综合研究和汇总工作,编制华东地区自然重砂图综合图件。

(3)汇总建立华东地区自然重砂工作的空间数据库。

(4)参加全国汇总研究工作。

(5)负责对省级自然重砂专题组的组织实施与管理,指导省级专题组开展自然重砂各项技术工作,组织大区自然重砂相关业务活动。

4. 专题工作任务

(1)指导省级开展自然重砂专题业务工作,组织或协助开展省级项目年度自然重砂专题工作方案审查、成果验收、技术培训等相关业务工作。

(2)在省级单矿种(组)自然重砂应用成果潜力评价的基础上,开展铁、铜、铝、铅、锌、金、钨、锑、稀土、钾、磷、锰、镍、锡、铬、钼、银、硼、锂、硫、萤石、菱镁矿、重晶石23个矿种省级潜力评价自然重砂应用成果的综合与汇总,进行自然重砂应用成果资料汇交等相关工作。

(3)在对省级自然重砂应用成果汇总的基础上,按照全国矿产资源潜力评价自然重砂汇总技术要求,开展大区自然重砂专业成果的深化和提升,解决矿产资源潜力评价工作中与自然重砂有关的重大地质找矿疑难问题,编制大区自然重砂综合研究图件,并建立数据库。

(4)开展省级自然重砂专题工作进度监督和质量管理。

(5)参加全国自然重砂汇总研究工作。

三、项目组织

华东地区矿产资源潜力评价项目于2006年启动,工作起止年限2006—2013年,由中国地质调查局南京地质调查中心组织实施。

片区协调小组组长:郭坤一

片区协调小组副组长:班宜忠、省级项目负责人、省国土资源厅地勘处负责人

办公室人员:郭坤一、班宜忠、骆学全、陈国光

项目负责人:班宜忠

项目副负责人:骆学全

项目下设:成矿地质背景研究、区域成矿规律研究、矿产预测、物探、化探、遥感、自然重砂、综合信息集成8个课题组。

《华东地区自然重砂资料应用研究》专题组于2007年6月组建,由刘红樱研究员负责。南京地质调查中心马明、许乃政、张明,江苏省地质调查研究院黄顺生,安徽省地质调查院杨义忠,浙江省地质调查院邹霞参加了华东地区自然重砂资料应用研究大区汇总,开展了华东地区自然重砂资料收集、数据处理、图件编制、成果报告编写等工作。此外,大区汇总过程中还得到了全国自然重砂汇总组专家的技术指导、华东地区矿产资源潜力评价项目组各专业的配合和大力支持,并提出了宝贵意见,在此一并深表谢意!

第二节 工作过程及完成的主要工作量

一、工作过程

根据全国矿产资源潜力评价项目办统一部署,《华东地区矿产资源潜力评价与综合》项目工作过程大致可分为技术准备、组织实施、综合汇总3个阶段。

1. 技术准备阶段

2006—2007年为技术准备阶段。

2006年项目启动。由于本项目工作内容复杂、技术含量高、涉及专业面很广,是一项庞大的系统工程,因此必须要有完善的工作体系才可能顺利完成。按照"统一组织、统一思路、统一方法、统一标准、统一进度"的工作原则,编写项目技术指南显得尤为重要。2006年全国项目办组织编制《全国重要矿产资源潜力预测评价技术指南》和《全国矿产资源潜力评价技术要求》,华东地区综合研究组参与全国编写组工作,主要包括《全国重要矿产资源潜力预测评价总体技术指南》《全国基础数据库维护工作指南》《单矿种(组)资源量预测技术要求》《成矿规律研究技术要求》《专题图件编制技术要求》等。

2007年主要是技术培训和设计编写。项目组全体成员2007年在北京蟹岛参加矿产资源潜力评价技术培训,并获得了合格证书。同年编写了《华东地区矿产资源潜力评价总体设计》,并指导省级项目设计的编制。依据工作项目总体设计、技术指南、技术要求,经过技术培训后,各省重要矿产资源预测评价工作设计按统一部署进行编制。

2. 组织实施阶段

2008—2011年为组织实施阶段。

2008年完成工作如下:①参加全国大地构造分区研讨会,解决全国大地构造分区(Ⅲ、Ⅳ)片区间对

比连接问题,确定了划分方案,并指导各省修改原划分方案。②参加全国矿产预测类型(矿床式)分布区划分方案研讨会,解决全国矿产预测类型分布区对比连接问题,指导各省修改原划分方案。③完成试点示范工作:全国典型示范工作是在全国全面开展省级项目工作的同时,依据本次矿产资源潜力评价工作的技术路线,根据技术要求的全部内容,在全国范围内选择各种类型的典型地区开展工作,根据技术流程完成全面系统的工作过程,取得实际成果,为全国提供典型示范,以指导及规范面上工作。

全国典型示范地区共计选择了 13 处,其中华东地区为"安徽庐枞地区铁矿定量预测典型示范"和"浙江嵊县地区陆相火山岩区成矿地质背景典型示范"。

2009 年完成工作如下:①参与组织了华东地区两个典型示范区成果报告的初审,参加典型示范工作成果总结;②参与组织并参加了全国第二轮成矿远景区划技术要求培训;③参与了全国矿产资源潜力评价汇总组技术要求修改;④参与组织了预测方法(MRAS、GeoDAS)软件培训;⑤组织开展了省级项目 2009 年度工作方案审查,组织了 3 次大区省级项目调度会;⑥参与了全国矿产资源潜力评价汇总组指导省级项目组全面完成铁、铝土矿资源潜力评价工作,组织开展省级铁、铝土矿资源潜力评价成果验收和初审;⑦参与了全国矿产资源潜力评价汇总组指导省级项目组开展铜、锌、铅、金、钾盐、磷、钨、锑、稀土等矿产相关的成矿地质背景、成矿规律、物探、化探、遥感、自然重砂、矿产预测等项工作的研究、编图和建库工作。

2010 年完成工作如下:①组织开展省级工作项目 2010 年度工作方案审查和批复工作;②组织验收省级与铜、铅、锌、金、磷、钨、锑、稀土等矿产相关的成矿地质背景、成矿规律研究、编图和建库阶段性成果,以及重力、磁测、化探、遥感、自然重砂等综合信息研究、编图和建库阶段性成果和矿产预测成果;③协助开展省级项目工作进度监督和质量管理;④开展与铜、铅、锌、金、磷、钨、锑、稀土等矿产有关的大区建造构造图、大地构造相图、单矿种(组)成矿规律图、预测成果图、成矿区带图,重力、磁测、化探、遥感、自然重砂等指示成矿作用、成矿环境、区域和预测区成矿要素的异常与推断地质解释系列图件和数据库初步汇总。

2011 年完成工作如下:①组织华东地区各省(区)矿产资源潜力评价工作项目 2011 年度工作方案的设计审查和批复;②对 2010 年省级完成的铜、铅、锌、金、磷、钨、锑、稀土等矿种成果报告的验收工作;③对省级基础地质编图图件及属性库,矿产资源潜力评价铁、铝土矿成果及属性库的复核验收,对不合格数据进行复核检查;④开展华东地区工作程度图汇总;⑤指导各省项目组编图与建库工作,依据数据模型规范、验收要求,针对专业软件进行现场培训,指导省级项目组各项编图及其数据库建设工作,并对 11 个矿种成果数据图(库)进行抽检;⑥由全国、大区和省级成矿地质背景的研究人员共同组成专题组,开展华东地区重大基础地质问题研究,梳理出华东地区重大基础地质问题以及与成矿预测有关的基础地质问题;⑦参与全国矿产资源潜力评价汇总组指导省级项目组开展锰、锡、钼、银、镍、铬、钾、硼、锂、硫、萤石、菱镁矿、重晶石等矿产相关的典型矿床研究、编图和建库工作;⑧指导省级项目组完成锰、锡、钼、银、镍、铬、钾、硼、锂、硫、萤石、菱镁矿、重晶石等矿种预测工作区成矿要素图、成矿模式图的编制;⑨组织华东片区各省 1∶20 万区域地质图空间数据库、1∶50 万地质图空间数据验收;⑩组织召开了华东地区铜、铅、锌、金、钨、锑、稀土、磷等单矿种成矿规律研究汇总会,开展华东地区铁、铝单矿种成矿规律研究成果图件汇总工作,编制华东地区铁、铝土矿资源潜力评价成果报告。

3. 综合汇总阶段

2012—2013 年为综合汇总阶段。

2012 年完成工作如下:①开展了各项前期基础工作,并编制各专业相关工作程度图、专业基础数据库和图件及其相关专题性辅助图件,编制完成华东地区自然重砂资料应用成果汇总方案;②参与华东地区矿产资源潜力评价 2012 年度工作方案编写和省级项目 2012 年度工作方案评审;③参与交流研讨和指导华东地区省级第一阶段自然重砂应用成果汇总和第二阶段工作的开展;④开展了华东地区自然重砂基础图系和单矿物分布图系编制;⑤参与了省级锡、钼、镍、锰、铬、银、锂、硫、萤石、菱镁矿、硼、重晶石

12个矿种(组)资源潜力评价成果验收和预测工作区自然重砂应用成果复核;⑥参加了全国潜力评价自然重砂专题研讨会;⑦完成第一阶段预测矿产相关的自然重砂成果的汇总工作。

2013年完成工作如下:①参加自然重砂成果与汇总方案和进展研讨会,交流全国、大区以及省级矿产资源潜力评价自然重砂资料应用初步成果,研讨全国、大区以及省级矿产资源潜力评价自然重砂资料应用成果汇总方案及进展,讨论省级矿产资源潜力评价自然重砂资料应用成果报告编写要求和有关问题;②参与华东地区潜力评价2013年度工作方案编写和评审;③参加自然重砂成果汇总和编图工作会议,交流全国、大区、省级矿产资源潜力评价自然重砂资料应用汇总情况,研讨全国、大区、省级自然重砂图集编制思路与方法,优选与汇总全国各预测矿种预测工作区成果和典型自然重砂找矿模型;④编制、修改完善大区自然重砂矿物应用图件和成果报告。

二、完成的主要工作量

1. 图件编制

(1)华东五省资料综合。华东五省自然重砂资料应用共编制完成图件1906张,包括:①省级自然重砂成果图件147张,其中浙江28张、安徽45张、江苏(含上海市)39张、江西21张、福建14张;②预测工作区自然重砂成果图件1759张,其中浙江353张、安徽317张、江苏(含上海市)103张、江西819张、福建167张。

(2)华东地区研究汇总。华东地区自然重砂资料应用研究性汇总共编制完成图件86张(表1),包括:①华东地区自然重砂采样点位图和工作程度图各1张;②华东地区自然重砂单矿物含量分级图46张;③华东地区自然重砂单矿物、矿物组合和综合异常图18张;④华东地区与区域矿床类型及找矿潜力有关的自然重砂矿物组合异常图8张;⑤华东地区与区域构造带相关的自然重砂组合矿物异常图6张;⑥华东地区与构造成矿区块相关的自然重砂组合矿物异常图6张。

上述图件为根据华东地区成矿带和构造带的分布,选择长江中下游、武夷山、南岭东段和钦杭成矿带(东段)、中下扬子构造岩浆带和大别-苏鲁超高压变质带,结合找矿主攻矿种及区内重大地质构造特征,按照自然重砂矿物组合特点编制。

2. 文字撰写

(1)华东五省资料综合。①完成各省级自然重砂资料应用成果图编图说明书132份,其中浙江26份、安徽43份、江苏(含上海市)37份、江西14份、福建12份;②完成预测工作区自然重砂成果图件编图说明书1759份,其中浙江353份、安徽317份、江苏(含上海市)103份、江西819份、福建167份;③完成华东五省级自然重砂成果报告16份,其中浙江4份,安徽、江苏(含上海市)、江西、福建各3份,包括省级铜金等矿种矿产资源潜力评价预测工作区自然重砂资料异常解释与评价报告、省级锡钼等矿种矿产资源潜力评价预测工作区自然重砂资料异常解释与评价报告、省级矿产资源潜力评价自然重砂资料应用成果报告。

(2)华东地区研究汇总。完成《华东地区矿产资源潜力评价自然重砂资料应用成果报告》1份。

3. 数据库建设

(1)华东五省资料综合:①完成各省级自然重砂资料应用成果图数据库97个,其中浙江19个、安徽24个、江苏(含上海市)31个、江西12个、福建11个;②完成预测工作区自然重砂成果图件编图数据库1759个,其中浙江353个、安徽317个、江苏(含上海市)103个、江西819个、福建167个。

(2)华东地区研究汇总:①华东地区自然重砂数据库1个;②华东地区自然重砂异常图空间数据库18个。

完成的主要实物工作量见表1。

表 1 主要工作量完成表

工作类型		工作量名称	单位	设计	完成	备注
设计与工作方案编写		华东地区矿产资源潜力评价自然重砂专业设计、工作方案	份	7	7	
		华东地区自然重砂资料应用成果汇总方案	份	1	1	
成果资料验收与复核		华东五省第二阶段自然重砂专业成果资料验收	项	5	20	
		华东五省第二阶段预测工作区自然重砂应用成果验收复核	项	5	5	
		华东五省自然重砂专业汇总成果报告验收	项	5	5	
资料性汇总		华东五省第一阶段预测矿产相关的自然重砂成果汇总	项	1	1	
		华东五省自然重砂资料汇总	项	1	1	
研究性汇总	图件编制	华东地区自然重砂采样点位图	张	1	1	
		华东地区自然重砂工作程度图	张	1	1	
		华东地区自然重砂单矿物含量分级图	张	46	46	
		华东地区自然重砂单矿物、矿物组合和综合异常图	张	18	18	
		华东地区与区域矿床类型及找矿潜力有关的自然重砂矿物组合异常图	张	8	8	
		华东地区与区域构造带相关的自然重砂组合矿物异常图	张	6	6	
		华东地区与构造成矿区块相关的自然重砂组合矿物异常图	张	6	6	
	数据库建设	华东地区自然重砂数据库	个	1	1	
		华东地区自然重砂异常图空间数据库	个	18	18	
	成果报告	华东地区矿产资源潜力评价自然重砂资料应用成果报告	份	1		

第三节 取得的主要成果

取得的主要成果包括基础图件、异常图件、推断解释图件，具体解释推断成果（包括圈定异常数、靶区数等），矿产预测应用效果，数据库建设等。

一、资料性汇总

华东五省围绕铁、铜、铝、铅、锌、金、钨、锑、稀土、钾、磷、锰、镍、锡、铬、钼、银、硼、锂、硫、萤石、菱镁矿、重晶石23个矿种开展了自然重砂资料应用和省级编图。其中浙江编制了省级自然重砂异常图19张，共圈定Ⅰ级异常194个、Ⅱ级异常448个、Ⅲ级异常893个；安徽编制了省级自然重砂异常图24张，共圈定异常1043个，其中Ⅰ级异常104个、Ⅱ级异常261个、Ⅲ级异常678个；江苏编制了省级自然重砂异常图27张，圈定单矿物异常555个，其中Ⅰ级97个、Ⅱ级225个和Ⅲ级233个，圈定综合异常44个，其中Ⅰ级15个、Ⅱ级19个和Ⅲ级10个；江西编制了省级自然重砂异常图12张，共圈定单矿物异常Ⅰ级100个、Ⅱ级244个和Ⅲ级518个，圈定综合异常Ⅰ级14个、Ⅱ级25个和Ⅲ级9个；福建编制了省级自然重砂异常图11张，共圈出870个异常，其中Ⅰ级56个、Ⅱ级138个和Ⅲ级676个。

华东五省围绕铁、铜、铝、铅、锌、金、钨、锑、稀土、钾、磷、锰、镍、锡、铬、钼、银、硼、锂、硫、萤石、菱镁矿、重晶石23个矿种开展了自然重砂资料应用和预测工作区编图。浙江针对预测14个矿种中的金、锑、铅、锌、铜、钨、锡、钼、银、硫、萤石11个矿种(组)63个预测工作区,编制自然重砂异常图353张,共圈定Ⅰ级异常887个、Ⅱ级异常1492个、Ⅲ级异常2538个;安徽针对预测17个矿种中的铜、金、铅、锌、钨、锑、磷、稀土、银、锡、钼、锰、硫、重晶石、萤石15个矿种的52个预测工作区,编制自然重砂异常图317张,共圈定Ⅰ级异常243个、Ⅱ级异常473个、Ⅲ级异常938个;江苏针对预测11个矿种中的铜、铅、锌、金、银、钼、硫铁矿、萤石8个矿种26个预测工作区,编制自然重砂异常图103张,共圈定异常968个,其中Ⅰ级108个、Ⅱ级360个和Ⅲ级500个;江西针对预测22个矿种中的铁、铝、铜、铅锌、钨、金、锑、稀土、磷、锡、钼、铬镍、锰、银、锂、硫、萤石、重晶石18个矿种(组)的85个预测工作区,编制自然重砂异常图819张,共圈定Ⅰ级异常142个、Ⅱ级异常217个、Ⅲ级异常460个;福建针对预测18个矿种中的金、银、铜、铅锌、钨、锡、钼、硫、重晶石、稀土10个矿种(组)69个预测工作区,编制自然重砂异常图167张,共圈定异常632个。

华东五省在省级自然重砂异常图综合解释与评价的基础上,编制了省级自然重砂异常区带图和找矿靶区图,其中浙江划分出6个异常区带和13个找矿靶区,安徽划分出18个异常区带,江苏划分出10个自然重砂异常带和17个自然重砂找矿远景区,江西划分出2个Ⅱ级自然重砂异常省、6个Ⅲ级自然重砂异常带、14个Ⅳ级自然重砂异常带和43个Ⅴ级自然重砂异常集中区,福建划分出7个异常区带。

二、研究性汇总

1. 编制华东地区自然重砂单矿物分布图系

它包括辰砂、磁铁矿、雄黄、雌黄、电气石、毒砂、独居石、橄榄石、锆石、铬铁矿、褐帘石、红柱石、黄铁矿、黄玉、辉钼矿、尖晶石、金、磷灰石、铌钽矿物、石榴石、钛铁矿、辉锑矿、白钨矿、黑钨矿、稀土矿物、锡石、闪锌矿、萤石、重晶石、金刚石(无)、蓝晶石、透辉石、自然银、黄铜矿、铋矿物、赤铁矿、方铅矿、镜铁矿、菱铁矿、硬锰矿,以及铁矿物、铜矿物、金矿物、钨矿物、银矿物、铬矿物和稀有稀土元素矿物等自然重砂矿物含量分级图47张。

2. 编制华东地区自然重砂矿物异常图系

它包括铬铁矿、铬尖晶石、黄铁矿、钼族矿物、金矿物、磷灰石、锑族矿物、白钨矿、黑钨矿、锡石、锌族矿物、萤石、重晶石、银、铜族矿物、铅族矿物、硬锰矿异常图17张;综合异常图1张。

3. 与区域矿床类型及找矿潜力有关的自然重砂矿物组合异常图

(1)金刚石矿床:橄榄石+铬尖晶石+钛铁矿+金红石(+斜方辉石)。

(2)金矿:自然金。

(3)Sedex型(喷流-沉积型)铅锌矿床:方铅矿类+闪锌矿+石榴石+电气石。

(4)岩浆分异型铜镍硫化物矿床:黄铁矿+黄铜矿+石膏+橄榄石。

(5)斑岩型铜钼矿床:黄铜矿+斑铜矿+辉钼矿+石膏+磁铁矿。

(6)矽卡岩型铜铅锌矿床:黄铜矿+方铅矿+闪锌矿+磁铁矿+石榴石+绿帘石。

(7)热液型金矿床:黄铁矿+斑铜矿+(银金矿)+明矾石。

(8)VMS型(火山成因块状硫化物矿床)铜铅锌矿:黄铜矿+黄铁矿+方铅矿+闪锌矿+重晶石。

4. 与区域构造带相关的自然重砂组合矿物分布图

(1)铬铁矿+磁铬铁矿。

(2)钛铁矿+辉石+(橄榄石)。

(3)铬铁矿+尖晶石+金红石+(橄榄石)。

(4)辉石+角闪石。

(5)（赤铁矿＋褐铁矿）/黄铁矿。

(6)辰砂＋锡石＋电气石＋锆石组合。

5. 与构造成矿区块相关的自然重砂组合矿物异常图

根据华东地区成矿带和构造带的分布,选择长江中下游、武夷山、南岭东段和钦杭成矿带（东段）、中下扬子构造岩浆带和大别-苏鲁超高压变质带,结合找矿主攻矿种及区内重大地质构造特征,按照自然重砂矿物组合特点,编制了以下自然重砂组合矿物图。

(1)与岩浆岩有关的钨锡钼矿：白钨矿、黑钨矿、锡石、辉钼矿、毒砂。

(2)与岩浆热液有关的铜铅锌矿：黄铜矿、方铅矿、闪锌矿。

(3)沉积型铜矿：黄铜矿、辉铜矿、斑铜矿。

(4)蛇绿岩：橄榄石、铬铁矿、辉石、蛇纹石。

(5)基性岩分布：钛铁矿、辉石（底图采用构造分区图,以素图表示,反映基性岩分布带,从而看出区域构造展布特征）。

(6)反映地幔物质的矿物：铬铁矿、尖晶石、金红石（橄榄石）（底图采用构造分区图,反映上地幔物质来源,从而能够反映深部构造格架）。

6. 华东地区自然重砂成果应用研究成果报告

编写和出版了《华东地区自然重砂综合研究》一书。

第一章 区域地质地貌概况

第一节 区域地貌概况

以大别山北麓—宿松—巢湖—滁县—扬州—宜兴—长兴—杭州—绍兴—宁波一线为分野,北为平原,南为中低山丘陵、山间盆地、河湖平原。地貌一级区划属东部低地、华东华南低山与丘陵。二级区划跨华北冲积平原、山东低山与丘陵、江浙平原、长江中下游湖积冲积平原、华中华东低山与丘陵、东南沿海低山与丘陵。三级区划含海河、黄河、淮河冲积平原与三角洲,大别山低山与丘陵,大别山北麓洪积冲积平原,苏北黄淮冲积平原,长江三角洲、鄱阳湖湖积冲积平原,长江下游湖积冲积平原,浙皖边区低山,金衢丘陵,赣东低山与丘陵,赣中丘陵,湘赣边区低山与丘陵,闽浙火山岩低山与丘陵,闽西北低山与中山,闽西南低山与中山(图1-1)。

1. 平原区

区内分布多成因、多形态类型的平原。

长江三角洲地区含长江三角洲、太湖、杭嘉湖平原,境内江阴、无锡、苏州一带,澉浦、乍浦、青浦局部地区可见似条状、岛屿状孤山。广大平原以太湖为中心,大部分地区海拔在10m左右。全新世以来,两期长江三角洲进程的继续,使得太湖平原、杭嘉湖平原接受了全新统的沉积物,形成现在的平原地貌景观。

北部黄淮冲积平原,系黄河、淮河合力营力作用所致。黄河故道以南,大运河以东为里下河地区,地势周高中低呈一浅洼地,接受黄河淮河大量泥沙的倾泻,淤塞成一低平原。在往东的阜宁如皋一线以东直至海边,地表向东南微倾,成陆过程系入海泥沙经海潮作用再堆积而成。

西部为六安一带缓丘周缘以下的冲积平原湖泊区和轻微分割的冲积平原,地表平缓起伏,相对高度为20~30m。

九江至南京沿江地区属南部长江下游湖积、冲积平原,呈北东-南西向狭长带,平原海拔在50m以下。一些低山丘陵、山脉排列与构造线一致,呈南西-北东向,山脊浑圆,有剥蚀面残余,坡麓平缓似山麓倾斜平原形态,标高由200~300m递变为100~200m,逐渐过渡为大范围的阶地形态。沿河分布着宽广的河谷平原,受流水分割,地表微有起伏。广大沿江平原,地貌类型繁杂,有河漫滩、天然堤、堆积阶地以及残丘、湖泊、江心沙洲、湖心沙洲、河口三角洲等。

鄱阳湖湖积冲积平原,跨德安、南昌、新余、抚州,原为一红色盆地。自第四纪以来,以鄱阳湖为下沉中心,山区抬升,盆缘相对抬掀,不断受到水流的分割,形成四周红土波状面。湖区接受东、西、南诸河流汇入所携带冲积物的倾注,在不断淤积作用下,形成湖积冲积平原,地势平坦开阔,标高为20~30m。内河河谷可见Ⅱ级、Ⅰ级阶地,标高分别为20~30m、10m左右,河床宽阔,沙洲沙滩发育,赣江主要河流入湖处见有鸟趾状三角洲分布。

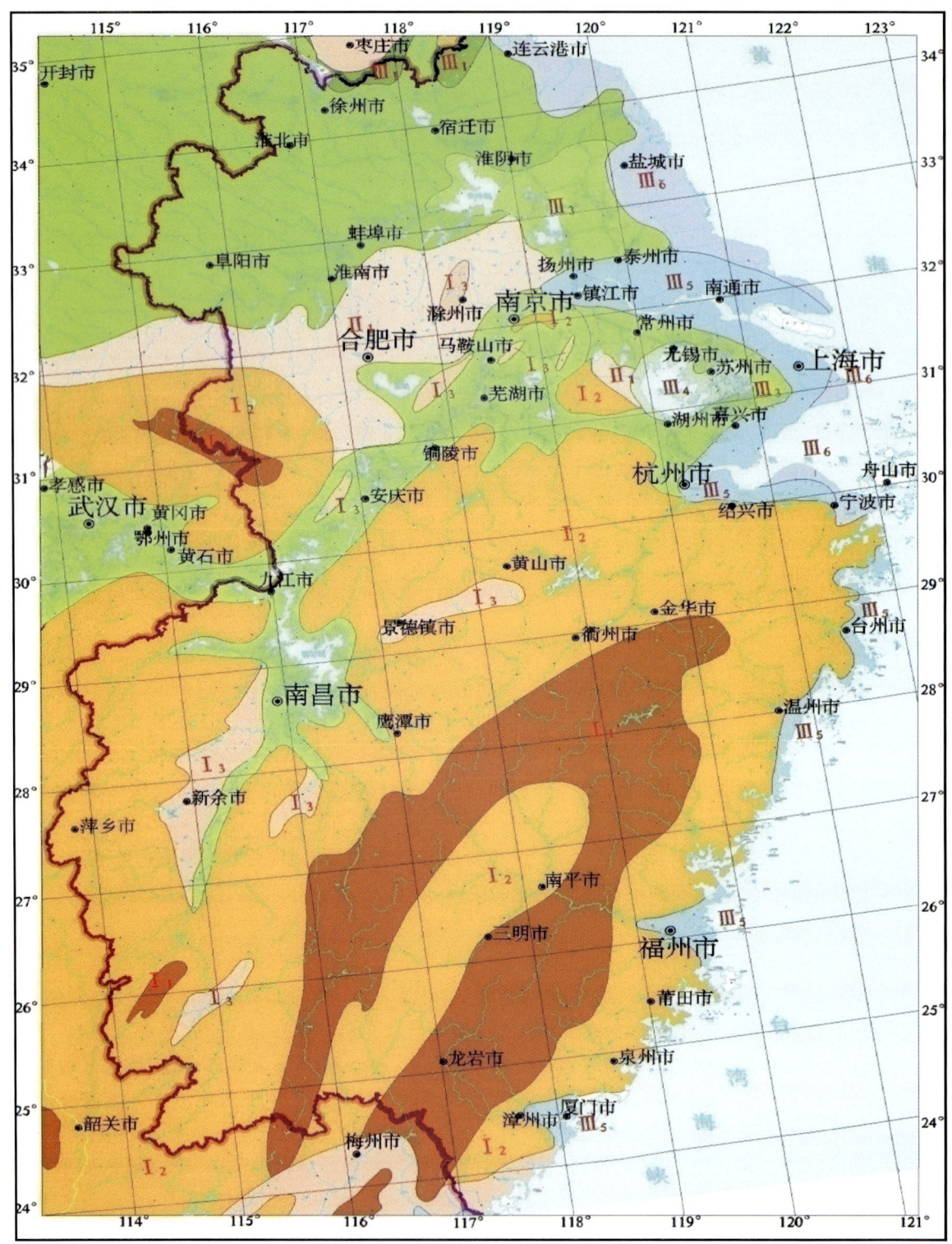

图 1-1 华东地区地貌图

Ⅰ.侵蚀-剥蚀地貌：Ⅰ₁.侵蚀-剥蚀中山；Ⅰ₂.侵蚀-剥蚀低山；Ⅰ₃.侵蚀-剥蚀丘陵；Ⅱ.侵蚀-堆积地貌：Ⅱ₁.侵蚀-堆积岗地；Ⅲ.堆积地貌：Ⅲ₁.冲积-洪积平原；Ⅲ₂.冲积平原；Ⅲ₃.冲积-湖积平原；Ⅲ₄.湖积平原；Ⅲ₅.冲积-海积平原；Ⅲ₆.海积平原

2. 丘陵山区

丘陵山区主要位于皖南、赣中南、浙西南、闽西南、闽西北以及苏南等地。

皖南、浙西北、赣东北分布的主要地貌类型为构造剥蚀中等切割低山与不同期剥蚀丘陵，一般堆积地貌仅局限于盆地和宽谷地带，呈现多层地形，自西北至东南分布如下：

青阳、繁昌、宣城一带沿江丘陵，多呈单面山，大部海拔为200m左右。受强烈剥蚀的花岗岩低丘，山势浑圆，山坡缓平。局部低山峰峦耸立，山间谷地阶地发育，盆地境内河谷平缓。

浙西北低山与丘陵，相当于长江支流和钱塘江支流的分水岭地带，山脉作北东-南西走向分布，一般海拔在1000m以下。唯浙皖边界大园山、百丈峰、东西天目山在1000m以上，比高500m左右，地势向东逐渐降低。流纹岩、花岗岩、石英砾岩构成的山体受强烈切割，多呈深沟峡谷，谷底绝少平地。

皖南低山与丘陵，以地势最高的黄山为核心，呈穹隆形，为皖浙诸支流水系上游分水岭地带。莲花峰海拔1940m，比高1000m左右，山峰挺拔，风景绝佳。黄山以西，休宁、祁门、屯溪、黟县等地低山与盆地交错，盆地之间低山海拔在1000m以上，比高500～1000m，山势尖锐；黄山以东绩溪、歙县、宁国等县域为低山盆地，间有中山分布，盆缘海拔为400m左右，盆中则降为海拔100m。变质岩、花岗岩组成的中低山山势坡陡峻峭。

金衢盆地，含金华-衢县盆地、浦江盆地和东阳盆地，北东-南西向分布。盆地一般海拔50～250m，比高30～50m，呈浅丘起伏，因断陷所致，盆缘山岗错落，比高各地不一。

赣东地区地貌类型为低山和丘陵，侵蚀切割中等，横亘于武夷山西麓至浙西仙霞岭一带。西北接赣中丘陵盆地，西南至南岭山地的诸广山、九连山北麓。红层盆地受侵蚀后常呈拟峰林地貌，陡崖壁台层次井然，金靖山十二峰、贵溪的龙虎山、兴国的东面山、始兴的丹霞山均为著名的丹霞地形。此外东北部雩山海拔500～1000m，为赣江、盱江分水岭所在。南部有大庾岭、龙源坝背斜山分长江、珠江水系，一为北流，一为南流。

赣中丘陵是一具有冲积平原与红土波状平原的红层盆地丘陵，盆地中以青安、泰和、永丰、崇仁盆地为主，丘陵多分布在青安盆地以西、以东地区，峡江—丰城段的赣江东岸地势较高，呈北东-南西向展布的低山丘陵，海拔500～600m。以玉华山最高，海拔1000m，比高500m左右。红岩盆地境内赣江是最大的河流，河谷有Ⅲ级阶地，河床内沙洲、沙滩发育。

闽西北和闽西南为侵蚀、剥蚀中等切割的低山与丘陵，山岭分布于西部崇安、邵武、泰宁一带，呈北东-南西向，海拔1000～1500m，以北塔山最高可达2200m，山脊向东南延伸构成中山地形，为建溪、富屯溪分水岭。崇安城南的武夷山海拔600m，比高300～400m。北部仙霞岭为浙闽水系分水岭，东接鹫峰山西麓。山岭重叠，坡陡沟深，在山地间还分布许多盆地。闽西南一带1000～1500m的中山，分布在永安东部，有莲花山、十岭头山，一般山顶平圆、坡度缓、山谷宽。分布于河流两侧及环绕永安、沙县等盆地四周的丘陵和残丘，其形态呈圆柱状的丹霞地形，怪石嶙峋，风景奇秀。

第二节　区域水系分布规律

区内北部水系分属长江、淮河两大流域。

淮河横贯皖苏北部，其主要支流有颍河、西肥河、涡河、浍河、泚河。原来淮河直接东流入海，后因黄河改道南下，扰乱了淮北水系，泥沙淤塞淮河下游水道，滞积形成洪泽湖，水流改道南去或分流至灌溉总干渠。黄河故道以北有沂河、沭河、六塘河、盐河等，以南有泗水、中运河、里运河、串场河、通扬运河等。

长江自湖北流贯江西九江，安徽安庆、池州、铜陵、芜湖、马鞍山，江苏南京、镇江、江阴、南通，在上海吴淞口入海。连接长江的鄱阳湖在江西境内汇赣江、抚河、修水、信江、鄱江5条水系，纳东、西、南三方来水,于湖口注入长江;流经安徽南部,其支流有皖河、秋浦河、裕溪河、青弋江等,在马鞍山近处入江苏区域;在西部有主要支流——秦淮河、滁河;流至苏南段有大运河、丹金漕河、锡澄河、东青河、望虞河、刘河等与太湖水系相通。连接浙江西苕溪、荆溪和上海黄浦江,形成河网交织、千湖百荡的江南水乡。

南部水系有钱塘江、瓯江、九龙江等10多条规模不等的流域,主要如下:

浙江省境内直接入海河流有苕溪、钱塘江、曹娥江、甬江、吴江、瓯江、飞云江、鳌江,分别流经湖州、杭州、上虞、宁波、嘉兴、温州、瑞安等城市。其中钱塘江为浙域最大河流,源于皖、浙、赣边界,流入杭州湾,全长494km。流域占全区面积1/3,各段有新安江、兰江、桐江、富春江、钱塘江诸称。

福建省境内为格子状水系,自北而南有交溪、霍童溪、闽江、晋江、九龙江等。闽江为最大水系,上游有建溪、富屯溪、沙溪3条支流,均发源于武夷山。下游支流有九溪、大樟溪至福州以东,以两条支流注入东海,全长577km,流域约占全区面积一半。次为九龙江系南部大河,干流长258km。

矿源母体暴露地表后,经物理风化作用,形成碎屑物质,进一步的机械分离促使其中的单矿物分离出来,在长期的地质作用过程中,各种单矿物按其稳定性程度,有些被淘汰,有些被保留下来,其中有些部分即稳定的重砂矿物被保留分散在原地附近,有些受地表流水及重力作用,以机械搬运的方式沿地形坡度迁移到坡积层,形成高含量带,这样与原残积层一同组成重砂矿物的机械分散晕。另外,尚有部分矿物颗粒进一步迁移到沟谷水系中,由于水流的搬运和沉积,使之在冲积层中形成高含量带,称为重砂矿物机械分散流。因此重砂矿物机械分散晕(流)的分布范围较矿源母体大得多,因而较易被发现,成为重要的直接找矿标志。

自然重砂矿物经大自然分化、搬运、堆积,其样品采集点与其原生点的距离取决于该矿物的物理性质,一般的矿石矿物搬运距离不大于3~5km,宝石类矿物的搬运距离会大一些,可达数十千米以上。自然重砂采样较关注于水系的末端及次末端(地质上所说的一、二级水系,注:地质上的水系划分标准与国家地理水系划分标准相反)。

第三节 区域地质矿产概况

华东地区为欧亚板块南缘,濒临西太平洋,是欧亚大陆向东、向南增生,随后大陆解体-大陆板块裂解的典型构造区。自1200Ma以来曾发生过两次大规模的碰撞拼接:即1000Ma左右的下扬子板块由南向北俯冲;500Ma左右发生的由南向北东方向俯冲,推掩在下扬子亚板块之上。这次碰撞拼接之后,基本上奠定了华东地区的基底构造格局。大陆形成后,古老大陆的内聚力逐渐衰竭,地壳不断扩张,形成一系列北东东、南北向裂解带,同时有新的构造岩浆增生。

华东地区在大地构造上跨中朝准地台、扬子准地台、东南沿海褶皱系和华南褶皱系4个构造单元。其中江苏大部、上海、浙江北部属于扬子准地台,北以苏鲁-大别超高压变质带与属中朝准地台的淮河以北地区相接,东南以江山-绍兴-萍乡断裂与东南沿海褶皱系的浙江省南部和福建省大部为界,东南沿海褶皱系内侧属于华南褶皱系。

华东地区为欧亚板块前沿,濒临西太平洋,是欧亚大陆向东、向南增生,随后大陆解体-大陆板块裂解的典型构造区。自1200Ma以来,曾发生过两次大规模的碰撞拼接:即1000Ma左右的下扬子板块由南向北俯冲;500Ma左右发生的由南向北东方向俯冲推掩在下扬子板块之上。大陆形成以后,地壳不断扩张,形成一系列北北东-南北向裂解带。

一、地层

1. 前寒武纪地层

华北地层大区:元古宙地层有五河杂岩和霍邱杂岩;南华纪地层包括古元古代凤阳群白云山组、青石山组和宋集组、青白口纪八公山群曹店组、伍山组、刘老碑组和震旦纪四十里长山组。上为宿县群贾园组、赵圩组、倪园组、九顶山组、张渠组、魏集组、史家山组、望山组和金山寨组。

大别-苏鲁造山带:为华北地层大区华北南缘地层分区,进一步划分为大别山、合肥东南、北淮阳和苏北4个地层小区。古元古代地层包括大别山岩群、阚集杂岩、蒲河杂岩、东海岩群。中-新元古代地层包括宿松岩群、红安群、肥东岩群、佛子岭岩群、海州岩群。

扬子地层区:主体部分包括下扬子地层分区和江南地层分区,总体属华南中元古代造山带的组成部分。

华夏地层区:包括桂湘赣地层分区和武夷-沿海地层分区,北以绍兴-萍乡断裂带为界,东以东乡-宜黄-定南断裂带为界。武夷-沿海地层分区包括6个小区,分别为赣西南地层小区、北武夷地层小区、南武夷地层小区、浙东南地层小区、闽西地层小区、闽东地层小区。北武夷与南武夷小区大致以石城-宁化断裂为界,东部则以光泽-建宁-长汀-武平断裂带为其共同边界。浙东南地层小区西北边界以绍兴-江山断裂带为界,南部大致与闽西地层小区相当。而闽西与闽东地层小区的分界则以松溪—南平—漳平一线为界。

2. 古生代地层(Pz)

寒武系(ϵ):主要出露于徐州、浦口、汤山及浙西一带,为钙质砂岩、页岩、石灰岩和白云岩等,层位稳定,相变不强烈,厚度亦较小。

奥陶系(O):分布情况与寒武系相似,岩石成分以钙质岩石为主,其中含大量的古生物化石。尤以浙西奥陶系沉积厚度巨大,常山县黄泥塘成为中国第一个"金钉子"剖面。

志留系(S):主要出露于浙西和苏南一带,以砂岩和页岩为主,化石丰富。

泥盆系(D):岩性以砂岩为主,为加里东运动以后的第一个沉积盖层。

石炭系(C):出露于宁镇山脉、浙西一带,以石灰岩和砂页岩为主,其中高骊山组中夹火山岩和火山碎屑岩,成为层控硫化物矿床的矿源层。

二叠系(P):分布范围较小,主要在宁镇山脉栖霞山和浙西一带,以灰岩为主,夹有砂页岩及煤层。长兴一带的二叠纪和三叠纪地层为连续沉积,研究详细,已成为二叠-三叠纪全球界线层型剖面,即中国第二个"金钉子"。

3. 中生代(Mz)

三叠系(T):为海相和潟湖相沉积的白云岩、石膏和盐类沉积,主要分布在下扬子地区和钱塘地区;另一类为砂页岩系夹煤层,常常成为某些含煤盆地的初始类磨拉石沉积。

侏罗系(J):中下侏罗统分布不广,在宁镇山脉西段、浙西、闽东南、闽西南、赣南等地见及。上侏罗统以酸性火山系为主,主要分布于闽东、粤东沿海。

白垩系(K):下白垩统是本区火山活动高潮期形成的大面积以酸性、中酸性为主的高钾钙碱性火山岩系,主要分布于东南沿海地区,在下扬子地区则以中性偏碱性火山岩为主,兼有钙碱性岩系和ShoShonite岩系;上白垩统下部以湖相深色沉积夹"双峰式"火山岩组合为主,局部有巨厚酸性火山岩系,上部以红色山麓堆积、磨拉石堆积为主。

4. 新生代(Kz)

古近系—新近系(E—N):沿海平原分布广泛,多被第四系所掩覆,在苏中地区可厚达3000m以上,一般地区厚约500~1500m。按岩性可分两个组合:陆相沉积岩组合,以冲积物、洪积物和湖积物为主,有些地区含石膏和盐岩;陆相裂隙喷发岩——玄武岩组合,在六合等地含蓝刚玉——蓝宝石。

第四系(Q):有4种类型,即沿海平原区的冲积-海积物、平原区的冲积-湖积物、低岗丘陵区的冲积-洪积物、山间盆地区的冲积-洪积-湖积物。

二、构造

本区由扬子、华北、华夏三大陆块拼合组成。下扬子陆块北以苏鲁-大别超高压变质带与华北板块相接,东南以江山-绍兴-萍乡结合带与华夏陆块大约在晋宁期碰撞拼贴;东侧为东亚大陆边缘壮观的沟弧盆体系。

扬子陆块基底由中新元古代浅变质岩组成,新元古代火山-沉积岩系发育,青白口纪发生了具全球影响的Rodinia古陆裂解,南华纪—震旦纪—早古生代海相地层沉积厚度巨大。

华夏陆块基底由古中元古代角闪岩相变质岩组成,新元古代—南华纪沉积保留不全。

震旦纪以后形成统一沉积盖层,加里东运动褶皱强烈;晚古生代海盆地沉积发育,中生代以晚侏罗世—白垩纪陆相火山岩为主,早白垩世晚期形成一系列陆相断陷红色盆地。古近纪以来,新构造运动较强,大致以大别-舟山断裂为界,南部抬升剥蚀,北部下降并接受沉积,第四纪底界呈阶梯状逐渐降低,并对现代环境产生了深刻影响。

三、岩浆岩

1. 前寒武纪侵入岩

前寒武纪侵入岩零星出露于江山-绍兴断裂带以北,以基性、超基性岩为主,次为中酸性岩。在皖南有两条近东西向分布的碰撞型花岗岩:一条以许村、休宁等岩体为主;另一条为莲花山岩体和石耳山岩体侵入井潭组,其同位素年龄分别为963~928Ma和766~753Ma。

2. 加里东期侵入岩

加里东期侵入岩主要分布在武夷和云开加里东隆起区的闽赣桂粤边境地区,有石英闪长岩、花岗闪长岩、二长花岗岩等,大多呈岩基产出,少数为岩株、岩脉。

3. 海西-印支期侵入岩

海西-印支期侵入岩主要分布于加里东隆起区周边的闽、粤、赣的边境地区,以花岗岩为主,次为石英闪长岩,岩体长轴方向多呈北东-南西向。

4. 燕山期火山-侵入杂岩

燕山早期岩浆活动:具有由北向南迁移的特点。第一阶段花岗岩(195~165Ma)主要分布于南岭北部,有大东山-贵东-寨背-武平岩带等,呈东西向展布,以黑云母钾长花岗岩为主。第二阶段花岗岩(165~140Ma)主要分布在南部(连阳-佛冈-白云岗-河田-大埔岩带),东西向展布,侵入活动较弱,以花岗岩为主。

燕山晚期火山-侵入杂岩(140~80Ma):岩浆活动强烈,火山-侵入杂岩主要分布在长江中下游与东南沿海,前者总体呈近东西向展布,后者与海岸线平行,总体呈北东向展布。

5. 喜马拉雅期火山岩

喜马拉雅期岩浆作用与更强的陆内拉张和南海扩张等有关。古近纪以过渡类型的隐伏玄武岩为主,分布于苏北盆地、合肥盆地和上海地区等;新近纪为拉斑玄武岩系列和碱性玄武岩系列共存,主要出露在福建明溪、龙海,浙江新昌、嵊县,安徽女山、金山,江苏江宁、六合等地。第四纪以碱性玄武岩系列的碱性橄榄玄武岩-碧玄岩-橄榄霞石岩组合为主。

四、第四纪地质及新构造

1. 第四纪地质

区内第四系分布较广,海陆相沉积类型发育齐全,沉积环境变化较大。福建和邻区以海相、滨海三角洲相沉积分布最广,宁波盆地含石膏和盐岩,相变剧烈,一般地区厚度多为500~1500m,苏中盆地沉积物厚度可达3000m以上,赋存石油天然气资源;长江三角洲则以陆相沉积为主。

浅海相及滨海三角洲相沉积:礁灰岩相主要分布在沿海诸岛区,以生物碎屑灰岩为主;浅海相主要分布于沿海大陆架,以陆源碎屑为主;滨海相主要为砂堤、砂坝、海积平原、潟湖沼泽、古三角洲平原等;海陆交互相主要为海相粉砂质淤泥、河流相砂层、砂砾层。

陆相沉积:冲积洪积相主要为砂土、泥岩及砾石层;火山堆积相多以火山锥及火山岩被等形式产出,主要为玄武岩、火山碎屑岩、凝灰岩等。

2. 新构造

区内新构造(活动构造)较发育,不仅控制火山岩浆活动,而且控制了主要河流如长江的形成与发育,还引发地震,如溧阳-信阳东西向活动构造等即为本区重要地震带等。

五、区域矿产

1. 概况

华东地区地处滨西太平洋成矿域的南段——东南沿海成矿区,横跨数个一级大地构造单元,其地质历史经历了陆核、陆块、陆缘和陆内发展的演化阶段。在不同的演化阶段都有相应的成矿作用,由此产生了一系列各具特色的成矿区(带),包括长江中下游铁铜硫金成矿带,武夷山铜铅锌多金属成矿带,南岭东段钨多金属成矿区等。

华东地区矿产资源丰富,在《中国矿床成矿系列图》列出的934个大中型代表性矿床中,该区有137个,占14.6%,而中新生代矿床则占全国该时期形成矿床的1/4以上。区内已发现大型、特大型矿床78个,涉及的矿种主要有22种:铁、铜、铅、锌、金、银、硫、钨、锡、锂、铍、铌、钽、磷、滑石、石墨、明矾石、萤石、叶蜡石、膨润土、高岭土、硅灰石,可分为9个矿床类型、13个矿床成矿系列。

2. 矿产地及优势矿产资源概况

华东地区矿产地情况见表1-1。

表1-1 华东地区矿产地统计表 (单位:个)

行政区	总数	特大型	大型	中型	小型	矿点	矿化点	未标明
江苏	483	7	24	57	73	183	105	34
安徽	500	2	51	207	176	61	3	0
浙江	2139	0	45	105	259	784	692	254
江西	1131	3	53	111	107	838	13	6
福建	2400	18	35	60	275	2011	0	1
合计	6653	30	208	540	890	3877	813	295

长江中下游和赣东北地区铁铜多金属矿:已探明具有资源储量的矿种达 33 种,优势矿产有铜、铁、金、钨、钼、铅锌等。已发现有色金属、黑色金属、贵金属和稀有金属矿产地 1463 处,其中有色金属 619 处、黑色金属 654 处、贵金属 162 处、稀有金属 28 处。按规模,超大型矿产地 9 处、大型矿产地 40 处、中型矿产地 169 处、小型矿产地 697 处。截至 2003 年底,已探明的铜矿资源/储量 2407.5976×10^4t,保有储量 1845.5624×10^4t,铁矿资源/储量 43.318 29×10^8t,保有储量 33.214 53×10^8t。主要矿种在全国总储的比重分别是:铜矿 16.754%、硫铁矿 15.83%、金 14.94%、铁矿 6.05%、钼 1.39%、铅 2.68%、锌 2.51%。形成了鄂东南、九瑞、赣东北、安庆、贵池、铜陵、庐枞、宁芜、宁镇等大中型矿床群集的矿集区。

赣南地区钨矿:赣南共完成详查以上级别的钨矿床 39 处,发现大型钨矿床 9 处、中型钨矿床 30 处,小型及矿点 429 处。其中大中型钨矿床个数占全国 111 个大中型钨矿床的 1/3 以上,累计探明钨储量达 147.77×10^4t(44 个矿床),占全国探明钨储量 21%,其中黑钨矿储量 127.53×10^4t。

稀有、稀土矿产:江西省是稀有、稀土矿产资源大省,目前已列入矿产储量表中的稀有、稀土金属及分散元素矿产地 104 处,钽、铀、铥、铷、铯等保有储量占全国首位,钪、铋、铌、锂、铍、镓、锆、稀土、镉等保有储量分别居全国第二至第九位。

浙闽地区萤石矿资源:我国萤石资源丰富,其中浙江省萤石居全国首位,矿床(点)分布于 42 个县市约 650 余处,在龙泉-宁波基底隆起区分布集中,成为国内重要的萤石矿化集中区。其次为福建省,已发现矿产地 68 处,71% 分布于闽西北隆起带。萤石矿的普查-勘探评价总体工作程度较低(浙江 68 处、福建有 21 处),以往工作重点主要针对大中型萤石矿床,相当具有找矿潜力的矿点、矿化点尚未进行普查评价。

第二章　数据基础与工作方法

第一节　自然重砂工作程度

华东地区自然重砂测量工作的比例尺主要为1∶20万和1∶5万。1∶20万区域水系重砂测量工作随同1∶20万区域地质测量工作进行,从1959年开始至1980年结束,前后历时20余年之久,完成94个图幅,邻区完成17个图幅,除平原区没有采样外,其余地区均进行了自然重砂采样,总共完成了华东五省行政区范围内采样点328 974个。自然重砂采样工作主要由浙江、安徽、江苏、江西和福建等地质局下属的地质队完成,部分跨区图幅由湖南、广东、湖北、河南和山东等相关单位完成。

1∶5万区域水系重砂测量工作主要是在20世纪70年代至90年代随开展矿产区调工作而进行,完成了247个图幅或工区的重砂测量工作。

第二节　自然重砂资料来源与质量评述

1. 1∶20万自然重砂资料质量评述

自然重砂数据库建库原始资料主要为1∶20万区域地质调查工作中的重砂资料,包括自然重砂测量的野外记录、鉴定报告等文字资料,1∶5万或1∶10万重砂野外采样位置图、重砂异常图等图形资料。自然重砂原始资料均以纸介质在原调查单位保存且只有一份,由于保存时间较长,资料的完整性较差,有些资料已无法阅读。在建设数据库系统时完整地整理了该类资料。

华东五省1∶20万自然重砂数据库建设分别由浙江省地质调查院、安徽省地质调查院、江苏省地质调查研究院、江西省地质调查研究院和福建省地质调查研究院完成,从2000年开始至2005年结束,共计用了约5年时间,完成了华东五省自然重砂数据库建设,跨省图幅数据由邻省的信息部门建立,数据库建库成果均被评定为优秀级。本次自然重砂专题研究的主要数据源为全国自然重砂数据库资料(华东地区)。目前用于开展矿产资源潜力评价工作的重砂数据库(包括收集到的邻省重砂资料)采样点数为272 606个。数据格式为MS Access 2000。

2. 1∶5万自然重砂资料质量评述

1∶5万自然重砂数据库建库工作是于2008年随矿产资源潜力评价工作开展的,浙江省完成了47个图幅共计37 452个采样点的入库工作;江苏省完成了33个图幅,共录入采样点位6182个,样品鉴定记录93 387条。1∶5万自然重砂数据库均未经过上级主管部门评审验收,但数据可供预测工作区重砂异常图编图使用,可以为本次矿产资源潜力评价提供更完整的自然重砂信息。

第三节　技术标准和工作方法

一、技术标准

引用的技术标准主要有：
(1)2007年5月　全国矿产资源潜力评价　《自然重砂资料应用技术要求》
(2)2009年11月　全国矿产资源潜力评价数据模型　(自然重砂分册、空间坐标系及其参数分册、地理信息分册等，V3.10)
(3)2006年3月　自然重砂数据库系统用户使用手册(ZSAPS 1.0版)
(4)地质信息元数据标准　DD—2006—05
(5)2009年4月　自然重砂资料应用典型示范工作总结　《自然重砂资料应用》专题组下发
(6)2009年11月　北京九华山会议后下发的《关于印发全国自然重砂资料应用成果要求的通知》(项目办发〔2009〕35号)中的3个附件：
　附件1　编图说明书编写要求与示范
　附件2　自然重砂图件图示表达要求(包括示范图件)
　附件3　省级自然重砂资料应用报告编写提纲
(7)2009年7月　矿产资源潜力评价成果数据库验收办法与验收标准(征求意见稿)
(8)GB 958—1999　区域地质图图例(1∶5万)
(9)DZ/T 0179—1997　地质图用色标准及用色原则(1∶5万)

二、工作方法

自然重砂资料应用工作，涉及资料收集与整理、数据准备、重砂矿物选择、异常图编制、异常解释评价、数据库建设等多个环节，其工作基本技术流程见图2-1。

本次自然重砂资料应用是以更新、完善后的1∶20万自然重砂数据库为基础数据，利用中国地质调查局下发的《自然重砂信息管理系统》(2.0)，对华东地区相关重砂矿物进行分析、处理，以汇水盆地为底图，结合地质构造背景、地貌等特征编制组合矿物异常图，对异常进行定性解释与评价。

(1)资料收集，重砂数据准备，了解华东地区自然重砂工作基础及现状。

(2)利用《自然重砂数据库系统》，查询与预测矿种相关的重砂矿物名称及种类、矿物含量值、矿物的物理特征等属性数据，了解华东地区自然重砂矿物分布特征。

(3)重砂矿物选择，根据预测矿种，结合华东地区地质矿产特点及矿物分布特征，筛选重砂矿物，对于一物多名的、同一矿物种的原生矿物和次生矿物，将它们视为同一种矿物，实施族内合并。

(4)矿物含量标准化处理：由于重砂矿物含量单位不一，主要有颗粒、百分数、克数或以不定量值表示(如几颗、微量、少量)等，加上取样重量存在出入，一般为30kg，且有些出入较大，只有2~10kg，因此，必须对含量值进行量化。前人在进行重砂重整时将少数颗即101颗至<0.01g/30kg≈0.009g/30kg=$0.3×10^{-6}$，依次类推：几颗相当于$0.1×10^{-6}$，微量相当于$0.2×10^{-6}$，少量相当于$2×10^{-6}$。对于以百分数报出的，则换算为g，再换算为g/30kg；而对于以g为单位报出的，则直接换算为g/30kg。本次处理：参照前人的方法，按重砂项目组的要求，编制程序，考虑到缩分系数、取样重量，将以百分数、g为单位的数据化为颗/kg，利用《自然重砂信息管理系统》(2.0)，选择评价的矿物按统一量纲进行换算处理，完成各有用矿物的标准化处理。

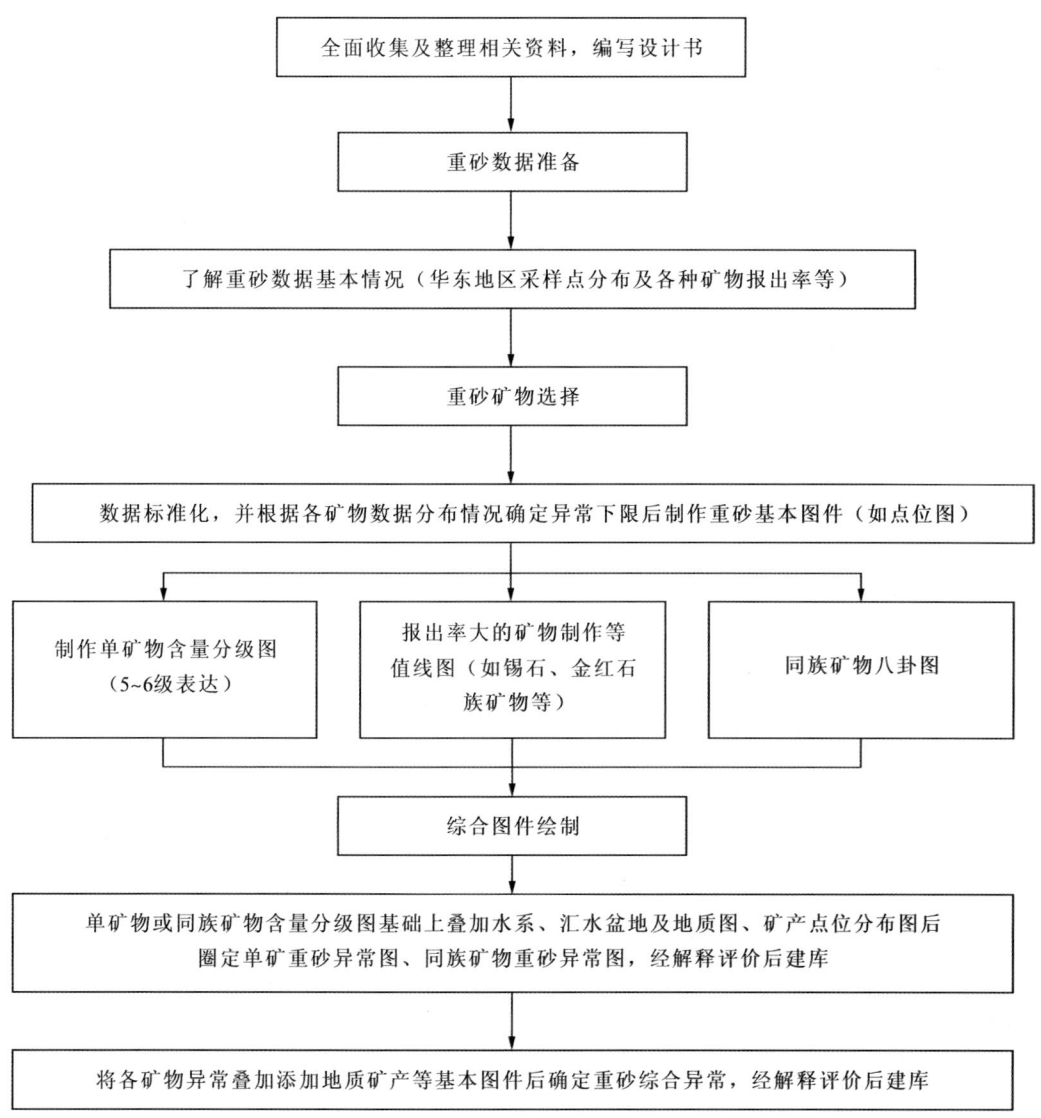

图 2-1 自然重砂资料应用基本技术流程图

(5) 编制华东地区重砂采样点位图、单(组合)矿物点位分布图,单(组合)含量分级图等基础性图件。

需要说明的是,在生成单矿物点位分布图时,由于分析时有许多矿物是以组合矿物(即多矿物)的形式给出分析值的,因此自然重砂处理专用软件工具能按用户需要将所有含该矿物的点位找到,并生成相应的重砂矿物点位图。在生成同族矿物点位分布图时,对于同一位置,若存在两个或两个以上的相关矿物时,其含量进行合并处理,如同一地点同时出现白钨矿和黑钨矿,则将其含量进行相加。编制含量分级图时采用不同颜色、不同大小的符号表示不同的含量级别,以直观地表示矿物的含量分布特征。

(6) 根据重砂矿物含量分级,结合成矿地质背景和汇水盆地特征及其找矿意义进行异常圈定,编制组合矿物重砂异常图。采用不同颜色、不同线型表示不同级别的异常。

(7) 重砂异常解释评价。根据异常的矿物特征、异常组合及其空间分布规律、异常强度等因素,结合汇水盆地特征、地质构造背景及已知的矿床、物探、化探、遥感等综合信息,对异常进行解释与评价,推断重砂矿物的来源、搬运距离,推断可能的矿种或可能的地质体,为成矿预测提供信息。

第四节 重砂矿物筛选与编图方法

通过下发的《自然重砂信息管理系统》，生成自然重砂采样点分布图及各矿物的自然重砂分布图，全面掌握本区重砂采样分布及重砂矿物出现情况。结合预测矿种进行重砂矿物的筛选工作。

一、重砂矿物筛选原则

（1）自然重砂预测信息研究评价工作始终配合成矿规律和成矿预测组开展工作，矿物选择必须兼顾综合预测。

（2）充分考虑华东地区的地理、成矿地质背景和矿产信息，通过岩石和典型矿床中矿石、矿物的研究，选择与预测矿种具有相关性的重砂矿物。

（3）充分借鉴已有研究成果，发挥老专家尤其是开展过省级重砂总结工作的专家的作用。

二、重砂矿物异常下限及级别的确定

1. 重砂异常下限的确定

重砂异常的圈定是在矿物含量分级图的基础上按汇水盆地进行。由于重砂矿物含量单位不一，主要有颗粒、百分数、克数或以不定量值表示（如几颗、微量、少量）等，故采用专用的自然重砂处理软件工具，完成各矿物的数据标准化处理并生成各矿物的点位图，在自然重砂数据库系统（ZSAPS2.0）平台下，根据标准化后的数据按累积频率（累频）的方式，确定矿物的分级含量级别（分6级，第0级为有点位没有数值，其他级按累积频率方式），生成重砂矿物含量分级图。原则上选择5级或6级作为异常下限（部分矿物作适当调整），依据分级图、汇水盆地及成矿地质背景等资料，按有关要求圈定单矿物异常图。

另外，在异常圈定过程中也考虑到有些矿物出现较少，对此类矿物凡出现即为异常；对于有些矿物出现率高，且存在大量同一值或接近相同值的采样点，需要适当提高其异常下限。

2. 重砂异常边界的圈定及异常分级

凡是重矿物明显高于背景含量，这种偏高分布又相对集中（具有两个以上同种重矿物的异常点）的地段，结合地质背景、地貌特征均圈定为异常范围。

再根据重砂矿物含量及找矿意义大小将异常分为3级：Ⅰ级找矿信息最好，Ⅲ级最差。对于那些孤立出现而重矿物含量很高的点作为高含量点表示。异常级别划分依据如下。

（1）异常特征：即重矿物含量多少、分布面积。
（2）地质特征：即异常区内岩性、构造、蚀变、矿化等。
（3）异常可靠程度：经加密采样检查异常重复出现的情况。
（4）此种重矿物在测区内成矿的可能性和找矿的指示意义。

根据上述异常分级依据，将研究区内重砂异常分为以下3个级别：

Ⅰ级异常区与已知矿床（点）相吻合，有明显的直接找矿标志存在，高含量点比较集中的地段划为Ⅰ级异常区。

Ⅱ级异常强度高，成矿地质条件好，矿化明显，与化探异常吻合较好，有可能找到矿产的异常，划为Ⅱ级异常区。

Ⅲ级异常强度低，成矿地质条件差，蚀变矿化不甚明显，化探异常差，不具找矿意义或目前条件下找矿希望不大者，划为Ⅲ级异常区。

三、自然重砂各类图件编制方法

根据自然重砂资料应用要求,需编制的自然重砂图件主要有自然重砂工作程度图、采样点位图、单矿物含量分级图、组合矿物异常图等。

1. 自然重砂工作程度图

根据工作程度数据库及所收集的资料,在 MapGIS 平台上完成全区性工作程度图的编制工作。

2. 自然重砂采样点位图

采用《自然重砂信息管理系统》(2.0)进行数据处理及矿物提取,完成华东地区重砂采样点位图的编制及单矿物、同族矿物点位图的编制工作。

3. 单矿物(或同族矿物)含量分级图

单矿物含量分级图是通过统计计算,参考累频及其他统计参数,确定各矿物的含量分级区间,运用《全国自然重砂数据库系统(ZSAPS2.0)》软件,根据已生成的点位图,按含量区间划分为 6 个级别,确定各级图形参数,且规定各个矿物相同级别的图形参数均是一样的,利用软件完成华东地区自然重砂矿物分级图的编制工作。需要说明的是,在编制该类图件时,为了方便图形表达,0 级为该点无相应的重砂矿物含量,4 级以上一般为异常,即分级图也能够同时反映有无图,同时也能反映重砂异常情况。

华东地区单矿物或同族矿物分级图底图采用华东地区的 1:150 万地理底图,水系图层采用 1:20 万的水系线文件。每张图均有图签责任表及简单的图例。

4. 单(组合)矿物异常图

单(组合)重砂异常图按照《自然重砂资料应用技术要求》,采用重砂数据管理应用系统《全国自然重砂数据库系统(ZSAPS2.0)》,在 MapGIS 平台上对数据进行处理及成图,结合编图地区地质背景及成矿地质条件,确定有关矿物的分级级值和异常下限,利用汇水盆地资料圈定重砂单(组合)矿物异常图。对一些出现率低的矿物,原则上规定出现就是异常,而对一些出现率高等矿物,原则上 4 级或者 5 级含量以上为异常,并根据前述确定的自然重砂异常级别划分原则对所圈定的异常进行分级。

华东地区单(组合)矿物异常图底图采用华东地区的地质矿产素图,水系保留了原色;矿产图层采用经维护后的华东矿产地数据库,选择与预测矿种相关的矿产。每张图均附编图说明及责任图签。

5. 异常区(带)自然重砂综合异常图

在完成各单(组合)矿物异常图编制的基础上,结合成矿地质条件和矿床分布特征,同时充分考量区内自然重砂异常的空间分布特点和富集规律,结合华东地区Ⅲ级成矿区(带)单元,编制各矿物自然重砂异常区(带)图。该类图件底图采用华东地区的地质矿产素图,水系保留了原色;矿产图层采用经维护后的华东矿产地数据库,选择与预测矿种相关的矿产。每张图均附编图说明及责任图签。

第五节 空间数据库建设

本专题工作的目的在于圈定重砂矿物异常,参与预测、优选找矿靶区和进行重大基础地质问题研究。但是自然重砂只是众多找矿方法中的一种,只有综合地质背景、物探、化探、遥感等多种方法,才能更准确地圈定出找矿靶区。建立空间数据库就是为了使各种找矿方法得出的研究结果能在空间上进行叠加,以便更好地研究分析出找矿靶区。

空间数据库建设主要包括图形编制、属性采集与挂接、成果汇总、元数据采集等项工作。

一、图件编制

按《全国矿产资源潜力评价数据模型 自然重砂分册(V3.1)》技术要求,本专题编制华东地区级自然重砂异常图。其中自然重砂异常边界(线)、自然重砂异常分布(区)两个图层由本专题建立,其他图层,如地质、成矿区带、大地构造图层等引用其他项目资料。

本专题的基础性图件(如重砂点位分布图、重砂含量分级图等)均用项目部下发的"自然重砂信息管理系统"软件自动生成。由于软件自动生成的图件已经具备空间位置,因此我们直接在基础图件上圈定异常并进行拓扑造区。

二、属性采集与挂接

按《全国矿产资源潜力评价数据模型 自然重砂分册(V3.1)》技术要求,自然重砂异常边界(线)、自然重砂异常分布(区)两个图层都必须有属性信息,且线文件和区文件的属性完全一致。为此,华东五省采取先进行异常分布(区)属性采集与挂接,然后把异常分布(区)的属性导出,再挂接到异常边界(线)文件中。

属性采集分两部分进行:一是由计算机人员直接在 GeoMAG 软件中进行采集与挂接,这类情况包括可进行统挂的属性项,如异常类型、异常级别等;与地质关系不紧密的属性项(这些属性项由地质人员向计算机人员说明采集原则后再由计算机人员操作),如异常编号、异常名称等。二是由地质人员进行属性的采集,然后由计算机人员在 GeoMAG 软件中进行录入。

自然重砂异常图层共有 17 个属性项,具体内容与填写说明见表 2-1。

表 2-1 数据库属性项及填写说明

序号	数据项名称	数据项代码	数据类型及长度	数据项填写说明
1	特征代码	FEATUREID	C26	软件自动生成
2	图元编号	CHFCAC	C6	软件自动生成
3	异常类型	QDNGDE	C8	填写重砂矿物类型代码,1-单矿物异常;2-组合矿物异常
4	异常编号	QDNGDA	C9	填写重砂异常编号,从北到南,从西往东依次编号
5	异常名称	QDNGDF	C40	填写重砂异常名称,地名+矿物+异常级别
6	矿物名称	KWBEH	C100	填写标准重砂矿物名称代码
7	矿物含量	QDNGC	F15.6	填写标准化后的矿物含量
8	异常分级	QDNGDD	C6	填写矿物含量分级
9	异常下限	QDNGDJ	C20	填写重砂异常矿物含量分级下限值
10	标型特征	QDNGI	C250	矿物的物性描述
11	异常检查情况	QDNGDK	C20	当圈定的异常是已知异常且进行过异常检查时,填写异常检查情况
12	汇水盆地	QDGEF	C8	填写重砂异常所在汇水盆地的等级代码
13	异常面积	WTCEBA	F8.2	重砂异常的面积
14	迁移距离	QDNGBC	F8.2	推断重砂矿物的迁移距离
15	推断矿种	QDNGN	C200	重砂异常所推断的矿种
16	矿化特征	QDNGM	C200	异常范围内矿化特征
17	备注	MDLZZ	C250	其他需要说明的情况

三、成果汇总

利用 GeoMAG 软件规范图层名称和工程文件名称,最后根据《全国矿产资源潜力评价数据模型自然重砂分册(V3.1)》技术要求,修改文件存放路径并填写成果清单。

四、元数据采集

元数据是描述数据及其环境的数据。它能提供基于用户的信息,如记录数据项的描述信息、数据的投影信息等,能帮助用户更好地使用数据。其次,它支持系统对数据的管理和维护,如记录了关于数据项存储方法,能支持系统以最有效的方式访问数据。鉴于元数据的这些特性,项目部根据本项目的具体要求,编制了全国矿产资源潜力评价元数据模版。华东五省利用项目部下发的"元数据采集器"软件,参照模板文件,认真地完成了元数据的采集工作。

最终空间数据库提交的成果为"四个一",即每张重砂异常图空间数据库中必定含有一张空间信息的图件、一个属性数据库、一份编图说明书和一份元数据。

第三章 自然重砂矿物特征与异常解释评价

运用"自然重砂数据库系统"对华东地区境内 1 : 20 万自然重砂数据的处理分析,总结出自然重砂矿物具有以下特征:

出现黄铜矿的重砂样品个数 4076,黄铜矿含量(单位:粒/30kg,下同)平均值为 1838.8,最小值 1,最大值 3.7808×10^6。黄铜矿呈零星状,高值点主要分布于江西省赣州市上犹县五指峰境内。

出现辉铜矿的重砂样品个数 74,平均值 529.797,最小值 1,最大值 25 160。辉铜矿分布极少,含量低,呈零星状分布于安徽庐江县、福建龙泉市和江西遂川县境内。

出现斑铜矿的重砂样品个数 92,平均值 156.724,最小值 1,最大值 2922。斑铜矿分布极少,含量低,呈零星状分布于江西东北部铅山县、德兴市、贵溪县,西南部崇义县境内。

出现方铅矿的重砂样品个数 5456,平均值 607.027,最小值 1,最大值 9×10^5。方铅矿含量较低,高值点集中分布于安徽省铜陵市境内。

出现闪锌矿的重砂样品个数 766,平均值 537.117,最小值 1,最大值 40 000。闪锌矿含量较低,主要沿浙江雁荡山和括苍山分布。

出现自然金的重砂样品个数 43 775,平均值 17.1184,最小值 1,最大值 30 000。金高值点呈零星状分布于江西宜春市、铅山县、玉山县、乐平市,福建泉州市,安徽铜陵、黟县、芜湖,江苏句容市等地。

出现黑钨矿的重砂样品个数 48 870,平均值 1923.54,最小值 0.5,最大值 6.15×10^6。黑钨矿分布面积较广,在江西省、福建省和广东省均呈大面积分布,高含量区主要分布于江西省赣州市境内。

出现白钨矿的重砂样品个数 102 990,平均值 1142.04,最小值 0.1,最大值 $8.388\,61\times10^7$。白钨矿分布面积极广,在江西省、安徽省南部、福建省西部均有分布,尤以江西省赣州市境内含量较高。

出现辉锑矿的重砂样品个数 192,平均值 17.8021,最小值 1,最大值 120。辉锑矿分布面积较小,呈零星状分布于黄山市境内。

出现铌钽矿的重砂样品个数 194,平均值 2829.89,最小值 1,最大值 30 000。铌钽矿分布面积较小,呈零星状分布于赣西北幕阜山及安徽省广德县境内。

出现磷灰石的重砂样品个数 48 338,平均值 4340.25,最小值 0.5,最大值 1.296×10^6。磷灰石分布面积较广,呈团块状主要分布于安徽大别山等地。

出现硬锰矿的重砂样品个数 27 683,平均值 1289.45,最小值 1,最大值 1.5872×10^6。硬锰矿分布面积较广,在福建省、安徽省南部、浙江省西部均有大面积分布,高值区集中分布于浙江省境内的昱岭山脉两侧。

出现锡石的重砂样品个数 473 966,平均值 127 977,最小值 0.2,最大值 $1.342\,18\times10^{10}$。锡石分布面积极广,在福建、安徽、江西、浙江等省都有大面积分布,高值区集中分布于浙江省衢州市、江西省赣州市境内。

出现铬铁矿的重砂样品个数 30 941,平均值 4547.96,最小值 0.5,最大值 6.5536×10^6。铬铁矿分布面积相对较广,高值区集中分布于浙江境内的昱岭山和龙门山境地及金华、衢州境内。

出现铬尖晶石的重砂样品个数 26 928,平均值 1230.61,最小值 1,最大值 3.2×10^5。铬尖晶石在福建省、浙江省、江西省均有大面积分布,高值区集中分布于江西省上饶地区、浙江省温州西部地区。

出现自然银的重砂样品个数 962,平均值 3.369 36,最小值 1,最大值 200。自然银零星分布于浙江省和福建省境内，无明显高值区。银金矿样品个数1，含量值为8。

出现辉钼矿的重砂样品个数4118，平均值1124.44，最小值1，最大值$3.450\,18\times10^6$。辉钼矿呈零星状主要分布于江西省赣州市上犹县五指峰境内。

出现黄铁矿的重砂样品个数109 334，平均值30 436.2，最小值0.005，最大值$4.294\,97\times10^9$。黄铁矿分布面积极广，高值区呈团块状集中分布于浙江省衢州市、金华市、临安市、安吉县及温州西部地区。

出现萤石的重砂样品个数3899，平均值7368.85，最小值0.52，最大值960 568。萤石主要集中分布于浙江省金华地区。

出现重晶石的重砂样品个数62 192，平均值23 309.5，最小值0.0032，最大值$6.030\,95\times e^6$。重晶石在浙江、江西、安徽等省均有大面积分布，尤以安徽省与浙江省交界处含量较高。

其他重砂矿物如下（矿物含量单位：粒/30kg）：

锆石样品个数261 702，平均值$1.064\,61\times10^7$，最小值0.005，最大值$2.791\,73\times10^{12}$。

铋族矿物样品个数19，平均值57.3684，最小值10，最大值245。

辰砂样品个数77 183，平均值23.7527，最小值0.54，最大值1.5×10^5。

赤铁矿样品个数114 861，平均值$4.337\,57\times10^9$，最小值0.4，最大值$1.030\,79\times10^{14}$。

磁铁矿样品个数731 083，平均值$6.673\,44\times10^9$，最小值0.25，最大值2.362×10^{14}。

雌黄样品个数1773，平均值159.227，最小值1，最大值30 000。

电气石样品个数96 487，平均值11 322，最小值0.2，最大值$1.090\,52\times10^9$。

毒砂样品个数1468，平均值3398.57，最小值0.65，最大值1.65×10^6。

独居石样品个数100 741，平均值73 684，最小值0.3，最大值$1.308\,62\times10^{10}$。

橄榄石样品个数1524，平均值6940.79，最小值1，最大值246 336。

锆石样品个数261 702，平均值$1.064\,61\times10^7$，最小值0.005，最大值$2.791\,73\times10^{12}$。

褐帘石样品个数32 126，平均值3174.43，最小值1，最大值3.2×10^5。

褐铁矿样品个数129 040，平均值$6.071\,94\times10^8$，最小值0.2，最大值$2.570\,54\times10^{13}$。

红柱石样品个数3894，平均值1341.48，最小值0.5，最大值30 000。

黄玉样品个数6536，平均值6047.05，最小值0.5，最大值139 095。

辉石样品个数80 506，平均值7535.32，最小值0.2，最大值1.4304×10^6。

尖晶石样品个数10 060，平均值893.598，最小值1，最大值1.358×10^5。

角闪石样品个数68 641，平均值34 896.9，最小值1，最大值$7.441\,28\times10^6$。

金样品个数5961，平均值3.730 07，最小值1，最大值1536。

金红石样品个数147 984，平均值3277.32，最小值0.005，最大值6.5536×10^6。

镜铁矿样品个数15 869，平均值3838.76，最小值0.2，最大值5.6525×10^5。

蓝晶石样品个数5125，平均值1082.6，最小值0.5，最大值48 320。

菱铁矿样品个数5097，平均值2405.52，最小值0.5，最大值1.8528×10^5。

绿帘石样品个数157 309，平均值$1.389\,17\times10^7$，最小值0.1，最大值$1.159\,64\times10^{12}$。

明矾石样品个数1，含量值为20。

蛇纹石样品个数161，平均值412.765，最小值1，最大值3600。

石膏样品个数174，平均值1293.5，最小值1，最大值20 000。

石榴石样品个数143 877，平均值$2.636\,24\times10^8$，最小值0.2，最大值$3.435\,97\times10^{13}$。

钛铁矿样品个数197 694，平均值$3.649\,44\times10^6$，最小值0.2，最大值$7.223\,43\times10^{11}$。

透辉石样品个数5979，平均值3113.26，最小值1，最大值1.66×10^5。

斜方辉石样品个数83，平均值681.387，最小值1，最大值19 620。

雄黄样品个数48 684，平均值18.3118，最小值1，最大值1.76×10^5。

华东地区自然重砂中出现的重矿物有100多种。重砂矿物由于具有不同的物理性质（主要是硬度、相对密度、解理度）和化学性质，在风化或机械搬运过程中，其稳定性各不相同，致使重砂矿物的分布有其固有特征；此外，重砂矿物的分布和富集、矿物共生组合还与水系河流、地形地貌、区域地质构造环境、岩浆活动、矿产资源分布等有着密切关系。经过综合研究并结合地质、矿产条件，发现金、银、铜族、铅族、锌族、黑钨矿、白钨矿、锡石、钼族、铋族、辰砂、雄雌黄、毒砂、萤石、重晶石、锑族等矿物可作为找矿的直接标志，用以寻找有关矿床。下面分别论述以上重砂矿物的特征及其分布规律。

华东五省围绕铁、铜、铝、铅、锌、金、钨、锑、稀土、钾、磷、锰、镍、锡、铬、钼、银、硼、锂、硫、萤石、菱镁矿、重晶石23个矿种开展了自然重砂资料应用和省级编图。其中浙江省编制了自然重砂异常图19张，共圈定Ⅰ级异常194个、Ⅱ级异常448个、Ⅲ级异常893个；安徽省编制了省级自然重砂异常图24张，共圈定异常1043个，其中Ⅰ级104个、Ⅱ级261个、Ⅲ级678个；江苏省编制了自然重砂异常图27张，圈定单矿物异常555个，其中Ⅰ级97个、Ⅱ级225个、Ⅲ级233个，综合异常44个，其中Ⅰ级15个、Ⅱ级19个、Ⅲ级10个；江西省编制了省级自然重砂异常图12张，共圈定单矿物异常Ⅰ级100个、Ⅱ级244个、Ⅲ级518个，综合异常Ⅰ级14个、Ⅱ级25个、Ⅲ级9个；福建省编制了省级自然重砂异常图11张，共圈出870个异常，其中Ⅰ级56个、Ⅱ级138个、Ⅲ级676个。

第一节 铜 矿

一、矿物特征及其区域分布规律

铜矿是华东地区的重要矿产之一，其重矿物分布主要在江西、安徽和福建三省，主要与浅成—超浅成中—中酸性侵入岩体有关，尤以燕山期闪长（玢）岩体为甚。

与铜矿相关的重砂矿物主要为铜族矿物，包括斑铜矿、赤铜矿、黄铜矿、辉铜矿、蓝铜矿、紫铜、自然铜、孔雀石8种矿物。全区重砂样品中铜族矿物有4242个鉴定结果，最高含量为3.7808×10^6粒/30kg，平均值为1838。区内铜族矿物呈零星状分布，主要出现于江西省赣州市上犹县五指峰境内。

二、成矿类型的重砂矿物学标志

华东地区铜矿资源主要分布在江西、安徽和福建三省境内，矿床类型多样且较齐全，主要以矽卡岩型、斑岩型、热液型、风化淋滤型为主。

1. 矽卡岩型

该类型为本区主要成矿类型，有安徽铜陵、池州、安庆、滁州-苏湾、宣城、青阳-泾县、繁昌等矿区。通过对上述矿区研究分析，归纳总结重砂矿物组合为：铜族-铅族-自然金-白钨矿-铋族（石榴石、角闪石、电气石、辉石、符山石、黄铁矿、绿帘石、磁铁矿）。该类型一般表现为一套较完整的矽卡岩矿物组合，但以铜族、铅族、自然金、白钨矿、铋族异常组合呈现为主要特征。

2. 斑岩型

此类型矿床主要分布在江西德兴铜厂、九江城门山、高安村前、铅山永平、东乡枫林、彭泽郭桥、会昌红山、弋阳铁砂街，安徽庐江、铜陵、贵池等矿区。通过对上述矿区的研究分析，归纳总结重砂矿物组合为：铜族-铅族-自然金（黄铁矿、辰砂、雄雌黄、铋族、白钨矿、磁铁矿）。该类型一般为一套较完整的中温矿物组合，但一般以重砂异常强度较弱，重砂异常种类较少且铜族、铅族、自然金异常组合呈现为特征。

3. 热液型

该类型较常见,有安徽庐枞、宁芜、宣城等矿区。通过对上述矿区的研究分析,归纳总结重砂矿物组合为:铜族-铅族-自然金(黄铁矿、辰砂、雄雌黄、铋族、白钨矿、磁铁矿)。该类型一般为一套较完整的中温矿物组合,但以铜族、铅族、自然金异常组合呈现为主要特征。

4. 风化淋滤型

该类型较少见,有安徽池州等矿区。通过对上述矿区的研究分析,归纳总结重砂矿物组合为:铜族-铅族-自然金(铋族、辰砂、雄雌黄、黄铁矿)。该类型重砂异常一般较简单,且异常强度亦弱。

三、异常特征及解释评价

铜族矿物包括斑铜矿、赤铜矿、黄铜矿、辉铜矿、蓝铜矿、紫铜、自然铜、孔雀石8种矿物。全区共圈定铜族异常235个,其中Ⅰ级25个、Ⅱ级60个、Ⅲ级150个。现将主要异常简述如下。

1. 雾顶山铜族异常

该异常位于安徽省庐江县雾顶山—无为县塘猫尖一带,异常编号14,异常级别Ⅰ级。异常呈北东东向展布,椭圆形,面积45.34km²。共取样51个,有30个样含铜族,一般含量50颗,其中有7个样品含量达0.3g。铜族矿物组成皆为黄铜矿。黄铜矿呈深铜黄色,不规则块状、粒状;粒径介于0.3~1mm之间。伴生矿物有自然铅、重晶石、金红石、锆石、钛铁矿等。

异常区出露晚侏罗世火山岩,下白垩统双庙组。分布晚侏罗世石英正长斑岩、闪长玢岩、辉石二长岩体。断裂发育,以北西向为主。围岩蚀变有次生石英岩化、叶蜡石化、明矾石化、绿泥石化等,黄铁矿化、黄铜矿化普遍。

异常由已知铜矿床(点)所引起。铜族矿物为黄铜矿。异常面积大,矿物含量高,分布连续且集中,成矿地质条件有利。区内有铜、铅锌矿产地13个,值得进一步工作。该区有中温热液型洪水湾小型铜矿床,火山热液型庐江县石门庵小型铜矿床、枞阳县穿山洞(井边)小型铜矿床。另有火山热液型铜矿点4个、矿化点1个,热液型铜矿点1个、矿化点1个,热液型铅锌矿点2个、铜金矿点1个。

2. 凤凰山铜族异常

该异常位于安徽省铜陵县凤凰山一带,异常编号73,异常级别Ⅰ级。异常似不规则椭圆形,呈北西向展布,面积15.82km²。共取样77个,其中有64个样含铜族矿物,一般含量10~100余颗,最高含量达0.2028g。铜族矿物以黄铜矿为主,辉铜矿、孔雀石、赤铜矿、自然铜次之。黄铜矿呈铜黄色,不规则块状、粒状;粒径0.2~0.8mm。伴生矿物有铅族、自然金、白钨矿、铋族、辉钼矿、锆石、磷灰石、钛铁矿、磁铁矿、石榴石等(样品重量30kg)。

异常区大面积分布晚侏罗世凤凰山花岗闪长岩、闪长岩体,出露下三叠统、中三叠统,西北部见上志留统茅山组至二叠系。北西向、北东向断裂发育。围岩有矽卡岩化、硅化、钾长石化、绿泥石化等,接触带多见铜、铅、多金属矿化。

异常区伴有化探Cu、Pb、Zn、Mo、Ag元素异常。异常规模大,强度高,与已知矿床及物探、化探异常吻合较好,成矿条件有利,应进一步工作。异常由已知矿床(点)所引起。今后应注意综合找矿,着重寻找矽卡岩型有色金属矿产。接触交代型铜陵市凤凰山大型铜矿床、铜陵市宝山小型铜矿床,矽卡岩型南陵县南阳山、铜陵市铁山头小型铜矿床位于该区,区内另有接触交代型多金属矿点1个、铜矿点3个、铜矿化点1个,矽卡岩型铜矿点11个、矿化点1个,热液型金矿点1个。

3. 太平曹铜族异常

该异常位于安徽省池州市刘街北东6km太平曹一带,异常编号102,异常级别Ⅰ级。异常似不规则椭圆形,呈北西向展布,面积8.85km²。共取样36个,其中有3个样含铜族,含量介于5~25颗之间。

伴生矿物有铅族、钼族、白钨矿、铋族、自然金、刚玉等(样品重量30kg)。

异常位于太平曹背斜核部,出露奥陶系至志留系。北西向、北北东向断裂发育,有石英闪长玢岩侵入。围岩具硅化、大理岩化、矽卡岩化、绢云化等。

异常由已知矿床(点)所引起。成矿地质条件有利,矿物组合良好,对寻找铜、钼、铅锌、金等矿产有一定的远景。接触交代型安子山小型铜钼矿床、中低温热液型安子山小型黄铁矿床、观音洞铅锌矿化点均落位于区内。

4. 金竹湾铜族异常

该异常位于安徽省绩溪县杨溪乡金竹湾一带,异常编号150,异常级别Ⅰ级。异常呈北西向展布,不规则形,面积12.71 km²。铜族矿物为黄铜矿,一般含量为几颗至100颗,最高含量0.0015g。伴生矿物有自然金、辰砂、铅族、榍石、钛铁矿、独居石、电气石、锆石、金红石、白钨矿、重晶石、雄(雌)黄、泡铋矿、辉钼矿等(样品重量30kg)。

异常区出露地层有前震旦系牛屋组、震旦系、寒武系。受东侧绩溪断裂影响,次级断裂构造发育,有石英脉、花岗斑岩脉等侵入。

异常由已知矿床(点)矿体所引起。经踏勘检查,金矿化体主要产于石英脉和断裂破碎带中,区内见大小不一含金石英脉48条。采样分析,含金0.3×10^{-6}。应进一步工作,扩大找矿远景。热液型绩溪县老虎坑小型铜矿床、低温热液充填型绩溪县金竹湾金矿点均落位于区内。

第二节 铅锌矿

一、矿物特征及其区域分布规律

铅锌矿是华东地区的重要矿产之一,其重矿物分布除江苏省(含上海市)出现较少外,其余四省均有广泛分布,主要与中—酸性侵入岩体有关,尤以燕山期花岗(斑)岩体为甚。

与铅锌矿相关的重砂矿物主要为铅族和锌族矿物。铅族矿物包括白铅矿、方铅矿、块黑铅矿、磷氯铅矿、钼铅矿、铅矾、砷铅矿、自然铅8种矿物;锌族矿物包括闪锌矿、铅锌矿、纤锌矿3种矿物。全区重砂样品中铅族矿物有14 242个鉴定结果,最高含量为9×10^5粒/30kg,平均值607粒/30kg;锌族矿物有766个鉴定结果,最高含量为40 000粒/30kg,平均值537粒/30kg。铅族矿物在安徽省分布于金寨—霍山、铜陵、歙县—五城一线;浙江省主要分布在丽水-宁波槽凸、温州-临海槽凹构造区的晚侏罗世中酸性火山碎屑岩分布地段,尤以燕山期中酸性侵入体内外接触带附近更为发育,其次在江山-绍兴大断裂两侧及华埠-新登台陷双溪坞群变质中基性火山岩、混合岩分布地段也有部分异常分布,极少数的非矿异常由火山岩中的分散矿化引起;福建省分布有政和-上杭铅族矿物异常带,柘荣-诏安铅族矿物异常带;江苏省铜铅族矿物主要分布于断裂以及矿床(点)附近,如栖霞山铅锌银矿附近。

二、成矿类型的重砂矿物学标志

华东地区铅锌矿资源主要分布于江西、安徽、浙江和福建四省境内,矿床类型多样,主要以热液型、矽卡岩型、斑岩型为主。

1. 热液型

该类型为本区主要成矿类型,有安徽铜陵、蚌埠—凤阳、休宁东南部、金寨、祁门—绩溪、旌德、繁昌等矿区。通过对上述矿区研究分析,归纳总结重砂矿物组合为:铅族-(锌族)-自然金-铜族-钼族(辰砂、雄雌黄、铋族、白钨矿、黄铁矿)。该类型一般为一套中温矿物组合,以铅族、锌族、自然金异常组合为特征。

2. 矽卡岩型

该类型较常见,有安徽东至—石台等矿区。通过对上述矿区研究分析,归纳总结重砂矿物组合为:铅族-自然金-铜族-白钨矿-铋族(石榴石、角闪石、电气石、辉石、符山石、黄铁矿、绿帘石、钼族)。该类型一般表现为一套较完整的矽卡岩矿物组合,以铅族、锌族、自然金、铜族、白钨矿、铋族异常组合为特征。

3. 斑岩型

该类型矿床主要分布在江西德兴银山、贵溪冷水坑、德安张十八、上高七宝山、东乡柴古垄和于都银坑,安徽庐江等矿区。通过对上述矿区研究分析,归纳总结重砂矿物组合为:铅族-锌族-铜族-辰砂-雄雌黄(黄铁矿、铋族、重晶石)。该类型一般为一套较完整的中—低温矿物组合。异常一般以强度较弱、重砂异常种类较少为特征。

三、异常特征及解释评价

铅族矿物包括白铅矿、方铅矿、块黑铅矿、磷氯铅矿、钼铅矿、铅矾、砷铅矿、自然铅8种矿物,全区共圈定铅族异常402个,其中Ⅰ级47个、Ⅱ级123个、Ⅲ级232个。现将主要异常简述如下。

1. 银山沟铅族异常

该异常位于安徽省金寨县银山沟一带,异常编号20,异常级别Ⅰ级。异常呈不规则圆形,面积5.02km²。共取样7个,铅族异常样5个,含量介于51~125颗之间。伴生矿物有重晶石、黄铁矿等。

异常位于北西向晓天-磨子潭深断裂以西,广泛分布白垩纪二长花岗岩和花岗斑岩体,零星出露古元古界庐镇关群仙人冲组白云斜长片麻岩及大理岩透镜体。北东向断裂发育,次级小断裂更发育。硅化、绢英岩化普遍,局部黄铁矿化、钾长石化。

异常由区内已知矿床(点)所引起,与土壤测量Pb、Co、V、Cu异常部分重合。典型矿床如斑岩型沙坪沟超大型钼矿床、斑岩型银沙钼多金属小型矿床、热液型大小洪山铅锌矿点均落位于区内。

据新发现斑岩型沙坪沟超大型钼矿床研究资料,钼矿体主要产于花岗斑岩体上部内外接触带的围岩一侧,而在矿区外围形成(银)、铅锌铜等中低温热液矿床。因此本区铅族异常为斑岩型钼矿重要找矿标志之一。

2. 石门寨铅族异常

该异常位于安徽省金寨县石门寨一带,异常编号21,异常级别Ⅰ级。异常呈不规则形,北北东向展布,面积11.76km²。共取样7个,铅族异常样6个,一般含量12~125颗,最高含量达0.097g。有3个样见到方铅矿,方铅矿立方体晶形完好。次生矿物有钼铅矿、磷氯铅矿、白铅矿、铅矾等,粒径一般为0.1~0.4mm,最大者0.5~0.8mm。伴生矿物有黄铁矿、重晶石、白钨矿等。

异常位于青山-药铺断裂带、金刚台-黄柏山断裂和上楼房-下楼房断裂等构造的复合部位,北西西向的次级断裂发育。广泛分布白垩纪二长花岗岩和花岗斑岩体,零星出露古元古界庐镇关群仙人冲组白云斜长片麻岩及大理岩透镜体。透镜体大理岩与岩体接触带有方铅矿化、黄铜矿化等。

异常与土壤测量Pb、V异常部分重合,为铅锌矿及岩体接触带方铅矿化、黄铜矿化所引起。受多期多向构造复合影响,热液活动频繁,所发现的矿脉受东西向断裂控制,为成矿有利地段,值得进一步工作,以扩大矿床规模。热液充填型关庙银冲小型铅锌矿床、低温热液型荒田湾小型萤石矿床均落位于区内。

3. 东岛村铅族、锌族异常

该异常位于安徽省繁昌县城南东约6km,异常编号45,异常级别Ⅰ级。异常呈不规则形,南北向展布,面积 25.85km²。共取样 78 个,其中铅族异常样 76 个,出现率 97%;Ⅰ级含量样 43 个,Ⅱ级含量样 22 个,Ⅲ级含量样 11 个;一般含量为 7 粒~0.1671g,最高含量 0.2586g。有 56 个含锌族,出现率 72%;Ⅰ级含量样 31 个,Ⅱ级含量样 6 个,Ⅲ级含量样 19 个;一般含量为 2 粒~0.30g,最高含量 3.87g。伴生矿物有自然银、自然铜、辰砂、雄黄、黄铁矿、石榴石、辉石、角闪石、绿帘石、电气石、重晶石、刚玉、磷灰石、榍石等(样品重量 30kg)。

铅族矿物以自然铅、方铅矿、白铅矿为主,次为磷氯铅矿、铅矾、钼铅矿、铅锌矿等,少量铅黄。磷氯铅矿呈翠绿色,柱状及不规则状,玻璃至油脂光泽,硬度小,有磷的反应,粒径 0.10~0.30mm。锌族矿物以闪锌矿为主,少量铅锌矿、纤锌矿。

异常位于板石岭背斜北西翼至湾子店向斜核部,出露下二叠统栖霞组至中三叠统铜头尖组以及第四系中更新统和全新统。有燕山期火山岩、侵入岩(诸猴岭、象形地花岗斑岩体、浮山钾长花岗岩体)及脉岩分布。其中沉积岩具大理岩化、矽卡岩化、硅化、角岩化等,侵入岩具绿泥石化、阳起石化、碳酸盐化等。金属矿化有铅锌矿化、黄铁矿化、黄铜矿化、褐铁矿化等。

异常由已知矿床(点)所引起。异常规模较大,矿物含量高,成矿地质条件有利,与已知矿产地及物探、化探异常吻合,可进一步工作,应在南部加强深部地质普查。热液型随山小型锌矿床,以及 1 个矽卡岩型中型铜铁矿床,多个多金属、铁矿(化)点均落位于区内。

4. 郑沅铅族异常

该异常位于安徽省祁门县柏溪郑沅一带,异常编号 171,异常级别Ⅰ级。异常呈北东向展布,似靴状,面积 7.20km²。共取样 8 个,其中铅族异常样 4 个,含量介于 5~42 颗之间。自然铅呈树枝状,具延展性;粒径 0.4mm。伴生矿物有锆石、金红石、黄铁矿、赤褐铁矿、硬锰矿、泡铋矿、辰砂等。

异常位于晚侏罗世黟县花岗闪长岩体西南侧接触带的外带,出露中元古界上溪群牛屋组、震旦系、寒武系。北东向、近南北向断裂发育。岩体接触带附近主要蚀变为绢云母化、黄铁矿化、钾长石化、绿泥石化,地表发育有黄铁矿化、铅锌矿化、铜矿化。

异常由铅锌银矿引起。铅族矿物含量较低,分布欠均匀、连续,但成矿地质条件有利,应进一步工作,扩大矿床规模。典型矿床如热液型三堡中型铅锌(银)矿床、接触交代型蒋村多金属矿点均落位于区内。值得注意的是,在坑道废渣中,发现有晚期次含矿岩体存在的迹象,标本岩石为浅灰一浅肉红色,斑状结构,块状构造,含有宽 1~2mm 的黄铜矿细脉及星点状的黄铜矿,今后工作应重点关注。

5. 潭口铅族异常

该异常位于安徽省黟县西递潭口一带,异常编号 172,异常级别Ⅰ级。异常呈北东向展布,不规则圆形,面积 33.95km²。共取样 18 个,均为铅族异常样,一般含量 32~160 颗,最高含量达 380 颗。磷氯铅矿呈蜡黄色、浅棕黄色或浅绿色,葡萄状、次滚圆状,条痕白色或浅黄—黄色,不透明,油脂光泽,硬度小;粒径 0.1~0.3mm。伴生矿物有绿帘石、石榴石、黄铁矿、重晶石、白钨矿、泡铋矿、辰砂、自然金等。

异常位于晚侏罗世黟县花岗闪长岩体东侧接触带的外带,出露中元古界上溪群牛屋组、震旦系、寒武系。北东向、北西向断裂发育,围岩蚀变普遍,主要有透辉石化、透闪石化、绿泥石化、硅化、绢云母化、碳酸盐化、沸石化、石膏化等,局部伴有铅锌矿化。

异常由银铅锌矿床(点)引起。铅族矿物分布均匀、连续,矿物组合良好,成矿地质条件有利,应进一步工作,以扩大矿床规模。典型矿床如层控叠改型西坑小型银多金属矿床(图 3-1)、热液型-矽卡岩型东源银多金属矿点、热液型金家岭村银铅锌矿点均落位于区内。

6. 平地铅族异常

该异常位于安徽省金寨县鲜花岭镇平地一带,异常编号 22,异常级别Ⅰ级。异常呈北西向展布,不规则椭圆形,面积 102.04km²。共取样 118 个,其中铅族异常样 63 个,一般含量 5~50 颗,最高含量 130 颗。铅族矿物主要为方铅矿、钼铅矿、磷氯铅矿、白铅矿、铅钒等,粒径一般为 0.1~0.4mm。伴生矿物有自然金、辰砂、钼族、重晶石、铬族、金红石、锆石、钛铁矿等。

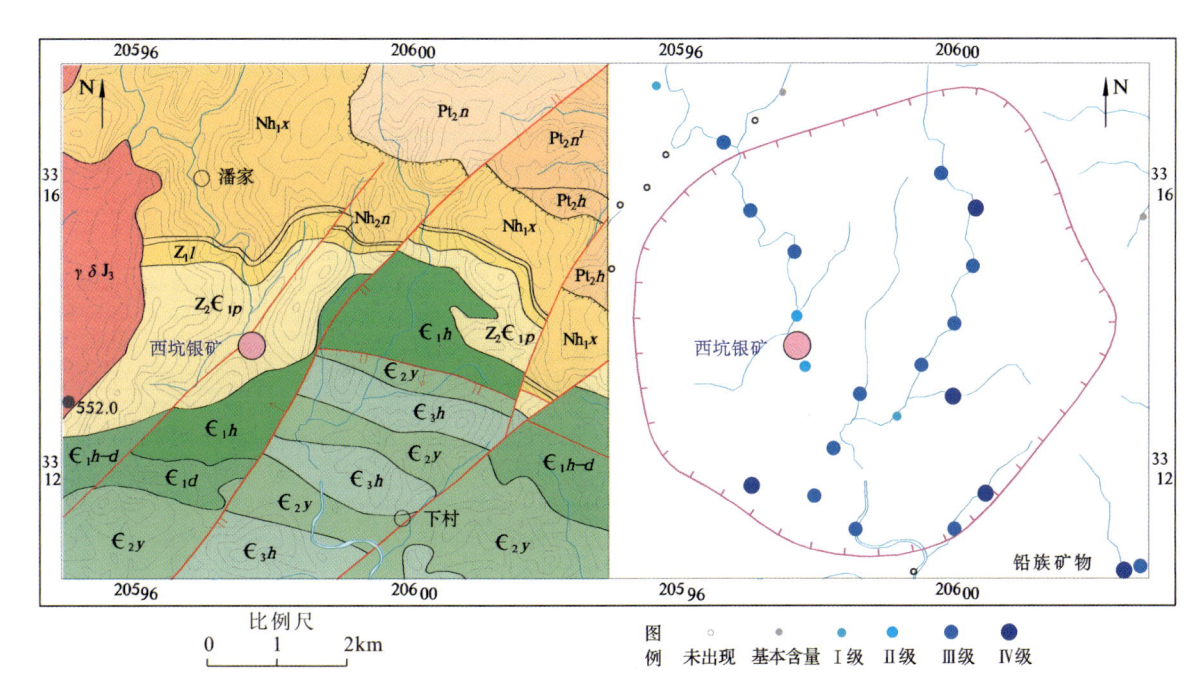

图 3-1 西坑银多金属矿自然重砂铅族异常剖析图

异常地处北淮阳构造带东段,龟山-梅山断裂和观庙-大马店断裂贯穿异常区,受其影响,北东向和北西向两组小断裂构造发育。区内燕山期钙碱性火山-次火山活动形成的角砾岩与成矿关系十分密切,角砾岩往往处于佛子岭群诸佛庵组片岩与燕山期侵入岩-次火山岩所形成的构造交会接触带中,多为北东走向,长数百米,宽数米至数千米,空间分布上具有东西成行、南北成列的行列式和等距性的特征。围岩蚀变强烈,黄铁矿化、硅化、碳酸盐化、高岭土化及铅锌矿化普遍。

该异常与土壤测量 Pb、Cu 异常部分重合。经检查,接触带围岩蚀变明显。石榴石矽卡岩岩石化学分析表明,铅含量大于 1000×10^{-6}。异常由已知矿床(点)所引起。典型矿床如热液型汞洞冲小型铅锌矿床、汞湾铅锌矿点,热液型东冲小型金矿床、陈家大庄金矿化点,热液型同兴寺钼矿点均落位于区内。

7. 许家桥铅族异常

该异常位于安徽省池州市马衙镇许家桥一带,异常编号 92,异常级别Ⅰ级。异常呈北东向展布,不规则形,面积 31.01km^2。共取样 31 个,其中铅族异常样 12 个,一般含量 5～50 颗,最高含量 100 颗。伴生矿物有钼族、铋族、锆石、金红石、钛铁矿等。

异常处于吴田铺-洞里章背斜的北东段,出露寒武系至志留系。分布白垩纪花园巩碱长花岗岩、石英正长岩、花岗闪长岩体,岩体中有花岗斑岩脉、正长斑岩脉充填。北东向断裂发育,具多期次活动的特点。硅化、大理岩化强烈,局部绿泥石化、白云石化。

异常主要由已知矿床(点)引起。异常矿物含量低,但矿物组合良好,又有银、铅锌等矿床(点)分布,成矿地质条件有利,值得进一步工作。典型矿床如矽卡岩型-热液型许家桥中型银铅锌矿床(图 3-2),热液型朱家冲金(银)矿点、墩上童溪金矿点,矽卡岩型乌谷墩多金属矿点均落位于区内。

钼族、铋族异常的出现与矽卡岩型矿床的存在彼此吻合,因此今后应注意综合找矿,着重寻找矽卡岩型银、铅锌等多金属矿产。

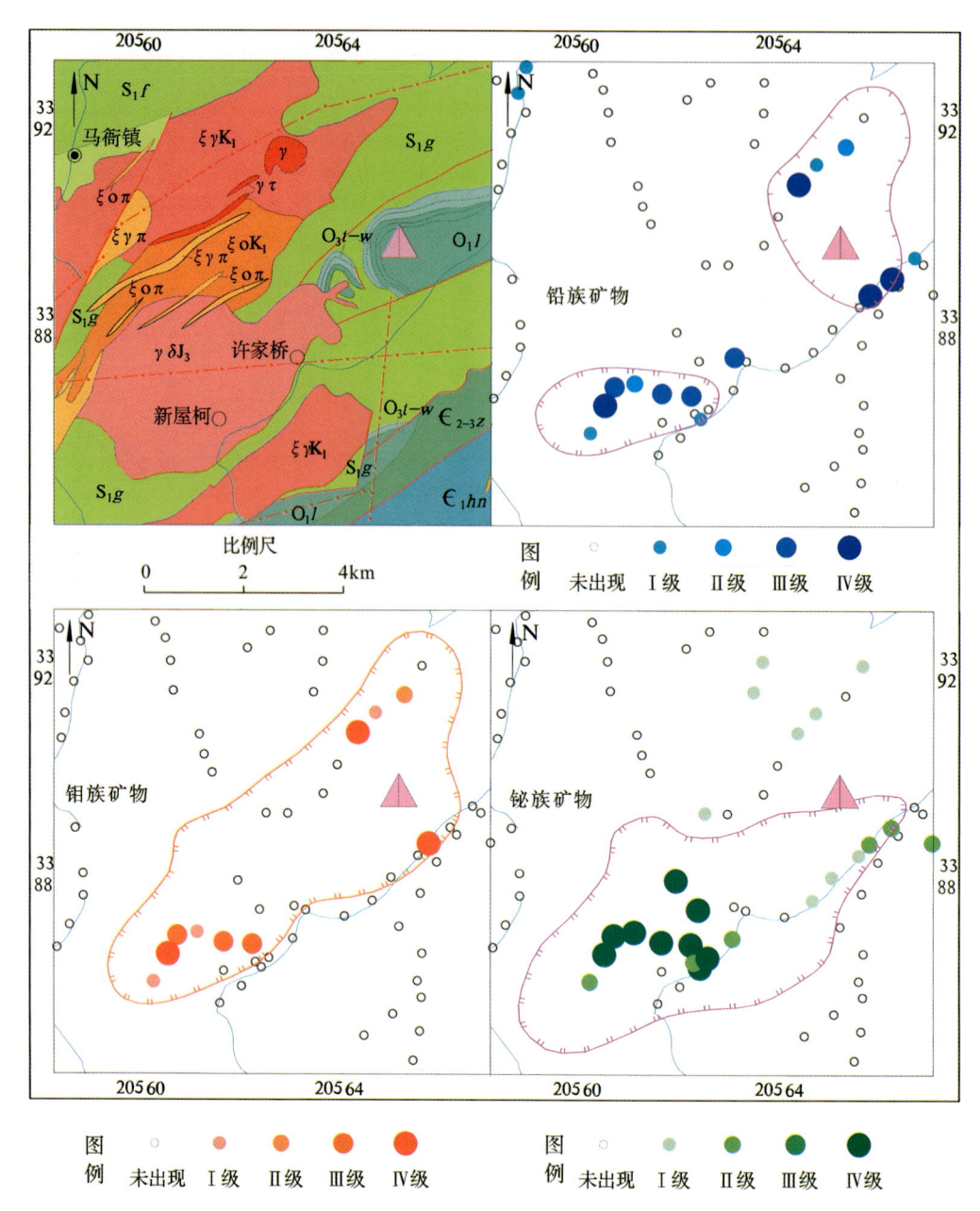

图 3-2　许家桥银铅锌矿自然重砂铅族矿物、钼族矿物、铋族矿物异常剖析图

8. 黄山岭铅族异常

该异常位于安徽省池州市梅街镇黄山岭一带,异常编号 109,异常级别Ⅰ级。异常似椭圆形,呈北东向展布,面积 23.63km²。共取样 93 个,其中铅族异常样 47 个,一般含量 50 颗~0.01g/30kg,最高含量达 2g/30kg。伴生矿物有铜族、辰砂、钼族、白钨矿、钛铁矿、独居石、锆石、金红石、刚玉、雄黄、自然金等(样品重量 30kg)。

异常处于印支期龙桥-太平曹背斜的中段,出露奥陶系和下志留统高家边组。奥陶系主要为白云岩、灰岩等海相碳酸盐岩,高家边组主要为细碎屑沉积岩。燕山期似斑状花岗岩、石英闪长玢岩、正长斑岩呈岩基和岩席状隐伏,并伴有小的钾长岩脉、辉绿岩脉等脉岩侵入。东至-青阳深断裂呈北北东向纵贯全区,次级断裂和小褶曲发育。围岩蚀变大理岩化和角岩化普遍,南部见有矽卡岩化、钾长石化、硅化、黄铁矿化、绿帘石化、绿泥石化、绢云母化、铅锌矿化等。

该异常与土壤测量铅、锌异常大部分重合,与铜、银异常部分重合,成矿地质条件优异,寻找铅锌、铜、钼、金等矿产潜力巨大。异常主要由铅锌矿引起。矿床研究表明,在垂直方向上黄山岭铅锌(钼)矿存在着高温到低温矿体分带现象,具体表现为由深部至浅部:白钨矿+辉钼矿→辉钼矿+方铅矿→黄铜矿+方铅矿→闪锌矿+方铅矿,构成由高温到中低温的矿物组合系列。典型矿床如层控矽卡岩型黄山岭大型铅锌银(铜钼)矿床(图3-3),矽卡岩型姚街铅锌矿点、宋村黄金铅锌矿化点,铁帽型马头小型金矿床均落位于区内。

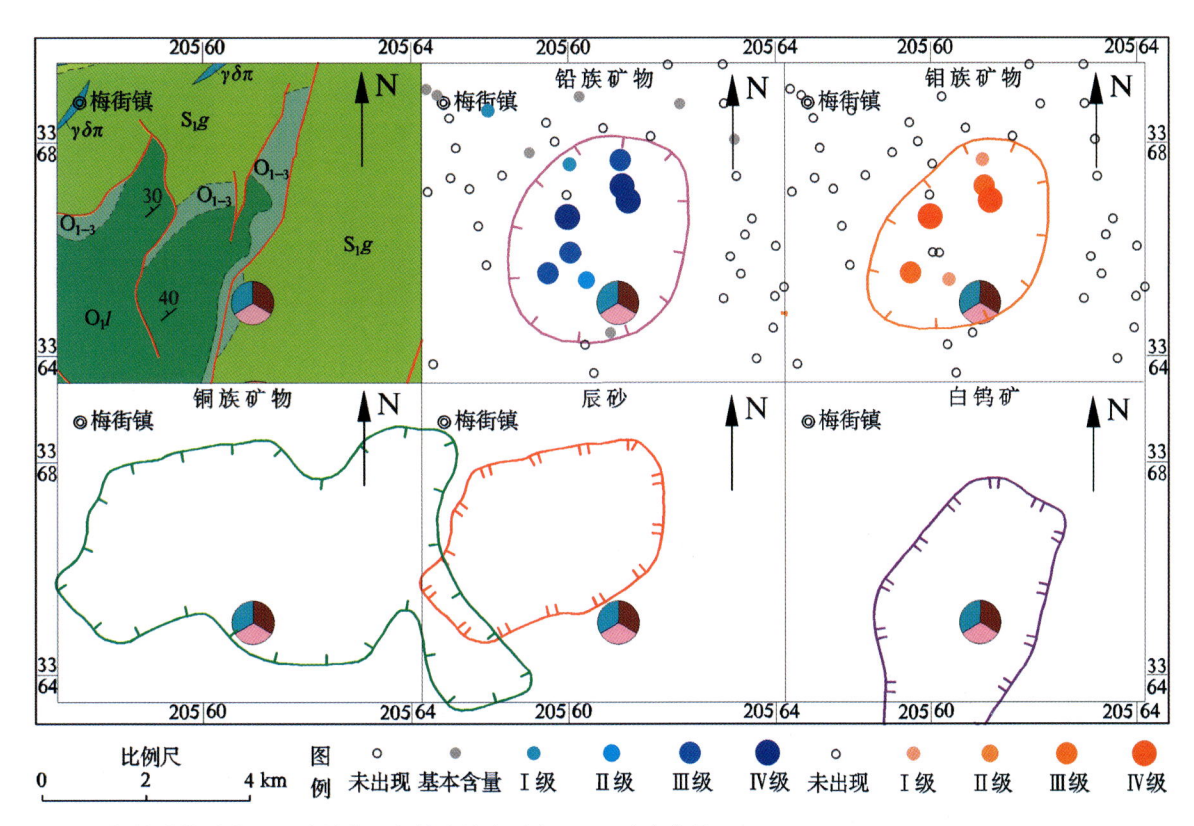

注:铜族矿物异常、辰砂异常、白钨矿异常引自1:5万重砂成果。

图3-3 黄山岭铅锌银(铜钼)矿自然重砂铅族矿物、钼族矿物等异常剖析图

9. 牛岭铅族异常

该异常位于安徽省休宁县五城镇牛岭一带,异常编号190,异常级别Ⅰ级。异常似三角形,呈北北东向展布,面积47.07km²。共取样36个,其中铅族异常样13个,一般含量8~32颗,最高含量0.3g。自然铅呈铅灰色,条状,不透明,强金属光泽,富延展性,硬度低,条痕同本色,无磁性,尖棱角状—次圆状;粒径0.2mm。伴生矿物有毒砂、铋族、白钨矿、黑钨矿、铬铁矿、雄雌黄等。

异常位于白际岭岛弧带与障公山隆起带的接合部位,北东向巧川-岭南韧脆性断裂带斜贯全区,出露中元古界上溪群和青白口系。区内岩浆活动频繁,侵入岩有青白口纪花岗岩体,还有花岗斑岩、煌斑岩、闪长岩等脉岩侵入,接触带有宽20~250m的硅化、角岩化、云英岩化等蚀变带。

该异常与土壤测量Pb异常部分重合。铅族矿物、毒砂异常由铅锌、砷矿床所引起,白钨矿、铋族矿物可能来源于云英岩化带。典型矿床如中低温热液充填交代型小贺小型铅锌矿床及高中温热液型古汊小型毒砂-多金属矿床均落位于区内。

第三节 金 矿

一、矿物特征及其区域分布规律

金矿是华东地区的重要贵金属矿产之一,其重矿物(自然金)全区均有分布,但主要分布于江西、安徽、浙江和福建四省。自然金在安徽省主要分布于五河—明光—马厂、金寨—霍山、铜陵一带;福建省则分布于崇安-宁化黄金异常带,政和-上杭黄金异常带,柘荣-诏安黄金、自然银异常带;浙江省分布于江山-绍兴深断裂与丽水-宁波断裂之间的由绍兴向南西延伸至遂昌、龙泉一带的陈蔡群变质岩,绍兴断裂西北侧双溪坞群混合岩及晚侏罗世火山碎屑岩内裂隙附近,其次在巨县—球川—苏庄一带古生代裂隙带附近也有分布;江苏省分布于徐州班井、南京汤山、宁芜铜井、江宁铜山等地,与金矿点、构造裂隙等关系密切;江西省黄金和砷矿物主要出现在岩浆活动微弱、断裂构造发育的沉积岩和变质岩区。

全区重砂样品中鉴定出自然金的有 49 736 个,最高含量为 30 000 粒/30kg,平均为 17 粒/30kg。自然金异常主要分布于安徽蚌埠—凤阳—全椒、金寨—霍山、庐江—怀宁、铜陵—青阳以及绩溪—休宁一带,大多为矿致异常,主要由金矿床及铜矿等伴生金所引起,找矿价值颇高。

二、成矿类型的重砂矿物学标志

华东地区金矿资源主要分布于江西、安徽、浙江和福建四省境内,矿床类型主要以石英脉-蚀变岩型、低温热液型、矽卡岩型及热液型为主。

1. 石英脉-蚀变岩型

该类型矿床主要分布在安徽蚌埠—凤阳、张八岭、宿松、休宁东南部、汪村、祁门—绩溪等矿区。通过对上述矿区研究分析,归纳总结重砂矿物组合为:自然金-铅族-铜族-辰砂-雄雌黄(黄铁矿、重晶石、萤石)。该类型一般为较完整的中—低温矿物组合,自然金异常占主导地位。

2. 低温热液型

该类型为本区主要成矿类型,有安徽滁州—苏湾、青阳—泾县等矿区。通过对上述矿区研究分析,一般在矿区及其附近未出现自然金异常,很可能该类型金矿与卡林型金矿相似,故没有重砂异常与之产生响应。

3. 矽卡岩型

该类型较常见,有福建泰宁、安徽铜陵等矿区。通过对上述矿区研究分析,归纳总结重砂矿物组合为:自然金-铅族-铜族-白钨矿-铋族(石榴石、角闪石、电气石、辉石、符山石、黄铁矿、绿帘石、钼族)。该类型一般表现为较完整的矽卡岩矿物组合,以自然金、铅族、铜族、白钨矿、铋族异常组合为特征。

4. 热液型

该类型为本区主要成矿类型,有安徽佛子岭-晓天预测区、池州预测区和东至-石台等矿区。通过对上述矿区研究分析,归纳总结重砂矿物组合为:自然金-铅族-铜族-辰砂(雄雌黄、铋族、白钨矿、钼族、黄铁矿)。该类型一般为一套中低温矿物组合,以自然金、铅族、辰砂异常组合为特征。

三、异常特征及解释评价

全区共圈定自然金异常 383 个,其中Ⅰ级异常 57 个、Ⅱ级异常 134 个、Ⅲ级异常 182 个。现将主要异常简述如下。

1. 大巩山林场金异常

该异常位于安徽省五河县大巩山林场一带,异常编号1,异常级别Ⅰ级。异常呈北西向展布,椭圆形,面积19.02km²。共取样117个,有76个样含自然金,其中15个样自然金超过0.2g/m³,最高含量13.974g/m³。在所取5个试验大样中,自然金含量均超过1.0g/m³,最高含量5.7856g/m³(表3-1)。自然金呈树枝状、片状、团粒状,以粒状为主,金属光泽,粒径0.2~0.3mm,最大6.5mm。伴生矿物有重晶石、铅族、辰砂、白钨矿、孔雀石、泡铋矿、黄铁矿等。

表3-1 大巩山林场金异常试验大样金含量统计表

采样编号	体积(m³)	重量(g)	含量(g/m³)
1685	0.080	0.3043	3.7037
1727	0.078	0.1367	1.7497
1750	0.125	0.7232	5.7856
1761	0.250	0.2567	1.0268
1765	0.125	0.4399	3.5192

异常处于蚌埠复背斜东段与郯庐深断裂的复合部位,出露新太古界五河群西堌堆组角闪斜长片麻岩夹角闪岩、大理岩、蛇纹岩透镜体。受断裂褶皱影响,岩石挤压破碎,片理、小褶曲发育。有花岗斑岩脉、石英二长斑岩脉、石英斑岩脉、石英脉等。重晶石化、黄铁矿化、铜矿化、铅矿化和褐铁矿化等比较普遍。

在莲子海以东、大巩山西北一带,石英脉特别发育。据加密检查,石英脉为主要含金脉岩,并发现较大者共有41条。凡石英脉表面具蜂窝状,褐红色,有明显黄铁矿化、铜矿化者,含金最富。经化学分析,金含量高达24.8×10^{-6},人工重砂自然金含量488颗/17kg。此外,在硅化蚀变岩和断裂破碎角砾岩中亦发现自然金。经两次检查,发现了5处自然金富集地段。

异常区属浅丘地形。在西堌堆—板桥王一带有第四纪残坡积层分布,面积约9km²,残坡积层厚0.2~1.5m,是砂金的主要含矿层位,其含金量一般都较高,最高达13.974g/m³。

区内有航磁异常3个,与土壤测量Cu、Pb、Ag、Mo、Cr异常部分重合。成矿地质条件好,有利于寻找原生金矿;地势低缓,残坡积层发育,有利于砂金矿的形成。典型矿床如残破积型、冲积型大巩山中型砂金矿床,石英脉-破碎带蚀变岩型大巩山小型金矿床,热液型碳石山小型金矿床、大公山金矿点、莲子海金矿点、南窑金矿化点,以及1个镍矿点均落位于区内。

在蚌埠—凤阳地区,太古宇五河群西堌堆组老变质岩广泛分布,黄金异常对寻找金矿具有重要的直接指示作用。实际上,该异常经安徽省地质矿产局664地质队详勘,求出了工业储量,为一小型砂金矿床(大巩山砂金矿),之后华东冶金地质勘查局811地质队进行深部详查以寻找原生金矿,结果发现了石英脉-破碎带蚀变岩型小型金矿(大巩山金矿),随后陆续又发现了热液型碳石山小型金矿床以及金矿(化)点多个。与此类似,宗家洼黄金异常、大庙黄金异常,经进一步工作则发现了金矿点、砂金矿化点。

2. 马厂金异常

该异常位于安徽省全椒县马厂一带,异常编号13,异常级别Ⅰ级。异常呈北东向展布,不规则形,面积42.78km²。共取样114个,有67个样含自然金,一般含量几颗至几十颗,最高含量252颗。自然金呈浅黄色、粒状、块状、树枝状,金属光泽,粒径0.1~1.5mm,最大3mm。伴生矿物有白钨矿、黄铁矿、重晶石、钛铁矿、锆石、金红石、石榴石等。

异常处于滁州-玉屏山复向斜之老虎鞍-张家山向斜北西翼。出露上震旦统陡山沱组千枚岩夹灰岩,顶部含磷;灯影组白云岩夹千枚岩,顶部为硅质岩。下寒武统黄栗树组硅质、碳质页岩,页岩夹磷结核,上部为灰岩;中寒武统杨柳岗组泥质灰岩;上寒武统龙蟠组白云质灰岩。下奥陶统薄层灰岩夹厚层灰岩、白云质灰岩。上白垩统宣南组砾岩、砂岩、钙质粉砂岩。晚白垩世马厂石英二长岩和闪长玢岩在区内广泛分布。北北东向逆断层和北西西向正断层发育。接触带可见矽卡岩化、硅化、大理岩化、角岩化和黄铁矿化、黄铜矿化等。

通过取样研究,岩体与碳酸盐岩接触带附近的残坡积层中普遍含金,最高达 20 颗;第四系冲积物有 4 个样达到砂矿工业品位。东苏铜矿石中金含量 2×10^{-6},玉屏山铁矿废石堆中含金 $0.18\sim0.48g/m^3$,蚀变带含金 2.65×10^{-6},这些均为自然金矿物的来源方向。

区内第四系发育,组成堆积河谷盆地地形。含金主要层位为全新世冲积层,次为冲积-坡积层。前者沿河谷分布,后者主要发育在支河谷中,其厚度变化大,一般为 $0.8\sim6m$。冲积层沿河床及两侧分布,组成一级基座阶地、河漫滩、滨河床浅滩 3 个部分。

(1) I 级基座阶地:分布在河床两侧。出露标高 $35\sim65m$,高出河床 $3\sim6m$,阶地面较为平坦,宽 $100\sim1000m$,微向河床及下游倾斜。阶地物质成分,下部为砾石层,分选性差,厚 $0.3\sim0.4m$,局部 $1\sim2m$;向上砾石减少而为砂砾层,并出现砂的透镜体;上部为黏土层和亚黏土层,亚黏土层中局部夹砂和砂砾透镜体。总厚 $9\sim11m$。其阶地沉积物具二元结构,下部属河床相,上部属河漫滩相。

(2) 河漫滩:不发育,呈条带状贴附于 I 级阶地前缘,出露标高 $20\sim25m$,高出河床 $0.5\sim2m$。下部为砂砾石层,上部为亚黏土夹粗砂及砂砾透镜体,厚 $2\sim3m$。

(3) 滨河床浅滩:沿河床断续分布。主要是砂砾层夹砂透镜体,厚 $0.3\sim1.5m$。属河床相。

区内有航磁异常 1 个,地磁异常 6 个,与土壤测量 Ag、Cu、Cr、V 异常部分重合。自然金含量高,第四系发育,成矿地质条件有利,I 级阶地底部砾石层较稳定,为良好的砂金富集区。后经安徽省地质矿产局 664 地质队详勘,求出黄金工业储量,为一小型砂金矿床(即马厂砂金矿)。典型矿床如冲积型、坡积型及残坡积型马厂小型砂金矿床,接触交代型玉屏山金矿点,热液型塘头山、牛山、刀山金矿点,热液型东苏小型铜矿床,接触交代型石子山、铜井、雁子山铜矿点,热液型大凹铜矿化点均落位于区内。

3. 狮子山金异常

该异常位于安徽省庐江县沙溪狮子山—龙头山一带,异常编号 32,异常级别 I 级。异常似椭圆形,呈北北东向展布,面积 $8.49km^2$。共取样 40 个,其中有 22 个样含自然金(表 3-2)。自然金呈金黄色,树枝状或不规则粒状,粒径 $0.1\sim0.5mm$。伴生矿物有锆石、金红石、钛铁矿、黄铁矿、金红石、重晶石、自然铅、辰砂、雄黄等。

表 3-2 狮子山金异常各类样品自然金含量统计表

取样类别	取样数(个)	含金样品数(个)	金一般含量	金最高含量
大面积	13	7	1 颗	11 颗/25kg
加密取样	12	4	1~14 颗/25kg	
阶地取样	12	8	3~8 颗	24 颗/0.008m³
基岩人工重砂	3	3	杨湾组砾屑中粒砂岩	13 颗/0.008m³
			石英闪长玢岩	1 颗/2kg
			褐铁矿化石英脉	1 颗/10kg

异常处于巢湖穹断褶束西南部,盛桥-菖蒲山复式背斜的西南端。出露下志留统高家边组粉砂质页岩、页岩夹砂岩,中志留统坟头组粉砂岩、页岩、石英砂岩;零星出露下侏罗统磨山组砂页岩夹煤层、底砾

岩,中侏罗统罗岭组砂页岩夹泥灰岩,下白垩统杨湾组砾屑中粒砂岩。晚侏罗世沙溪石英闪长玢岩沿背斜核部及断裂呈岩株状侵入,岩体风化壳厚十几至几十米。接触带、断裂带围岩蚀变强烈,主要有钾长石化、绢云母化、青磐岩化、硅化等,并有黄铁矿化、辉铜矿化、黄铜矿化、蓝铜矿化、辉钼矿化、方铅矿化、闪锌矿化等。

从人工重砂和不同岩石(矿石)金含量分析结果看(表3-3),自然金来源于多种含金地质体,主要为石英闪长玢岩和斑岩铜矿体,次为褐铁矿化石英脉和杨湾组底部砂砾岩等。自然金多与硫化物共生,次为以自然金状态出现。自然金颗粒均比较细小,呈粉金,粒径0.03~0.05mm,有的更小。

表3-3　狮子山不同岩(矿)石金含量一览表

岩矿	名　　称	样品种类	金含量($\times 10^{-6}$)
斑岩铜矿体	矿　　石	组合化学样	0.03~0.45
	斑铜矿	单矿物化学样	4.6~6.8
	黄铜矿	单矿物化学样	0.4~14.4
	铜精矿	单矿物化学样	4.4
	黄铁矿	单矿物化学样	1.4~242
石英闪长玢岩	黄铁矿	单矿物化学样	0.9

从不同层位取样结果看,中更新统泥砂质细砾石层中,自然金含量高达24颗/0.008m³,次为全新统细砾石层。在龙井取细砾石层岩芯全样,自然金含量为6颗/0.000 076 3m³。

该异常与土壤测量Cu异常部分重合。典型矿床如斑岩型沙溪大型铜矿床,斑岩型狮子山大型铜金矿床、断龙颈小型铜矿床及3个铜矿点均落位于区内。区内金呈伴生金存在于其他硫化物中,可以综合回收。自然金含量较高,成矿地质条件有利,且第四系分布广泛,阶地发育,对寻找砂金矿条件有利。建议施工穿过阶地砾石层直至基岩的浅井,以一定的网度横切河谷剖面取样,了解各层自然金赋存情况,寻找富集地段。

4. 老梅树街金异常

该异常位于安徽省霍山县白果树老梅树街一带,异常编号39,异常级别Ⅰ级。异常似椭圆形,呈北西向展布,面积14.15km²。共取样30个,其中有10个样含自然金,一般含量1~8颗,最高含量16颗。自然金呈金黄色,不规则粒状,强金属光泽,粒径介于0.01~0.05mm之间,最粗在0.1mm左右。伴生矿物有辰砂、锆石、金红石、黄铁矿、钛铁矿、雄(雌)黄等。

异常处于霍山褶断束的东南部,北淮阳火山断陷盆地的南缘,南部出露新太古界大别山群水竹河组斜长片麻岩,北部为上侏罗统毛坦厂组安山质凝灰岩、角砾凝灰岩等;北西向和近东西向断裂发育,中部有磨子潭深断裂通过,使大别山群变质岩与晚侏罗世火山岩呈断层接触。区内含金的石英脉、方解石-石英脉、石英-方解石脉多赋存在北部安山岩、安山质凝灰岩中。

异常由金矿床(点)及安山岩、安山质凝灰岩中含金石英脉所引起。自然金、辰砂矿物含量较高,矿物组合良好,地质成矿条件有利,应进一步工作。典型矿床如火山热液型东溪小型金矿床、火山热液型郎岭湾金矿点均落位于区内。

在火山岩分布区,特别是北淮阳地区,该异常为寻找火山岩型金矿提供了新的基础资料,对找矿具有重要的直接指示作用。实际上,该异常经安徽省地质矿产局313地质队详勘,于1977年找到了一个小型火山岩型脉状金矿床(即东溪金矿)。随着东溪金矿的发现,经过地质工作者的努力,在异常区东缘及其沿磨子潭深断裂带北侧隆兴—单龙寺一带,相继发现了火山热液型南关岭、隆兴、戴家河、单龙寺等小型金矿。

5. 章冲金异常

该异常位于安徽省铜陵市新桥镇章冲一带，异常编号62，异常级别Ⅰ级。异常呈北东向展布，枕形，面积5.82km²。共取样44个，其中有17个样含自然金，一般含量4～8颗，最高含量达32颗。伴生矿物有铅族、辰砂、雄（雌）黄、黄铜矿、自然银、泡铋矿、锡石、重晶石等。

异常位于棋子坑向斜北端，出露上志留统茅山群至上二叠统大隆组。南部和北部分布晚侏罗世石英闪长玢岩体，并有正长斑岩脉。北东向断裂发育。围岩蚀变有大理岩化、硅化、钾长石化、高岭土化等。

异常由已知矿床所引起，有地磁异常和自电异常各1个，与土壤测量Cu、Pb、Cr、Ni异常部分重合。成矿地质条件极好，矿物组合良好，值得进一步工作，今后应重点开展深部找矿。层控热液叠改型新桥大型铜硫铁矿床，铁帽型铜陵县新桥中型金(银)矿床、铜陵市新桥矿牛山矿段小型金矿床，矽卡岩型铜陵县新桥金矿西段小型金矿床，热液型曹山小型硫铁矿床、虎山硫铁矿点均落位于区内。

6. 柴塘金异常

该异常位于安徽省铜陵市朱村镇柴塘一带，异常编号64，异常级别Ⅰ级。异常呈北东向展布，似椭圆形，面积5.70km²。共取样30个，其中有21个样含自然金，一般含量2～15颗，最高含量达100颗。伴生矿物有铅族、辰砂、雄（雌）黄、金红石、钛铁矿、辉铋矿等。

异常位于墩上徐背斜的东南翼，出露上二叠统龙潭组、大隆组和下三叠统殷坑组、和龙山组，分布晚侏罗世闪长岩体。接触带见绿泥石化、大理岩化等，黄铁矿化普遍。

异常由金、铜、硫矿床所引起。区内铜(铁)矿床普遍伴生金，矿物组合良好，成矿地质条件极好，值得进一步工作，今后应重点开展深部找矿。层控矽卡岩型铜陵市马山中型金矿床、铜陵市马山外围中型金硫矿床，热液型铜陵市天鹅抱蛋中型硫铁矿床、铜陵市马山金硫矿北段(青山口)小型硫金矿床、铜陵市青石山小型锌硫矿床均落位于区内。

7. 老鸦岭金异常

该异常位于安徽省铜陵市朱村镇老鸦岭一带，异常编号66，异常级别Ⅰ级。异常呈北东向展布，似三角形，面积13.95km²。共取样75个，其中有68个样含自然金，一般含量4～46颗，最高含量达512颗。伴生矿物有铅族、辰砂、白钨矿、铋族、锆石、金红石、雄黄等。

异常位于老鸦岭背斜的北端，主要出露中、晚三叠世灰岩，中部分布晚侏罗世闪长岩体。北东向、北西向断裂发育，矽卡岩化、绿泥石化、大理岩化、黄铁矿化等普遍。

异常由金、铜、硫等矿床所引起。异常位于狮子山铜矿田中心部位，矿物组合良好，成矿地质条件极好，矿山开采历史久远，今后应重点开展深部找矿工作。矽卡岩型-斑岩型铜陵市冬瓜山大型铜矿床，矽卡岩型铜陵市狮子山大型铜矿床、铜陵市胡村、铜陵花树坡中型铜矿床，接触交代型铜陵市包村小型金矿床、铜陵新华山小型铜矿床、铜陵县西湖镇狮子山村铜矿点、铜陵县西湖镇刘家独山铜铁矿化点，热液型铜陵鸡冠山小型银金矿床、铜陵龙虎山小型金矿床、铜陵县南洪向阳铜矿点，中温热液型铜陵市朝山小型金矿床，矽卡岩型铜陵市大龙潭、铜陵市狮子山西山、铜陵县白芒山、铜陵县包村后山、铜陵县兰花冲、铜陵县青山脚铜矿点均落位于区内。

8. 店门口金异常

该异常位于安徽省铜陵市南2km店门口一带，异常编号71，异常级别Ⅰ级。异常呈北北东向展布，似圆形，面积14.41km²。共取样100个，其中有72个样含自然金，一般含量1～40颗，最高含量达284颗。伴生矿物有铅族、辰砂、雄（雌）黄、白钨矿、黄铜矿、泡铋矿、重晶石、电气石等。

异常位于墩上徐背斜的北部，出露上志留统茅山群至中三叠统铜头尖组，分布晚侏罗世石英闪长玢岩体。北东向断裂发育，矽卡岩化、绿泥石化、大理岩化、黄铁矿化等普遍。

异常由已知金、铜、硫矿床所引起。与土壤测量Cu异常部分重合。异常位于铜官山铜矿田内，铜

(铁)矿床普遍伴生金;矿物组合良好,成矿地质条件极好,矿山开采历史久远,今后应重点开展深部找矿工作。复合成因型铜陵市天马山大型硫金矿床,铁帽型铜陵市黄狮涝山中型金矿床,接触交代型铜陵市铜官山区五松村金硫矿化点,矽卡岩型铜陵市铜官山大型铜(铁)矿床、铜陵市铜良山白家山小型铜矿床、铜陵县罗家铜矿点,接触交代型铜陵市金口岭小型铜矿床、铜陵市白家山铜矿点均落位于区内。

9. 焦冲金异常

该异常位于安徽省铜陵市董店镇焦冲一带,异常编号75,异常级别Ⅰ级。异常呈近南北向展布,椭圆形,面积2.88km²。共取样26个,其中有7个样含自然金,一般含量3~6颗,最高含量8颗。伴生矿物有铅族、白钨矿、雄(雌)黄、黄铁矿、泡铋矿、辉锑矿、黄铜矿、辉铜矿等。

异常位于老鸦岭背斜的中端,出露下三叠统和龙山组、南陵湖组,分布晚侏罗世闪长玢岩、闪长岩、辉石闪长岩等岩体。北西向断裂发育,接触带大理岩化、矽卡岩化带中有铜矿化。

异常由金、硫矿床(点)所引起。有地磁异常、自电异常、激电异常各1个,与土壤测量Pb、Cu、Ni异常部分重合。成矿地质条件有利,矿物组合良好,值得进一步工作,扩大矿床规模。中低温热液型铜陵县焦冲小型金硫矿床,接触交代型铜陵县天门镇桐兴硫锌矿点均落位于区内。

10. 东坑坞金异常

该异常位于安徽省东至县香隅镇东坑坞一带,异常编号174,异常级别Ⅰ级。异常呈东西向展布,似椭圆形,面积37.30km²。共取样42个,其中有23个样含自然金,一般含量1~5颗,最高含量9颗。自然金粒径多为0.05~0.2mm。伴生矿物有白钨矿、黑钨矿、辰砂、雄黄、金属铅、金红石、锆石、黄铁矿、重晶石、独居石等。

异常位于三岗尖背斜近核部,出露中元古界环沙岩组千枚状砂岩、粉砂岩,青白口系葛公镇组砂岩、粉砂岩、粉砂质泥岩,青白口系邓家组、铺岭组石英砂岩、安山质凝灰岩、安山岩,震旦系休宁组砂岩、粉砂岩、粉砂质泥岩。北北东向昭潭大断裂、许村正断层在异常区东部穿过,次级褶曲及北东、北北东向断裂发育,并有石英斑岩和霏细斑岩脉、石英脉侵入。

经检查,自然金、白钨矿、黑钨矿矿物颗粒细小,黄金异常由金矿点及不规则石英脉所引起,白钨矿、黑钨矿异常由变质岩中的不规则石英脉所引起。与土壤测量Pb、Cu、Co异常部分重合,异常矿物含量虽不高,但分布连续、均匀,矿物组合良好,成矿地质条件有利,应进一步工作,深入研究变质岩中石英脉分布规律,扩大金找矿远景,并寻找钨成矿的有利地段。热液型金子洞铅金矿点、方坑金矿点、黄柏金矿点,热液充填型许村金矿点均落位于区内。

11. 月潭金异常

该异常位于安徽省休宁县五城镇月潭—上溪口一带,异常编号187,异常级别Ⅰ级。异常呈北西西向展布,不规则椭圆形,面积176.93km²。共取样159个,其中95个样含自然金,一般含量2~8颗,最高含量52颗。自然金呈金黄色,板状,不透明,金属光泽,硬度小,具延展性;粒径0.08~0.1mm。伴生矿物有铅族、辰砂、雄(雌)黄、独居石、金红石、云母、磷灰石、电气石、黄铁矿、石榴石等。

异常处于源芳-忠溪逆平移断层西端北侧,出露中元古界上溪群木坑组和牛屋组,侏罗系月潭组、洪琴组、石岭组及上白垩统齐云山组,第四系全新统分布在河床及两侧。辉绿玢岩多呈北东向分布于元古宙地层中,断裂发育,断裂带附近岩石破碎,硅化强烈,并充填大量石英脉。经详细普查,区内第四系总厚9m,由4层组成:黑褐色、黄褐色黏土、亚黏土;黏土质细砂岩;砂砾夹透镜状细砂层;砾石夹砂层。金品位自下而上逐渐增高,平均品位0.691g/m³。

自然金含量高,分布普遍、连续,异常面积大,且成矿地质条件有利,应进一步工作。该区为寻找砂金、原生金矿极具潜力的远景区之一。残坡积型、冲积型率水河大型砂金矿床、月潭小当砂金矿化点,热液型月潭小型金矿床、莲花尖金矿点和将军殿金矿点均落位于区内。

第四节 钨 矿

一、矿物特征及其区域分布规律

钨矿是华东地区的重要矿产之一,其重矿物主要分布在福建、江西和安徽三省,主要围绕各期次中、酸性侵入岩体出现,尤以燕山期花岗岩类岩体为甚。

与钨矿相关的重砂矿物主要为白钨矿和黑钨矿。全区重砂样品中鉴定出白钨矿的有 235 630 个,最高含量为 8 388 610 粒/30kg,平均为 1142 粒/30kg;白钨矿分布面积广泛,在江西、福建、安徽等省均有分布,尤以江西省赣州市境内含量较高。鉴定出黑钨矿有 48 870 个,最高含量为 6.15×10^6 粒/30kg,平均为 1923 粒/30kg;黑钨矿主要分布在江西、福建两省,呈大面积区域分布,高含量区主要分布于江西省赣州市境内。白钨矿在安徽省大多集中于皖南山区,沿江江南地区不多见;浙江省主要分布在安吉-长兴台陷、中州-昌化台拱、华埠-新登台陷中的燕山期花岗闪长岩、闪长岩、石英闪长岩体和碳酸盐岩层的接触带;福建省主要分布在尤崇安-建宁白钨矿异常带,松溪-上杭白钨矿异常带,福安-永定白钨矿异常带及连江-诏安白钨矿异常带;江西省主要分布于不同期次的花岗岩体周边,主要分布在大余、上犹、南康、崇义、寻乌、于都、九岭等地。黑钨矿在安徽省大多集中于皖南山区;浙江省分布于中州-昌化台拱和温州-临海槽凹的印支-燕山期偏碱性花岗岩、钾长花岗岩的内外接触带附近的断裂、裂隙中,少数分布于岩体内伟晶岩脉中;福建省分布有建宁黑钨矿异常带、松溪-上杭黑钨矿异常带、福安-永定黑钨矿异常带、连江-诏安黑钨矿异常带;江西省分布于大余、上犹、南康、崇义、寻乌、于都、九岭等地。

二、成矿类型的重砂矿物学标志

华东地区钨矿资源主要分布于福建、江西和安徽三省境内,矿床类型多样,主要以矽卡岩型、热液型和斑岩型为主。

1. 矽卡岩型

该类型为本区主要成矿类型,有安徽太平、东至—石台、青阳—泾县、刘村—宁国墩及旌德等矿区。通过对上述矿区研究分析,归纳总结重砂矿物组合为:白钨矿-锡石-钼族-铋族-石榴石-电气石(符山石、透辉石、透闪石、绿帘石、褐铁矿、磁铁矿)。该类型一般为一套较完整的矽卡岩矿物组合,尤以白钨矿异常强度高及规模大为特征。

2. 热液型

该类型较常见,有江西分宜下桐岭、都昌阳储岭、修水香炉山、大余九龙脑、西华山、漂塘、于都黄沙,安徽伏岭—西坞口、休宁东南部等矿区。通过对上述矿区研究分析,归纳总结重砂矿物组合为:黑钨矿-白钨矿-铋族-钼族-锡石-毒砂(铅族、铜族、黄铁矿、磁铁矿)。该类型一般为一套较完整的高—中温矿物组合,以黑钨矿异常普遍出现并(或)与白钨矿、铋族、钼族、锡石异常共生为特征。

3. 斑岩型

该类型矿床主要分布在安徽祁门—绩溪等矿区。通过对上述矿区研究分析,归纳总结重砂矿物组合为:白钨矿-铋族-钼族(铅族、铜族、黄铁矿)。该类型重砂异常一般强度较弱,重砂异常种类较少。

三、异常特征及解释评价

钨矿物主要为白钨矿、黑钨矿,全区共圈定钨矿物异常 278 个,其中Ⅰ级异常 45 个、Ⅱ级异常 85 个、Ⅲ级异常 148 个。现将主要异常简述如下。

1. 田村白钨矿异常

该异常位于安徽省宁国市狮桥乡田村一带,异常编号 27,异常级别Ⅰ级。异常呈北西向展布,似椭圆形,面积 22.38km²。共取样 42 个,其中白钨矿异常样 34 个,一般含量 11~50 颗,最高含量过百颗。白钨矿呈灰白色,细粒状,紫外线照射具淡蓝色荧光;粒径 0.1~0.5mm。伴生矿物有锡石、泡铋矿、铅族、自然金、黄铁矿、褐铁矿、铬铁矿、磁铁矿、硬锰矿、钛铁矿、锐钛矿、白钛石、绿帘石、褐帘石、石榴石、辰砂、重晶石、磷灰石、锆石等。

异常区出露南华系休宁组、南沱组,震旦系蓝田组、皮园村组,下寒武统荷塘组、大陈岭组,中寒武统杨柳岗组。晚侏罗世二长花岗岩体广泛分布。北东东向断裂发育,并充填石英脉,局部硅化、黄铁矿化强烈。

区内有航磁异常 2 个,与化探 W、Bi、Mo、Au、Ag、Cu、Pb、Zn、Sb 等元素异常重叠或部分重叠。经检查,异常由钨矿(化)点所引起。区内有钨矿(化)点 4 个,铅锌、脉石英矿化点各 1 个,且蓝田组条带状矽卡岩和广泛发育的石英脉含钨较高,应进一步工作,扩大矿床规模。

2. 棉线坞白钨矿异常

该异常位于安徽省宁国市胡乐镇棉线坞一带,异常编号 36,异常级别Ⅰ级。异常呈近东西向展布,似椭圆形,面积 9.78km²。共取样 24 个,其中白钨矿异常样 13 个,一般含量 100~2800 颗,最高含量达 0.106g。伴生矿物有钛铁矿、泡铋矿、锆石、金红石等。

异常位于太平复向斜东端之次级秦坑郎-瓦窑铺复背斜倾伏端部位,主要出露下志留统霞乡组,次为上奥陶统新岭组,有早白垩世兰花岭二长花岗岩小岩株。接触带矽卡岩化、角岩化等,在岩体内部则主要形成硅化、云英岩化、绢云母化、伊利石化、绿泥石化等。

该异常与土壤测量 Mo、Co 异常部分重合。白钨矿分布连续,成矿地质条件有利。从白钨矿分布特征分析,异常由钨钼矿所引起。异常地处江南过渡带成矿带的东段,勘查程度较低,为具有一定的钨、钼成矿潜力的找矿远景区。兰花岭矽卡岩型小型钨钼矿床(图 3-4)落位于区内。

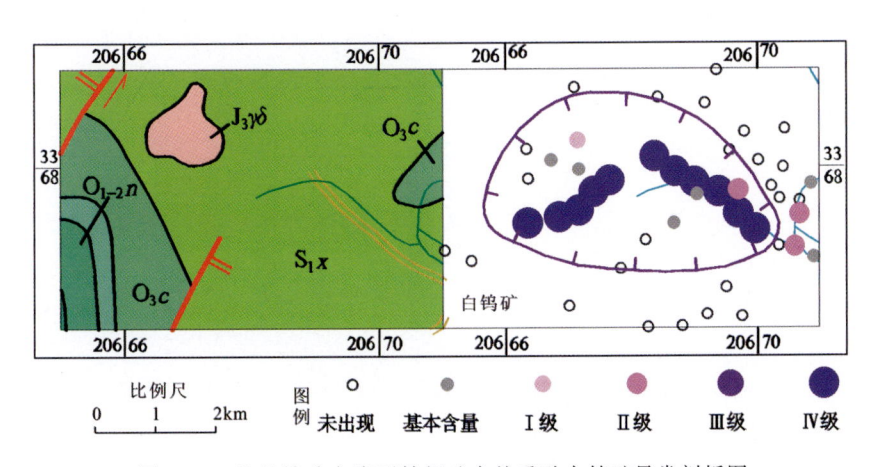

图 3-4 兰花岭矽卡岩型钨钼矿自然重砂白钨矿异常剖析图

3. 际下白钨矿异常

该异常位于安徽省绩溪县伏岭乡际下村一带，异常编号58，异常级别Ⅰ级。异常呈北东向展布，椭圆形，面积2.03km²。共取样7个，均为白钨矿异常样，最高含量达0.225g。白钨矿呈乳白色、肉红色、淡黄色，呈他形晶；粒径0.1～1.5mm。伴生矿物有赤褐铁矿、磁铁矿、黄铜矿、自然银、锆石、钍石、泡铋矿、石榴石，及少量硬锰矿、黄铁矿等（样品重量30kg）。

异常位于仁里复向斜中部，出露震旦系；有伏岭复式岩体和杨溪岩体分布。断裂构造和石英脉、石英闪长岩脉发育，角岩化、透闪石化、绿泥石化、硅化、绢云母化和云英岩化等普遍。

异常区属低山缓坡地形，第四系覆盖厚，水系不发育，源头均被农田所占，对重砂取样不利，因而异常内取样较少。异常由际下白钨矿床直接引起。层控式（似矽卡岩）际下中型白钨矿床落位于区内。

4. 巧川白钨矿异常

该异常位于安徽省绩溪县北村乡巧川至湖村一带，异常编号63，异常级别Ⅰ级。异常呈北东向展布，长带状，面积2.58km²。共取样18个，均为白钨矿异常样，其中有8个样白钨矿含量达0.1～0.6g。伴生矿物有重晶石、锆石、赤褐铁矿、石榴石，少量黄铁矿、金红石、钍石等（样品重量30kg）。

异常位于仁里复向斜中部，出露地层有震旦系休宁组、雷公坞组等，石英脉较发育。北东向牛屋山-巧川断层通过异常区中部，受其影响，岩石均具不同程度的角岩化和矽卡岩化。

异常区属低山缓坡地形，第四系发育，重砂样品均位于一级水系内，系残坡积物中所含重矿物所致，因此区内利用自然重砂找矿效果较好。异常显然是由巧川钨矿所致。层控型巧川中型白钨矿床落位于区内。

5. 高峰白钨矿异常

该异常位于安徽省泾县厚岸乡高峰一带，异常编号95，异常级别Ⅰ级。异常似不规则三角形，呈等轴状展布，面积42.22km²。共取样32个，其中白钨矿异常样31个，一般含量30～200颗，最高含量0.3g。白钨矿呈浅黄色、淡绿色、白色，八面体双方锥状及碎块状，油脂光泽，透明—半透明，性脆，硬度小，粉末白色；粒径0.1～1.3mm。伴生矿物有辉钼矿、铋族、重晶石、自然金、铅族、辰砂、金红石等。

异常处于黄柏岭次级背斜核部北西翼，出露震旦系，下寒武统黄柏岭组，中南部有早白垩世青阳二长花岗岩体，并有细粒花岗岩岩株，闪长玢岩、辉斜煌斑岩等岩脉主要分布在黄柏岭背斜的核部；北东向断裂发育，内接触带具云英岩化、矽卡岩化等蚀变，宽度在1m左右，外接触带大理岩化、矽卡岩化、角岩化等，并见辉钼矿-白钨矿等多金属矿化。

该异常与土壤测量汞、钒异常部分重合。异常经后续评价验证为钨钼矿体所引起。典型矿床有层控矽卡岩型百丈岩中型钨钼矿床，矽卡岩型石坦钼矿点，接触交代型泾县大冲坑铜矿点均落位于区内。

6. 夏林白钨矿异常

该异常位于安徽省宁国市狮桥乡夏林村一带，异常编号100，异常级别Ⅰ级。异常呈南北向展布，似圆形，面积16.55km²。共取样28个，白钨矿异常样19个，一般含量11～50颗，最高含量0.012g。白钨矿呈灰白色，粒状，紫外光照射显淡蓝色荧光；粒径0.1～0.5mm。伴生矿物有黑钨矿、铅族、自然金、锡石、泡铋矿、辉钼矿、自然铜、黄铁矿、铬铁矿、绿帘石、褐帘石、石榴石、辉石、辰砂、雄黄、重晶石、磷灰石、锆石等。

异常区出露南华系南沱组，震旦系蓝田组、皮园村组，下寒武统荷塘组、大陈岭组，中寒武统杨柳岗组，上寒武统华严寺组、西阳山组，下奥陶统印渚埠组。北西向断裂发育，北东向、东西向次之，沿断裂带有花岗闪长斑岩等呈脉状和岩株、岩滴状侵入。接触带岩石普遍重结晶化、大理岩化，局部矽卡岩化强烈。

与航磁异常部分重叠，与化探W、Sn、Au、Ag、Cu、Pb、Sb等元素异常重叠或部分重叠。异常由区内已知矿床（点）所引起。白钨矿含量较高，分布较集中，成矿地质条件有利，矿物组合良好，应进一步工作,扩大矿床规模,今后应加强矽卡岩型多金属矿的普查。矽卡岩型-热液型竹溪岭大型钨钼矿床,以及3个钨矿(化)点,1个多金属矿点落位于区内。

7. 大坞尖白钨矿异常

该异常位于安徽省宁国市虹龙乡大坞尖一带,异常编号107,异常级别Ⅰ级。异常呈北东向展布,似椭圆形,面积15.54km²。共取样25个,白钨矿异常样23个,一般含量10～50颗/30kg,最高含量0.0235g/30kg。白钨矿呈灰白色,细粒状,紫外光照射发淡蓝色荧光;粒径0.1～0.3mm。伴生矿物有铅族、铜族、黑钨矿、辉钼矿、辉铋矿、泡铋矿、自然金、锐钛矿、辰砂、雄黄、重晶石、锆石等。

异常区出露南华系南沱组,震旦系蓝田组、皮园村组,下寒武统荷塘组,中寒武统杨柳岗组,上寒武统华严寺组。北东向断裂发育,并有花岗斑岩、花岗闪长斑岩、石英等脉岩贯入。岩石重结晶大理岩化,局部矽卡岩化、硅化、黄铁矿化。

与航磁异常及化探W、Mo、Bi、Au、Ag、Cu、Pb、Zn、As等元素异常重叠。区内钨矿化普遍,成矿地质条件良好,但钨钼多金属矿床已详查,伴生铅、锌、金、银等有益组分,可不再进行工作。矽卡岩型大坞尖中型钨钼多金属矿床,以及2个热液型萤石矿点落位于区内。

8. 云梯白钨矿异常

该异常位于安徽省宁国市仙霞镇云梯一带,异常编号110,异常级别Ⅰ级。异常呈北东东向展布,似椭圆形,面积37.03km²。共取样88个,其中白钨矿异常样85个,一般含量百余颗/30kg。白钨矿呈灰白—油脂白色,细粒状,紫外光照射显淡蓝色荧光;粒径0.1～0.8mm。伴生矿物有黑钨矿、辉钼矿、锡石、铅族、毒砂、铜族、锐钛矿、钍石、锆石、辰砂、雄黄等。

异常区出露南华系休宁组、南沱组,震旦系蓝田组,上寒武统西阳山组。有晚侏罗世花岗闪长斑岩、早白垩世二长花岗岩和碱长花岗岩体分布。北东向断裂发育,辉绿玢岩、石英正长斑岩、石英等脉岩十分发育,脉宽几十厘米至几米,并受裂隙控制。岩石局部硅化、黄铁矿化。

异常由已知钨矿床及钼矿(化)点所引起。经检查,异常矿物含量较高,分布较集中,异常强度较大,且花岗闪长(斑)岩等岩体普遍钨(钼)矿化,特别是含钨矽卡岩带的发现,预示着寻找原生矿体的巨大潜力,应进一步工作。接触交代型铜岭关外小型白钨矿床,中高温热液型铜岭关钼矿点,中高温热液型横泥坪、中古岭、黄莺山、西坑钼矿化点,低温热液裂隙充填型顶山坞西、顶山坞萤石矿点均落位于区内。

9. 逍遥白钨矿异常

该异常位于安徽省绩溪县逍遥乡至金塚、竹岭一带,异常编号142,异常级别Ⅰ级。异常呈北西向展布,不规则椭圆形,面积23.00km²。共取样41个,其中白钨矿异常样40个,一般含量0.03～0.3g/30kg,最高含量1g/30kg。伴生矿物有黑钨矿、辉钼矿、锡石、铜族、自然金、铅族、钛铁矿、钍石、重晶石、泡铋矿等。

异常位于逍遥复背斜南西部,出露震旦系和寒武系,有花岗闪长岩体分布。北东向、北西向等断裂及石英正长斑岩、闪长玢岩等岩脉较发育,接触带具硅化、角岩化、大理岩化、矽卡岩化。有矽卡岩型逍遥大型钨(铜、钼)矿床,另有黑钨矿点、铜矿点、钼矿化点各1处。

异常系由矿体所致。异常矿物含量较高,与已知的矿床(点)部位相对应;且所圈出的白钨矿异常与物、化探异常基本吻合,值得进一步工作,以扩大矿床规模。矽卡岩型逍遥大型钨铜(钼)矿床,热液充填-石英脉型鸭子庄黑钨矿点,斑岩型逍遥铜钼矿点,热液型上逍岗钼矿化点,矽卡岩型荆铜崖铜矿点,热液型石坎脚多金属矿点、石门岭铅锌矿点,低温热液充填型胡家中型萤石矿床、栈岱头萤石矿点均落位于区内。

10. 里东坑白钨矿异常

该异常位于安徽省休宁县流口镇里东坑一带,异常编号184,异常级别Ⅰ级。异常呈不规则弯月形,近东西向展布,面积21.90km²。共取样9个,其中白钨矿异常样8个,一般含量17～1000颗/30kg,最高含量达0.027g/30kg。伴生矿物有铋族、雄(雌)黄、辰砂、磷氯铅矿、锆石等。

异常位于障公山东西向褶皱带尖领庙-芳村复式背斜的北翼,出露中元古界上溪群木坑组。近东西向棕里-祁红断裂通过异常区中部,沿断裂两侧有细—中粒黑云母花岗岩侵入,硅化、角岩化、绿泥石化、绢云母化普遍,蚀变带达2km,局部云英岩化。沿裂隙有黄铁矿化石英脉贯入。

经检查,里东坑岩体与成矿关系密切。岩石化学分析表明,钼、钨元素含量偏高,黑云母花岗岩岩体含 $Mo(100\sim500)\times10^{-6}$;$W<(100\sim1000)\times10^{-6}$;$Sn、Be、Ga$ 均为 $(10\sim50)\times10^{-6}$。异常由钨钼矿床及岩体接触带云英岩化所引起。典型矿床如斑岩型里东坑小型钼钨矿床,斑岩型牛角门钼矿点均落位于区内。

11. 长陔黑钨矿异常

该异常位于安徽省歙县绍濂长陔一带,异常编号186,异常级别Ⅰ级。异常呈北东向展布,似椭圆形,面积 $77.81km^2$。共取样51个,其中有5个样含黑钨矿,含量介于 $5\sim50$ 颗/30kg 之间。黑钨矿呈褐黑色、黑色、厚板状、条板状,条痕褐棕色,不透明,金属光泽,硬度较小;粒径 $0.2\sim1.5mm$。伴生矿物有白钨矿、铋族、铬尖晶石、钍石、金红石、独居石等。

异常处于江湾-街口挤压断裂带的中部,出露新元古界青白口系井潭组下段,下震旦统休宁组。分布青白口纪长陔斑状花岗岩和白垩纪似斑状黑云母二长花岗岩体,石英脉、石英斑岩脉较多。北东向断裂发育。经加密检查,长陔斑状花岗岩体具云英岩化,其中含星点状黑钨矿。在古祝西南1km河流中,黑钨矿含量约 $0.01\sim0.09g/30kg$,最高可达 $0.264g/30kg$。此外,石英斑岩与井潭组接触带有含铜钼石英脉穿插。

有航磁、地磁、激电异常各1个;与土壤测量 $Cu、Pb、Ni$ 异常部分重合。异常由钼矿及含黑钨矿斑状花岗岩、含矿石英脉所引起。异常地处高中温热液成矿带内,岩体中富含 $Nb、Y、La$ 等稀有分散元素,成矿地质条件有利,矿物组合佳,值得进一步工作。典型矿床如高温热液型歙县古祝小型钼矿床,热液型歙县邓家坞钼矿点,热液型歙县古祝铜矿点均落位于区内。

12. 结竹营黑钨矿异常

该异常位于安徽省休宁县白际结竹营一带,异常编号186,异常级别Ⅰ级。异常呈不规则形,北东向展布,面积 $32.20km^2$。共取样36个,其中有5个样含黑钨矿,一般含量 $10\sim51$ 颗/30kg,最高含量 $0.6g/30kg$。黑钨矿呈棕黑色,块状,不透明,金属光泽;粒径最大达 $0.63mm$。伴生矿物有白钨矿、铋族、锡石、铬铁矿、自然铅、黄铁矿、重晶石等。

异常处于井潭穹断褶束东南部,岭南-盘岭断裂南东侧。西部出露新元古界青白口系井潭组下段变质流纹质和变质英安质凝灰岩,东部出露井潭组上段变质流纹斑岩,东北部见下震旦统休宁组砂岩。中部出露新元古代白际流纹斑岩。北东向古祝-结竹营逆掩断层通过异常区。岩石受强烈挤压,矿物压扁拉长现象明显,产生片理和片麻状构造,局部呈糜棱岩化。岩体中有石英脉、花岗斑岩脉、角闪安山岩脉、煌斑岩脉等岩脉侵入。地貌特征属剥蚀侵蚀中山陡坡地形,河谷呈"V"字形。第四系不发育。

经检查,于璜尖附近白际流纹斑岩岩体 $305°\sim315°\angle76°\sim82°$ 一组裂隙中发现有含钨石英脉,其附近见硅化、云英岩化、绿帘石化等。含钨石英脉多为细脉状,呈 $35°\sim45°$ 方向延伸。脉的厚度较小,一般为 $10\sim20cm$。矿物成分以石英、黑钨矿为主,另有少量辉铋矿、辉钼矿等。经拣块取样对石英脉(含钨)做化学分析,含 WO_3 达 0.37%,Bi 0.15%,且岩石光谱分析 Sn 含量较高。

异常由钨矿床(点)及含钨石英脉所引起。区内有地磁异常2个。异常矿物含量高,成矿条件好,而且区内云母线较密集、平直,倾角陡的特征与江西赣南隐伏钨矿很相似,钨矿远景很有潜力,值得进一步工作。典型矿床如热液型长岭尖小型钨铋矿床,石英脉型营川钨矿点,高温热液裂隙充填型璜尖黑钨矿点,热液交代型白际磁铁矿点,沉积变质型结竹营铜矿化点均落位于区内。

第五节 锡 矿

一、矿物特征及其区域分布规律

锡矿为华东地区重要矿种之一,其重矿物主要分布在福建、江西、浙江三省,其次在安徽省。

全区重砂样品中锡矿物 108 459 个鉴定结果,主要重砂矿物为锡石,最高含量 $13.4218×10^9$。锡石分布面积较广,在浙江、江西、福建、安徽等省都有大面积分布,高值区集中分布于浙江省衢州市和江西省赣州市境内。锡石在安徽省主要分布于广德县—绩溪县—歙县,与酸性花岗岩体关系甚为密切;在浙江省主要分布于丽水-宁波槽凸和温州-临海槽凹的南部及德清—麻车埠、新登—芳村一带的印支-燕山期偏碱性花岗岩体与脆性岩石的接触带中,少数分布于晚侏罗世火山岩中;在福建省主要分布于崇安-建宁锡石、铋族矿物异常带,松溪-上杭锡石、铋族矿物异常带,福安-永定锡石、铋族矿物、辉钼矿异常带,连江-诏安锡石、辉钼矿异常带;在江西省主要分布于不同期次的花岗岩体周边及大余、上犹、南康、崇义、寻乌、于都、九岭等地。

二、成矿类型的重砂矿物学标志

华东地区锡矿主要分布在浙江西部、江西东部地区,主要类型有热液型和矽卡岩型。

1. 热液型

该类型为本区主要成矿类型,有安徽宁国—绩溪等矿区。通过对上述矿区研究分析,归纳总结重砂矿物组合为:锡石-黑钨矿-白钨矿-磁铁矿(铅族、闪锌矿、铜族、毒砂、黄铁矿、萤石)。该类型以锡石、黑钨矿异常矿物组合为特征,并伴有含铍矿物出现。

2. 矽卡岩型

该类型矿床主要有江西曾家垄等矿区。通过对上述矿区研究分析,归纳总结重砂矿物组合为:锡石-白钨矿-黑钨矿-石榴石-透辉石-透闪石-符山石(辰砂、铜族、铅族、闪锌矿、毒砂)。该类型以简单的锡、钨和矽卡岩矿物组合为特征,并伴有含硼、镁矿物出现。

三、异常特征及解释评价

全区共圈定锡矿物异常 134 个,其中 Ⅰ 级 26 个、Ⅱ 级 47 个、Ⅲ 级 61 个。

第六节 钼 矿

一、矿物特征及其区域分布规律

钼矿为华东地区重要矿种之一,其重矿物主要分布在安徽、福建、江西、浙江四省。

全区重砂样品中鉴定出辉钼矿的有 4118 个,最高含量 3 450 180 粒/30kg。辉钼矿呈零星状主要分布于江西省赣州市上犹县五指峰境内。辉钼矿在安徽省主要出现于广德县—绩溪县—歙县,与酸性花岗岩体关系甚为密切；在浙江省主要分布于丽水-宁波槽凸和温州-临海槽凹的南部及德清—麻车埠、新登—芳村一带的印支-燕山期偏碱性花岗岩体与脆性岩石的接触带中，少数分布于晚侏罗世火山岩中；在福建省主要分布于崇安-建宁锡石、铋族矿物异常带，松溪-上杭锡石、铋族矿物异常带，福安-永定锡石、铋族矿物、辉钼矿异常带，连江-诏安锡石、辉钼矿异常带；在江西省主要分布于不同期次的花岗岩体周边，及大余、上犹、南康、崇义、寻乌、于都、九岭等地。

二、成矿类型的重砂矿物学标志

华东地区钼矿主要分布于安徽九华山—宁国地区、金寨地区，成矿类型以斑岩型、热液型、矽卡岩型为主。

1. 斑岩型

该类型为本区储量最大的类型，有安徽金寨、休宁南部、九华山-黄山等矿区。通过对上述矿区研究分析，归纳总结重砂矿物组合为：钼族-白钨矿-铋族-铅族（铜族、毒砂、黄铁矿）。该类型以钼族、白钨矿、铋族异常矿物组合为特征，并伴有铅族异常出现。

2. 热液型

该类型为本区重要成矿类型，有安徽休宁东南部、九华山-黄山等矿区。通过对上述矿区研究分析，归纳总结重砂矿物组合为：钼族-铋族-白钨矿（黑钨矿、锡石、铅族、铜族、毒砂）。该类型以钼族、铋族、白钨矿异常矿物组合为特征。

3. 矽卡岩型

该类型矿床主要有安徽太平、东至-石台、青阳-泾县、刘村-宁国墩、旌德等矿区。通过对上述矿区研究分析，归纳总结重砂矿物组合为：钼族-白钨矿-铋族（铅族、铜族、毒砂、石榴石、符山石）。该类型以钼族异常为代表的高温矿物组合和矽卡岩矿物组合为特征。

三、异常特征及解释评价

全区共圈定钼族矿物异常133个，其中Ⅰ级异常31个、Ⅱ级异常53个、Ⅲ级异常49个。现将主要异常简述如下。

1. 童村坂钼族异常

该异常位于安徽省池州市梅街镇童村坂一带，异常编号19，异常级别Ⅰ级。异常呈北东向展布，不规则形，面积22.74km²。共取样26个，其中有14个样含钼族矿物，含量介于1~5颗之间。伴生矿物有锆石、金红石、白钨矿、泡铋矿、独居石、自然金、白铅矿等。

异常位于太平曹倾伏背斜南东翼，出露奥陶系、下志留统高家边组、中志留统坟头组。晚侏罗世花岗闪长斑岩呈岩株侵入。断裂发育，以北北东向为主，北东向、北西向次之。构造破碎带内，有石英闪长玢岩充填，并伴随铅锌及黄铁矿化现象。围岩具硅化、大理岩化、矽卡岩化、绢云母化等，局部黄铁矿化、钾化。

异常由已知矿床（点）所引起。矽卡岩型安子山铜钼小型矿床位于北部，周围伴随着钼铅矿出现；热液充填交代斑岩型牛背脊银多金属小型矿床处于南部，周围伴随着辉钼矿出现。成矿地质条件良好，值得进一步工作，寻找铜、钼、铅、金等矿床有一定的远景。矽卡岩型安子山小型铜钼矿床、热液充填交代斑岩型牛背脊小型银多金属矿床、热液型安子山小型黄铁矿床、矽卡岩型甲山吴铜矿点、热液型观音洞铅锌矿化点均落位于区内。

2. 溪里凤钼族异常

该异常位于安徽省泾县茂林镇溪里凤一带，异常编号94，异常级别Ⅰ级。异常呈不规则形，北东向展布,面积 58.49km²。共取样 64 个,其中有 6 个样含钼族,一般含量 8~30 颗/30kg,最高含量达 0.3g/30kg。钼铅矿呈蜡黄、污黄色或白色,板状、碎块状、半滚圆状,油脂光泽或珍珠光泽,半透明,性脆;粒径 0.1~0.8mm。伴生矿物有白钨矿、铋族、铅族、黄铁矿、磷灰石、角闪石等。

异常地处太平复向斜内,位于晚侏罗世茂林花岗闪长岩体中,东南角零星出露上志留统举坑群。花岗(闪长)斑岩呈岩株状产出于茂林岩体内部,石英脉较发育。接触带硅化、角岩化、绢云母化、黄铁矿化,岩体普遍矿化。

该异常与土壤测量 Cu、Pb、V 异常部分重合。异常由钼矿床所引起,金异常则为金矿点所致。铅族异常位于南部,反映了成矿温度梯度分带现象,因此不同区域应有针对性地寻找相应成因类型的矿床。典型矿床如斑岩型檀树岭中型钼矿床(图 3-5),石英脉型湛岭中型钼矿床均落位于区内。

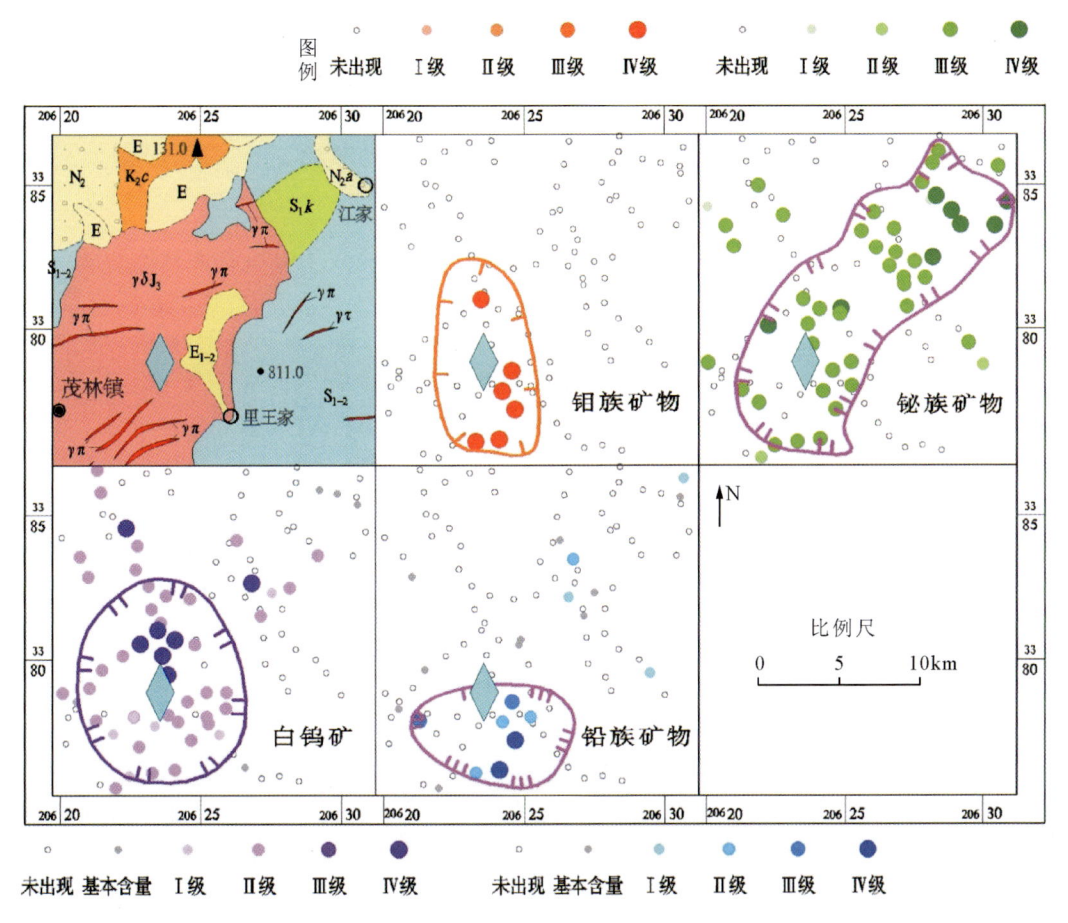

图 3-5 檀树岭钼矿自然重砂钼族矿物、铋族矿物、白钨矿、铅族矿物异常剖析图

第七节 锑 矿

岩浆热液型淳安三宝台锑矿矿区出露地层有震旦系蓝田组、板桥山组、皮园村组,以及下寒武统荷塘组。其中板桥山组砂状泥晶白云岩、荷塘组下段硅质岩为锑矿主要赋矿层位,矿体产出部位多在硅质岩临近泥页岩的部位。主要矿化作用为铅锌、多金属、锑、砷、萤石等。矿石矿物主要为辉锑矿,少量毒砂、锑赭石、锑华。脉石矿物有石英、重晶石、方解石。区内容矿围岩蚀变主要为硅化、重晶石化,蚀变强度强烈—中等。重晶石化基本上呈脉状局限于断层破碎带内,伴有辉锑矿化,形成重晶石辉锑矿脉。

江西省共有武宁驼背山和德安宝山 2 个典型矿床。由于江西省境内辉锑矿自然重砂出现率较小，在全省 82 723 个样品中，仅有 16 个，报出率很低，为 0.02%，本次工作重砂矿物未选择辉锑矿作含量分级图和异常图。

浙江省诸暨璜山金矿所在位置，白钨矿、铋族、锑族、铅族、萤石、重晶石、雌（雄）黄毒砂 7 种（组）矿物存在重砂异常反映。异常分布沿北东-南西向呈不规则多边形形状，长约 26km，宽约 18km，区域异常面积约 288km²。异常由 459 个重砂样点组成，由矿化引起的重砂矿物（组合）主要为白钨矿、铋族、锑族、铅族、萤石、重晶石、雌（雄）黄毒砂。

第八节 稀土矿

混合岩型稀土矿：对于混合岩型稀土矿床和加里东期交代花岗岩副矿物型稀土矿，重砂矿物组合为磷钇矿、独居石、锆石和铌钽矿。

轻稀土矿物（如独居石等）主要与酸性岩浆岩或酸性伟晶岩有关；重稀土矿物（如磷钇矿等）主要与蚀变花岗岩和碱性岩有关。

伟晶岩型以铌钽族矿物为主的重砂矿物组合，通常可作为寻找与燕山期岩体有成因联系的含铌钽花岗伟晶岩和含铌钽花岗岩的重要标志，也可能是揭示寻找产于混合岩区的含铌钽花岗伟晶岩的标志。

铌钽、锆铪矿物主要富集在含矿混合岩、花岗岩、碱性岩及伟晶岩的风化壳附近，是形成此类矿床的矿物标志。乐平图幅灵山岩体（十字头岩体），除有丰富的铌钽矿床外，还含磁铁矿、楣石、锆石等，属于磁铁矿、磷灰石、楣石（锆石）型。而且萤石、电气石含量也很高，反映了岩体富挥发性组分。在某种意义上可作为富含稀有矿产的指示性矿物。

锡石是含铌钽花岗岩的副矿物之一，其中的钽、铌含量较高，光泽强，黑色，具电磁性，呈四方双锥状晶形，这种锡石是寻找富钽地段的标志。此外，晶形短柱状，颜色深，半透明—不透明，含铪量 4% 以上的富铪锆石，常产于钽、铌矿化比较好的地段，也是富钽地段的矿物标志。不同的成矿阶段和矿化部位，锡石特征不同。钛钽铌大多以含钽为主的金红石变种，该矿物主要产于钠长石化和伟晶岩中，此外，在云英岩化和钠长石化花岗岩中亦有发现。黑复稀金矿多产于花岗伟晶岩中，是含矿伟晶岩的标志。

江西寻乌河岭轻稀土矿和定南足洞重稀土矿是 2 个典型稀土矿床。稀有稀土矿床主要类型有花岗岩型、花岗细晶岩型、伟晶岩型、热液型、风化壳型和混合型。此外，还有河谷阶地中的冲积砂矿。稀有稀土矿床的矿物种类极为复杂。江西省已知矿床较多出现的矿物有：铌钽铁矿、黑复稀金矿、细晶石、氟碳钙钇矿、硅铍钇矿、独居石、磷钇矿、锆石、钍石、绿柱石等。挥发分矿物，如萤石、黄玉、电气石比较普遍。热液型稀有稀土矿床亦多出现金属硫化矿物。

第九节 锰 矿

沉积风化型锰矿主要矿物有锰族矿物、锆石、金红石、钛铁矿、泡铋矿、雄黄、刚玉、自然金等，产于中生代地层，有岩脉穿插。绢云母化、绿泥石化、黄铁矿化、硅化、碳酸盐化等蚀变强烈。锰族矿物含量偏低，但分布较均匀、连续。

沉积热液叠改型锰矿主要矿物有锆石、绿帘石、石榴石、白钨矿、磷灰石、黄铁矿、重晶石、辰砂、雄黄、锡石、铅族矿物等。硬锰矿呈黑色至棕黑色，皮壳状、钟乳状、土状、致密块状，表面光滑，光泽暗淡，部分表面呈贝壳状，硬度中等，粉末黑色，具细腻感；粒径 0.5~2mm。产于古生代地层中。断裂发育，围岩蚀变有矽卡岩化、大理岩化、硅化、绿泥石化等。锰族矿物含量高，分布均匀、连续。

第十节 银 矿

江苏栖霞山铅锌银矿床位于南京市东郊栖霞镇。处于宁镇褶断束北侧龙仓负背斜西段南部的中下侏罗统象山群不整合于泥盆系—三叠系之上,走向北东,倾向北西,倾角 30°～40°,厚 200～500m;其下伏古生代地层走向北东,倾向南东,倾角一般 70°～80°,局部倒转。区内断裂构造较发育,主要有两组:一组为发育于象山群不整合面之下、纵贯全区、走向北东东的纵向逆断层(F_2),长达 3000m,倾向北西,倾角陡,断层面沿走向、倾向均呈舒缓波状,是重要控矿断裂;另一组为走向 290°～320°的横断裂,倾向北东,倾角 75°～80°,规模较小,形成时间晚。两组断裂及象山群与古生代地层不整合面复合交会部位有利于矿体生成。

矿区有大小矿体 17 个,主矿体 9 个,总体呈带状分布。主矿体赋存于高骊山组与黄龙组之间硅钙岩层面控制的纵向断裂带中,矿体上部延伸至 F_2 断裂旁侧断裂中,旁侧断裂大致沿象山群与下构造层不整合面发育,形成数十米厚的构造角砾岩。断裂带上部古岩溶发育部位及上、下构造层不整合面亦是重要赋矿部位。主矿体形态较规则,呈似层状、大透镜状产出,走向北东,倾向北西,倾角上部 30°～65°、下部 80°左右,矿体长约 1400m,厚 30～50m 不等,自东向西逐渐增厚,纵断裂与横断裂交会处矿体膨大,延伸一般 250～400m,最大达 500m,矿体埋深在 0～−200m 和 −400～−600m 两个高度上。产于象山群石英砂岩、砂砾岩中矿体以裂隙充填型为主,矿化范围较大,但多为贫矿,规模亦小。产于石灰岩裂隙及古岩溶构造中的矿体,形态复杂,多呈不规则带状、漏斗状或分叉管状,矿石品位富,但矿体规模不大。主矿体围岩上盘为五通组、高骊山组砂页岩,下盘为中、上石炭统—下二叠统灰岩、白云岩。近矿围岩蚀变主要有硅化、黄铁矿化、碳酸盐化、高岭土化、白云岩化等,蚀变较弱,范围不大,蚀变带宽度一般仅数米,发育于矿体顶、底板及断裂带附近。

矿石矿物以闪锌矿、方铅矿、黄铁矿、钙菱锰矿为主,次为白铁矿、黝铜矿、黄铜矿、磁铁矿、自然金等;脉石矿物有方解石、重晶石、白云石、石英、玉髓,及少量英石、滑石、绢云母、绿泥石等。矿石中富银,但不稳定,含银矿物有螺状硫银矿、辉银矿、深红银矿和锑铋铅银矿等。

栖霞山矿区范围地表有铅、锌、银、锑、砷、镉、铋多元素组合异常,呈北东向带状展布,长 7km,宽约 2.5km,走向与控矿断裂方向一致,元素异常分带明显。

第十一节 硼 矿

矽卡岩型硼矿矿物组合为白钨矿、黑钨矿、铋族、铅族、铜族和锡石。代表性矿床为长兴和平硼矿、德清铜山寺硼矿和安吉港口乡硼矿。

长兴和平硼矿区见有 3 个硼矿体,都分布于矿区西部,主矿体(Ⅰ号矿体)赋存于上侏罗统劳村组底部砾岩的中上部,东西长 616m,南北宽 100～200m,倾角平缓(3°～15°),呈椭圆形透镜体。矿体走向较稳定,倾向变化较大;厚度 1.00～7.89m,平均 4.50m,厚度变化系数 65%;B_2O_3 单工程品位 5.00%～7.99%,平均 5.77%。组成硼矿石的主要硼矿物为硅硼钙石,偶有斧石。硼矿石主要由硅硼钙石、方解石、石英、石榴石组成,次为硅灰石、绿帘石、绿泥石、毒砂和少量透辉石、蒙脱石、闪锌矿、黄铁矿、方铅矿及微量伊利石、叶腊石、锆石等。矿石属石英、方解石、硅硼钙石类型,矿石结构主要为粒状变晶结构、包含结构、交代结构,局部残余砂状结构。矿石构造为致密块状构造。钙质砾岩见蚀度强度不一的矽卡岩化、大理岩化;硼矿体附近石棉石矽卡岩化较明显,铅锌矿体附近透辉石矽卡岩化较明显,无矿段仅见大理岩化;砂泥质砾岩具硅化、角岩化。

港口乡硼矿化体产于震旦系灯影组中上部,距荷塘组底界约 10～30m。矿化主岩为含针硼镁石镁橄榄石白云质大理岩及铅锌矿化透辉石矽卡岩,次为蛇纹石化、水镁石化镁橄榄石透辉石岩,含针硼镁石绿泥石化斜硅镁石矽卡岩。近矿围岩蚀变为蛇纹石化、水镁石化及碳酸盐化。Ⅰ矿体位于银水洞矿段,其底板界面距荷塘组底界铅直距离约13.65m,走向320°~325°,倾向50°~55°,倾角10°~16°;矿体呈似层状、透镜状,受层间破碎带控制。矿体走向延伸约85m,倾向延伸仅17m,厚约0.27~1.28m,且北西薄东南厚;矿体B_2O_3含量6.30%,矿石自然类型为针硼镁石即碳酸盐型。Ⅳ矿体产于格格坞矿段,距荷塘组底界约30m,距五关山岩体接触界面2~15m,产于岩体界面内弯凹陷部位。走向近南北,倾向83°~95°,倾角11°~36°;矿体呈似层状、透镜状、团块状,受岩性、层间裂隙控制;矿体沿15°方向延伸约30m,倾向延伸65m,厚约0.26~2.80m;B_2O_3平均含量约7.49%;矿石自然类型为含磁铁矿针硼镁石型。

第十二节 锂 矿

南平西坑伟晶岩型锡锂矿,属加里东期花岗岩浆侵入活动成矿的产物。在加里东期岩浆活动的后期,形成大量的富含挥发分的残余岩浆,此类岩浆富含铌钽锡锂等物质,沿断裂(裂隙)运移,并在构造等有利部位富集,形成厚大矿体。本区构造活动频繁,岩浆活动强烈。从加里东期开始均有岩浆岩形成。加里东期花岗岩是伟晶岩的母岩。

赋矿地层为古元古界麻源群南山岩组。围岩蚀变主要有硅化、黑鳞云母化和黑电气石化。矿体以扁长透镜状为主,脉状次之,不规则状少见。脉体(群)在平面、剖面上多呈斜列式,空间上多呈"S"形或反"S"形弯曲。

矿物组合:主要造岩矿物有石英、钠长石、锂辉石、微斜长石、白云母、绢云母等。次要矿物有钠更长石。副矿物有磁铁矿、钛铁矿、锆石、锡石、方铅矿、闪锌矿、黄铜矿、电气石、磷灰石、软锰矿、褐铁矿、黄铁矿、钛铁矿、金红石、重晶石、天蓝石、钙铁榴石等。

第十三节 硫铁矿

硫铁矿的矿床类型有火山岩型、热液型、沉积型,与其相关的矿物很多,主要有黄铁矿、自然金、铅族、辰砂、铜族、雄(雌)黄、铋族等。

陆相火山岩型硫铁矿主要矿物有黄铁矿、锆石、金红石、绿帘石、石榴石、磷灰石、重晶石、刚玉、辰砂、雄黄、铬铁矿等,一般产于火山岩构造内,围岩蚀变有黄铁矿化、硅化、碳酸盐化、钠长石化、绿帘石化和高岭土化。

热液型硫铁矿床主要矿物有黄铁矿、金红石、钛铁矿、石榴石、绿帘石、角闪石、磷灰石、泡铋矿、辰砂、独居石等,产于古生代—中生代地层中。矿区断裂发育,石英闪长玢岩分布广泛,岩体具绢云母化、高岭土化、碳酸盐化等。矿化以黄铁矿化为主,黄铜矿化、方铅矿化、闪锌矿化次之。

沉积型硫铁矿主要矿物有黄铁矿、铅族、黄铜矿、辉钼矿、钛铁矿、锆石、金红石、钍石等,产于前震旦纪和震旦纪等地层中,有花岗斑岩体分布,伟晶岩、细晶岩、石英脉等岩脉发育,围岩蚀变有黄铁矿化、白云母化、绢云母化和硅化等。

第十四节 萤石矿

华东地区萤石矿主要产于浙江省。浙江省萤石矿主要分布在金华—永康—青田一带的晚侏罗世—

白垩纪中酸性火山碎屑岩的断裂裂隙中。

复合内生型(火盆)萤石矿与萤石、重晶石、锡石3种重砂矿物有密切关系。矿区位于火山构造中，霏细斑岩、花岗斑岩、闪长玢岩等岩脉发育，其中脉状霏细斑岩为萤石矿体的主要围岩之一。矿石矿物为萤石，脉石矿物以石英为主，次为黏土矿物、冰长石及局部分布的方解石、黄铁矿，微量的铁锰质、重晶石、绿泥石等。矿石结构较为简单，主要为他形—半自形粒状变晶结构，其次有微粒—隐晶结构及交代残余结构。矿石构造以块状、角砾状、环带—条带状构造为主，其次有聚片—格架状、梳状和碎裂状等构造。

火山岩(破火山)型萤石矿位于破火山活动区。区内断裂构造十分发育，脉岩类的霏细岩分布全矿区，以中部岩脉规模为最大，其余相对较小。矿石矿物为萤石，萤石以浅绿色为主，灰白色次之，紫红色少量。脉石矿物以石英为主，少量方解石、钾长石、高岭石、黄铁矿等。矿石结构多为半自形粒状结构，粒径0.5～2cm。矿石构造主要为角砾状、环带状构造，其次为块状和条带状构造。

热液型萤石矿主要与中粗粒似斑状黑云母花岗闪长岩岩体及细晶岩脉有关。成矿作用以热液充填作用为主，热液充填作用主要控矿、容矿构造为岩体内部密集的裂隙带或节理带及岩体与围岩的接触带部位，形成热液充填型萤石矿。主要矿物有萤石、重晶石、白钨矿、辉铋矿、泡铋矿、自然锡、锡石、自然铅、铅矾、白铅矿、磷氯铅矿、锐钛矿、白钛石、辰砂、雄黄、锆石等，产于寒武系中，裂隙较发育，萤石、重晶石呈脉状或团块状充填。

第十五节 重晶石矿

浙江省重晶石异常部分为矿致异常，由热液充填型重晶石脉或沉积型层状重晶石矿化引起，主要分布在临安断续延伸至华埠的震旦纪和寒武纪白云质灰岩、硅质岩、灰岩层间裂隙或夹层中，部分由硫化物金属矿床的伴生矿物所引起，分布在诸暨、巨县一带。

热液型重晶石矿主要矿物有重晶石、锆石、金红石、绿帘石、石榴石、赤褐铁矿、磷灰石、辰砂等，产于前寒武纪地层中。岩脉发育，岩石破碎，重晶石化普遍。

沉积型重晶石矿主要矿物有重晶石、锆石、钛铁矿、白钛矿、黄铁矿、辉钼矿、泡铋矿、自然铅等，产于古生代地层中。有花岗岩体和岩脉分布，断裂发育，围岩蚀变有碳酸盐化、矽卡岩化、绿泥石化、透闪石化、角岩化等。

浙江东阳王塘坑金银矿所在位置，金、雌(雄)黄毒砂、铅族、重晶石4种矿物(组合)存在重砂异常反映。异常分布沿南东-北西向呈不规则多边形形状，长约14km，宽约12km，区域异常面积约92.5km^2。异常由73个重砂样点组成，由矿化引起的重砂矿物(组合)主要为金、雌(雄)黄毒砂、铅族、重晶石。重晶石异常范围内铅族见矿样品11个，见矿率为15.1%，铅族矿物含量一般为10～20粒/30kg，最高645粒/30kg。

第四章 自然重砂异常区（带）划分及其特征

根据华东地区与预测矿种有关的自然重砂矿物的空间展布趋势和富集规律，结合成矿地质条件和矿床分布特征，同时综合考虑异常区（带）与Ⅲ级成矿区带的对应关系，划分出81个自然重砂异常区（带）。对应Ⅲ级成矿区带的各异常区（带）特征简述如下。

第一节 Ⅱ-14 华北（陆块）成矿省

一、Ⅲ-63 华北陆块南缘铁-铜-金-钼-钨-铅-锌-铝土矿-硫铁矿-萤石-煤成矿带

该成矿区带无自然重砂异常区（带）分布。

二、Ⅲ-64 鲁西（断隆、含淮北）铁-铜-金-铝土矿-煤-金刚石成矿区

该成矿区带有5个自然重砂异常区（带）分布。

1. 蚌埠-五河金、铅族异常区（Ⅴ-1）

该异常区位于蚌埠台拱东部，蚌埠复背斜轴部和南翼，面积1132km²。出露新太古界五河群斜长片麻岩、变粒岩、绿片岩组成的一套富含铁镁质的中—基性火山变质岩系；侵入岩有新太古代混合花岗岩、混合二长花岗岩和混合钾长花岗岩等，靠近东部郯庐断裂带附近，有辉橄岩、橄榄岩等超基性岩体和岩脉。断裂以东西向为主，次为北北东、北东、北西和近南北向。东西向和北北东向断裂控制着异常的展布方向。

区内有金、铅族异常5个，其中Ⅰ级1个、Ⅱ级2个、Ⅲ级2个。金、铅族异常主要分布在蚌埠复背斜轴部新太古代变质岩系中，由含金石英脉和断裂破碎带中含金所引起。此带的大巩山林场、涂山园艺场、大庙金异常，通过进一步工作，大巩山为一小型金矿床，涂山园艺场和大庙为砂金矿化点。

2. 利国-宿羊山磁铁矿、辰砂异常带

该异常带出露岩性为新元古代泥灰岩、白云岩、页岩、石英砂岩，寒武纪砂岩、泥灰岩、白云岩、粉砂质页岩、灰岩，早中奥陶世泥质白云岩、灰岩以及第四纪沉积。区内断层发育，沿地层裂隙比较发育，震旦纪辉绿岩比较发育。

区内金属矿产主要矿种为铁，成因类型以高温和高-中温热液填充交代型为主。次为湖相沉积型。除利国地区铁矿外，其他矿点目前尚无工业价值。

异常主要分布于利国—宿羊山一带，区内重矿物组合以高含量磁铁矿为特征，辰砂也较广分布，且

含量较高,前者受石英闪长斑岩等中酸性岩体、震旦纪辉绿岩侵入体制约;后者与断裂分布有关。异常带主要由 4 个磁铁矿异常(Ⅰ类 2 个、Ⅱ类 2 个)和 10 个辰砂异常(Ⅰ类 1 个、Ⅱ类 5 个、Ⅲ类 4 个)组成。

3. 徐州班井自然金、砷族、辰砂异常带

该异常带处于徐州断褶带上,出露岩性为寒武纪砂岩、泥灰岩、白云岩、粉砂质页岩、灰岩,早、中奥陶世泥质白云岩、灰岩。区内北东向断裂构造发育,地层中矿化裂隙也比较普遍。区内中酸性侵入岩及脉岩比较发育,如闪长斑岩、石英斑岩和煌斑岩等。接触带矽卡岩化和中—低温热液蚀变等广泛分布,与此有关的铁、铜、金等金属矿化也有出露,区内发现金、铜、钼矿点多处。

区内金属矿产种类较多,因规模小、品位低,目前尚无工业意义。其中发现的铁矿点有多处,成因类型主要为内生热液铁矿。但有色金属铜、金、锡、钼综合矿化及层控型硫锌矿具有重要的地质找矿意义。异常主要分布于徐州市班井一带,由于中酸性侵入体及其脉岩比较发育,接触带矽卡岩化和中、低温热液蚀变等广泛分布,所以重砂矿物的组合以辰砂、雄黄、雌黄、自然金为主,并形成较显著的异常。特别是金,在班井矿区分布广,部分地段形成显著的异常。譬如,徐州班井自然金异常面积约 11.67km^2,沿北东向分布,由 9 个自然金样点组成,含量为 2~12 颗。异常带主要由 2 个辰砂异常(Ⅱ类 1 个、Ⅲ类 1 个)、2 个砷族异常(Ⅱ类)及 1 个自然金异常(Ⅰ类)组成,空间分布不连续,异常规模较大。

4. 大庙-寨山磁铁矿异常带

该异常带出露岩性为新元古代泥灰岩、白云岩、页岩、砂岩,寒武纪砂岩、泥灰岩、白云岩、粉砂质页岩、灰岩,早、中奥陶世泥质白云岩、灰岩,晚白垩世砂岩、砾岩以及第四纪沉积。一组近东西向断层通过异常带,且地层裂隙比较发育。区内震旦纪辉绿岩及第三纪橄榄玄武玢岩比较发育。

区内金属矿产主要矿种为铁,成因类型为接触热液交代型和海相沉积型。目前发现的矿点有 7 处,均因规模较小未构成工业矿体。

异常主要分布于大庙—寨山一带。区内重矿物组合以高含量磁铁矿为特征,辰砂也广泛分布,且含量普遍较高,异常空间分布比较分散。异常带由 5 个Ⅱ类磁铁矿异常、2 个Ⅲ类磁铁矿异常组成。结合地质背景来看,异常带内矿物组合明显地受震旦纪辉绿岩侵入体的制约。

5. 马集-芝麻岭铬铁矿异常带

该异常带出露有震旦系黄墟组、灯影组及少量寒武系。岩浆活动以喜马拉雅期玄武质岩浆多次喷溢活动为主,在区内广泛分布,呈北西向带状分布。岩浆岩岩性主要为橄榄玄武岩、辉石橄榄玄武岩和玄武岩,多含幔源包体。火山岩相主要为喷溢相,次为爆发相和火山沉积相,总体上为一套钙碱性—碱性玄武岩组合。因广泛分布的玄武岩和第四系覆盖,构造形迹出露较差,总体上以断裂构造发育、隆起与坳陷相间为特征,褶皱构造不甚发育。根据目前资料未发现矿(化)点。

异常主要分布于苏皖交界马集—芝麻岭一带,重矿物组合单一,主要以铬铁矿为主,由 6 个Ⅱ类铬铁矿异常组成,铬铁矿异常空间分布严格受玄武岩分布制约区内未见磁铁矿异常。

第二节 Ⅱ-7 秦岭-大别成矿省(东段)

一、Ⅲ-66 北秦岭金-铜-钼-锑-石墨-蓝晶石-红柱石-金红石成矿带

此成矿区带有 2 个自然重砂异常区(带)分布。

1. 金寨铅族、金异常区(Ⅴ-2)

该异常区位于霍山褶断束西段金寨一带,面积 2305km^2。主要出露青白口系佛子岭群和石炭系梅

山群,次为晚侏罗世火山岩。白垩纪石英闪长岩和二长花岗岩分布普遍,白垩纪侵入岩中金属铅、锌含量较高,与铅族异常形成有密切的关系。

区内有铅族、金异常13个,其中Ⅱ级异常10个、Ⅲ级异常3个。铅族矿物含量比较高,对寻找铅锌矿产有利。在佛子岭群绢云石英片岩中有金异常分布,提供了找金线索。

2. 霍山金异常区(Ⅴ-3)

该异常区位于舒城隆起西南部和霍山褶断束东部,面积$850km^2$。出露古元古界卢镇关群、青白口系佛子岭群。上侏罗统毛坦厂组碱性火山岩分布广泛,为此区中生代火山岩盆地的主体。白垩系分布在北部,下白垩统底部有巨厚层砾岩。有晚侏罗世、白垩纪闪长岩、石英闪长岩、角闪石岩、辉长岩等岩体和岩脉。断裂以近东西向为主,次为北东向。

区内有金异常3个,其中Ⅰ级1个、Ⅱ级1个、Ⅲ级1个。东溪金、辰砂组合异常为含金石英脉和含金方解石脉所引起,后经进一步工作,为一小型火山岩型金矿。此金矿的发现,对北淮阳火山岩盆地中寻找金提供了可靠的资料。

二、Ⅲ-67 桐柏-大别-苏鲁(造山带)金-银-铁-铜-锌-钼-金红石-萤石-珍珠岩成矿带

此成矿区带有5个自然重砂异常区(带)分布。

1. 斑竹园-来榜独居石、褐帘石、磷灰石异常区(Ⅴ-4)

该异常区位于磨子潭-晓天深断裂南部,黄柏断裂北部,岳西台拱西北部,面积$3132km^2$。出露新太古界大别山群片麻岩及花岗质混合片麻岩。侵入岩主要为新太古代混合花岗岩和白垩纪二长花岗岩,中酸性及基性、超基性岩岩脉发育,混合岩化普遍。断裂以北东向和北北东向断裂为主,北西向次之。

区内有独居石、褐帘石、磷灰石异常11个,其中Ⅰ级1个、Ⅱ级5个、Ⅲ级5个。区内稀土异常矿物主要来源于二长花岗岩、混合岩化花岗岩等酸性岩,其次为角闪黑云斜长片麻岩等老变质岩系。大别山群文家岭组有多层含磷层位,磷灰石异常由此而引起。

2. 黄柏铅族异常区(Ⅴ-5)

该异常区位于岳西台拱东侧,面积$537km^2$。主要出露新太古代混合花岗岩、二长花岗岩、石英二长岩等。北北东向断裂发育。受断裂影响,石英正长斑岩脉等脉岩及次生裂隙亦发育,多呈北北东向。

区内有铅族异常4个,均为Ⅲ级异常。本区铅族矿物含量偏低,异常形成由酸性岩体裂隙蚀变矿化所引起。

3. 弥陀-二郎金、磷灰石、褐帘石异常区(Ⅴ-6)

该异常区位于岳西台拱西南侧,面积$892km^2$。出露新太古界大别山群、古元古界宿松群等变质岩,局部夹榴辉岩、榴闪岩透镜体。侵入岩有燕山晚期二长花岗岩、花岗岩、花岗闪长岩,煌斑岩、细晶岩、伟晶岩和石英脉等脉岩发育。接触带以绿泥石化、硅化等蚀变为主。断裂发育,多为北西向,北东向次之。北部混合岩化普遍,南部次级断裂非常发育。

区内有金、磷灰石、褐帘石异常5个,其中Ⅱ级1个、Ⅲ级4个。褐帘石异常由二长花岗岩、花岗闪长岩体副矿物引起。宿松群变质岩有多层含磷层位,磷灰石异常由此而引起。

4. 管店金异常区(Ⅴ-7)

该异常区位于张八岭台拱西北侧,面积$854km^2$。区内出露中元古界张八岭群,有晚侏罗世石英闪长玢岩和花岗岩体分布,并有辉绿岩、角闪石岩、闪长玢岩、石英脉、玄武岩、橄榄玄武岩脉侵入。北北东向断裂发育。

区内有金异常5个,其中Ⅱ级3个、Ⅲ级2个。岱山铺金异常经过检查,由含金石英脉所引起,为在此区寻找含金石英脉型金矿提供了线索。

5. 东海磁铁矿、锆石、铬铁矿、钛铁矿异常带

该异常带内第四系广泛发育,基底岩石主要为东海杂岩,为一套以中酸性变质侵入岩为主,包含有变质表壳岩、榴辉岩及构造岩的新太古代—古元古代变质岩石组合。前第四纪地层仅零星分布,发育的地层呈明显"一老一新"的特点。区内变质岩广泛发育,前寒武纪地层岩石均经历不同强度、不同类型的变质作用,至少经历榴辉岩相、低角闪岩相、绿片岩相等不同相系的多期变质作用,其中以区域高压-超高压角闪岩相变质作用为主,并叠加动力变质作用改造。异常带地处华北板块、苏鲁造山带和扬子板块结合部位,以其超高压变质作用和复杂的构造演化历史著称于世。苏鲁造山带在碰撞造山运动、超高压、高压变质变形中形成了极为复杂的韧性剪切构造,中生代以来构造活动则以岩浆侵入和块断作用为其主要特色。

区内所见矿种较多,但具工业价值的矿床目前发现甚少。区内主要金属矿产有金红石、磁铁矿、钛磁铁矿、铜矿等,其次见有铬铁矿、含镍、钴多金属、稀土元素等矿化点。目前异常带内发现矿床主要为金红石砂矿、蛇纹岩矿等。

异常主要分布于温泉镇以西、阿湖镇以东地区,以金红石为主,伴随重矿物有钛铁矿、磁铁矿、铬铁矿、锆石等。异常带比较连续,各重矿物异常规模普遍较大,主要由金红石、钛铁矿、磁铁矿、铬铁矿、锆石等32个异常构成,分别是Ⅰ类异常金红石1个;Ⅱ类异常磁铁矿3个、锆石4个、铬铁矿3个、金红石5个及钛铁矿7个;Ⅲ类异常锆石1个、铬铁矿2个及钛铁矿6个。此外,在山左口、许沟、殷庄一带还发育有蛇纹石异常。金红石异常是榴辉岩经风化、剥蚀和搬运而引起,钛铁矿异常主要是榴辉岩及蛇纹岩所引起。

第三节 Ⅱ-15A 下扬子成矿亚省

一、Ⅲ-68 苏北(断陷)石油-天然气-盐类成矿区(Kz)

此成矿区带无自然重砂异常区(带)分布。

二、Ⅲ-69 长江中下游铜-金-铁-铅-锌(锶-钨-钼-锑)-硫铁矿-石膏成矿带

此成矿区带有26个自然重砂异常区(带)分布。

1. 孝丰-昌化白钨矿、重晶石异常带(Y1)

本区位于长兴—安吉—昌化一线的北西侧,南部大体以昌化-临安东西向断裂带为界。除昌化—学川以北小部分地段属武康-湖州穹断褶束外,大部分地区属泗安-长兴拗断褶束。区内褶皱、断裂构造发育,褶皱构造形迹以短轴、穹隆状背斜为主,背斜构造轴线有北东向,也有东西向;断裂构造既有北东向,也有东西向,也就是说构造有横跨的现象。出露地层主要为震旦纪硅质岩、白云质灰岩,还有寒武系—志留系。在千亩田周围可见劳村组火山碎屑岩不整合于寒武系之上。区内岩浆侵入活动强烈,沿宁国墩复背斜北东倾没端的指状次级背斜轴部,有马鞍山花岗岩体,岩体边缘有细粒花岗岩枝及酸性岩脉侵入。矿化受早期岩体内接触带裂隙及岩体原生张裂隙控制。在次级的唐舍短轴背斜及仙霞背斜的轴部

有唐舍花岗闪长岩体、仙霞花岗闪长岩体及大石坞中细粒花岗岩体的侵入。同时在唐舍岩体中见有细粒花岗岩枝,仙霞岩体中有细粒花岗闪长岩枝侵入。各岩体和震旦纪、寒武纪碳酸盐岩的接触带有以交代型为主的多金属、白钨矿化或其他矿化。岩体外侧围岩受断层、节理裂隙控制的矿化则较普遍。另外区内还见有桥岭、师家、横岭(金山)、白菜园、亭子山、百丈岭、邵家、银龙坞等大小不等的侵入体。

区内已知矿产也较多,计有钨钼矿、白钨矿、多金属矿、萤石等。钨钼矿矿脉产出于细粒花岗岩及其附近花岗闪长岩的节理裂隙中,矿脉大多平行排列,成群出现,比较规则,局部有膨胀、收缩、分叉、尖灭、复合等现象。矿石类型以黑钨矿-石英型为主,次有绿柱石黑钨矿-石英型、黑钨矿绿柱石-石英型。从已发现的33条矿脉中,陆家山东南地区的矿脉最为密集,规模较大。白钨矿主要分布在马鞍山岩体西部的扬冲、龙头坝、唐舍岭—田村一带。马鞍山岩体西部扬冲、龙头坝的白钨矿产出于花岗闪长岩体与晚寒武世泥质灰岩接触带上,矿化呈南北方向分布,具硅化、矽卡岩化,沿层交代有萤石-透辉石矽卡岩、符山石透辉石石榴石矽卡岩,均具有不同程度的浸染状白钨矿化。在花岗闪长岩体内20°~30°方向陡倾张性裂隙中,也填充了含白钨矿、辉钼矿的石英脉。唐舍岭—田村一带的矽卡岩长达3km,其中矿化的矽卡岩呈透镜状,长约200m,宽1m左右,含浸染状白钨矿,其余的矿种如多金属矿、铜矿、辉锑矿、萤石等都有分布。

区内分布有较多数量的自然重砂异常,主要以白钨矿、重晶石异常为主。如11号、18号、20号白钨矿异常,异常含量高,均为Ⅰ级异常;1号、4号、15号重晶石异常均为Ⅱ级异常。上述异常所处的地质背景对成矿有利,同时大部分异常区还与相应的分散流异常吻合或部分吻合,其中经野外检查的异常多数相应见矿。

2. 庐江-盛桥金异常区(Ⅴ-10)

该异常区位于郯庐断裂带内,庐江-盛桥褶皱区,面积380km²。出露地层有新元古界张八岭群,震旦系至二叠系,另有侏罗系、白垩系及第三系零星出露。北东向断裂发育,北西向次之。岩石受挤压、破碎成糜棱岩或压碎岩,破碎带普遍硅化、褐铁矿化。矿化明显受北东向断裂带控制。

区内有金异常7个,其中Ⅰ级异常1个、Ⅱ级异常1个、Ⅲ级异常5个。自然金含量较高,一般含量为5~10颗,最高含量0.584g/m³。金异常多为斑岩铜矿伴生金所引起,次为破碎蚀变带含金。

3. 马鞍山金、铜族异常区(Ⅴ-9)

该异常区位于安庆凹断褶束东北部宁-芜断陷盆地中段,面积436km²。出露上三叠统拉犁尖组和下侏罗统磨山组砂页岩夹煤层,中侏罗统罗岭组砂页岩夹泥灰岩,上侏罗统凝灰质砂岩、泥岩夹火山岩、粗面岩、安山岩、凝灰质砂岩及中酸性火山岩等。晚侏罗世闪长玢岩、辉长闪长岩、粗面斑岩及白垩纪石英闪长玢岩等岩体和岩脉发育。北东、北西和近南北向三组断裂为主要控矿构造。

区内有金、铜族异常8个,其中Ⅱ级异常2个,Ⅲ级异常6个。本区除在火山岩中找金有前景外,在玢岩铁矿的一种角砾状闪长玢岩矿石中也找到了金,虽其规模尚未形成,但局部含量很富,达几百克/吨。这些新线索为今后在马鞍山火山岩盆地中找金展示了较好的前景。

4. 枞阳-矾山铜族、金、铅族异常区(Ⅴ-11)

本异常区位于安庆凹断褶束中偏北部庐纵火山岩盆地,面积812km²。主要出露奥陶系至白垩系,并有闪长岩、闪长玢岩、正长斑岩、正长岩侵入体,上侏罗统砖桥组安山岩、粗面岩等火山岩分布广泛。在岩体接触带多见大理岩化、矽卡岩化、硅化等。南北向及北东向断裂较发育。石英脉及硅化破碎带含金,火山岩及次火山岩中含微粒金。

区内有铜族、金、铅族异常12个,其中Ⅱ级异常8个,Ⅲ级异常4个。由于区内铁铜矿床(点)分布普遍,铜族、铅族异常多分布在已知矿床(点)附近;金异常则由玄武玢岩中后期脉岩含金所引起。

5. 铜陵-繁昌金、铜族、铅族异常区(Ⅴ-12)

本异常区位于安庆凹断褶束东北部,面积1552km²。此区是铜、铁、硫矿床和多金属矿床分布比较集中,也是安徽省重砂异常最为密集的地区。共有金、铅族、铜族异常 33 个,其中 Ⅰ 级异常 2 个、Ⅱ 级异常 12 个、Ⅲ 级异常 19 个。异常矿物含量均比较高,异常形成主要与矽卡岩型含金、铜、铁矿床,含金铜、硫矿床及多金属矿床等关系密切,其中金异常多由伴生金所引起。

与成矿有关的地层为上泥盆统至中三叠统;与成矿有关的侵入岩主要为晚侏罗世闪长玢岩、石英闪长玢岩、白垩纪花岗岩等。重要金、铅族异常集中分布在西部新桥至铜陵一带,铜族异常多为 Ⅲ 级异常,分布在区内北部繁昌一带。

6. 怀宁-月山金异常区(Ⅴ-13)

本异常区位于安庆凹断褶束西南部,洪镇复式背斜轴部和北西翼,面积 540 km²。出露新元古界董岭群变质岩及震旦系至侏罗系,侵入岩以中酸性岩为主,有钾长花岗岩、石英正长岩和闪长岩、闪长玢岩等;石英脉、花岗斑岩脉及闪长岩脉发育。接触带有矽卡岩化、硅化、角岩化等,伴有铜、金、铅锌等矿化。断裂发育,以北东向为主,北西向和近南北向次之。

区内有金异常 9 个,其中 Ⅱ 级异常 6 个、Ⅲ 级异常 3 个。自然金含量较高,主要来源于原生金矿体及矽卡岩型和热液型铜、铁矿床伴生金,含金石英脉次之。

7. 青阳白钨矿、稀土异常区(Ⅴ-16)

本异常区位于安庆凹断褶束东南部,面积 696 km²。出露寒武系、奥陶系、志留系,北部出现白垩系;有晚侏罗世青阳花岗闪长岩、二长花岗岩体及白垩纪九华山钾长花岗岩体。接触带矿化普遍,围岩蚀变强烈。中酸性脉岩十分发育,多呈北东向、南北向。断裂发育,多呈北北东向,次为南北向。

区内有白钨矿、稀土异常 6 个,其中 Ⅰ 级异常 1 个、Ⅱ 级异常 2 个、Ⅲ 级异常 3 个。异常分布集中,但异常矿物含量不高。白钨矿异常与接触带矽卡岩化关系密切,稀土异常形成与青阳、九华山岩体岩石副矿物有关。

8. 梅街铅族、白钨矿异常区(Ⅴ-17)

本异常区位于江南断裂北部,安庆凹断褶束南部,面积 1168 km²。出露寒武系、奥陶系、志留系至三叠系,西部零星出露震旦系;东部有晚侏罗世青阳花岗闪长岩、二长花岗岩体及白垩纪九华山钾长花岗岩体,西部出露谭山二长花岗岩、钾长花岗岩、花岗岩。基性、中酸性脉岩十分发育,多呈北东向、南北向。围岩蚀变强烈,矿化普遍。北东向断裂发育,北北东向、南北向次之。

区内有铅族、白钨矿异常 12 个,其中 Ⅱ 级异常 5 个、Ⅲ 级异常 7 个。此区异常分布密集,铅族、白钨矿异常与岩体接触带、断裂破碎带蚀变矿化关系密切。

9. 东至-石台金、白钨矿、黑钨矿异常区(Ⅴ-19)

本异常区位于石台穹断褶束轴部和北翼,面积 1083 km²。出露中元古界上溪群、青白口系、震旦系、寒武系、奥陶系和志留系,侵入岩不甚发育,仅有几处花岗闪长(斑)岩呈岩株出现。断裂发育,构造格架呈北北东向,后被近南北向葛公镇断裂、许村断裂切割和破坏;断裂带岩石破碎,糜棱岩化、硅化普遍。

区内有金、白钨矿、黑钨矿异常 8 个,其中 Ⅰ 级异常 1 个、Ⅱ 级异常 3 个、Ⅲ 级异常 4 个。许村金、白钨矿、黑钨矿组合异常经检查,白钨矿、黑钨矿、金矿物颗粒细小,异常由变质岩中的不规则石英脉所引起。

10. 北岑山铅族、白钨矿、独居石异常区(Ⅴ-14)

本异常区位于绩溪穹断褶束北部,面积 202 km²。出露上志留统—白垩系,有白垩纪庙西花岗斑岩、花岗闪长岩侵入体。断裂以北东向和北西向最为发育。

区内有铅族、白钨矿、独居石异常 4 个,其中 Ⅱ 级异常 3 个、Ⅲ 级异常 1 个。庙西岩体中普遍含有独居石、辉钼矿、白钨矿和自然铅等。区内铅族异常由铁染破碎角砾岩及矿化石英脉所引起,白钨矿异常由岩体接触带蚀变矿化所引起,独居石异常的形成与庙西岩体岩石副矿物有关。

11. 姚家塔独居石、铌钽矿异常区(Ⅴ-15)

本异常区位于绩溪穹断褶束东北部,面积323km²。主要出露志留系和白垩系,石炭系至二叠系零星出露。有白垩纪姚村花岗岩侵入体。断裂以北东向为主,北西向次之。

区内有独居石、铌钽矿异常4个,其中Ⅱ级异常1个、Ⅲ级异常3个。异常沿姚村岩体周围分布。姚村岩体含微量元素钇$(19\sim25)\times10^{-6}$、锆140×10^{-6}、铌$(12\sim37)\times10^{-6}$、镧200×10^{-6};岩石副矿物平均含量,锆石37.5×10^{-6}、褐帘石2.1×10^{-6}、钍石百颗以上、独居石0.5×10^{-6},最高含量,锆石152×10^{-6}、褐帘石27.6×10^{-6}、钍石0.5×10^{-6}、独居石5.6×10^{-6}。此外,岩体中普遍含有辉钼矿、白钨矿和自然铅等。故区内独居石、铌钽矿等异常的形成与岩体岩石副矿物有关。

12. 滁州金、铅族异常区(Ⅴ-8)

本异常区位于滁州穹褶断束中,面积517km²。出露震旦纪至奥陶纪灰岩,北部有晚侏罗世火山岩,东部有晚白垩世砂岩。有闪长玢岩岩体和岩脉侵入。断裂发育,多呈北北东向,次为北东向。

区内有金、铅族异常4个,其中Ⅰ级异常1个、Ⅱ级异常1个、Ⅲ级异常2个。区内铜、铜铁矿床(点)中普遍含金,滁州铜(铁)矿和马厂附近的东苏铜矿床矿石中金含量均比较高,特别是东苏铜矿及其附近的矽卡岩成矿带中的金,经风化、剥蚀、搬运、堆积,与马厂砂金矿的形成有密切关系。

13. 长江中下游坳陷成矿带自然重砂异常带(Ⅲ1-1)

本异常带位于江西省北部、长江南岸,总体呈现近东西向延展,西起瑞昌,东至彭泽,形成一向北敞开的弧形坳陷盆地。

1) 地质矿产背景特征

本区位于扬子陆块南缘,长江中下游坳陷带。震旦纪及早古生代地层发育,以海相碳酸盐岩和陆源碎屑岩地层为主,组成本区沉积盖层,地层总厚度5000~6000m。同时,寒武纪地层中可见2层重晶石层位,分别为早寒武世早期碳硅质岩夹透镜状、结核状重晶石和中寒武世早期黑色泥质岩及碳酸盐岩夹薄层状重晶石层。

区内地层变形作用强烈,一般多具过渡型梳状及箱状褶皱的特点,部分为缓波状对称或不对称褶皱,西段褶皱轴线为近东西走向,而东段以北东东至北东走向为主。断裂颇发育,以近东西向和北东东至北东向的浅层断裂广泛分布为特征,与地层走向方向基本一致。

岩浆活动表现不强,仅见中侏罗世中、酸性岩浆的上侵岩化,形成了一系列呈岩墙、岩株或岩瘤状产出的花岗闪长岩群,呈北西西向带状出露于九江至瑞昌地区。

本区矿产资源丰富,主要为矽卡岩型铜及伴生的铁、硫、金等矿产,是江西省重要的铜矿资源基地之一。其次,还有沉积型的钒、重晶石、石灰岩、水泥配料黏土、石膏、石煤、铜和热液型的锡、钨、铅、锌、锑、萤石等矿产。

2) 自然重砂异常特征

全区共圈定自然重砂单矿物异常19个,其中重晶石重砂异常15个,占异常总数的78.95%,自然金重砂异常2个,锡石重砂异常1个,磷钇矿重砂异常1个。根据地质矿产背景和重砂异常分布特征进一步划分为2个Ⅳ级重砂异常带[长江南岸坳陷成矿亚带自然重砂异常带(Ⅳ1-1-1)及德安坳陷成矿亚带自然重砂异常带(Ⅳ1-1-2)]和3个Ⅴ级自然重砂异常集中区,即湖口-彭泽和武宁泉口重晶石异常集中区(Ⅴ1、Ⅴ2)、德安彭山锡石重砂异常集中区(Ⅴ3)。

各级自然重砂异常总体呈现北东东向展布,与区内构造线一致。重砂异常强度不高,以Ⅲ级异常为主,占异常总数的84.21%。但是,锡石重砂异常强度高,为Ⅰ级异常。重晶石异常伴生重矿物以自然金为常见,而锡石异常多见铅族、萤石等重矿物伴生。

3) 重砂异常推断解译与评价

(1) 湖口-彭泽重晶石重砂异常集中区及武宁泉口重晶石异常集中区。区内重晶石重砂异常处在寒武纪地层区。早寒武世至中寒武世,江西省北部修水—彭泽一带为潮坪古地理环境,有利于层状重晶石的沉积,地表常见有重晶石层裸露,并都为民采利用。据此,重晶石重砂异常的形成是由地层中重晶石夹层所引起。

修水—彭泽地区是江西省重晶石重砂异常反映最明显、分布最集中的地区,是寻找沉积型重晶石工业矿床具有较好的找矿信息标志,也是资源潜在价值的预测与评估依据。

(2)德安彭山锡石重砂异常集中区。该区由1个Ⅰ级锡石重砂异常和2个Ⅱ级重晶石重砂异常组成。锡石重砂异常分布范围与已知有尖峰坡、曾家垄等锡矿床(点)及张十八、刘家山等锡多金属矿和大畈重晶石矿的空间展布一致。由此可见,锡石重砂异常的形成是由已知矿床引起的矿致异常。

彭山锡石重砂异常具有异常含量及见矿率高和分布范围大等特点,对于在已知矿区及其外围寻找新的锡矿资源,具有重要的找矿指示价值。

14. 其林-九华山自然金、辰砂、重晶石、黄铁矿、磁铁矿、独居石、铬铁矿、电气石异常带

区内地层具扬子区沉积类型特征,在前南华纪变质岩系构成的基底上沉积了震旦纪—三叠纪碳酸盐岩和碎屑岩(稳定地台型沉积),地层出露齐全,总厚度达15 000m。区内岩浆岩分布十分广泛,断续出露于整个地区。区内岩浆活动具有多旋回、多阶段、多样化的特点,形成大规模的宁镇山脉火山-侵入杂岩体,绝大部分岩体均形成于燕山期大规模、多期次的岩浆侵入与喷发活动过程中。多旋回、多期次构造演化的过程中,宁镇地区褶皱与断裂构造均十分发育。

异常带内矿产比较丰富,矿种有铜、铅锌、金、铁等,成矿类型呈现多样性,主要矿产地有安基山、伏牛山、铜山、汤山等。

异常主要分布于徐家边—九华山一带,区内中酸性侵入岩比较多,断裂构造发育,表现出复杂的重砂矿物组合特征,以自然金、辰砂、磁铁矿为主,伴随重晶石、铬铁矿、电气石、独居石等。由3个自然金、磁铁矿、黄铁矿、重晶石异常及4个辰砂异常组成。异常空间分布比较连续,局部地段对成矿有指示意义的重砂矿物重合性较好。比如,汤山金矿附近出现了自然金、黄铁矿等组合异常。

15. 铜井铜族、自然金、重晶石、辰砂、电气石异常带

该异常区位于梅山-铜井火山岩喷发带的娘娘山火山口处,出露岩性为娘娘山组粗面质角砾岩、集块岩、粗面质熔结岩、黝方石响岩,出露侵入岩有角闪安山玢岩、花岗斑岩等。

异常带矿种主要为铜、金,矿床成矿类型主要为陆相火山岩型铜(金)矿。发现小型铜金矿1个(铜井铜金矿)、矿点4个。

异常带主要分布于娘娘山火山机构一带,沿北东向延伸展布,以铜矿物、自然金异常为主,伴随重晶石、辰砂、电气石异常,异常空间分布连续。主要由Ⅰ类异常自然金1个、铜族1个、重晶石2个、辰砂1个和Ⅱ类电气石异常组成。异常带由6个自然金采样点(含量为1~36颗)、5个铜矿物采样点(一般含量为5~5072颗)组成。

16. 西善桥-凤凰山磁铁矿异常带

该异常带位于北西向板桥-凤凰山断裂上,区域主要发育有下三叠统黄马青组,侏罗系象山群、朱村组、西横山组、龙山山组和大王山组。异常区内沿断裂带主要发育有晚侏罗世辉石闪长玢岩,它是区内出现磁铁矿异常的重要原因。

区内金属矿产比较单一,主要以铁矿为主,成矿类型为陆相火山型铁矿,主要的矿产地有梅山、卧儿岗、凤凰山、麒麟山、牛首山、静龙山、吉山等。

异常主要分布于西善桥—凤凰山一带,重砂矿物组合比较单一,主要以磁铁矿为主。异常空间分布比较分散,异常分布主要受铁矿床和辉石闪长玢岩分布制约。

17. 小丹阳-陶吴自然金、重晶石、铜族、电气石异常带

异常带位于方山-小丹阳火山岩喷发带上,出露岩性以上侏罗统龙王组安山质或玄武质火山岩为主,沿断裂带发育晚侏罗世角闪安山玢岩次火山岩。

带内已发现的内生矿产以铁、铜、硫为主,其次有金、铅、锌。成因类型主要为陆相火山岩型、接触交代型,矿产地有大岭岗、阴山、太平山等,发现的矿(化)点有20余处。

异常主要分布于陶吴—小丹阳一带,呈近南北向串珠状分布,主要由4个自然金（Ⅱ类异常）、7个重晶石（Ⅰ类4个、Ⅱ类3个）和3个铜族（Ⅰ类）异常组成。这些异常空间分布与铜多金属矿床（点）关系比较密切。此外,还伴随辰砂、砷族等异常。

18. 柘塘-东屏磁铁矿、铬铁矿、独居石异常带

该异常带内出露岩性为上侏罗统西横山组石英砂岩、砂岩、泥质粉砂岩,龙王山组安山质或玄武质火山岩。区内经过北西向板桥-凤凰山断裂,沿该断裂主要发育晚侏罗世辉石闪长玢岩、辉长闪长玢岩。

异常带内矿种主要为铁矿、铜矿,成因类型主要有陆相火山岩型、接触交代型,矿产地有溧水县东岗—石坝等,发现的矿点近10个。

异常主要分布于溧水县北部,矿物组合以磁铁矿、铬铁矿为主,伴随独居石、锆石等,由4个磁铁矿（Ⅰ类2个、Ⅱ类2个）、2个铬铁矿、3个独居石异常组成。异常空间分布上比较零散,磁铁矿异常分布主要与铁矿床（点）、辉石闪长玢岩分布有关。

19. 洪蓝-晶桥重晶石、铜族异常区

异常区位于铜井-小丹阳断裂与马鞍山-小花津断裂之间,主要发育有北西向断裂。主要地层包括上侏罗统大王山组粗安岩、粗面岩、粗面质火山碎屑岩；下白垩统姚家边组玄武质或粗安质火山岩,葛村组砂砾岩、粉细砂岩。呈北西向主要分布早白垩世安斑岩岩脉。

异常带隶属于长江中下游铁铜成矿区,矿种较多,现已发现的矿种有铁、铜、铅、锌、金。矿产地有金驹山、观山,目前发现的铁、铜矿点达10余处。

异常主要分布于溧水火山岩盆地中部洪蓝—晶桥一带,重砂矿物组合以重晶石、铜族矿物为主。重晶石异常呈北西向串珠状分布,重晶石异常规模较大,与铜金多金属矿成矿关系比较密切。异常带由6个重晶石异常（Ⅰ类3个、Ⅱ类2个、Ⅲ类1个）和1个铜族异常（Ⅰ类）组成。从而可以看出,重晶石对异常带内铜金多金属矿找矿具有较好的指示意义。

20. 溧水铜山-老洼山自然金异常带

异常带内主要发育有上侏罗统西横山组石英砂岩、砂岩、泥质粉砂岩、粉砂质泥岩。带内经过北西向铜井-小丹阳断裂与马鞍山-小花津断裂,沿断裂主要发育有晚侏罗世角闪闪长玢岩。

带内矿种比较单一,现已发现的矿种只有铁。根据目前已有资料,仅发现老虎头铁矿点1处。

异常主要分布于溧水西部铜山—老洼山一带,重砂矿物组合较简单,主要为自然金,伴随独居石、锆石。带内分布有2个自然金异常（Ⅱ类、Ⅲ类各1个）,自然金含量一般为1~5颗,异常规模较小。通过近几年大比例尺地球化学工作,根据化探异常在燕子口发现小型金矿床1个。因此,该异常带是溧水地区找金矿的有望地段。

21. 紫金山-龙潭重晶石、电气石、黄铁矿、辰砂、磷灰石异常带

异常带西段主要出露岩性为侏罗纪北象山群砂岩与三叠系,东段地层从志留系至侏罗系均比较发育。侵入岩以石英闪长斑岩和闪长玢岩为主,局部出露辉长岩。一组北东向断层通过异常带,地层中较小断层非常发育。

区内矿产比较丰富,主要的矿种有金、磷、铅锌、铜等,成矿类型有接触交代型、碳酸盐岩型、风化壳型。异常带内发现大型铅锌矿1个、中型铅锌矿1个、中型铁矿1个、小型金矿1个、铁矿点2个及铁铜矿点1个。

异常主要分布于南京紫金山—栖霞山一带,由于复杂的成矿地质条件影响,重砂矿物组合比较复杂,主要有黄铁矿、重晶石、辰砂、电气石、磷灰石等,由22个重砂矿物异常组合而成,异常主要为Ⅱ类、Ⅲ类,它们空间分布比较连续,局部地区异常重合性较好。

22. 冶山-东沟铬铁矿、磷灰石、铅族异常带

异常带中部六合-冶山隆起区中出露震旦系黄墟组与灯影组及少量寒武系，其他古生代地层未见。据钻孔资料，仅部分坳陷中沉积有中生界侏罗系、白垩系及古近系，地表大面积地区出露的主要为新近纪玄武岩和第四纪沉积物。岩浆活动以喜马拉雅期玄武质岩浆多次喷溢活动为主，玄武岩在区内广泛分布，呈北西向带状分布。岩性主要为橄榄玄武岩、辉石橄榄玄武岩等，多含幔源包体，火山岩相主要为喷溢相，次为爆发相和火山沉积相，总体上为一套钙碱性—碱性玄武岩组合。因广泛的玄武岩和第四系覆盖，构造形迹出露较差，总体上以断裂构造发育、隆起与坳陷相间为特征，褶皱构造不甚发育。

区内金属矿产以铁矿、铅矿为主，矿产成因类型均为热液接触交代型，发现中型矿床1处（冶山铁矿）、矿（化）点7处。

异常主要分布于六合区冶山，近南北向分布，矿物组合以铅族、铬铁矿、磷灰石为主，分别由7个Ⅱ类异常（铬铁矿4个，铅矿物3个）和2个Ⅲ类异常（磷灰石）组成，这些异常在空间上套合关系良好，在冶山铁矿附近出现了磷灰石、铅矿物组合异常。

23. 泰山-大刺山铜族、铅族、重晶石、辰砂异常带

异常带位于六合-江浦断褶带，出露震旦系灯影组、陡山沱组、白垩系浦口组、赤山组、渐新统三垛组，更新统下蜀组以及上新统雨花台组。带内北东向、东西向断层均比较发育，沿断裂裂隙热液蚀变活动比较强烈，岩石具有硅化、赤铁矿化、褐铁矿化。

根据目前资料未发现矿（化）点。

异常分布于江浦二顶山—龙洞山一带，重矿物组合以铜矿物为主，伴随铅矿物、重晶石及辰砂异常。这些矿物异常重合关系较好，沿六合-江浦断裂呈北东向展布，由4个Ⅱ类异常（铜矿物1个，铅矿物2个、重晶石1个）及1个Ⅲ类辰砂异常组成。

24. 铜官山-湖涪黄铁矿、电气石、磷灰石异常带

异常带位于扬子板块江南隆起东北倾伏端的西北翼，区内地层自奥陶系仑山组至第四系的大部分地层单元均有出露，但未见寒武系及其以老地层，缺失奥陶系的大部分、下志留统、中下泥盆统、上三叠统、下白垩统及第三系。区内岩浆活动强烈，岩浆岩分布广泛，中酸性侵入岩有花岗斑岩、闪长玢岩。区内断裂构造十分发育，断裂构造形迹主要有北东向、北北东向、近东西向、北西向、近南北向5组，组成区域网络状构造格局。

异常带位于宜兴地区东部，紧临太湖西侧，成矿地质条件不甚理想，目前仅发现铅锌矿点1个。

异常带位于宜兴铜官山—湖涪一带，矿物组合比较复杂，主要反映地质背景的重砂矿物较为显著，异常带由8个磷灰石异常、7个电气石异常和7个黄铁矿异常组成。异常相互交错，空间分布比较连续。

25. 马山-长山辰砂、砷族异常带

异常带出露地层自志留系至石炭系及第四系，出露地表的岩体有斑状钾长花岗岩，脉岩有花岗斑岩。断裂主要有北东向及北西向两组。围岩蚀变有矽卡岩化、绿帘石化、蛇纹石化、角岩化、碳酸盐化等。

异常区成矿地质条件比较简单，目前已发现的矿点仅无锡军章山铁矿点1处。

异常带位于无锡马山—长山一带，重砂矿物组合非常简单，以辰砂异常为主，局部地段伴随有砷族矿物异常。异常带由17个辰砂异常和3个砷族异常构成，这些异常空间分布比较凌乱，它们受控于中酸性侵入体、断裂构造分布的制约。

26. 南阳山-西山辰砂、砷族、铌铁矿异常带

异常带位于扬子陆块区浙西-皖南台褶带北延的德安-苏州前陆盆地，皖东南-太湖坳褶带，南东毗邻上海隆褶带。区内绝大部分为第四系覆盖，地层出露零星。岩浆活动极为频繁，岩浆岩种类较多，侵入岩和火山岩均有出露，形成的岩浆岩主要以中酸性岩类为主，花岗岩是区内最主要的侵入岩类型，大

多为隐伏岩体,主要受隐伏基底断裂或北东—北北东向区域性断裂构造控制。构造受区域性北东向湖(州)苏(州)深断裂和北西向苏锡基底断裂共同制约,构造格架在原地体中以印支期短轴向斜为基础,外来地体则以推覆构造为特色,并叠加伴随中生代构造岩体所表现的环状构造格局。

异常带属于长江中下游成矿带中德安-苏州多金属成矿亚带。矿产种类以铅、锌、银、铜、钽、铌、硫(锡)和高岭土为特色,矿床成因类型主要有矽卡岩型、矽卡岩伴生热液型、斑岩型、火山热液型、钠长石花岗岩型和石英脉型等。矿产地有潭山、吴宅、迁里、谈家桥、陈家沟、唐家墩、鸡笼山等,发现的矿点达10多个。

异常带内重砂中出现的重矿物10余种,其中较有意义的重矿物为辰砂、黄铁矿、砷族、铌铁矿等。异常带包括9个辰砂异常(Ⅰ类1个、Ⅱ类3个、Ⅲ类5个)、2个砷族异常(均为Ⅱ类)和2个铌铁矿异常(Ⅰ类、Ⅱ类各1个),这些异常在空间分布比较零散,但在局部地区形成较好的空间套合关系。比如,在迁里铅锌矿附近形成了良好的辰砂、砷矿物、黄铁矿组合异常。

三、Ⅲ-70 江南隆起东段金-银-铅-锌-钨-锰-钒-萤石成矿带

此成矿带有6个自然重砂异常区(带)分布。

1. 青阳白钨矿、稀土异常区(Ⅴ-16)

此异常区跨次级构造单元,前已述及。

2. 梅街铅族、白钨矿异常区(Ⅴ-17)

此异常区跨次级构造单元,前已述及。

3. 东至-石台金、白钨矿、黑钨矿异常区(Ⅴ-19)

此异常区跨次级构造单元,前已述及。

4. 旌德-谭家桥白钨矿、黑钨矿、稀土异常区(Ⅴ-18)

该异常区位于太平凹褶断束西南部,怀玉山台拱东北部,面积909 km^2。出露青白口系、震旦系、寒武系、奥陶系及下志留统;西部有晚侏罗世太平、西潭花岗闪长岩和白垩纪黄山花岗岩侵入体分布,东部则为旌德晚侏罗世花岗闪长岩体。北北东向断裂发育,北西向次之。

区内有白钨矿、黑钨矿、稀土异常6个,其中Ⅱ级异常2个、Ⅲ级异常4个。黄山岩体东侧与碳酸盐岩接触带附近的黑钨矿、白钨矿异常,矿物含量较高。异常形成与岩体接触带有关。

5. 蓝田金、铅族异常区带(Ⅴ-20)

该异常区位于郎口张扭性断裂北部,太平凹褶断束西南部,面积687 km^2。出露中元古界上溪群、历口群和青白口系浅变质岩以及震旦系、寒武系、奥陶系。西部有晚侏罗世黟县花岗闪长岩侵入体,东缘和南缘出现青白口纪许村黑云母花岗闪长岩体。脉岩发育,尤其是基性辉绿(玢)岩普遍,多呈北东向。断裂颇发育,北东向蓝田断层与汤口断裂之间,发育密集劈理带、断层角砾岩、构造透镜体普遍,岩石破碎强烈,具糜棱岩化。

区内有金、铅族异常6个,其中Ⅱ级异常4个、Ⅲ级异常2个。金、铅族异常矿物含量较高,异常分布集中,金异常集中于北部,铅族异常则集中于南部。金异常由含金石英脉引起,铅族异常可能与断裂和岩浆活动有关。

6. 九岭隆起西段成矿亚带自然重砂异常带(Ⅳ1-2-19)和九岭隆起东段成矿亚带自然重砂异常带(Ⅳ1-2-2)

这两个异常带位于江西省北部修水至都昌一线,呈近东西向展布。

1) 地质矿产背景特征

出露地层主要有古元古界星子岩群,为下扬子结晶基底;中、新元古代变质岩系广泛分布,主要岩性为泥砂质千枚岩、板岩、片岩及变余细砂岩,中部夹基性、酸性海相火山熔岩,构成区内褶皱基底。早古生代地层不甚发育,系沉积盖层。总之,该带处于长期隆起剥蚀状态。

变质地层组成轴向近东西的复背斜,两翼为震旦系及下古生界。断裂构造颇为发育,以近东西向断裂最为发育,并以规模大、活动期长和力学性质复杂为特点。其次,北东向和北北东向断裂也较发育,北西向断裂局部地段可见。

岩浆活动强烈,新元古代发生了大规模酸性岩浆的上侵活动,形成了九岭复式二长花岗岩基。早侏罗世至早白垩世酸性岩浆活动表现显著,形成甘坊早侏罗世复式花岗岩体、香炉山晚侏罗世黑云花岗岩体、大湖塘早白垩世二长花岗岩体、莲花山早白垩世黑云(二长)花岗岩群和云山二长花岗岩体等。同时,伴随中生代岩浆的侵入活动,花岗斑岩、石英斑岩、伟晶岩和霏细岩十分发育。

区内钨、锡、铌钽、锂、铷、铯、铍和金等矿产资源丰富,形成香炉山、大湖塘及莲花山钨锡矿集区和甘坊钨、锡、稀有、稀散金属矿集区。

2) 自然重砂异常特征

全区圈定单矿物重砂异常89个,其中黑钨矿重砂异常28个、白钨矿异常11个、锡石异常21个、自然金异常16个、磷钇矿异常5个、铌钽铁矿异常2个、重晶石异常6个。黑钨矿、白钨矿异常占全区自然重砂异常总数的43.82%,是江西省重要的钨自然重砂异常带。

根据地质矿产背景和自然重砂异常的空间分布特征,进一步划分为2个Ⅳ级重砂异常带,即九岭隆起西段成矿亚带自然重砂异常带(Ⅳ1-2-19)和九岭隆起东段成矿亚带自然重砂异常带(Ⅳ1-2-2)。前者由星子黑钨矿、白钨矿、自然金重砂异常集中区(Ⅴ4)、修水香炉山白钨矿、自然金重砂异常集中区(Ⅴ5),德安云山锡石、黑钨矿重砂异常集中区(Ⅴ6),武宁大湖塘黑钨矿、锡石、重砂异常集中区(Ⅴ7)和宜丰甘坊黑钨矿、锡石、铌钽铁矿、磷钇矿重砂异常集中区(Ⅴ8)组成;后者由都昌阳储岭白钨矿、黑钨矿重砂异常集中区(Ⅴ9),鄱阳莲花山黑钨矿、锡石重砂异常集中区(Ⅴ10),浮梁大背坞自然金、锡石、磷钇矿重砂异常集中区(Ⅴ11)组成。

区内自然重砂异常呈北东东向展布,与区域构造线一致。重砂异常强度总体较高,Ⅰ级及Ⅱ级重砂异常约占异常总数的47.73%,特别是钨、锡、铌钽重矿物异常。同时,高级别重砂异常均出现在已知矿集区,例如香炉山矿集区,白钨矿为Ⅰ级异常,分布范围涵盖所有已知矿区;大湖塘矿集区,黑钨矿、锡石都为Ⅰ级异常,异常规模大,与已知矿山吻合,其外围重砂异常强度明显减弱,为Ⅱ级和Ⅲ级异常;甘坊矿集区,以铌钽铁矿、锡石的Ⅰ级重砂异常广泛分布为特点;云山矿集区,锡石的Ⅱ级重砂异常与云山含锡二长花岗岩的出露区十分吻合。

3) 重砂异常推断解译与评价

(1) 星子黑钨矿、白钨矿、自然金重砂异常集中区。该区由各1处黑钨矿、白钨矿、磷钇矿和自然金重砂异常组成,分布于新元古代、晚志留世和早白垩世星子强变形变质的复式花岗岩体裸露区,重砂异常的形成与花岗岩区石英脉型、伟晶岩型钨矿化有关。钨、金重矿物异常对在本区寻找具有开采价值的钨、金矿产资源有一定的指示标志作用,值得重视。

(2) 修水香炉山白钨矿、自然金重砂异常集中区。该区由2个白钨矿重砂异常、2个黑钨矿异常、3个自然金异常和5个重晶石异常组成,分布于晚侏罗世及早白垩世花岗岩体及外围寒武纪地层区。白钨矿重砂异常出现在花岗岩体接触带已知矽卡岩型钨矿区,异常由已知矿区引起;黑钨矿重砂异常见于岩体的外围,对寻找石英脉型钨矿具有较好的指示作用;自然金异常主要出现在异常集中区南西部的近东西向与北东向断裂复合构造区,已知金矿(化)点16个,异常由已知矿引起;重晶石异常分布于寒武纪地层区,异常强度低,异常的形成与寒武纪地层有关,异常规模小,分布零散,找矿意义不大。

(3) 德安云山锡石、黑钨矿重砂异常集中区。区内重砂异常组合较简单,由1个Ⅱ级锡石异常、2个Ⅲ级黑钨矿异常和1个Ⅱ级自然金异常带组成。锡石、黑钨矿重砂异常主要分布于早白垩世云山二长花岗岩区。锡石异常由云山含锡花岗岩引起,花岗岩副矿物中锡石含量达$(18.3\sim48)\times10^{-6}$,并在蚀变花岗岩中见及较强的锡矿化,该锡石重砂异常对寻找岩体型或蚀变花岗岩型锡矿具有重要的指示意义。

(4)武宁大湖塘黑钨矿、锡石、白钨矿重砂异常集中区。本区主要为钨、锡重矿物异常组合,由1个Ⅰ级黑钨矿、锡石重砂异常及1个Ⅱ级白钨矿异常覆盖已知大湖塘钨矿集区,异常由已知矿引起,异常规模大,重叠性高,对在已知矿集区寻找新的钨矿资源具有重要的指示作用。其次,外围还出现了3个黑钨矿和1个白钨矿Ⅲ级重砂小异常,仍然具有找矿价值。

(5)宜丰甘坊黑钨矿、锡石、铌钽铁矿、磷钇矿重砂异常集中区。该区以钨、锡、铌钽和钇重矿物异常组合为特征。由5个锡石异常(Ⅰ级1个、Ⅱ级4个)、3个黑钨矿异常(Ⅱ级1个、Ⅲ级2个)、2个Ⅰ级铌钽铁矿重砂异常和1个Ⅱ级磷钇矿重砂异常等组成。各级重矿物异常呈现近东西向展布,与甘坊矿集区吻合一致。

钨、锡、铌钽、钇等重矿物异常主要由已知矿和甘坊花岗岩引起。甘坊钠化白云母花岗岩含锡石206.5×10^{-6}、铌钽铁矿36.75×10^{-6};花岗岩风化壳含锡石339.4×10^{-6}、铌钽铁矿109.6×10^{-6}、细晶石$(0\sim8.6)\times10^{-6}$;霏细岩副矿物中含有较高的锡石、含铌钽锡石、富钨钽锰矿、锂云母等。由此可见,对寻找锡、稀有、稀散金属矿资源,重砂异常具有重要的指示标志作用,反映了区内找矿潜力较大,需引为重视。

(6)都昌阳储岭白钨矿、黑钨矿重砂异常集中区。区内重砂异常组合简单,由1个白钨矿异常(Ⅰ级)、1个黑钨矿异常(Ⅱ级)和1个自然金异常(Ⅱ级)组成,以白钨矿重砂异常规模大、强度高为特征。

白钨矿重砂异常主要出现在阳储岭岩体型钨钼矿区,分布范围与晚侏罗世二长花岗岩、花岗闪长岩体出露区基本吻合。可见,白钨矿异常系由已知矿和花岗岩引起;黑钨矿异常区见有热液填充型铜多金属矿化现象,异常的形成可能与此有关。黑钨矿及自然金异常对在该区寻找钨贵多金属矿具有一定的指示作用。

(7)鄱阳莲花山黑钨矿、锡石重砂异常集中区。区内以锡石及黑钨矿重砂异常显著为特点,特别是锡石异常。圈定重砂异常8个,其中锡石异常5个、黑钨矿异常2个和自然金异常1个。

重矿物异常总体呈现北东东向展布,而单矿物重砂异常的长轴方向多为北北东方向;锡石及黑钨矿重砂异常强度较高,以Ⅱ级异常为主,且空间重叠性强;自然金重砂异常数量少、规模小、强度低。

根据区内重砂异常的分布特征及与地质背景、已知矿产的相关性综合分析,黑钨矿异常是由已知矿引起;北西部锡石异常与黑钨矿异常组合展现,异常由已知矿引起,而东南部锡石异常是以单矿物异常形式出现,异常的形成与含锡蚀变二长花岗岩和蚀变岩体型锡矿化有关;自然金重砂异常与区内发育的北东—北北东向石英脉有关。应当指出,本区东南部北北东向断裂构造蚀变带的锡石重砂异常,为寻找蚀变岩体型和蚀变岩型的锡矿资源,提供了重要的重砂异常信息依据。

(8)浮梁大背坞自然金、锡石、磷钇矿重砂异常集中区。区内重砂异常以自然金重砂异常反映显著为特征。全区圈定重砂异常共计20个,其中自然金异常8个、锡石异常6个、黑钨矿异常4个、磷钇矿异常2个。

自然重砂异常整体呈现北东向展布,单矿物重砂异常长轴方向多为北北东向。除北东向锡石、磷钇矿异常外,异常规模多数较小。异常强度较高,以自然金异常为例,Ⅰ级和Ⅱ级异常占75%。重砂异常空间分布具较强的地域性,南西部以自然金和锡石重砂异常组合为主,而北东部出现了以自然金、锡石和磷钇矿重砂异常组合为特征。

区内已知剪切带细脉型金矿有大背坞、猫儿颈、赖家等7个,主要分布在中北部地段,自然金异常与已知金矿的空间分布基本一致,故自然金异常由已知矿引起,但浮梁县城附近的自然金异常分布区尚未发现金矿化,异常具有良好的找矿潜在价值。北东段锡石、磷钇矿异常规模大,自然金和锡石的异常强度高,又处鄣公山早白垩世二长花岗岩带的西端,对寻找锡矿产资源十分有利,值得重视。

四、Ⅲ-71 钦杭东段北部铜-铅-锌-银-金-钨-锡-铌-钽-锰-海泡石-萤石-硅灰石成矿带

此成矿区带有8个自然重砂异常区(带)分布。

1. 开化-昌化黑钨矿、白钨矿、重晶石、多金属异常带(Y2)

该异常区位于开化—淳安—昌化一带,北至昌化-临安北西向断裂带为界。以北东向复式背斜紧闭线型褶皱构造为主,西北侧有一系列的直立倒转背向斜,环弧形的褶皱构造;南东翼是一系列对称背向斜。主要发育早古生代地层,断裂构造发育。以学川背斜为例,该背斜为一北东向背斜,向北东倾没,核部为震旦系,两翼为寒武系和奥陶系。受北东东—北东向大断裂影响,北西翼近南北向次级短轴褶皱及北东向断层发育;南东翼局部发育有次级北西与南北向倒转鼻状构造和南北向断层,这些断层及其派生的更次级断层为矿液上升的通道和矿体赋存部位,尤以北东—北东东向为主。较大的断裂常有多次活动,为多次成矿创造条件。学川花岗岩体沿背斜轴部破碎带侵入,两侧叶家、前坑、馒头尖、夏色岭等岩枝沿断层或两组断层交错处侵入,化学成分上属低钛,富碱,贫铁、镁、钙的超酸性铝过饱和偏碱性花岗岩。与赣南的钨矿成矿母岩——面华山黑云母花岗岩的特征相似,岩可分为3个相带,以过渡相细—中粒斑状黑云母花岗岩为主,钨铍矿脉主要分布在该相带中。另外还见有河桥花岗岩体,该岩体中有晚期的细粒花岗岩呈岩枝和岩脉状产出,花岗岩中主要副矿物为锆石、铌铁矿、锡石等,岩体的西南边缘常有宽几十米的钠长石化带,中部悉坞口—悉岭以西一带钠长石化很发育,局部见云英岩化、硅化等。岩体外接触带志棠组凝灰质砂岩与雷公坞组含砾砂岩、页岩变质成角岩、灯影组白云质灰岩、白云岩变质成大理岩,为本区热液交代型闪锌矿的重要围岩。围岩蚀变局部硅化、矽卡岩化、云英岩化等,接触变质(角岩化)范围很广。另在西南角见有石耳山片理化花岗斑岩、言坑片理化花岗岩、王野坞片理化花岗岩、勒坑片理化花岗岩等岩体侵入。

区内已知及经异常处理发现的矿(床)点较多,主要有学川—千亩田一带的黑钨矿、钨铍矿、锌矿,阿桥一带的多金属、锡石,结蒙一带的多金属及临安—洪家一带的重晶石矿等。

分布有11号黑钨矿异常;36号、49号、56号、57号白钨矿异常;25号、46号、81号重晶石异常;上述异常含量均较高,异常都达到Ⅰ、Ⅱ级。另外区内还有34号、51号铅族异常;19号、25号锡石异常,异常均达到Ⅰ级。

上述各异常所处的地质背景对成矿均较有利,如在学川岩体及周围小岩枝内外接触带钨铍成矿地质条件好,河桥岩体西南部内外接触带附近裂隙发育,已发现较多的云英岩脉和石英脉,且部分含矿,内接触带钠长石化发育,外接触带也有云英岩化,锡石、黑钨矿异常密集。结蒙—程家一带的白钨矿异常区内有程家、姚家燕山期花岗闪长岩体出露,外接触带灯影组白云质灰岩中发现有矽卡岩型多金属矿存在。在万市桥一带见有热液填充型网脉状、脉状矿脉产于灯影组白云岩和砂质白云岩层间裂隙中。矿化带所处的层位沿走向稳定连续,只是宽度有些变化。周围的重晶石异常为扩大远景提供了线索,另在寒武系分布地区重晶石异常反映很好。

2. 绍兴-东阳金、铅族、铜族异常带(Y6)

该带北起萧山—绍兴—上虞一线,南至金华澧浦—永康唐先四路口一线,江山-绍兴深断裂两侧,呈北东向条带状展布,西北侧出露地层为前震旦纪双溪坞群海相火山岩系,混合岩、混合石英闪长岩及奥陶纪沉积岩,侏罗纪火山碎屑岩;南东侧为前震旦纪陈蔡群变质岩及晚侏罗世火山碎屑岩。区内岩浆活动频繁,有赵婆岙石英闪长岩、法华岭石英闪长岩、栅溪花岗闪长岩及大甘岭等小岩体侵入。因江山-绍兴深断裂是由一系列平行断裂组成的断裂带,宽度大,活动时间早,延续时间长,这就便于火山气液和岩浆活动及成矿物质的运移与积聚。因此区内成矿条件好,已知的矿(床)点较多,有铜中型矿床1处、小型矿床3处、矿(化)点10处;铅、多金属小型矿床4处、矿点8处;金小型矿床2处、矿点1处。此外还

有黑钨矿点,长石矿点,重晶石、萤石小矿床及高岭土矿等。分布有金24号、31号、32号、39号、46号异常;铅族42号、50号、57号、115号异常;铜族15号、40号、41号、43号、52号异常;中温矿物18号、19号、24号、37号、53号异常(即铜族、铅族、锌族综合异常)。上述各类异常大多与已知矿产地、岩体位置相吻合,具有一定的找矿意义,特别是陈蔡群及双溪坞群是金、银、铜矿矿源层,成矿地质条件极为有利。

另外,淳安—开化一带重砂异常也比较密集,有白钨矿60号、71号、72号、73号、75号异常;黑钨矿17号、18号、19号、20号异常;锡石43号、45号、46号、47号异常;铅族53号、67号、72号、73号异常;铋族21号、28号异常等。本带位于中州-昌化台拱和华埠-新登台陷的南半部,主要出露古生代地层,中生代早期出现一些构造盆地,为后期晚侏罗世火山盆地叠加。褶皱、断裂构造十分发育,以北东向的复式背斜、复式向斜及一系列紧闭线型的次级背向斜组成,同时在褶皱带的两翼断裂、裂隙发育,有利于热液活动和交代成矿,因此已知矿体也较多。所分布的异常区有部分为已知矿床引起,有的则通过异常处理发现了原生矿。如岩前附近发现赋存于二长花岗岩体外接触带云英岩化石英脉中的岩前黑钨矿,与其共生的锡、铋、铍、钼可综合利用。矿的生成与酸性花岗岩有关,岩体产状为岩枝或小岩株,剥蚀程度一般较浅。矿脉或含矿裂隙的分布总体上受北东向构造控制,含矿裂隙则是次级构造或派生构造。围岩蚀变一般有云英岩化、硅化、矽卡岩化和黄铁矿化等,其中云英岩化及"云母线"为良好的找矿标志。白马—玳堰一带发现产在含绿柱石石英脉中的溪源山钨矿化点及淡竹坞铜矿点,矿体产出围岩为文昌组含钙质粉砂岩、粉砂质页岩夹细砂岩,矿脉受 NE50°～60°、NE5°～20°、NW30°三组裂隙控制,成矿可能与隐伏岩体有关。蚀变主要是硅化、阳起石透辉石化。

3. 孝丰-昌化白钨矿、重晶石异常带(Y1)

此异常区跨次级构造单元,前已述及。

4. 深渡铜族、铅族异常区(Ⅴ-23)

本异常区位于绩溪逆冲推覆断层东南部,怀玉山台拱东部,面积227km²。出露地层有中元古界上溪群、震旦系,零星有侏罗系出露。有青白口纪花岗闪长岩体,并有伏川蛇绿岩套(残块)辉长岩呈北东向断续分布,辉绿玢岩等基性岩脉十分发育,亦多呈北东向展布。断裂颇发育,北东向绩溪断层与黄罗尖断层之间,发育密集劈理带,岩石破碎强烈,辉长岩和辉绿玢岩脉多集中分布于此。

区内有铜族、铅族异常4个,其中Ⅱ级异常2个、Ⅲ级异常2个。铜族、铅族异常与接触蚀变带和石英脉多金属矿化有关。

5. 溪口-王村金、黑钨矿、白钨矿、铅族异常区(Ⅴ-24)

本异常区位于井潭穹断褶束南部,面积1705km²。出露中元古界上溪群和新元古界青白口系井潭组等变质岩,震旦系分布于东南部,北部大面积出露侏罗系和白垩系。青白口纪花岗岩、花岗斑岩、钾长花岗岩分布广泛。断裂发育,以北东向为主,北西向、近东西向次之。

区内有金、黑钨矿、白钨矿、铅族异常10个,其中Ⅰ级异常2个、Ⅱ级异常5个、Ⅲ级异常3个。据研究,区内流纹斑岩和变质岩经受强烈挤压,产生片理和片麻状构造。在变质流纹斑岩、花岗岩的裂隙中,发现有网脉状或羽状含黑钨矿、辉钼矿、辉铋矿化石英脉,故黑钨矿、白钨矿异常由此引起。金、铅族多为组合关系,其异常形成主要由含金石英脉所引起,其次由已知金矿床或木坑组节理裂隙多金属矿化所引起。

6. 刘村-仙霞白钨矿、黑钨矿、稀土、磷灰石异常区(Ⅴ-21)

本异常区位于清凉峰凹褶断束北部,面积881km²。北部出露震旦系、寒武系、奥陶系,南部则为志留系。有晚侏罗世刘村似斑状二长花岗岩、钾长花岗岩体,南部局部出现花岗闪长斑岩。刘村岩体中花岗斑岩脉发育,多呈北东向。断裂发育,以北东向为主,次为北西向。接触带有矽卡岩化和钨铍矿化、铜矿化等。

区内有白钨矿、黑钨矿、稀土、磷灰石异常11个,其中Ⅱ级异常10个、Ⅲ级异常1个。异常多环岩体分布，矿物含量均比较高。白钨矿、黑钨矿异常由接触带砂卡岩化和钨铍矿化所引起，稀土和磷灰石异常与刘村岩体岩石副矿物有关。

7. 伏岭金、白钨矿、稀土异常区（V-22）

本异常区位于绩溪穹断褶束和清凉峰凹褶断束西南部，面积443km²。主要出露震旦系、寒武系，南缘有中元古界木坑组分布。侵入岩主要为晚侏罗世伏岭钾长花岗岩、似斑状二长花岗岩。断裂相当发育，以北东向为主，南北向次之。

区内有金、白钨矿、稀土异常8个，其中Ⅰ级异常1个、Ⅱ级异常3个、Ⅲ级异常4个。稀土异常分布趋势呈现北东向，与北东向断裂基本一致，同时亦与伏岭岩体展布吻合，说明异常形成与岩体副矿物密切相关。

8. 萍乐坳陷成矿亚带自然重砂异常带（Ⅳ1-3-1）

本异常带位于江西省中北部萍乡市县乐平市一带，呈现近东西向展布。

1）地质矿产背景特征

该带隶属扬子陆块南缘地质构造变异带，地壳活动强烈，尤其东段上饶—弋阳地区。出露地层以中、新元古代变质岩为主体，岩层遭受强变形变质作用。北东东向大型推（滑）覆断裂构造极为发育，形成一系列晚古生代线型坳陷沉积盆地，通称萍乐坳陷。盆地轴向自西往东，由北东东向偏转北东方向。但是，东部地区地壳活动更加剧烈，形成了隆坳相间的构造格局，并于上饶至弋阳坳陷沉积了一套以碎屑岩及硅质岩、碳酸盐岩组合为特征的震旦纪和早石炭世地层。岩浆活动显著，中侏罗世发生了小规模酸性—中酸性岩浆侵入活动，形成了蒙山二长花岗岩体和德兴花岗闪长岩体等。到早白垩世，该带东南部出现了大规模酸性岩浆的上侵定位，形成了灵山、大茅山等复式花岗岩基。

区内矿产资源较丰富，西部区以非金属矿为主，次之为锡、铜和金矿，而东部区以铜、金、铌钽矿资源丰富为特色，是江西省铜、金矿资源的重要基地之一，其次还有钨、锡、铬及非金属矿资源。

2）自然重砂异常特征

全区圈定单矿物重砂异常计79个，其中自然金重砂异常32个、重晶石重砂异常13个、黑钨矿重砂异常11个、白钨矿重砂异常6个、锡石重砂异常11个、铌钽铁矿重砂异常6个和磷钇矿异常1个。可见，自然金重砂异常是该带重要的异常，约占全区异常总数的40.51%。

区内自然重砂异常总体呈现北东东向展布，与区域地质构造线一致，且异常较集中分布于东部区，东部区异常数占全区异常总数的77.22%。单矿物异常长轴方向仍以北东东方向为主，北东向、北北东向次之。异常规模大小不一，其中以锡石、黑钨矿重砂异常的规模较大，这与重矿物在表生条件下的稳定性有关。异常强度较高，Ⅰ级和Ⅱ级异常数占全区异常总数的49.37%，尤其是锡石和黑钨矿重砂异常，Ⅰ级和Ⅱ级异常占77.27%。异常重矿物组合较简单，大致可分为3类，即黑钨矿（白钨矿）-锡石-铌钽铁矿、自然金-重晶石和单独自然金异常。

根据重砂异常产出的地质矿产背景和空间分布特征，进一步划分为3个Ⅳ级自然重砂异常带和9个Ⅴ级重砂异常集中区，即萍乐坳陷成矿亚带自然重砂异常带（Ⅳ1-3-1），包括上高蒙山黑钨矿、锡石重砂异常集中区（Ⅴ12）和清华-江湾黑钨矿、锡石、自然金重砂异常集中区（Ⅴ13）；万年隆起成矿亚带自然重砂异常带（Ⅳ1-3-2），包括婺源海口重晶石、自然金重砂异常集中区（Ⅴ14）、德兴自然金重砂异常集中区（Ⅴ15）、余干黄金埠自然金重砂异常集中区（Ⅴ16）和进贤云山自然金、白钨矿重砂异常集中区（Ⅴ17）；钱塘坳陷成矿亚带自然重砂异常带（Ⅳ1-3-3），包括怀玉山重晶石、锡石、黑钨矿、白钨矿、铌钽铁矿重砂异常集中区（Ⅴ18）、横峰葛源铌钽铁矿、磷钇矿重砂异常集中区（Ⅴ19）和玉山重晶石、自然金重砂异常集中区（Ⅴ20）。

3）重砂异常推断解译与评价

（1）上高蒙山黑钨矿、锡石重砂异常集中区。区内重砂异常组合简单，由1个Ⅱ级锡石异常和1个Ⅱ级黑钨矿异常组成。两异常形态不规则，长轴方向为近东西向。异常规模相对较大，且锡石异常大于黑钨矿异常。异常空间分布完全吻合,涵盖了中侏罗世蒙山花岗岩体及蒙山锡矿区。

根据区内地质矿产和重砂异常特征,异常由已知矿和花岗岩体引起,花岗岩副矿物中锡石含量为$(0.001\sim0.142)\times10^{-6}$。该异常对在蒙山岩体接触带寻找矽卡岩型和蚀变花岗岩型锡矿具有一定的指示作用。

(2)清华-江湾黑钨矿、锡石、自然金重砂异常集中区。该区位处萍乐坳陷重砂异常带的北东鄣公山地区,由14个重砂异常组成,其中黑钨矿及锡石异常各5个、自然金异常3个、重晶石异常1个。区内重砂异常总体呈近东西向分布,与早白垩世鄣公山花岗岩群的空间分布一致,而单矿物异常长轴方向为北北东向或近南北向。黑钨矿和锡石重砂异常强度较高,锡石皆为Ⅱ级异常、黑钨矿Ⅱ级异常占40%。

在花岗岩分布区,锡及铜多金属矿化较普遍;在北北东向断裂蚀变带,时常可见金的矿化现象。为此,区内具有一定的找矿有利条件,重砂异常是重要的找矿信息标志。

(3)婺源海口重晶石、自然金重砂异常集中区。区内圈定重砂异常3个,其中自然金异常2个、重晶石异常1个。异常分布在北东向断裂构造发育区,呈现北东向带状展布,南部为自然金异常,北部出现重晶石异常。单矿物异常形态简单,呈椭圆状,长轴方向近东西。异常规模小,强度不高,以Ⅲ级异常为主。

已知矿产主要有自然金、铜多金属和重晶石矿等。金、铜多金属矿产分布在北东东向和北东向断裂蚀变岩带,而重晶石呈透镜状、结核状产于下寒武统底部。自然金重砂异常出现在海口金矿点的北部,呈现北东东向分布。异常的形成与断裂蚀变岩的金矿化有关,重砂异常对在海口地区开展金矿资源潜力评价具有重要的找矿信息标志作用。重晶石重砂异常分布在海口北东部炉灰岗早寒武世地层区,异常由已知矿引起。

(4)德兴自然金重砂异常集中区。区内圈定自然金重砂异常8个,锡石重砂异常1个。锡石为Ⅱ级重砂异常,长轴方向近东西向;自然金异常强度高,以Ⅰ级异常为主。在空间上,各异常总体呈现近东西方向展布。

铜、金等矿产资源极其丰富,是江西省铜、金矿产资源的重要基地。自然金重砂异常与已知金矿资源具有一致的空间分布属性,故异常应由已知矿引起。但在乐平临港至洪岩的自然金重砂异常区,已知金矿少,在石炭纪沉积盆地下伏变质岩区寻找金山式金矿,是值得重视的找矿方向。锡石异常形成可能与中侏罗世小规模酸性岩浆的侵入活动有关,异常具有一定的找矿意义。

(5)余干黄金埠自然金重砂异常集中区。区内圈定自然金重砂异常3个,皆为Ⅲ级异常。异常形态简单,但异常范围较大,长轴方向西部为北西向,东部为北东向,而总体呈北西向展布。

异常集中区处在北东东向、北东向、北北东向和北西向断裂复合构造区,近东西向片理化带和流纹斑岩、花岗斑岩脉(或者墙)发育,并出现沿近东西向构造带分布的晚古生代及中生代线型坳陷沉积盆地,隶属区域构造线由北东东向偏转北东方向的地质构造变异区,成矿地质条件十分有利。本区已知金矿4个,自然金重砂异常应属矿致异常。据此,该区具备有利的成矿地质环境和良好的自然重砂异常信息依据,找矿潜力较大,值得重视。

(6)进贤云山自然金、白钨矿重砂异常集中区。区内圈定自然重砂异常3个,黑钨矿重砂异常1个,其中自然金重砂异常以Ⅲ级异常为主(2个)。空间上,重砂异常呈现东西向展布,与近东西向强变形变质的断裂构造带一致。

铜矿资源丰富,是江西省主要的铜矿资源基地之一,并已知有6个钨、金及多金属矿点,在云山镇附近有数十处残坡型金矿的民采点。由此可知,自然金重砂异常应为矿致异常,多由已知矿引起。根据本区成矿条件和重砂异常特征的综合分析,在进贤云山至东乡枫林近东西向构造带,金的找矿潜在远景大,有望获得找矿的新突破。

(7)怀玉山重晶石、锡石、黑钨矿、白钨矿、铌钽铁矿重砂异常集中区。全区圈定重砂异常13个,其中黑钨矿异常3个(Ⅱ级)、白钨矿异常2个(Ⅱ级)、锡石异常2个(Ⅰ级和Ⅱ级各1个)、铌钽铁矿异常2个(Ⅱ级)、自然金异常1个、重晶石异常5个。各类重砂异常均分布于早白垩世大茅山复式二长花岗基的接触带,略现近东西向展布,与大茅山岩基的空间分布一致。

黑钨矿(或白钨矿)重砂异常主要分布于大茅山岩体由近东西向北东方向偏转的变异域及向北东向延伸的内外接触带,带内石英脉型钨矿化常见,异常的形成与已知钨矿化有关。锡石异常以Ⅱ级重砂异常的规模大为特点,异常范围覆盖了大茅山岩基向西呈近东西向延伸的裸露区,花岗岩副矿物中锡石常见,锡石重砂异常的形成除与已知矿有关外,还有相当一部分锡石来源于花岗岩的副矿物,故需注意构造蚀变花岗岩型锡矿的找矿与评价。铌钽铁矿重砂异常主要分布在后期补充侵入体(钾长花岗岩和黑云二长花岗岩)的裸露区,补充侵入花岗岩含铌$(92.6\sim126)\times10^{-6}$、钽$(3.8\sim5)\times10^{-6}$,岩石副矿物中含有微量—少量的铌钽铁矿,以此说明铌钽铁矿重砂异常的形成与早白垩世酸性岩浆多次上侵定位及演化有关。重晶石异常与早寒武世沉积型重晶石已知矿有关。

(8)横峰葛源铌钽铁矿、磷钇矿重砂异常集中区。全区圈定自然重砂异常13个,其中铌钽铁矿异常4个(Ⅰ级1个、Ⅱ级3个)、磷钇矿异常1个(Ⅱ级)、自然金异常2个(Ⅲ级)、重晶石异常3个(Ⅱ级2个)等。各类自然重砂异常主要分布于早白垩世灵山二长花岗岩体接触带。

铌钽铁矿重砂异常分布在早期上侵定位的晶洞碱长花岗岩区,位处灵山岩体的边部,呈现环状分布,岩石副矿物中铌钽铁矿平均含量为2.5×10^{-6},最高含量达74.31×10^{-6},局部富集形成工业矿床(葛源大型铌钽矿),铌钽铁矿异常由已知矿引起。钨、锡重矿物重砂异常主要分布于灵山岩体的外接触带,与已知的石英脉型钨锡矿化有关。自然金重砂异常出现在灵山岩体外接触带的北东东向、北东向和北北东向断裂复合构造区,对寻找石英脉型和蚀变岩型金矿具有重要的指示意义。重晶石异常分布在早寒武世地层区,重砂异常的形成与该时代地层的含矿性有关。

(9)玉山重晶石、自然金重砂异常集中区。区内圈定自然重砂异常5个,其中重晶石重砂异常3个(Ⅰ、Ⅱ、Ⅲ级各1个)、自然金异常2个(Ⅲ级)。在空间上各重砂异常呈现北东向展布,与区域构造线一致。

重晶石重砂异常主要分布于上饶复向斜两翼早寒武世地层区。异常规模较大,异常强度由北东向南西呈现增强态势,尤其是广丰黄尖山地区,为Ⅰ级重晶石重砂异常,并与自然金重砂异常相伴出现。据此,重晶石异常的形成与寒武纪地层有关,也可能还与后期的构造岩浆作用有关,故需注意热液型重晶石矿的找矿与评价。自然金异常主要分布在断裂构造发育区,异常规模小,强度不高,找矿意义一般。

第四节 Ⅱ-16 华南成矿省

一、Ⅲ-Ⅹ钦杭东段南部铁-钨-锡-铜-铅-锌-银-金-锰-叶蜡石-高岭石-石膏成矿带

本成矿带仅武功山隆起成矿亚带分布有自然重砂异常带(Ⅳ2-1-2)。

武功山隆起成矿亚带自然重砂异常带位于江西省中南部,应属华南造山系成矿省自然重砂异常省(Ⅱ2)。在空间上呈现近东西向带状分布。

1) 地质矿产背景特征

Ⅲ-Ⅹ钦杭东段南部成矿带划分为武功山隆起、永新坳陷和抚州-饶南坳陷3个Ⅳ级大地构造单元。自然重砂异常主要分布在武功山隆起带(Ⅳ2-1-2),即宜春武功山—新干玉华山地区,自然重砂异常约占全区的80%,其余2个成矿亚带重砂异常呈零散状分布,并以小规模的自然金异常占绝大多数为特征。

武功山隆起带内震旦纪地层广泛出露,寒武纪地层仅残存于南侧边缘,晚古生代和早三叠世地层主

要分布在萍乡南部、白竺及峡江、新干一带，上三叠统、侏罗系、白垩系等仅局部分布。

基底褶皱强烈，为一轴向北东—北东东向的倒转复式背斜构造，两翼岩层均向北倾斜。断裂构造十分发育，主要有北东东向、北东向和北北东向断裂，多呈带状分布，控制着带内隆起和坳陷的形成及发育。

岩浆活动频繁。中奥陶世始，发生了大规模的中酸性、酸性岩浆侵入活动，形成武功山二长花岗岩基和麦斜花岗闪长岩基；到晚志留世，出现中酸性岩浆的上侵岩位，形成山庄花岗闪长岩体；晚三叠世时期，酸性岩浆活动显著，形成了明月山、泸坑、雅山等大小不等的二长花岗岩体；至早白垩世，酸性岩浆再次大规模地侵入和喷溢活动，形成了二长花岗岩瘤和广泛分布于玉华山地区的酸性火山熔岩。

武功山隆起带的矿产资源丰富，主要有铁、钨锡、铌钽、锂和铀等，并集中分布于隆起带的西段，是江西省中部钨、稀有矿产资源基地和沉积变质型铁矿资源基地。

2）自然重砂异常特征

全区共圈定重砂异常55处，其中钨、锡重矿物重砂异常30个，占全区异常总数的54.55%；自然金异常18个，占32.27%；重晶石和磷钇矿异常各3个，占10.90%；铌钽铁矿异常1个，仅占1.82%。在空间上，呈现北东东向带状展布，并局部聚集现象显著。

单矿物异常形态呈不规则状和椭圆状，长轴方向多为近东西向。除钨、锡重矿物异常外，其余单矿物重砂异常规模多不大。异常强度总体尚可，全区Ⅰ级和Ⅱ级重砂异常占32.73%，其中以钨、锡重矿物的异常强度为高，Ⅰ级和Ⅱ级异常占53.33%，比区域高20.6%，而自然金和重晶石重砂异常强度最低，重晶石异常皆为Ⅲ级异常，自然金的Ⅲ级异常占94.44%。

根据地质矿产背景和重砂异常空间属性特征，将武功山隆起成矿亚带自然重砂异常带进一步划分为宜春武功山黑钨矿、锡石、铌钽铁矿重砂异常集中区（Ⅴ21）、新干海源锡石、黑钨矿、自然金重砂异常集中区（Ⅴ22）和新干玉华山-崇仁香山黑钨矿、白钨矿、锡石、磷钇矿重砂异常集中区（Ⅴ23）3个Ⅴ级重砂异常集中区。

3）自然重砂异常推断解译与评价

（1）宜春武功山黑钨矿、锡石、铌钽铁矿重砂异常集中区。区内圈定重砂异常12个，其中黑钨矿（含白钨矿）重砂异常6个（Ⅰ级异常4个、Ⅱ级异常2个）、锡石异常3个（Ⅱ级2个、Ⅲ级1个）、铌钽铁矿异常1个（Ⅱ级）、磷钇矿异常1个（Ⅰ级）、自然金异常1个（Ⅱ级）。各类重砂异常均分布在武功山跨时复式二长花岗岩岩基的内外接触带，呈环状展布。

根据重砂异常与地质矿产背景分析，以泸坑-宜春北北东向断裂带为界，西部以钨、锡重矿物异常组合为特点，重砂异常呈北北东向展布，与武功山已知钨矿带的空间分布一致；东部雅山地区，以钨矿、锡石、自然金和磷钇矿等重砂组合异常为特征，并似显等轴状展布，且具环状分布现象，内环为黑钨矿、磷钇矿异常，外环则为白钨矿和自然金异常，与已知矿的空间分布十分吻合。据此，区内重砂异常的空间分布受地质矿产背景控制，异常由已知矿引起。换言之，本区自然重砂异常都为矿致异常，能够为该区钨、锡、铌钽矿资源潜力预测评价提供可靠的重砂异常信息依据。

（2）新干海源锡石、黑钨矿、自然金重砂异常集中区。该区位在新干、峡江、永丰三县交界处。区内圈定自然重砂异常13个，其中锡石异常5个（Ⅱ级2个、Ⅲ级3个）、黑钨矿异常2个（Ⅱ级、Ⅲ级各1个）、自然金异常4个（Ⅲ级）、白钨矿及铌钽铁矿异常各1个（均为Ⅲ级）。各重砂异常集中分布于晚志留世麦斜复式花岗岩基南部接触带和海源地区，位处北北东向与近东西向断裂复合构造域。

根据异常重矿物组合和所处的地质环境条件，划分3类重砂组合异常。其一，黑钨矿、锡石重砂组合异常，分布于新干县院前早白垩世二长花岗岩裸露区，二长花岗岩副矿物中黑钨矿含量高达$(100\sim500)\times10^{-6}$、锡石$(0.1\sim1.0)\times10^{-6}$、白钨矿$<0.1\times10^{-6}$、黄铜矿$(1\sim10)\times10^{-6}$等，可见钨、锡重矿物异常是由花岗岩引起的，对在该区寻找钨、锡矿资源具有重要的找矿信息标志意义。其二，以锡石重砂异常为主，这类锡石异常规模大、异常强度高（Ⅱ级），形态较复杂，呈近东西向延展，主要分布于海源花岗质片麻岩区。该区内可见热液充填型铜矿、石英脉型钨矿、蚀变岩型锡矿及砂金矿等已知矿产，但尚

未发现成型矿床,故强锡石重砂异常的存在,为在该区寻找成型的工业锡矿床提供了重要的信息依据。其三,自然金、铌钽、铁矿重砂组合异常,主要分布在北东向潭城动力变形变质带,以片麻岩发育为特征,岩石中铌钽铁矿含量高达$(100\sim500)\times10^{-6}$,稀土锆石$(50\sim100)\times10^{-6}$,绿帘石达$(500\sim1000)\times10^{-6}$,同时砂金矿分布广泛,故这类重砂组合异常的形成与动力变形变质作用有关,主要由构造片麻岩引起。重砂组合异常的出现为在该区开展构造蚀变岩型金和铌钽矿资源的调查与评价,提供了重要的重砂异常信息依据。

(3) 新干玉华山-崇仁香山黑钨矿、白钨矿、锡石、磷钇矿重砂异常集中区。该区位于新干县、丰城市和崇仁县的交界处,呈现近东西向展布。区内圈定自然重砂异常8处,其中黑钨矿异常2个(Ⅲ级)、白钨矿异常1个(Ⅰ级)、锡石异常4个(Ⅰ级1个、Ⅲ级3个)、磷钇矿异常1个(Ⅲ级)。

重砂组合异常划分为3种类型,分别处在不同地质构造区。黑钨矿、锡石和磷钇矿组合异常,分布于丰城焦坑早、中侏罗世钠化二长花岗岩及早侏罗世碎斑潜花岗斑岩区,区内已知有紫云山石英脉型钨矿6个,花岗岩副矿物中磷钇矿含量达$(10\sim50)\times10^{-6}$,故重砂组合异常的形成由已知矿引起,单矿物重砂异常叠合性好,找矿意义大,尤其是对已知矿山周边地区的钨、锡矿和花岗岩风化壳离子吸附型稀土矿资源的调查与评价;黑钨矿、白钨矿和锡石重砂组合异常,主要分布于丰城徐山矽卡岩型和石英脉型钨铜矿区及其外围,异常由已知矿引起;白钨矿、锡石重砂组合异常,主要分布在中侏罗世白陂二长花岗岩体的外接触带,已知石英脉型(石英细脉型)白钨矿黑钨矿矿点3个,矿石矿物成分以白钨矿为主,黑钨矿、锡石等少量。故重砂组合异常由已知矿引起。

二、Ⅲ-79 台湾金-银-铜-铁-硫-明矾石-滑石-石油-天然气成矿带

此成矿带无自然重砂异常区(带)分布。

三、Ⅲ-80 浙闽粤沿海铅-锌-铜-金-银-钨-锡-钼-铌-钽-叶蜡石-明矾石-萤石成矿带

此成矿带有10个自然重砂异常带分布。

1. 福安-永定黑钨矿、白钨矿、锡石、铋族矿物、辉钼矿异常带

本异常带位于政和镇前、屏南、大田、龙岩、上杭中部一线以东,福鼎、福州、仙游、安溪、南靖、平和九峰一线以西,即政和-大埔、长乐-南澳两断裂带之间地区。本带重砂异常矿物组合较简单,以黑钨矿、黑钨矿-锡石、白钨矿、锡石矿物组合为主。本异常带内有已知钼、铁钼、铁锌钼、铅锌、含银铅锌、铜钼、钨、钨钼、铁、铜矿床、矿(化)点多处,还有铀、钍、铀钍、水晶、铍等矿点及异常分布。

2. 寿宁-华安磷钇矿、褐钇铌矿、钍石、褐帘石异常带

本异常带位于政和锦屏、古田、大田、龙岩王庄、永安列市一线以东,连江黄岐、仙游大济、南靖、平和九峰以西地区。本带重砂异常矿物组合简单,主要有磷钇矿、磷钇矿-褐钇铌矿、褐钇铌矿、钍石、铌钽铁矿等。本带内有铁、钨、钼、钨钼、铜钼、金、银、多金属等大、中、小型矿床、矿(化)点180多个,还有铀、铀钍、铍、铌钽钍稀土、铌钽钍、叶蜡石、田黄石、压电水晶等矿床、矿(化)点60多个。

3. 政和-上杭金、铅族矿物异常带

本异常带位于浦城富岭、建阳、将乐、清流、长汀一线以东,政和黄坑、尤溪坂面、永春一都、永定湖坑一线以西地区。本带重砂异常矿物组合较简单,主要有金、金-辰砂、铅族矿物、铜族矿物-雄(雌)黄-金和铅族矿物-黑钨等矿物组合。本带内有铅锌、多金属、铜、钨、锡钼、钨锡、铁锰、金等大、中、小型矿床、

矿(化)点 290 多个,此外,还有铀、镉、铀钍、稀土、铍、铌钽等大、中、小型矿床、矿(化)点 80 多个,压电水晶、蓝宝石、冰洲石等矿床、矿(化)点 6 个。

4. 柘荣-诏安金、铅族矿物、自然银异常带

本异常带位于政和黄坑、尤溪坂面、永春一都、永定湖坑一线以东地区。本带重砂异常矿物组合简单,主要有金、金-辰砂、铅族矿物、铜族矿物-铅族矿物等。本带内有铅锌、铁、锌钼、镍、铜钼、钨、钼等大、中、小型矿床、矿(化)点 220 多个,还有铀、钍、铀钍、铍、铌钽等大、中、小型矿床、矿(化)点 80 多个,压电水晶、叶蜡石等矿床、矿(化)点 10 个。

5. 福安-福清辰砂、雄黄(雌黄)异常带

本异常带位于尤溪台溪以东,以及台溪以西、中仙、永泰湖边、莆田一线以北地区。重砂异常矿物组合主要有辰砂、雄黄(雌黄)、磷灰石、辰砂-雄黄(雌黄)等。

6. 连江-诏安黑钨矿、白钨矿、锡石、辉钼矿异常带

本异常带位于福鼎、福州、仙游、安溪、南靖、平和九峰一线以东至台湾海峡地区,即长乐-南澳断裂带上。本带重砂异常矿物组合较单一,以黑钨矿、黑钨矿-白钨矿、黑钨矿-锡石、白钨矿、锡石矿物组合为主。本异常带内有已知钨、钨钼、钼、锡小型矿床、矿(化)10 多个。铜、铅锌、多金属、铜钼、铁银、金红石砂矿等大、中、小型矿床、矿(化)点 50 多个,还有铀、钍、铀钍、稀土、铌钽等中、小型矿床、矿(化)点 40 多个。

7. 长乐-诏安独居石、铌钽铁矿异常带

本异常带位于连江黄岐、仙游大济、南靖、平和九峰以东长乐-南澳断裂带上。

本异常带包括河流重砂和滨海重砂两部分。河流重砂以独居石、磷钇矿、铌铁金红石等组合为主,滨海重砂以独居石、独居石-磷钇矿、锆石等组合为主。滨海砂矿是本带中重要的矿床类型,它们多分布在本带第四纪滨海砂矿异常区内。

8. 青田-泰顺多金属、锡石、黑钨矿异常带(Y4)

本异常带位于青田—文成—泰顺一带,西北侧以丽水-余姚断层为界,东北部以淳安-温州断层为界。出露地层以晚侏罗世的火山碎屑岩为主,部分地段上覆有白垩纪的火山岩和沉积岩夹层。中生代火山喷发岩浆侵入活动强烈,断裂构造发育,造成本区成矿地质条件较好,形成了较多的已知矿(床)点,重砂异常也较密集。据统计,本区有多金属(包括铅锌、铜)矿小型矿床 13 个、矿(化)点 87 个;锡石小型矿床 1 个、矿点 3 个;钨小型矿床 1 个、矿点 6 个;金矿化点 1 个;银矿(化)点 12 个及钼矿、钼铅锌矿 6 个等。多金属矿和铅锌矿大部分受小岩体和岩脉控制,以中酸性小岩体和脉岩与成矿关系最为密切,矿体常呈脉状或透镜状赋存于岩体内外接触带或内外接触带的断裂破碎带中,前者往往形成单矿体,后者则形成小而多的矿脉。因含矿围岩的性质不同,围岩蚀变有差异,火山碎屑岩中常出现硅化、绿泥石化,其次为黄铁矿化、碳酸盐化等,花岗岩中常见硅化、绿帘石化,其次为绿泥石化等。锡矿大部为高中温热液型,成矿主要受钾长花岗岩控制,含矿石英脉成群地充填于岩体内外接触带的断裂和节理中,石英脉两侧的云英岩化、绿泥石化、硅化的围岩,常具有浸染状矿化。

区内的重砂异常分布比较密集,有 73 号、79 号、82 号、94 号中温矿物异常(即铜族、铅族、锌族综合异常);88 号、89 号、97 号锡石异常;43 号、45 号、48 号黑钨矿异常等。异常含量均较高,级别均为 Ⅰ、Ⅱ 级。上述异常部分和已知矿体吻合,部分经检查发现了原生矿。从总体来看,本区的成矿条件好,重砂异常含量高,给扩大已知矿体的远景及寻找新的原生矿提供了一定的线索。如庆元、杨家楼一带,洋滨、外洋—水头街、大洋培一带和鹤溪、东溪一带。

庆元、杨家楼一带,仙桃山钾长花岗岩岩体周围晚侏罗世火山碎屑岩中小岩体和脉岩十分发育,断裂多,岩石破碎、蚀变强烈,有云英岩化、角岩化、硅化、绿泥石化、绿帘石化、矽卡岩化,岩体内外接触带的 3 个钨钼矿的矿化范围广。

洋滨、外洋—水头街、大洋培一带出露地层主要为晚侏罗世火山碎屑岩及早白垩世砂砾岩、凝灰质

砂砾岩、凝灰岩等。区内岩浆活动频繁,从西南向东北方向可见一系列的侵入体,如黄沙坑花岗闪长岩、后坑尖钾长花岗岩、彭坑钾长花岗岩、青街石英闪长岩、苔溪石英闪长岩、城门石英闪长岩、萤口钾长花岗斑岩等,同时脉岩遍布全区。北东向、北西向、东西向及其次级的南北向断裂、裂隙发育,有一系列的锡石、铅族、铜族重砂异常分布。

鹤溪、东溪一带北部花岗岩与变质岩中发育一组南北向断裂,火山岩中断裂也较发育,岩石破碎,蚀变强烈,有矽卡岩化、绿帘石化、角岩化、硅化、绿泥石化,以及岩体内外接触带局部发育的云英岩化等。

9. 奉化-永嘉铅族、锌族异常带(Y5)

该带位处鹤溪-奉化断层南东侧,淳安-温州断裂以北。出露地层主要为中生代的火山碎屑岩和陆相湖泊沉积层。断裂构造发育,以北北东向和北东向为主,其次为东西向和北西向。分布的矿产以铅、铅锌、铜及多金属为主,矿床的分布有成群成带产出的特点,如临海河头—三门花桥一带,黄岩五部—毛垚和仙居上井一带,回山—壶镇一带等。据概略统计,该带有铜小型矿床1个、矿(化)点14个,铅锌大型矿床1个、小型矿床8个、矿点50个、矿化点34个,多金属小型矿床1个、矿(化)点21个。铜矿含矿围岩以晚侏罗世流纹质晶屑玻屑熔结凝灰岩,晚侏罗世—早白垩世安山岩、玄武岩、含角砾玻屑凝灰岩为主,凝灰质砂岩次之。围岩蚀变一般以硅化、绢云母化、绿泥石化、黄铁矿化为主,绿帘石化、次生石英岩化、碳酸盐化、萤石化次之。矿产受构造控制,主要产于东西向断裂与北东向断裂的交接处。铅锌矿多数属火山热液型,少数为叠生矿床。围岩蚀变一般以硅化、绢云母化、绿泥石化和黄铁矿化为主,绿帘石化、碳酸盐化、萤石化和高岭土化次之。多金属矿大部分呈脉状、透镜状产出,受北西向、南北向、北东向3组断裂及节理裂隙控制,围岩蚀变主要有绢云母化、绿泥石化、绿帘石化、硅化、黄铁矿化,其次有次生石英岩化、碳酸盐化、角岩化、萤石化等。

区内分布的重砂异常主要有铅族91号、116号、117号、128号、137号异常;锌族12号、14号、18号、20号、29号异常;中温矿物54号、56号、63号、66号异常(即铜族、铅族、锌族综合异常)。上述各异常大部分与已知矿产吻合,含量较高,部分经野外检查发现原生矿体。如临海括苍山陈车—黄岩宁溪一带和山头郑—唐谷一带。

临海括苍山陈车—黄岩宁溪一带,已知矿产以铅锌多金属为主,其中有大型五部铅锌矿及小型铅锌矿2个、铅锌矿点9个。出露地层主要为晚侏罗世火山碎屑岩及下白垩统馆山头组砂页岩。侵入岩有望海岗石英闪长岩、罗川石英闪长斑岩、山桥头石英闪长斑岩等岩体。接触带强烈角岩化、硅化,局部钾长石化。断裂构造发育,已知矿体基本受南北向断裂控制。本地段处于括苍山火山穹隆、永嘉望海岗火山穹隆与雁荡山破火山口分布区内,又是南北向构造和北东向构造复合部位,有利于火山气液的活动和成矿物质的积聚。

山头郑—唐谷一带,出露地层主要为上侏罗统西山头组流纹质晶屑玻屑熔结凝灰岩、角砾凝灰岩夹粉砂岩、泥岩及泥灰岩,断裂构造发育,以北北东向、北西向及南北向三组断裂为主,侵入岩有山头郑石英闪长岩、黄坦洋石英二长岩、河头石英闪长岩、岭里石英闪长岩、牌前花岗岩、康谷石英二长岩等。岩体外接触带具大面积的角岩化、硅化、绿泥石化。已知矿(床)点数十处,包括铅锌小型矿床2个,铜矿点3个,铅锌、多金属矿(化)点16个。

10. 绍兴-东阳金、铅族、铜族异常带(Y6)

此异常带跨次级构造单元,前已述及。

四、Ⅲ-81 浙中-武夷隆起钨-锡-钼-金-银-铅-锌-铌-钽(叶蜡石)-萤石成矿带

此成矿带有11个自然重砂异常区(带)分布。

1. 武夷山-建宁黑钨矿、白钨矿、锡石矿物异常带

本异常带位于武夷山-石城深断裂西侧及东小部分地区。本带重砂异常矿物组合较简单，以黑钨矿、锡石、黑钨矿-白钨矿、黑钨矿-锡石为主。本异常带内，有已知钨锡多金属小型矿床1个，钨、钨钼矿点14个，铅、锌、多金属、铜、金、铁等小型矿床、矿（化）点50多个，此外还有铀、钇、铌、钽、稀土等小型矿床、矿（化）点30多个。

2. 松溪-上杭黑钨矿、白钨矿、锡石矿物异常带

本异常带位于浦城管查、武夷山、建阳麻沙、邵武洒溪桥、泰宁朱口、建宁伊家一线以东，政和镇前、屏南、南平樟湖板、大田、龙岩和上杭中部一线以西区域。本带重砂异常矿物组合较简单，以黑钨矿、锡石、白钨矿、黑钨矿-白钨矿、黑钨矿-锡石矿物组合为主。

3. 浦城-建宁磷钇矿、铌钽铁矿、褐钇铌矿、独居石异常带

本异常带位于光泽寒坑、邵武溪头、邵武金坑一线以东，浦城富岭、建阳、将乐、宁化水西一线以西地区。本带重砂异常矿物组合简单，主要有磷钇矿、磷钇矿-独居石、铌钽铁矿、独居石、磷钇铌矿等。本带内有铅、锌、多金属、钨、铁、金等矿床、矿（化）点80多个，还有铀、钍、铀钍、稀土、铍、铌钽、压电水晶等矿床、矿（化）点50多个。

4. 松溪-上杭独居石、磷钇矿、褐钇铌矿、钍石、铌钽铁矿异常带

本异常带位于浦城富岭、建阳、将乐、宁化水西一线以东，政和锦屏、古田、大田、龙岩王庄、永安列市一线以西广大地区。本带重砂异常矿物组合简单，主要有独居石、铌钽铁矿、钍石、磷钇矿等。本带内有铅锌、铜、钨、锡、铁、多金属、金等大、中、小型矿床、矿（化）点250多个，还有铀、钍、铀钍、铌钽铁矿、铌钽、铍、稀土、压电水晶、萤石、宝石、叶蜡石等矿床、矿（化）点70多个。

5. 崇安-宁化金异常带

本异常带位于浦城富岭、建阳、将乐、清流、长汀一线以西地区，邵武-河源断裂带纵贯其中。本带重砂异常矿物组合简单，主要有金、铅族矿物、铜族矿物、金-辰砂和金-黑钨等。本带内有铅锌、铜、钨、钼、钨锡、多金属、铁、金等大、中、小型矿床、矿（化）点70多个，还有铀、钍、铀钍、稀土、铍、铌钽、压电水晶等大、小型矿床、矿（化）点50多个。

6. 政和-上杭金、铅族矿物异常带

此异常带跨次级构造单元，前已述及。

7. 浦城-永定辰砂异常带

本异常带位于光泽岱坪、光泽阜头一线以东，政和、建瓯水北、尤溪口、尤溪、台溪以西，以及中仙、永泰湖边、莆田一线以南地区。在构造上处于闽西北隆起带、闽西南坳陷带，及闽东南火山断坳带的南段。本带重砂异常矿物组合简单，主要有辰砂、雄黄（雌黄）、重晶石、磷灰石、辰砂-金等。

8. 茶富-金坑独居石、钍石、铌钽铁矿异常带

本异常带位于光泽寒坑、邵武溪头、邵武金坑一线以西，光泽茶富—邵武金坑地区。本带内有铜、铅、锌、多金属、铀、钍等矿（化）点超过5个。

9. 遂昌-龙泉金、银族、锡石、多金属异常带（Y3）

本异常带位于遂昌、龙泉一带，西北侧以江山-绍兴深断裂为界，东北以淳安-温州断裂为界，南东以丽水-余姚断裂为界。

本区除巨县—灵山—龙泉一带断续分布有前震旦纪陈蔡群片麻岩及龙泉县城附近陈蔡群变质岩两侧有龙泉群片岩出露外，其余均为侏罗纪—白垩纪火山碎屑岩分布。基底格架主要为北东向的背向斜，上部中生代火山喷发，岩浆侵入活动频繁，断裂构造发育，呈北东向、北北东向、东西向和北西向。由于岩浆活动强烈，断裂发育，故该地区的成矿条件较好，形成了较多的矿（床）点，重砂异常分布也较密集。

以遂昌一带为例,本地段北起遂昌新路湾—武义县潘村约38km的宽度向南西方向延伸,经龙泉县的金村、竹口、宝鉴、溪头延伸入福建。区内已知矿点较多,概略统计有:金银大型矿床1个、矿点矿化点各1个;银大型矿床1个、小型矿床6个、矿点34个、矿化点22个;铅锌银小型矿床1个、矿点12个;多金属中型矿床1个、小型矿床4个、矿点6个;铅锌小型矿床1个、矿点3个、矿化点11个;以及铅锌黄铁矿床、铜矿床等。

金、银矿主要分布在高亭背斜和龙泉背斜的核部及其两翼,特别是高亭背斜西南部北东向与北西向断裂复合,截接地段矿(床)点较多,大枳背斜、八宝山、渤海背斜核部也有分布。金、银矿围岩以陈蔡群片麻岩,晚侏罗世晶屑熔结凝灰岩、凝灰岩为主,其次有流纹岩及安山玢岩。围岩蚀变以黄铁矿化、硅化、次生石英岩化为主。局部有叶蜡石化、绢云母化及变安山岩化。银矿围岩以晚侏罗世酸性火山岩、陈蔡群变质岩为主,少数为枫坪组砂页岩及花岗斑岩岩脉。围岩蚀变以次生石英岩化、硅化、叶蜡石化为主,其次有绢云母化、黄铁矿化。铅锌银矿主要分布在高亭背斜两翼,围岩以晚侏罗世酸性火山岩为主,部分为陈蔡群变质岩,个别为花岗闪长岩、花岗斑岩等。围岩蚀变以硅化、黄铁矿化、绿泥石化为主,偶见绿帘石化、叶蜡石化及绢云母化。相应的重砂异常也较密集,有61号、63号、88号金异常;67号、77号、79号、85号锡石异常;51号、71号中温矿物异常(即铜族、铅族、锌族综合异常)。上述各异常级别都为Ⅰ、Ⅱ级,其产生部分为已知矿(床)点引起,部分经检查已找到矿,有的为找矿远景地段。在龙泉背斜的核部断裂发育,沿断裂又有花岗斑岩侵入,成矿条件好。松安、大桂溪一带,北东向、北西向断裂发育,两者呈截接或反接复合关系,并有细粒斑状花岗岩与中粒花岗岩零星出露,已知银矿(化)点密集。

值得一提的是,本区重砂中银族矿物反映较差,仅有13号Ⅲ级异常,可能与多数矿(床)点中银不形成独立矿物有关,而分散流银反映较好。

10. 绍兴-东阳金、铅族、铜族异常带(Y6)

此异常带跨次级构造单元,前已述及。

11. 北武夷成矿亚带自然重砂异常带(Ⅳ2-3-1)和南武夷成矿亚带自然重砂异常带(Ⅳ2-3-2)

这两个异常带位于江西省东部闽赣接壤的武夷山区。

1)地质矿产背景特征

本异常带内新元古代地层广泛分布,厚度近万米。寒武纪地层则局部残存于南武夷瑞金、安远、寻乌等地区,地层厚度大于4000m。古生代沉积盖层仅局部出露于瑞金—会昌一带,呈线型分布,最大厚度约2800m。中新生代地层主要发育于西侧断陷盆地,以白垩纪火山岩及红色粗碎屑岩广泛分布为特征,厚度为8000~10 000m。

武夷山区是省区地壳活动最剧烈的地区。基底褶皱强烈,呈紧密线型褶皱,且褶皱轴向变化显著:北武夷北段资溪地区以近东西向线型同斜褶皱为主;北武夷南段黎川至广昌地区以北东向线型褶皱为主;南武夷瑞金至寻乌地区以北北东向(或近南北向)线型同斜褶皱为主。沉积盖层褶皱主要在会昌至瑞金一带,为小型向斜构造,由石炭纪—二叠纪地层组成,褶皱轴向以北东东向为主,由于断裂的破坏,残存褶皱样式十分复杂。中生代主要为断陷盆地,盆地走向以北北东向为主,多受断裂带的控制。

断裂十分发育,主要有北东向、北北东向和北东东向三组。北东向和北北东向断裂规模较大,呈现成带分布特征,控制了中生代盆地的形成、分布和沉积,并不同程度地控制了晚古生代沉积盆地的展布。北东东向断裂主要发育于南武夷石城—会昌地区和寻乌地区,控制了中生代酸性岩浆的侵入活动和陆相火山喷发。

岩浆活动强烈,以奥陶纪、志留纪花岗岩广泛分布为特色,岩浆具有长期活动、多时代、多次上侵定位和继承性特征。历经了晚奥陶世、早—中志留世、晚三叠世、早—晚侏罗世和早—晚白垩世大规模的中酸性—酸性岩浆侵入活动,并在北部与钦杭结合带以及南部与南岭构造岩浆带复合域,于晚侏罗世和早白垩世时期,发生了强烈的岩浆上侵活动和强烈的陆相火山喷溢,从而构成了武夷山极其复杂的构造岩浆带。

矿产以铌钽、稀土、锡、贵多金属和萤石矿资源为主。

2）自然重砂异常特征

全区共圈定自然重砂异常107个，其中钨重矿物异常16个，占全区重砂异常总数的14.95%；锡石异常25个，占23.36%；铌钽铁矿异常15个，占14.02%；自然金异常34个，占31.78%；磷钇矿异常17个，占15.89%。同时，铌钽铁矿异常、自然金异常集中分布在北武夷地区，分别占93.33%和58.82%。在空间上，自然重砂异常呈现北北东向展布，与武夷构造线方向一致。

自然重砂异常形态复杂，规模大小不等，尤以磷钇矿、锡石和铌钽铁矿异常规模较大。重砂异常强度总体较高，Ⅰ级和Ⅱ级异常占异常总数的56.07%，特别是铌钽铁矿、自然金和锡石异常：Ⅰ级、Ⅱ级铌钽铁矿异常占80%；Ⅰ级、Ⅱ级自然金异常占41.18%；Ⅰ级、Ⅱ级锡石异常占84%。

根据地质矿产背景和重砂异常特征，进一步划分2个Ⅳ级重砂异常带和6个Ⅴ级自然重砂异常集中区，即北武夷成矿亚带自然重砂异常带（Ⅳ2-3-1），包括铅山石塘-上饶五府山黑钨矿、锡石、磷钇矿、铌钽铁矿重砂异常集中区（Ⅴ38）、黎川自然金、磷钇矿、铌钽铁矿、黑钨矿、锡石重砂异常集中区（Ⅴ39），广昌-石城磷钇矿、铌钽铁矿、黑钨矿、锡石、自然金重砂异常集中区（Ⅴ40）；南武夷成矿亚带自然重砂异常带（Ⅳ2-3-2），包括瑞金-石城横江自然金重砂异常集中区（Ⅴ41），会昌大富足锡石、黑钨矿、磷钇矿重砂异常集中区（Ⅴ42），会昌珠兰埠磷钇矿、锡石、自然金重砂异常集中区（Ⅴ43）。

3）自然重砂异常推断解译与评价

（1）铅山石塘-上饶五府山黑钨矿、锡石、磷钇矿、铌钽铁矿重砂异常集中区。区内圈定重砂异常15个，其中黑钨矿重砂异常4个（Ⅱ级1个、Ⅲ级3个）、白钨矿异常1个（Ⅲ级）、铌钽铁矿异常3个（Ⅱ级2个、Ⅲ级1个）、磷钇矿异常2个（Ⅲ级）、锡石异常4个（Ⅰ级1个、Ⅱ级3个）、自然金异常1个（Ⅱ级）。在空间上，各异常总体呈近东西向展布，与早白垩世酸性侵入岩和火山岩带一致。

早白垩世二长花岗岩副矿物中常见有锡石、磷钇矿、独居石、黄铁矿等，偶见少量的黑钨矿、白钨矿和铌钽铁矿。在酸性火山岩中，黄铁矿含量$(0.04\sim0.203)\times10^{-6}$，独居石$<0.001\times10^{-6}$，绿帘石$(0.001\sim0.008)\times10^{-6}$，另有少量的黄铜矿、方铅矿和闪锌矿等。已知矿产主要有永平铜矿和应天寺贵多金属矿（化）点30个，黄岗山等钨锡矿点2处。区内重砂异常的形成与已知矿有一定的联系。但是，尚有不少单矿物重砂异常没有已知矿存在，特别是铌钽铁矿和黑钨矿、锡石重砂异常，故具有重要的找矿信息标志意义。

（2）黎川自然金、磷钇矿、铌钽铁矿、黑钨矿、锡石重砂异常集中区。区内圈定自然重砂异常25个，其中黑钨矿重砂异常2个（Ⅲ级）、白钨矿异常1个（Ⅱ级）、锡石异常5个（Ⅱ级2个、Ⅲ级3个）、铌钽铁矿异常3个（Ⅰ级1个、Ⅱ级2个）、磷钇矿异常3个（Ⅰ级1个、Ⅲ级2个）、自然金异常11个（Ⅰ级1个、Ⅱ级4个、Ⅲ级6个）。据此，本区主要为自然金、锡石、铌钽铁矿重砂组合异常区。在空间上，各异常呈现近东西向展布，与区内发育的晚白垩世花岗斑岩群一致，并集中分布在德胜镇至宏村镇一带。

重砂异常处在早侏罗世雄村钾长花岗岩体和会仙峰二长花岗岩体的接触带。花岗岩副矿物中，铌钽铁矿含量为29.8×10^{-6}，锡石0.2×10^{-6}，方铅矿2×10^{-6}，绿帘石$<0.1\times10^{-6}$。已知矿仅见铜多金属矿点1个，原金矿点1个。综上所述，区内重砂异常的形成与早侏罗世岩浆活动有一定的关系，但异常强度高、分布集中，在岩体的接触带局部富集成工业矿体的可能性较大，有必要开展铌钽铁矿、锡石重砂异常查证工作，以求找矿的新突破。根据自然金重砂异常分布特征，需重视在近东西向和北西向断裂复合构造区开展重砂异常检查。

（3）广昌-石城磷钇矿、铌钽铁矿、黑钨矿、锡石、自然金重砂异常集中区。区内圈定自然重砂异常25个，其中黑钨矿重砂异常3个（Ⅱ级1个、Ⅲ级2个）、白钨矿异常1个（Ⅲ级）、锡石异常4个（Ⅱ级）、铌钽铁矿异常6个（Ⅱ级5个、Ⅲ级1个）、磷钇矿异常5个（Ⅱ级4个、Ⅲ级1个）、自然金异常6个（Ⅱ级2个、Ⅲ级4个）。可见，该区是以铌钽铁矿和锡石重砂异常为主体。在空间上，呈现近南北向展布。

磷钇矿重砂异常主要分布在早志留世二长花岗岩基出露区，二长花岗岩副矿物中磷钇矿含量$(0.001\sim0.1)\times10^{-6}$、独居石$(0.057\sim3.22)\times10^{-6}$、绿帘石$48.16\times10^{-6}$，在强变形变质带的二长花岗岩中稀土重矿物及褐帘石含量较高,局部可见少量的铌钽铁矿等。锡石、铌钽铁矿重砂异常集中分布于石城丰山—石城县城—广昌—高洲的呈现近似弧形强变形变质带,处在晚奥陶世和早志留世复式二长花岗岩基的接触带,带内伟晶岩脉、花岗伟晶岩脉和花岗斑岩脉、石英斑岩脉较发育,酸性岩脉中锡石和铌钽铁矿副矿物含量较高。已知矿产有伟晶岩型铌钽铁矿床(点)10处(如莲塘铌钽矿等)、石英斑岩型锡矿床(点)3处(如松岭锡矿)。据上所述,重砂异常由二长花岗岩和已知矿引起。根据区内重砂异常特征,需加强早志留世花岗岩区稀土矿重砂异常和广昌县长桥及头陂镇至驿前镇南山锡石、铌钽铁矿重砂异常的查证工作,有望获得新的找矿突破。

(4)瑞金-石城横江自然金重砂异常集中区。区内圈定自然金重砂异常8个,其中Ⅰ级异常2个、Ⅱ级异常3个、Ⅲ级异常3个。自然金重砂异常规模小、强度高的特征明显,异常形态简单,长轴方向呈近东西向或近南北向,位处近东西向和北北东向构造复合地质异常区,出露地层主要为石炭系和二叠系。

已知矿产多为煤矿,另有1处砂金矿。重砂异常的形成可能与区内地质构造异常有关,对寻找构造蚀变岩型金矿具有很好的指示作用。

(5)会昌大富足锡石、黑钨矿、磷钇矿重砂异常集中区。区内圈定的自然重砂异常7个,其中锡石重砂异常4个(Ⅱ级)、黑钨矿异常1个(Ⅱ级)、磷钇矿异常2个(Ⅲ级)。在空间上重砂异常主要分布在晚三叠世大富足二长花岗岩基北部谢坊至庙背和南部麻川至井头的东西向断裂构造发育区。

晚三叠世二长花岗岩副矿物中黑钨矿含量$(500\sim1000)\times10^{-6}$、锡石$(0.1\sim1)\times10^{-6}$、独居石$(500\sim1000)\times10^{-6}$、褐钇铌矿$500\times10^{-6}$,另有少量的磷钇矿等。已知矿产主要有桃林等4处稀土矿床(点)和半岭草坑铜矿点、胎子紫钨矿点、谢坊萤石矿等。重砂异常的形成主要与二长花岗岩和已知矿有关。区内锡石重砂异常规模较大、异常强度高、分布广。要充分利用锡石重砂异常,在东西向断裂发育区,开展蚀变岩型锡矿的调查与评价。

(6)会昌珠兰埠磷钇矿、锡石、自然金重砂异常集中区。区内圈定自然重砂异常9个,其中黑钨矿重砂异常1个(Ⅱ级)、锡石异常3个(Ⅱ级)、磷钇矿异常3个(Ⅱ级1个、Ⅲ级2个)、自然金异常2个(Ⅱ级、Ⅲ级各1个)。在空间上重砂异常呈现北北东向展布。

重砂异常集中分布在晚三叠世钾长花岗岩区的北北东向强变形变质带上。花岗岩的片麻状构造十分发育,岩石副矿物中含多量的铌钽铁矿、褐钇铌矿、黑钨矿、锡石和黄铁矿、黄铜矿等。已知矿产主要有珠兰埠等7个离子吸附型稀土矿床(点)和早叫山铌钽矿等。锡石、黑钨矿重砂异常形成与珠兰埠钾长花岗岩有关,磷钇矿重砂异常主要由已知稀土矿引起,自然金重砂异常多出现在近东西向和北北东向断裂复合构造区,与断裂发育具有一定的成因联系。区内锡石重砂异常对寻找蚀变花岗岩型锡矿具有重要的指示标志作用。

五、Ⅲ-82永安-梅州-惠阳(坳陷)铁-铅-锌-铜-金-银-锑成矿带

此成矿带有5个自然重砂异常带分布。

1. 松溪-上杭黑钨矿、白钨矿、锡石矿物异常带

此异常带跨次级构造单元,前已述及。

2. 福安-永定黑钨矿、白钨矿、锡石、铋族矿物、辉钼矿异常带

此异常带跨次级构造单元,前已述及。

3. 松溪-上杭独居石、磷钇矿、褐钇铌矿、钍石、铌钽铁矿异常带

此异常带跨次级构造单元,前已述及。

4. 政和-上杭金、铅族矿物异常带

此异常带跨次级构造单元,前已述及。

5. 浦城-永定辰砂异常带

此异常带跨次级构造单元，前已述及。

六、Ⅲ-83 南岭钨-锡-钼-铍-稀土（铅-锌-金）成矿带

此成矿带位于江西省中南部，隶属南岭成矿带的东段，其中有罗霄-诸广山隆起成矿亚带自然重砂异常带（Ⅳ2-2-1）和桃山-雩山隆起成矿亚带自然重砂异常带（Ⅳ2-2-2）。

1）地质矿产背景特征

赣中南地区属华南造山系一部分，通称赣中南褶隆带。

区内地层较发育，震旦纪和早古生代地层（缺失志留纪地层）广泛分布，主要岩石组合为海相细碎屑岩、泥砂质岩、硅铁质岩、碳质岩夹海相火山碎屑岩等，总厚度为8000～13 000m，为褶皱基底地层。上古生界和下、中三叠统为陆海交替相碎屑岩、碳酸盐岩夹有机质岩等岩石组合，厚度为3500～6000m，系赣中南的沉积盖层。中新生界为陆相沉积的碎屑岩组合，中夹陆相火山熔岩及火山碎屑岩，厚度为9000～13 000m。

褶皱断裂极其发育，不同构造发展阶段，构造形变特征有着显著的差异。加里东运动主要表现为强烈的褶皱作用，紧密线型褶皱与同斜倒转褶皱相当发育。海西-印支期的褶皱多为宽展型褶皱，仅在局部地区出现过渡型梳状及箱状褶皱。燕山期发生了强烈的断块作用，形成一系列的断陷沉积盆地。区内断裂主要有北东-北东东向、北北东-近南北向、近东西向及北西向4组，其中以北东-北东东向和北北东向断裂最为发育。部分断裂具长期多次活动特征，断裂性质多次转化，切割深度也较大，多属深、大断裂。

岩浆活动甚为强烈，是江西省岩浆活动时期最长、强度最大、分布最广的地质构造区。从新元古代至中新生代，发生了不同规模的酸性、中酸性岩浆的侵入活动，尤以侏罗纪、白垩纪的岩浆活动表现最强烈，并与内生成矿作用关系最密切。

区内矿产资源极其丰富，是我国钨、锡和离子吸附型稀土矿产资源的重要基地，也是江西省铌钽、铍、银及多金属矿的主要产地。

2）自然重砂异常特征

全区圈定自然重砂异常225个，其中黑钨矿及白钨矿异常90个，占全区重砂异常总数的40%；锡石异常59个，占26.22%；磷钇矿异常35个，占15.56%；自然金异常33个，占14.67%、铌钽铁矿异常7个，占3.11%；重晶石异常1个，仅占0.44%。可见，区内以钨、锡、稀土重矿物异常为主，占全区异常总数的81.78%，是江西省重要的钨、锡、稀土自然重砂异常带。

在空间分布上，各自然重砂异常集中分布于遂川县上汾镇至宁都县黄陂镇以南地区，该区域重砂异常占全区异常总数的92%，呈近东西向展布。

单矿物重砂异常形态复杂，受花岗岩、已知矿产和自然地理条件控制显著，异常区长轴方向多为近东西向。异常面积普遍较大，特别是钨矿、锡矿重砂异常，分布范围多数大于100km²。组合异常总体呈北北东向展布，与区域构造线一致。异常强度比较高，Ⅰ级和Ⅱ级重砂异常占全区异常总数的52.89%，尤其是锡、钨、稀土重矿物异常，分别占相应重矿物异常总数的61.02%、52.22%和34.29%。重砂矿物组合较复杂，多见磁铁矿、磁黄铁矿、钛铁矿、黄铁矿、萤石和微量的金属硫化物矿物等。

根据地质构造背景及自然重砂组合异常特征，南岭成矿带可划分出2个Ⅳ级自然重砂异常带，即罗霄-诸广山隆起成矿亚带自然重砂异常带（Ⅳ2-2-1）、桃山-雩山隆起成矿亚带自然重砂异常带（Ⅳ2-2-2）。前者进一步划分为宁冈磷钇矿、锡石、自然金重砂异常集中区（Ⅴ24），井冈山锡石、黑钨矿重砂异常集中区（Ⅴ25），宜黄东华山黑钨矿、白钨矿、锡石、磷钇矿重砂异常集中区（Ⅴ26），兴国高兴黑钨矿、白钨矿、锡石、磷钇矿、铌钽铁矿重砂异常集中区（Ⅴ27），南康横市黑钨矿、锡石、磷钇矿、铌钽铁矿、白钨

矿、自然金重砂异常集中区(V28),上犹营前-崇义古亭黑钨矿、锡石、磷钇矿、自然金、白钨矿重砂异常集中区(V29),崇犹余黑钨矿、锡石、磷钇矿、铌钽铁矿重砂异常集中区(V30);后者进一步划分为宜黄神岗-南丰紫霄黑钨矿、白钨矿、磷钇矿重砂异常集中区(V31),兴国古龙岗-于都银坑黑钨矿、锡石、磷钇矿、自然金重砂异常集中区(V32),赣县大埠-于都盘古山黑钨矿、锡石、磷钇矿重砂异常集中区(V33),寻乌锡石、磷钇矿、铌钽铁矿重砂异常集中区(V34),全南社迳-信丰虎山锡石(磷钇矿)重砂异常集中区(V35),全南官山黑钨矿、锡石重砂异常集中区(V36),全南大吉山-定南岿美山黑钨矿、锡石、铌钽铁矿重砂异常集中区(V37)。

3)自然重砂异常推断解释与评价

(1)宁冈磷钇矿、锡石、自然重砂异常集中区。区内圈定重砂异常4个,其中锡石重砂异常1个(Ⅱ级)、磷钇矿异常2个(Ⅰ级、Ⅱ级各1个)、自然金异常1个(Ⅲ级),并以异常规模大、强度高为特征。在空间上各异常总体呈近东西向展布。

各重矿物异常均分布在宁冈新城早志留世二长花岗岩岩基出露区。区内矿产以铁矿为主,自然金次之。在花岗岩副矿物中,磷钇矿含量一般为$(0.11\sim2)\times10^{-6}$,独居石$(0.60\sim9.90)\times10^{-6}$,锆石$(2.20\sim10.90)\times10^{-6}$,常见少量的锡石和微量白钨矿等。由此可见,异常主要由花岗岩引起。异常的出现对新城花岗岩体稀土矿资源调查与评价和在岩体的西部睦村至古城一带寻找蚀变花岗岩型锡矿都具有重要的指示标志作用。

(2)井冈山锡石、黑钨矿重砂异常集中区。区内圈定重砂异常6个,其中锡石异常2个(均为Ⅱ级)、黑钨矿及白钨矿异常各1个(Ⅲ级)、磷钇矿异常1个(Ⅲ级)、自然金异常1个(Ⅲ级)。异常形态呈不规则状,异常长轴方向为北东东向。细分为锡石-黑钨矿和锡石-黑钨矿-磷钇矿-自然金2类重砂组合异常,组合异常呈北北东向展布。重砂异常强度总体不高,仅锡石异常规模较大,异常强度较高。

异常区位于北东向、北北东向和北西向断裂复合构造区,分布于早志留世、中三叠世和早白垩世二长花岗岩体的内、外接触带。已知矿产有扬坑等4个钨(锡)矿床点。锡石-黑钨矿组合异常分布在异常集中区北部早志留世和早白垩世二长花岗岩区,而锡石-黑钨矿-磷钇矿-自然金组合异常出现在南部中三叠世和早白垩世二长花岗岩区。中三叠世花岗岩副矿物中,磷钇矿含量约$(0.1\sim1)\times10^{-6}$,独居石$(1\sim10)\times10^{-6}$,黑钨矿$<0.1\times10^{-6}$。根据异常所处地质矿产环境分析,异常的形成是由花岗岩和已知矿引起,对在区内寻找蚀变岩型金矿具有一定的指示意义。

(3)宜黄东华山黑钨矿、白钨矿、锡石、磷钇矿重砂异常集中区。区内圈定重砂异常8个,其中黑钨矿异常2个(皆为Ⅱ级)、白钨矿异常1个(Ⅲ级)、磷钇矿异常3个(Ⅲ级)、锡石异常2个(Ⅱ级、Ⅲ级各1个)。细分为黑钨矿-锡石-白钨矿和黑钨矿-磷钇矿2类组合异常。在空间上重砂异常呈北北东方向展布。

黑钨矿-锡石-白钨矿重砂组合异常分布在北部早白垩世二长花岗岩区,区内已知大王山等13个钨矿床点,2个锡矿点和1个铜矿点,组合异常分布与已知矿吻合,异常形成由已知矿引起;黑钨矿-磷钇矿组合异常出现在南部早志留世二长花岗岩区,异常分布与花岗岩出露区基本一致,岩石副矿物中,磷钇矿一般含量$<0.1\times10^{-6}$,独居石为$(1.21\sim540.66)\times10^{-6}$。区内未见已知矿。异常形成主要由花岗岩引起,对在该区寻找花岗岩型轻稀土矿产资源具有重要的指示作用。

(4)兴国高兴黑钨矿、白钨矿、锡石、磷钇矿、铌钽铁矿重砂异常集中区。区内圈定自然重砂异常12个,其中黑钨矿异常4个(Ⅰ级和Ⅱ级各1个、Ⅲ级2个)、白钨矿异常2个(Ⅰ级和Ⅱ级各1个)、磷钇矿异常4个(Ⅱ级和Ⅲ级各2个)、铌钽铁矿异常2个(Ⅱ级、Ⅲ级各1个)。进一步细分为大乌山黑钨矿-白钨矿-锡石-磷钇矿和均村白钨矿-黑钨矿-磷钇矿-铌钽铁矿2类重砂组合异常。在空间上单矿物异常呈近东西向分布,而重砂组合异常呈北北东方向展布。

大乌山黑钨矿-白钨矿-锡石-磷钇矿重砂组合异常分布于良村晚侏罗世复式黑云(或二云)花岗岩基出露区及其附近,花岗岩副矿物中褐钇铌钽含量5.0×10^{-6},磷钇矿0.389×10^{-6},独居石28.351×10^{-6},绿帘石0.516×10^{-6},黑钨矿0.133×10^{-6},辉钼矿0.133×10^{-6},白钨矿0.598×10^{-6}等,已知矿产有铜锣丘等7个钨矿床(点)和杨村等5个稀土矿点,以及7个萤石矿、1个铍矿等。重砂异常产于良村花岗岩基的内、外接触带,故重砂组合异常系由花岗岩及已知矿引起;均村白钨矿-黑钨矿-磷钇矿-铌钽铁矿重砂组合异常出现在隆市晚三叠世、早侏罗世和早白垩世多时复式二长花岗岩基裸露区及其附近,早侏罗世和早白垩世花岗岩副矿物中黑钨矿含量约 0.133×10^{-6},白钨矿 0.7×10^{-6},锡石 0.6×10^{-6},钛钽铌矿 0.533×10^{-6},磷钇矿 $(0.2\sim0.266)\times10^{-6}$,独居石 $(6.833\sim30)\times10^{-6}$,绿帘石 $(0.152\sim0.433)\times10^{-6}$等,已知矿产有白石山等2处钨矿床(点)、湖新等5个稀土矿。异常产在隆市复式花岗岩基的内、外接触带,重砂组合异常系由花岗岩和已知矿引起。综上所述,区内重砂异常规模较大、强度较高,为已知矿区资源潜力评价及外围找矿提供了重要的重砂异常信息依据,特别是对稀土矿资源的调查与评价。

(5)南康横市黑钨矿、锡石、磷钇矿、铌钽铁矿、白钨矿、自然金重砂异常集中区。区内圈定重砂异常31个,其中黑钨矿重砂异常6个(Ⅰ级、Ⅱ级各3个)、白钨矿异常5个(Ⅰ级2个、Ⅱ级2个、Ⅲ级1个)、锡石异常4个(Ⅱ级4个)、磷钇矿异常6个(Ⅰ级1个、Ⅱ级3个、Ⅲ级2个)、铌钽铁矿异常1个(Ⅱ级)、自然金异常4个(Ⅱ级1个、Ⅲ级3个)和重晶石异常1个(Ⅲ级)。在空间上,以南康市凤岗镇至遂川县草林镇一线为界大致划分为南、北2个重砂异常带,呈北西西向展布。

各自然重砂异常集中分布在弹前中侏罗世复式二长花岗岩基的内、外接触带,花岗岩副矿物中黑钨矿含量为 0.132×10^{-6},白钨矿 $(0.598\sim4)\times10^{-6}$,磷钇矿 $(0.1\sim1)\times10^{-6}$,独居石 $(0.1\sim10)\times10^{-6}$,绿帘石 $(0.1\sim1)\times10^{-6}$,锆石 $(0.11\sim500)\times10^{-6}$。已知矿产有焦坪脑等15个钨矿床(点)、长岭等5个稀土矿床(点)和内潮等3个原金矿点,并均产于弹前花岗岩基内、外接触带,以外带为主。由此可见,重砂异常由花岗岩及已知矿引起。区内重砂异常规模大、强度高,各单矿物重砂异常空间重叠强,为开展该区钨、稀土矿资源的调查与评价,提供了可靠的重砂异常信息依据。

(6)上犹营前-崇义古亭黑钨矿、锡石、磷钇矿、自然金、白钨矿重砂异常集中区。区内圈定自然重砂异常12个,其中黑钨矿重砂异常4个(Ⅱ级3个、Ⅲ级1个)、白钨矿2个(Ⅰ级及Ⅲ级各1个)、锡石异常2个(Ⅰ级)、磷钇矿异常1个(Ⅱ级)、自然金异常3个(Ⅱ级2个、Ⅲ级1个)。在空间上各异常呈北东东向展布。

区内自然重砂异常集中分布在中三叠世营前花岗闪长岩体和中侏罗世鹅形黑云花岗岩基的内、外接触带。花岗岩副矿物中独居石含量 $(10\sim100)\times10^{-6}$,锆石 $(1\sim50)\times10^{-6}$,铌钽铁矿 $<0.1\times10^{-6}$,另有少量的黑钨矿、锡石等。已知矿产有茶亭坳等14个钨矿床(点)、新屋仔稀土矿和焦龙等3个原生金矿床(点),重砂异常与已知矿产的空间分布一致。可见,本区重砂异常主要由花岗岩和已知矿引起。自然重砂异常充分地展现了区内矿产资源潜在前景,为开展区内矿产资源调查与评价提供了重要的重砂异常信息标志。

(7)崇犹余黑钨矿、锡石、磷钇矿、铌钽铁矿重砂异常集中区。区内圈定自然重砂异常21个,其中黑钨矿重砂异常6个(Ⅰ级4个、Ⅱ级2个)、白钨矿异常5个(Ⅱ级1个、Ⅲ级4个)、锡石异常6个(Ⅱ级5个、Ⅲ级1个)、磷钇矿异常2个(Ⅱ级、Ⅲ级各1个)、自然金异常2个(Ⅱ级、Ⅲ级各1个)。在空间上各重砂异常围绕着崇义县城似呈环带状分布。

各自然重砂异常主要分布在侏罗世二长花岗岩体的接触带,并以外接触带为主。区内矿产资源极其丰富,已知矿产有漂塘等43个成型钨矿床、高陂山等锡矿床(点)10个、双坝等7个原生金矿点和梅关大型稀土矿床、西华山大型铌钽矿床等,重砂异常与已知矿产的空间分布一致。据此,重砂异常系由已知矿引起,能够为在本区开展已知矿区深部及外围的矿产资源调查与评价,提供重要的自然重砂异常信息标志。

(8)宜黄神岗-南丰紫霄黑钨矿、白钨矿、磷钇矿重砂异常集中区。区内圈定自然重砂异常8个,其中黑钨矿重砂异常5个(Ⅱ级1个、Ⅲ级4个)、白钨矿异常2个(Ⅱ级、Ⅲ级各1个)、磷钇矿异常1个(Ⅲ级)。在空间上重砂异常呈北北东向展布。

自然重砂异常集中分布于新丰街中、晚侏罗世复式二长花岗岩体出露区,花岗岩副矿物中独居石含量为 $(3.8\sim94.9)\times10^{-6}$,稀土锆石 $(13.6\sim58.18)\times10^{-6}$,绿帘石 $(0.105\sim24)\times10^{-6}$,铌钽铁矿 $0.11\times$

10^{-6},另有少量的黑钨矿等。已知钨矿点 12 个。由此可见,重砂异常主要由已知矿引起。区内重砂异常以钨重矿物为主,并与已知矿吻合性强,故对开展钨矿资源调查与评价,重砂异常具有一定的指示作用。

(9)兴国古龙岗-于都银坑黑钨矿、锡石、磷钇矿、自然金重砂异常集中区。区内圈定自然重砂异常 29 个,其中黑钨矿异常 7 个(Ⅰ级 3 个、Ⅱ级 2 个、Ⅲ级 2 个)、白钨矿异常 3 个(Ⅰ级、Ⅱ级、Ⅲ级各 1 个)、锡石异常 8 个(Ⅰ级 1 个、Ⅱ级 4 个、Ⅲ级 3 个)、磷钇矿异常 5 个(Ⅲ级)、自然金异常 6 个(Ⅱ级 1 个、Ⅲ级 5 个)。在空间上自然重砂异常呈现北北东向带状分布。

自然重砂异常集中分布在北北东向断裂构造带的早、中侏罗世二长花岗岩发育区。区内已知矿产资源较丰富,主要有画眉坳等 16 个钨矿床(点)、黄坳等 3 个稀土矿点、留龙等 5 个原生金矿床(点)和银坑等 2 个银多金属矿床(点)等。自然重砂异常与侏罗纪二长花岗岩和已知矿产的空间分布一致。可见,重砂异常主要由已知矿引起,但仍有 34.48% 的重砂异常未见已知矿存在,故重砂异常具有较大的找矿指示标志意义。

(10)赣县大埠-于都盘古山黑钨矿、锡石、磷钇矿重砂异常集中区。区内圈定自然重砂异常 30 个,其中黑钨矿重砂异常 11 个(Ⅰ级 5 个、Ⅱ级 2 个、Ⅲ级 4 个)、白钨矿异常 5 个(Ⅰ级 2 个、Ⅱ级 1 个、Ⅲ级 2 个)、锡石异常 7 个(Ⅰ级 1 个、Ⅱ级 3 个、Ⅲ级 3 个)、磷钇矿异常 3 个(Ⅲ级)、自然金异常 4 个(Ⅱ级、Ⅲ级各 2 个)等。在空间上,西部重砂异常围绕着中、晚侏罗世大埠复式二长花岗岩基呈近似等轴状分布,其中黑钨矿和锡石异常范围与花岗岩裸露区一致;东部信丰古陂镇至于都铁山垄镇一带重砂异常呈现北北东向带状分布。但是,单矿物重砂异常的长轴方向多为近东西方向。

本区自然重砂异常与侏罗纪二长花岗岩和已知矿产的空间分布十分吻合,表明了成生联系密切。二长花岗岩的副矿物中黑钨矿含量高达 $(500\sim1000)\times10^{-6}$,锡石$<0.1\times10^{-6}$,褐钇铌矿$<0.1\times10^{-6}$,铌钽铁矿$<0.1\times10^{-6}$,绿帘石$<0.1\times10^{-6}$,稀土锆石$(100\sim500)\times10^{-6}$。已知矿产资源十分丰富,主要有盘古山等 26 个钨矿床(点)、大田等 14 个稀土矿床(点)、九窝等 5 个钽铌矿床(点)、阴掌山等 2 个锡矿床(点)和 3 个原金矿点等。由此可见,重砂异常由花岗岩和已知矿引起。区内重砂异常规模大、强度高,与已知矿吻合性强,对在已知矿区深部及外围寻找新资源具有重要的指示标志作用。

(11)寻乌锡石、磷钇矿、铌钽铁矿重砂异常集中区。区内圈定自然重砂异常 19 处,其中黑钨矿重砂异常 5 个(Ⅰ级 1 个、Ⅱ级 2 个、Ⅲ级 2 个)、白钨矿异常 2 个(Ⅲ级)、锡石异常 5 个(Ⅰ级 2 个、Ⅱ级 2 个、Ⅲ级 1 个)、铌钽铁矿异常 3 个(Ⅰ级 2 个、Ⅲ级 1 个)、磷钇矿异常 5 个(Ⅰ级 1 个、Ⅱ级 2 个、Ⅲ级 2 个)等。在空间上各重砂异常呈现北北东向带状分布,单矿物异常长轴方向多为近东西向。

自然重砂异常主要分布在中侏罗世单观嶂二长花岗岩基和早侏罗世清溪钾长花岗岩体、早白垩世铜坑嶂钾长花岗岩体出露区。已知矿产有岩背等 5 个锡矿床(点)、磺肚山等 7 个锡铅矿床(点)、湖紫等 5 个钨矿床(点)和岩背原生金矿、铜坑嶂铜钼矿、老墓铁矿等。区内重砂异常强度较高,Ⅰ级和Ⅱ级异常占异常总数的 57.89%,具有较好的找矿指示作用。另外,岩背至磺肚山的锡石、铌钽铁矿异常,具有规模大、强度高、吻合性强的基本特征,为在该区锡和铌钽矿资源调查与评价提供了重要的重砂异常信息标志依据。

(12)全南社迳-信丰虎山锡石(磷钇矿)重砂异常集中区。区内圈定自然重砂异常 5 个,其中锡石重砂异常 4 个(Ⅱ级 2 个、Ⅲ级 2 个)、磷钇矿异常 1 个(Ⅱ级),以锡石异常显著为特征。单矿物异常形态复杂,长轴方向为近东西向及北北西向组合,总体异常呈现近东西向展布。

重砂异常主要分布在早侏罗世寨背黑云花岗岩基北段及早白垩世火山岩分布区,又处于北东东向、北北东向和北西向断裂复合构造区。区内已知矿产仅见虎山等 4 个稀土矿。重砂异常的形成可能与早侏罗世酸性岩浆上侵活动、早白垩世火山作用及断裂构造发育有关,异常成因尚不明朗。但是,锡石异常强度较高,线型分布特征明显,要充分利用锡石重砂异常,调查与评价构造蚀变岩型锡矿资源。

(13)全南官山黑钨矿、锡石重砂异常集中区。区内圈定自然重砂异常 11 个,其中黑钨矿重砂异常 3 个(Ⅰ级 1 个、Ⅱ级 2 个)、白钨矿异常 2 个(Ⅱ级、Ⅲ级各 1 个)、锡石异常 5 个(Ⅰ级 2 个、Ⅱ级 1 个、Ⅲ

级 2 个)、自然金异常 1 个(Ⅲ级)等。在空间上各类重砂异常似现北西向展布。

重砂异常集中分布在早侏罗世陂头复式二长花岗岩基内、外接触带,并以外接触带泥盆纪地层区呈现高度聚集为特征。区内已知矿产资源较丰富,主要有官山等 12 个钨矿床(点)、中寨等 5 个稀土矿床(点)、雷古潭等 5 个萤石矿点和大峰脑锆石矿 1 个等。重砂异常由已知矿引起。黑钨矿、锡石异常强度高、吻合性强,对在已知矿区深部及其周边寻找新的矿产资源具有重要的指示标志意义,值得重视。

(14) 全南大吉山-定南岿美山黑钨矿、锡石、铌钽铁矿重砂异常集中区。区内圈定重砂异常 10 个,其中黑钨矿重砂异常 3 个(Ⅰ级 2 个、Ⅲ级 1 个)、白钨矿异常 2 个(Ⅲ级)、铌钽铁矿异常 1 个(Ⅰ级)等。在空间上大吉山区段以黑钨矿异常为特征,而东部岿美山区段以钨锡重砂组合异常为特点,呈现近东西向展布。

重砂异常集中分布在晚侏罗世二长花岗岩的近东西向分布带,二长花岗岩副矿物以含铌钽铁矿、磷钇矿、褐钇铌矿、复稀金矿、黑钨矿、锡石、白钨矿、黄玉、萤石等为特色。区内钨、铌钽矿资源丰富,已知矿产主要有岿美山等 6 个钨矿床(点)、大吉山大型铌钽矿 1 个、马坑等 3 个稀土矿、九连山等 2 个萤石矿等。综上所述,重砂异常系由二长花岗岩和已知矿引起。但是,区内还有近 60% 的异常未见已知矿,异常的找矿潜力较大。另外,晚侏罗世二长花岗岩铌钽及稀土副矿物含量较高,需重视开展花岗岩型铌钽和稀土矿资源的调查与评价。

第五章　预测工作区自然重砂矿物组合异常特征

第一节　预测工作区划分依据

根据全国矿产资源潜力评价的精神，为配合华东地区项目预测工作，对铜、铅、锌、金、锑、钨、钼、锡、银、重晶石、萤石、锰、磷、硫铁矿、铬、镍、稀土、菱镁矿18个矿种进行了预测工作区的自然重砂研究。划分预测工作区时主要根据成矿地质背景、典型矿床研究确定预测类型，同时参考物化探、自然重砂等异常特征。

一、确定矿产预测类型

为了进行区域矿产预测，根据相同的矿产预测要素以及成矿地质条件，对矿产划分预测类型。矿产预测类型是开展矿产预测工作的基本单元，凡是由同一地质作用下形成的，成矿要素和预测要求基本一致，可以在同一张预测底图上完成预测工作的矿床、矿点和矿化线索可以归为同一矿产预测类型。同一矿种存在多种矿产预测类型，不同矿种组合可能为同一类型，同一成因类型可能有多种类型，不同成因类型组合可能为同一类型。矿产预测类型的划分是贯穿预测全过程的纲。下面就华东地区重要矿种铜、铅锌、金、钨、钼、锡、银、萤石等矿种矿产预测类型做简单介绍。

1. 铜矿预测类型

根据华东地区铜矿类型及特征、成矿有利条件分析，本次铜矿预测类型有8种：斑岩型、矽卡岩型、岩浆热液型、陆相火山热液型、热液脉型、接触交代型、沉积变质-热液改造型、海相火山岩型。

2. 铅锌矿预测类型

根据铅锌多金属矿床类型及特征，本次华东地区铅锌多金属矿的预测类型有5种：沉积-改造型、沉积变质-热液改造型、岩浆热液型、层控热液型、火山岩型。

3. 金矿预测类型

根据金矿床类型及特征，本次华东地区金矿的预测类型主要为7种：陆相火山热液型、构造蚀变岩型、韧性剪切带型、变质热液型、岩浆热液型、微细浸染型、砂金型。

4. 钨矿预测类型

根据钨矿床类型及特征，本次华东地区钨矿的预测类型主要为5种：斑岩型、石英脉型、云英岩型、矽卡岩型、岩体型。

5. 钼矿预测类型

根据华东地区钼成矿地质特征、矿床类型及分布特征等，钼矿预测类型划分为5种：斑岩型、石英脉型、复合内生岩浆-热液型、侵入岩体型、矽卡岩型。

6. 锡矿预测类型

根据华东地区锡矿成矿地质特征、矿床类型及分布特征等，锡矿预测类型划分为 5 种：石英脉型锡钨矿、斑岩型、伟晶岩型、复合内生硫化物型、侵入岩浆岩型。

7. 银矿预测类型

根据华东地区银矿成矿地质特征、矿床类型及分布特征等，银矿预测类型划分为 6 种：热液型、陆相火山-次火山岩型、沉积变质型、矽卡岩型、复合内生岩浆热液型、陆相火山岩型。

8. 萤石矿预测类型

华东地区萤石资源较丰富，是优势矿种，根据其矿床特征分析，华东地区萤石矿均属破碎带热液充填型脉状矿床。据其成矿要素分析，主要与深断裂带、燕山期的岩浆侵入带来的热液充填等因素相关，因此选择的预测类型以此为依据。

二、确定预测工作区范围

各预测矿种初步根据典型矿床研究成果以及成矿地质背景特征，确定了不同预测类型，划分了预测工作区，在此基础上结合地球化学异常以及自然重砂异常特征，确定预测工作区边界范围。在预测工作区划分过程中尽量将可能与预测类型有关，具有一定找矿前景的异常划入预测工作区范围内。

第二节　预测工作区划分结果

华东地区针对化探研究重点矿种铜、铅、锌、金、钨、钼、锡、银、锰、铬、镍、萤石、重晶石、稀土、锑、磷、菱镁矿、硫铁矿 18 个矿种，共划分预测工作区 345 个。

福建省预测工作区 94 个，其中铜矿 18 个、铅锌矿 14 个、金矿 7 个、钨矿 6 个、钼矿 17 个、锡（锂）矿 8 个、银矿 13 个、锰矿 3 个、镍矿 1 个、萤石矿 5 个和重晶石 2 个。

安徽省预测工作区 71 个，其中铜矿 13 个、铅锌矿 9 个、金矿 11 个、钨矿 8 个、锑矿 4 个、磷矿 2 个、稀土矿 1 个、钼矿 5 个、锡矿 1 个、银矿 2 个、硫铁矿 5 个、萤石矿 4 个、菱镁矿 1 个和重晶石 5 个。

江苏省预测工作区 8 个，每个预测工作区都具有多个矿种。

浙江省预测工作区 74 个，其中铜铅锌矿 14 个、金矿 6 个、钨矿 3 个、锑矿 1 个、稀土矿 3 个、磷矿 3 个、钼矿 9 个、锡矿 6 个、银矿 6 个、萤石矿 18 个、硼矿 1 个和硫铁矿 4 个。

江西省预测工作区 85 个，其中铜矿 10 个、铅锌矿 8 个、金矿 17 个、钨矿 11 个、锑矿 2 个、稀土矿 2 个、磷矿 1 个、钼矿 4 个、锡矿 5 个、银矿 4 个、萤石矿 8 个、重晶石矿 2 个和硫铁矿 5 个。

第三节　预测区工作情况

华东五省围绕铁、铜、铝、铅、锌、金、钨、锑、稀土、钾、磷、锰、镍、锡、铬、钼、银、硼、锂、硫、萤石、菱镁矿、重晶石 23 个矿种开展了自然重砂资料应用和预测工作区编图。

浙江省针对预测 14 个矿种中的金、锑、铅锌、铜、钨、锡、钼、银、硫、萤石等 10 个矿种（组）63 个预测工作区，编制自然重砂异常图 353 张，共圈定 I 级异常 887 个、II 级异常 1492 个、III 级异常 2538 个。

安徽省针对预测 17 个矿种中的铜、金、铅锌、钨、锑、磷、稀土、银、锡、钼、锰、硫、重晶石、萤石 15 个矿种（组）的 52 个预测工作区，编制自然重砂异常图 317 张，共圈定 I 级异常 243 个、II 级异常 473 个、III 级异常 938 个。

江苏省针对预测 11 个矿种中的铜、铅、锌、金、银、钼、硫铁矿、萤石 8 个矿种 26 个预测工作区，编制自然重砂异常图 103 张，共圈定异常 968 个，其中 I 级异常 108 个、II 级异常 360 个、III 级异常 500 个。

江西省针对预测 22 个矿种中的铁、铝、铜、铅锌、钨、金、锑、稀土、磷、锡、钼、铬镍、锰、银、锂、硫、萤石、重晶石 18 个矿种（组）的 85 个预测工作区，编制自然重砂异常图 819 张，共圈定 I 级异常 142 个、II 级异常 217 个、III 级异常 460 个。

福建省针对预测 18 个矿种中的金、银、铜、铅锌、钨、锡、钼、硫、重晶石及稀土 10 个矿种（组）69 个预测工作区，编制自然重砂异常图 167 张，共圈定异常 632 个。

第四节 典型预测工作区

一、铜矿

1. 常山-建德-杭州铜铅锌矿预测工作区

常山-建德-杭州预测工作区分别利用了 1∶20 万杭州幅、临安幅、建德幅、衢州幅 4 个图幅资料，以及 1∶5 万芳村测区共 3 个图幅的自然重砂资料。

1）1∶20 万自然重砂异常特征

预测工作区内共圈出异常 62 个，其中铜族异常 13 个（I 级 1 个、II 级 5 个、III 级 7 个）、铅族矿物异常 15 个（I 级 5 个、II 级 2 个、III 级 8 个）、银矿物异常 2 个（II 级 1 个、III 级 1 个）、铋族异常 5 个（I 级 2 个、II 级 2 个、III 级 1 个）、重晶石异常 20 个（II 级 4 个、III 级 16 个）、萤石异常 7 个（I 级 2 个、II 级 1 个、III 级 4 个）。此处仅描述主矿物（铜族）异常特征。

铜族 I 级异常 1 个，区内发育 2 处小型矿床（1 处锌矿、1 处锌铜矿）；II 级异常 5 个，其中 3 号、4 号、9 号、12 号异常内均有矿（化）点发育，但都不是岭后式海相沉积-叠改型铜矿；III 级异常共 7 个，异常总面积 68.8km²。铜族矿物 I 级、II 级异常特征见表 5-1。铜族矿物异常分布见图 5-1。

表 5-1 常山-建德-杭州预测工作区 1∶20 万重砂铜族矿物 I 级、II 级异常特征表

异常编号	异常级别	面积 (km²)	各级含量样品数				最高含量	矿床数（个）		地理位置	标型特征
			4	3	2	1		小型	矿（化）点		
8	I	50.42		1	4	1	6	2		淳安、安阳	粒状，黄铜黄，不透明，金属光泽，不平坦，硬度中等，条痕浅绿黑，次棱角状，$d>0.63$mm
2	II	9.29	1		1		10 000			导岭	
3	II	28	2				20 026		1	富阳、铁坞口	
4	II	18.31	1				20 000		2	富阳、环山	
9	II	46.78	2		2	2	1420		5	淳安、大叶坂—桐坑源	
12	II	57.56	8			1	40 000		6	衢州、上方乡—银硐背	$d=1.0$mm

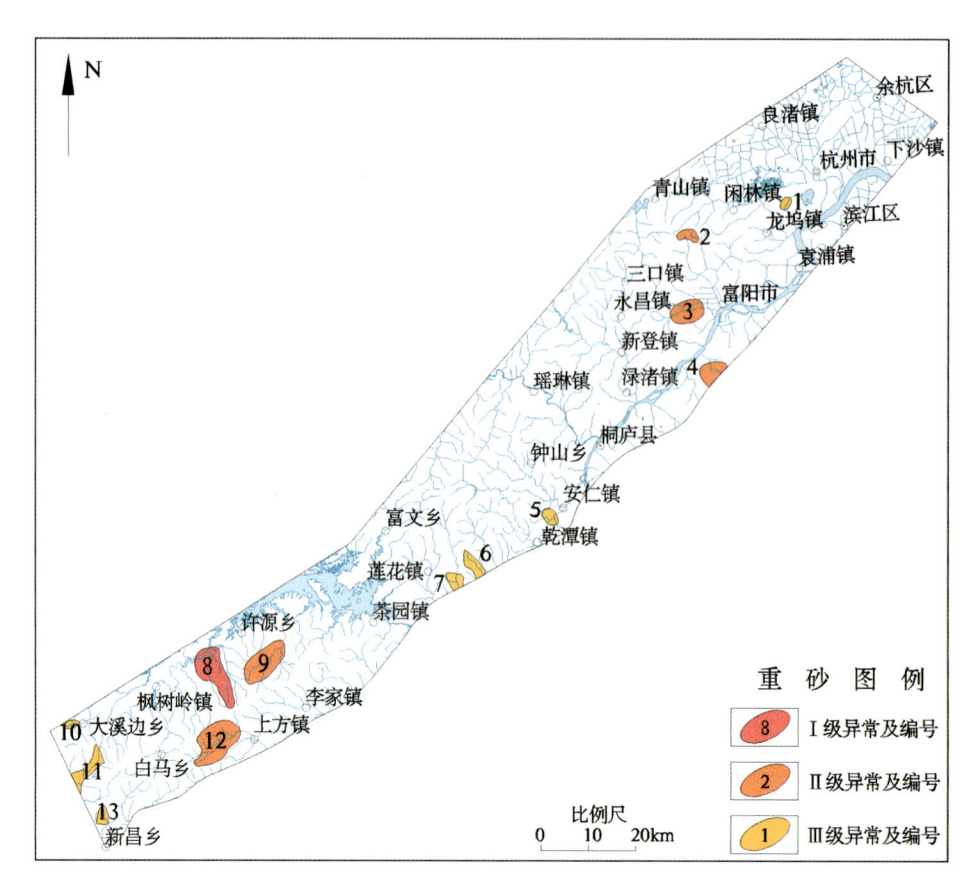

图 5-1 常山-建德-杭州预测工作区铜族矿物重砂异常分布图

2) 1∶5万自然重砂异常特征

1∶5万自然重砂资料未覆盖整个预测工作区，仅芳村附近3个1∶5万图幅内有相关资料。利用此资料共圈出异常65个，具体为铜族矿物9个（Ⅰ级2个、Ⅱ级1个、Ⅲ级6个）、铅族矿物19个（其中Ⅰ级6个、Ⅱ级5个、Ⅲ级8个）、锌族矿物3个（其中Ⅰ级2个、Ⅱ级1个）、银矿物6个（Ⅰ级1个、Ⅱ级3个、Ⅲ级2个）、铋族7个（Ⅰ级2个、Ⅱ级3个、Ⅲ级2个）、重晶石13个（Ⅰ级4个、Ⅱ级3个、Ⅲ级6个）、萤石8个（Ⅰ级2个、Ⅱ级5个、Ⅲ级1个）。此处仅描述主矿物（铜族）异常特征。

铜族Ⅰ级异常2个，8号异常内发育1处小型矿床；Ⅱ级异常1个，异常内无已知矿床（点）发育；Ⅲ级异常共6个，异常总面积6.29km²。铜族矿物Ⅰ级、Ⅱ级异常特征见表5-2。

表 5-2 常山-建德-杭州预测工作区1∶5万重砂铜族矿物Ⅰ级、Ⅱ级异常特征表

异常编号	异常级别	面积（km²）	各级含量样品数					最高含量	矿床数（个）		地理位置
			5	4	3	2	1		小型	矿（化）点	
5	Ⅰ	1.66		1				15			毛良坞村
8	Ⅰ	5.91	3	1		3	1	2217	1		常山岩前—对坞
7	Ⅰ	3.04	3		1		1	125			对坞村

3）常山-建德-杭州铜铅锌预测工作区自然重砂综合异常解释

预测工作区内共圈出综合异常8个,其中Ⅰ级3个、Ⅱ级2个、Ⅲ级3个。异常特征见表5-3。

表5-3 常山-建德-杭州铜铅锌预测工作区自然重砂综合异常特征表

异常编号	异常级别	地理位置	面积(km^2)	矿物组合	矿化特征
1	Ⅲ	杭州西湖乡	19.08	铜族、铅族	
2	Ⅰ	余杭闲林埠	653.98	铜族、铅族、铋族、萤石、重晶石	铅锌矿小型矿床1处、矿（化）点4处,铅矿点2处,锌矿点1处,多金属矿化点1处,铜锌矿化点2处,铜矿点1处
3	Ⅱ	富阳章坞村	100.15	铜族、萤石、重晶石	铜矿（化）点3处
4	Ⅲ	建德乾潭镇	37.63	铜族、银族、重晶石	
5	Ⅲ	建德春联村	51.44	铜族、重晶石	
6	Ⅰ	淳安石门村	389.08	铜族、铅族、银族、铋族、重晶石	中型铅锌矿1处,小型锌矿1处,小型锌铜矿1处,多金属矿（化）点15处,铜矿点4处,铅锌矿（化）点6处,铅锌银矿点2处
7	Ⅱ	淳安殊塘	19.26	铜族、铅族、铋族、萤石	铅锌矿点2处,铜矿化点1处
8	Ⅰ	开化虹村	188.84	铜族、铅族、锌族、银族、铋族、萤石、重晶石	铅锌矿小型矿床1处、矿点3处,多金属矿化点2处,铅锌银矿点2处

2. 宁镇铜矿预测工作区

宁镇铜矿预测工作区圈定铜族矿物混合Ⅰ级异常1个。该异常位于句容市仓头镇东南铜山以西的石家里附近,呈东西向的椭圆形,面积约0.76km^2。异常处于龙-仓复背斜东段南翼,出露地层为下石炭统、下泥盆统,北西向断层较发育。侵入体有下蜀石英二长岩岩体。围岩蚀变强烈,主要有矽卡岩化、大理岩化、角岩化等。异常区附近有铜山中型铜钼矿床1处。该异常为热液矿化及已知铜钼矿床所引起。

二、铅锌矿

1. 宁芜铅矿预测工作区

该预测工作区共圈定铅族矿物Ⅲ级异常2个;铅族、铜族Ⅲ级混合异常1个。现以nw01号Ⅲ级铅族异常为例评述如下:异常位于江宁镇梅山前村至军库内,面积约9.12km^2,由6个方铅矿含量点组成,且伴生有重晶石、黄铁矿异常。异常区出露大王山组辉石安山岩及辉石闪长玢岩,北部见次生石英岩,东部为戴山火山口。推测异常与岩体侵入火山活动有关。

2. 宜溧锌矿预测工作区

该预测工作区圈出闪锌矿Ⅱ级异常3个、Ⅲ级异常1个。现以yl07号异常为例评述如下:该异常位于预测工作区南部小梅岭—杨家冲一带,呈近东西向展布,面积约5.83km^2,由3个Ⅲ级闪锌矿含量点组成,属Ⅱ级异常。异常区出露地层为石炭系、中、下二叠统、下三叠统,局部分布有花岗斑岩,发育北西向、北东向两组断裂。区内发现铜铅矿床1处,因此推测异常可能与铜、铅矿化有关。

3. 德兴-婺源铜矿预测工作区

该预测工作区内共有铜族矿物异常1个,总面积为35.94km^2,为Ⅰ级异常,分布于德兴石乌一带。区内已发现2个中型中温热液型铜矿床及铜钼矿床,其矿化特征主要为黄铜矿化和闪锌矿化。

4. 贵溪冷水坑-梨子坑铅锌矿预测工作区

该预测工作区内共有铅族矿物异常7个,其中Ⅰ级异常1个、Ⅱ级异常3个、Ⅲ级异常3个,总面积为788.61km²。

三、钨矿

1. 浙西钨矿预测工作区

该预测工作区分别利用了1:20万金华幅、建德幅、临安幅、广德幅、衢县幅、屯溪幅、旌德幅7个图幅资料,1:5万昌化、芳村2个测区共8个图幅的自然重砂资料。

1) 1:20万自然重砂异常特征

该预测工作区内共圈出异常204个,其中白钨矿55个(Ⅰ级14个、Ⅱ级16个、Ⅲ级25个)、黑钨矿18个(Ⅰ级6个、Ⅱ级5个、Ⅲ级7个)、铋族18个(Ⅰ级6个、Ⅱ级7个、Ⅲ级5个)、钼族14个(Ⅰ级1个、Ⅱ级4个、Ⅲ级9个)、锡石31个(Ⅰ级10个、Ⅱ级5个、Ⅲ级16个)、萤石17个(Ⅰ级5个、Ⅱ级6个、Ⅲ级6个)、重晶石51个(Ⅰ级2个、Ⅱ级15个、Ⅲ级34个)。此处仅描述主矿物(白钨矿、黑钨矿)异常特征。

白钨矿Ⅰ级异常中11号、12号、17号、19号、23号、50号、56号异常内发育钨矿床或矿(化)点,Ⅱ级异常中46号、54号异常内发育钨矿床或矿(化)点。白钨矿Ⅰ级、Ⅱ级异常特征见表5-4。白钨矿Ⅲ级异常共25个,异常总面积543.09km²。

表5-4 浙西预测工作区1:20万自然重砂白钨矿Ⅰ级、Ⅱ级异常特征表

异常编号	异常级别	面积(km²)	各级含量样品数					最高含量	矿床数(个)			地理位置	标型特征
			5	4	3	2	1		小型	矿点	矿化点		
8	Ⅰ	51.06	4	6	8	4	2	400				上墅乡	$d \leqslant 0.2$mm
9	Ⅰ	51.73	10	10	7	13	7	671				仙霞乡	0.01mm$\leqslant d \leqslant 0.5$mm
11	Ⅰ	58.27	30	6	4	6	10	973		1		狮子塘	$d \leqslant 0.5$mm
12	Ⅰ	48.31	4	13	13	10	21	715			1	西天目	0.1mm$\leqslant d \leqslant 0.4$mm
17	Ⅰ	56.38	12	7	9	11	12	2068		2		乌金山	$d \leqslant 0.4$mm
19	Ⅰ	161.73	33	37	73	36	84	30 000		4	1	叶家—顺溪坞	$d \leqslant 0.13$mm
23	Ⅰ	186.68	82	56	61	66	42	120 000	1	3	4	学川—柴家	0.1mm$\leqslant d \leqslant 0.2$mm
32	Ⅰ	171.19	33	16	36	5	14	30 002				金银坞	不规则粒状,乳白色,不透明,0.1mm$\leqslant d \leqslant 0.6$mm
40	Ⅰ	57.94	20	19	11	5	5	34 050				塘坪山	
41	Ⅰ	66.53	8	19	17	11	3	768				双溪口	
50	Ⅰ	84.93	13	9	12	4	8	30 000	1			枫树岭	
51	Ⅰ	52.63	1	1	6		16	172				稠半坞	
52	Ⅰ	47.78	4	4	4		3	475				夏川	$d \leqslant 0.5$mm
56	Ⅰ	58.21	10	5	4	3	3	1000	1			岩前	$d \leqslant 0.2$mm
1	Ⅱ	36.17	1	3	6	10	7	30 000				淡竹坞	白色,次棱角状,0.2mm$\leqslant d \leqslant 0.4$mm
13	Ⅱ	30.35	13	3	13		15	30 000				新川村	灰黑色,土状光泽,性脆、软,硬度小,0.5mm$\leqslant d \leqslant 0.8$mm

续表 5-4

异常编号	异常级别	面积(km²)	各级含量样品数 5	4	3	2	1	最高含量	矿床数(个) 小型	矿点	矿化点	地理位置	标型特征
14	Ⅱ	62.48	12	3	32	2	27	30 000				新桥乡	$d\leqslant0.1$mm
22	Ⅱ	8.63		1	2	2	2	65				双坑村	$d=0.1$mm
24	Ⅱ	20.84	1	2	3	7	10	10 000				军建村	$d=0.1$mm
25	Ⅱ	59.87	3	10	8	11	22	977				麻车埠	$d\leqslant0.1$mm
27	Ⅱ	50.81	1	5	13	23	20	1779				王家坞	0.1mm$\leqslant d\leqslant0.4$mm
31	Ⅱ	73.94	3		33		5	30 000				洞源里	板状及粒状,浅黄白色
35	Ⅱ	40.81	2	10	15	15	3	440				柳塘	$d=0.2$mm
39	Ⅱ	42.75	13	1	6	4	13	30 000				南赋乡	
42	Ⅱ	15.52			4	1	4	50				燕下村	
43	Ⅱ	15.08			4	4	4	50				塔脚	
44	Ⅱ	29.98	4	6	3	6	2	3200				甘坞	棱角状,白色,$d=0.55$mm
46	Ⅱ	26.71	8	7	5	4	1	34 424			1	淳安木瓜村	粒状,白色,透明—半透明,脂肪光泽,硬度低,无磁性,0.05mm$\leqslant d\leqslant0.5$mm
54	Ⅱ	19.98		1	3	2	1	52			1	常山溪源山	粒状,不规则,浅黄色,0.06mm$\leqslant d\leqslant0.4$mm
55	Ⅱ	22.15	1	2	1		2	470				太真乡	$d\leqslant0.65$mm

黑钨矿Ⅰ级异常中9号、16号、18号异常内发育钨矿床或矿(化)点,Ⅱ级异常中7号、13号异常内发育钨矿床或矿(化)点。黑钨矿Ⅰ级、Ⅱ级异常特征见表5-5。黑钨矿Ⅲ级异常共7个,异常总面积103.43km²。

表 5-5 浙西预测工作区 1:20 万自然重砂黑钨矿Ⅰ级、Ⅱ级异常特征表

异常编号	异常级别	面积(km²)	各级含量样品数 5	4	3	2	1	最高含量	矿床数(个) 小型	矿点	矿化点	地理位置	标型特征
4	Ⅰ	29.85	14	0	0	0	0	40 000				唐舍	
9	Ⅰ	159.31	84	16	40	24	31	120 000	2	7	5	千亩田—夏色岭	0.08mm$\leqslant d\leqslant0.1$mm
14	Ⅰ	23.98	0	1	2	1	1	135				村头	$d\leqslant1.2$mm
15	Ⅰ	36.04	0	0	4	2	0	50				稠木坞	0.1mm$\leqslant d\leqslant0.3$mm
16	Ⅰ	23.6	5	2	0	1	0	10 000			1	常山溪源山	$d=0.3$mm
18	Ⅰ	94.42	3	9	10	9	4	2250	1	1		岩前—芙蓉乡	柱、厚板状,金属光泽,条痕棕黑色,0.1mm$\leqslant d\leqslant0.5$mm
7	Ⅱ	22.45	0	2	4	1	4	300		1		叶家	
11	Ⅱ	46.33	0	0	0	5	17	20				悉坞口	
12	Ⅱ	7.67	1	0	0	0		10 000				麻黄村	
13	Ⅱ	9.78	1	1	0	1	2	30 000			1	木瓜	
17	Ⅱ	26.68	1	1	3	1	1	10 000				太真乡	$d\leqslant0.4$mm

2)1∶5万自然重砂异常特征

1∶5万自然重砂资料未覆盖整个预测工作区,仅昌化、芳村附近8个1∶5万图幅内有相关资料。利用此资料共圈出异常239个,其中白钨矿39个(Ⅰ级6个、Ⅱ级17个、Ⅲ级16个)、黑钨矿28个(Ⅰ级6个、Ⅱ级10个、Ⅲ级12个)、铋族26个(Ⅰ级7个、Ⅱ级9个、Ⅲ级10个)、钼族10个(Ⅰ级2个、Ⅱ级2个、Ⅲ级6个)、锡石56个(Ⅰ级14个、Ⅱ级12个、Ⅲ级30个)、萤石18个(Ⅰ级6个、Ⅱ级7个、Ⅲ级5个)、重晶石56个(Ⅰ级6个、Ⅱ级21个、Ⅲ级29个)、绿柱石6个(Ⅰ级2个、Ⅱ级2个、Ⅲ级2个)。

白钨矿Ⅰ级异常中1号、4号、12号、24号、32号、39号异常内发育钨矿床或矿(化)点,Ⅱ级异常中6号、10号、13号、27号、28号异常内发育钨矿床或矿(化)点。白钨矿Ⅰ级、Ⅱ级异常特征见表5-6。白钨矿Ⅲ级异常共16个,异常总面积45.52km²。

表5-6 浙西预测工作区1∶5万自然重砂白钨矿Ⅰ级、Ⅱ级异常特征表

异常编号	异常级别	面积(km²)	各级含量样品数					最高含量	矿床数(个)			地理位置
			5	4	3	2	1		小型	矿点	矿化点	
1	Ⅰ	9.62	6	3	4	6	5	2000		1		临安七里垄
4	Ⅰ	5.88	3	4	3	2	2	900			1	临安西天目乡
12	Ⅰ	21.53	13	17	19	23	18	1150	1	1	2	临安夏色岭—叶家
24	Ⅰ	7.17	4	4	5	8	1	1000		1		淳安老庵基
32	Ⅰ	6.56	3	2		2	2	2368	1			淳安铜山
39	Ⅰ	28.5	18	9	5	5	14	552	1	1		常山岩前—芙蓉乡
2	Ⅱ	13.64		4	6	20	7	160				木岭坞
3	Ⅱ	3.94		1	5	6	9	160				坦上村
6	Ⅱ	16.94	16	19	11	4	13	7194			2	临安乌金山
10	Ⅱ	2.42			1	6	2	50		1		临安叶家
13	Ⅱ	2.03				1	11	15		2		临安颊口乡前坑
15	Ⅱ	3.18		1	2	3	7	80				秒石潭
17	Ⅱ	3.7		2	8	4	1	200				禾田坞
18	Ⅱ	1.72		1		3	5	120				临安顺溪乡
20	Ⅱ	4.1		1	2	6	2	125				大明山
25	Ⅱ	6.98	6	4	5	1	3	30 000				石室村
26	Ⅱ	3.25		2	3	14	8	120				云溪坞—祝川庄之间
27	Ⅱ	2.26		4	4	2	9	200		1		临安顺溪坞
28	Ⅱ	2.51			2	2	3	40		1		淳安子皮源
29	Ⅱ	2.19	1		3	3	1	253				上油坪东北侧
30	Ⅱ	9.55	1	5	1	8	3	120				公淤村
35	Ⅱ	8.25	1	3	1	3	16	103				大黄山村
38	Ⅱ	5.98	4	2	3	1	6	250				毛良坞村

黑钨矿Ⅰ级异常中11号、13号、21号、26号、27号异常内发育钨矿床或矿(化)点,Ⅱ级异常中1号、5号、15号、16号、19号异常内发育钨矿床或矿(化)点。黑钨矿Ⅰ级、Ⅱ级异常特征见表5-7。黑钨矿Ⅲ级异常共12个,异常总面积33.73km²。

3)浙西预测工作区自然重砂综合异常解释

预测工作区内共圈出综合异常15个,其中Ⅰ级4个、Ⅱ级4个、Ⅲ级7个。异常特征见表5-8。

表 5-7 浙西预测工作区 1∶5 万自然重砂黑钨矿 Ⅰ 级、Ⅱ 级异常特征表

异常编号	异常级别	面积 (km²)	各级含量样品数 5	4	3	2	1	最高含量	矿床个数 小型	矿点	矿化点	地理位置
11	Ⅰ	40.96	29	30	29	26	35	700 000	2	4	3	淳安子皮源—召黄
13	Ⅰ	5.86		4	12	12	2	1800			1	临安顺溪乡祝川庄
18	Ⅰ	5.97	4	5	6	2	4	7502				桐坑村
21	Ⅰ	13	10	3	1	3	13	1496			1	常山溪源山
26	Ⅰ	7.14	1	3	5	3	5	561		1		常山芙蓉乡金家
27	Ⅰ	16.55	9	5	7	6	14	5006	1			常山岩前—对坞
1	Ⅱ	4.76			1	8	4	500		1		临安叶家
5	Ⅱ	3.1		2	3	4	8	2000		2		临安颊口乡前坑
6	Ⅱ	1.81				2	6	35				毛竹坪村
8	Ⅱ	4.43		5	3	3	6	1300				横溪桥
14	Ⅱ	3.96		1	6	20	15	680				临安云溪坞—祝川庄之间
15	Ⅱ	3.15	1	4	3	13	5	2401		1		临安顺溪坞
16	Ⅱ	1.37				4	2	85			1	临安柴家
19	Ⅱ	1.74			5	1	1	500		1		淳安老庵基村
23	Ⅱ	4.45	2					350				新桥乡
24	Ⅱ	4.36	3		3	1	3	1500				毛良坞村

表 5-8 浙西预测工作区综合异常特征表

异常编号	异常级别	地理位置	面积(km²)	矿物组合	矿化特征
1	Ⅲ	安吉梅树边村	67.30	白钨矿	
2	Ⅲ	安吉苦岭脚	52.65	白钨矿、黑钨矿、锡石	
3	Ⅲ	安吉桐坑村	40.81	白钨矿、黑钨矿、铋族、重晶石	
4	Ⅰ	安吉报福镇	229.56	白钨矿、黑钨矿、锡石、铋族、钼族、萤石、重晶石	钨钼矿矿点1处
5	Ⅲ	临安岛石镇	182.36	白钨矿、锡石、重晶石	
6	Ⅰ	临安横路乡	225.08	白钨矿、黑钨矿、铋族、钼族、萤石、重晶石	钨钼矿矿(化)点3处、钨铜矿矿化点1处
7	Ⅰ	临安东天目乡	116.86	白钨矿、黑钨矿、锡石、钼族、重晶石	钨铁矿矿化点1处
8	Ⅰ	临安蒲坑	107.63	白钨矿、黑钨矿、锡石、铋族、绿柱石、钼族、萤石、重晶石	钨矿矿(化)点6处,钨铍小型矿床1处、矿(化)点8处,钨铜小型矿床1处
9	Ⅲ	淳安瑶山乡	123.84	白钨矿、锡石、重晶石	
10	Ⅲ	淳安临岐镇	93.11	白钨矿、钼族、重晶石	
11	Ⅱ	淳安唐村镇	578.72	白钨矿、锡石、重晶石	钨矿矿化点1处
12	Ⅱ	淳安梓桐镇	587.29	白钨矿、铋族、钼族、萤石、重晶石	
13	Ⅲ	淳安樟村	74.82	白钨矿、黑钨矿、锡石、铋族、重晶石	钨矿矿化点1处
14	Ⅱ	淳安铜山	581.74	白钨矿、黑钨矿、锡石、铋族、钼族、萤石、重晶石	钨锌铁小型矿床1处
15	Ⅱ	常山新桥乡	256.15	白钨矿、黑钨矿、锡石、铋族、绿柱石、钼族、萤石、重晶石	钨锡小型矿床1处、钨矿矿(化)点2处

安吉报福镇Ⅰ级异常(4号)位于唐舍背斜核部,两翼为震旦系、中—下寒武统等的碎屑岩、灰岩,沿背斜轴部有唐舍岩体和大石坞岩体侵入。接触带具硅化、矽卡岩化、角岩化等。局部含有白钨矿,岩体本身含白钨矿也很好。北西和北东向两组断裂发育。区内已知矿床有钨钼矿(化)点1处。综合异常原因不明,需进一步工作查证。

临安东天目乡Ⅰ级异常(7号)出露地层为西阳山组、华严寺组碳酸盐类岩石,下奥陶统页岩、粉砂质页岩及上侏罗统火山碎屑岩。可能受隐伏岩体影响,角岩化、大理岩化、矽卡岩化、黄铁矿化发育。局部见有白钨矿化,断裂构造以北东向为主,酸性岩脉发育。异常内白钨矿来源于矽卡岩,但含量低,且分散,应进一步工作,寻找富集地段。

临安蒲坑Ⅰ级异常(8号)出露有上寒武统碳酸盐类岩石,上奥陶统—下志留统砂页岩及中下侏罗统的砂砾岩。见有河桥花岗岩体侵入,岩体内有晚期的细粒花岗岩岩株及岩脉侵入,局部见石英脉及伟晶岩。接触带蚀变强烈,以角岩化、矽卡岩化、云英岩化为主。断裂以北东向为主,北西向次之。异常由岩体内外接触带的小型矿床和矿化引起,成矿条件好,需进一步工作。

淳安铜山Ⅱ级异常(14号)区内出露奥陶系谭家桥组—泥盆系唐家坞组,志留系及上泥盆统西湖组,下石炭统珠藏坞组、叶家塘组、中石炭统黄龙组。有燕山期儒洪花岗岩侵入。另有花岗斑岩、石英斑岩岩脉等贯入。北东向断裂发育,岩体外围矿化蚀变较为普遍。异常与已知矿点吻合,成矿条件好,应加强普查工作。

常山新桥乡Ⅱ级异常(15号)区为一轴向北东的短轴背斜,杨柳岗组为轴部,华严寺组、西阳山组、印渚埠组、宁国组、牛上组、胡乐组于两翼依次出露。背斜南东翼有一北东向逆断层通过,使印渚埠组、志棠组直接接触。黑云母花岗岩岩体沿背斜侵入,近岩体围岩具硅化、角岩化等蚀变。异常区内曾找到原生矿,但区内地质工作程度低,应进一步工作。

2. 分宜下桐岭钨矿预测工作区

区内共有黑钨矿异常2处,均为Ⅰ级异常,总面积为132.91km²,分布在西下、桑田庙下一带。其中WⅠ040异常分布在西下一带,面积90.86km²,在异常附近发育两个大型高温热液型钨矿床和一些小型高温热液型钨矿床、矿化点;区内见有钨、锡矿化。WⅠ041黑钨矿异常,分布在桑田庙下一带,面积42.05km²,发育云英岩化、硅化、绢云母化、绿泥石化等。

3. 西华山-漂塘-大吉山式石英脉型钨(锡)矿预测工作区

区内计有赣南西华山—兴国地区、乐安—广昌地区、丰城徐山地区、安福浒坑地区和浮梁茅棚店地区共5个预测工作区。

安福浒坑预测工作区内共有黑钨矿异常3处,总面积为247.72km²。其中Ⅰ级异常2处,异常总面积为146.26km²,分布在九龙山、浒坑一带;Ⅱ级异常1处,面积为101.46km²,分布在东岭一带。

九龙山黑钨矿异常WⅠ039:分布在九龙山一带,为Ⅰ级黑钨矿异常,面积100.59km²。异常偏北方向发现几个小型高温热液型钨矿化点,其矿化特征为硅钨矿化、黄铜矿化。

浒坑黑钨矿异常WⅠ038:分布在浒坑一带,为Ⅰ级黑钨矿异常,面积45.67km²,其矿化特征为黑钨矿化、锡矿化。

东岭黑钨矿异常WⅠ037:为Ⅱ级异常,区内发育黑钨矿化、金矿化和方铅矿化等。

丰城徐山钨矿预测工作区内共有黑钨矿异常2处,总面积为56.77km²。其中Ⅰ级异常1处,面积为22.00km²,分布在徐山、紫云山一带,区内已发现一大型高温热液型钨矿床;Ⅲ级异常1处,面积达34.77km²,主要分布在紫云山一带,区内发现部分高温热液型钨矿化点。

浮梁茅棚店预测工作区内共有黑钨矿异常2处,总面积为116.31km²。其中Ⅱ级异常1处,为东源黑钨矿异常WⅠ002,面积达86.51km²,主要分布在东源一带,区内发现一小型岩浆型锡矿床;Ⅲ级异常1处,为莲花石黑钨矿异常WⅢ001,异常面积29.80km²,主要分布在莲花石一带。

4. 都昌阳储岭岩体型钨锡钼矿预测工作区

预测工作区内共有黑钨矿异常 1 处,即杭桥黑钨矿异常 WⅢ009,为Ⅱ级异常,面积为 23.62km²,分布在杭桥一带。预测工作区内零星分布几个高温热液型钨钼矿化点。

5. 香炉山式矽卡岩型白钨矿预测工作区

香炉山预测工作区内共有组合矿物异常 3 处,总面积为 218.5km²,其中Ⅰ级异常 2 处,异常总面积为 187.18km²,分布在香炉山高湖一带;Ⅲ级异常 1 处,面积为 31.32km²,分布在香炉山上汤乡一带。

CwⅡ014:分布在香炉山高湖一带,为Ⅰ级白钨矿异常,面积 154.5km²,区内发育硅化、云英岩化、黄铁矿化。

WⅠ003:分布在香炉山布甲乡一带,为Ⅰ级黑钨矿异常,面积 32.68km²,主要矿化特征有黑钨矿化。

异常区内有 2 个大型接触交代型钨矿、1 个中型接触交代型钨矿、1 个接触交代型铅锌矿矿化点、2 个高温热液型钨矿矿化点和 1 个中温热液型铁矿矿化点。

6. 大余九龙脑云英岩型钨矿

区内共有黑钨矿异常 1 处,即关田黑钨矿异常 WⅠ102,为Ⅲ级异常,面积 158.41km²,主要分布在关田一带。

7. 华安洋竹径钨钼锡矿预测工作区

本区处在永福镇(锡-钨-钇-铌钽-铅)Ⅰ级综合异常区的南部,异常以黑钨矿、锡石为主,伴生磷钇矿,另有白钨矿、铅族矿物、铌钽铁矿等异常。黑钨矿异常面积达 508km²,规模巨大,呈近南北向展布。黑钨矿、锡石、磷钇矿异常重叠性好。已有洋竹径等热液石英脉型钨矿床和矿点分布。异常规模大,成矿地质条件良好,是一个钨锡矿成矿远景区,值得进一步工作。

8. 清流行洛坑及外围钨钼锡矿预测工作区

本区处在嵩溪镇(锡-钨-铌钽)Ⅰ级综合异常区,异常区完全与行洛坑钨矿区吻合,异常以黑钨矿、锡石为主,局部伴生白钨矿、铌钽铁矿。黑钨矿含量为少数几颗~1.88g,最高 5.29~37.2g;锡石含量为少数几颗~2.34g。异常吻合度较好,异常值较高,总体呈北西向展布。异常具有矿物组合简单、含量高等特点。成矿地质条件好,有扩大矿床远景的希望,值得注意。

四、金矿

1. 诸暨-绍兴金矿预测工作区

诸暨-绍兴预测工作区分别利用了 1:20 万诸暨幅、杭州市幅、余姚幅 3 个图幅自然重砂资料,1:5 万萧山测区、陈蔡测区共 7 个图幅的自然重砂资料。

(1)1:20 万自然重砂异常特征。预测工作区内共圈出异常 19 个,其中金矿物异常 9 个(其中Ⅰ级 4 个、Ⅱ级 3 个、Ⅲ级 2 个)、银矿物 4 个(其中Ⅰ级 1 个、Ⅲ级 3 个)、钼族矿物 1 个(Ⅱ级异常)、辰砂 2 个(其中Ⅱ级 1 个、Ⅲ级 1 个)、雄(雌)黄毒砂 3 个(其中Ⅰ级 1 个、Ⅱ级 1 个、Ⅲ级 1 个)。此处仅描述主矿物(金矿物)异常特征。

金矿物Ⅰ级异常共 4 个,分别为 2 号、4 号、6 号、7 号异常,分布于平水、浬浦、石角、炼仙坞一带。2 号异常包括小型矿床 3 处、矿(化)点 6 处;4 号异常包括矿(化)点 2 处;6 号异常包括小型矿床 1 处、矿(化)点 2 处;7 号异常包括矿(化)点 1 处。但这些矿的成矿类型并非治岭头式陆相火山岩型,仅 7 号异常附近出现一小型金银矿是治岭头式陆相火山岩型。金矿物Ⅱ级异常共 3 个,分别为 1 号、3 号、5 号异常,分布于徐家岙、街亭、东塘一带。3 号异常内存在矿(化)点 1 处;5 号异常内存在矿(化)点 3 处,这些矿(化)点多为治岭头式陆相火山岩型。Ⅲ级异常共 2 个,总面积 24.55km²。金矿物Ⅰ级、Ⅱ级异常特征见表 5-9。

表 5-9 诸暨-绍兴预测工作区 1:20 万自然重砂金矿物Ⅰ级、Ⅱ级异常特征表

异常编号	异常级别	面积(km²)	各级含量样品数				最高含量	标型特征
			4	3	2	1		
2	Ⅰ	56.74		3	1	25	8	$d=0.1mm$
4	Ⅰ	15.49	1			3	12	$d=0.15mm$
6	Ⅰ	8.49			1	4	4	$d=0.01mm$
7	Ⅰ	30.03			1	11	4	粒状,树枝状,$d\leqslant 0.1mm$
1	Ⅱ	11.87	1			4	11	$d\leqslant 0.2mm$ 不规则粒状
3	Ⅱ	24.59		1	1	5	8	$d=0.02mm$
5	Ⅱ	56.5	1	2	1	13	16	粒状,$d=0.07\sim0.1mm$,具展性,金黄色

(2)1:5 万自然重砂异常特征。1:5 万自然重砂资料未覆盖整个预测工作区,仅萧山—陈蔡附近 7 个 1:5 万图幅内有相关资料。利用此资料共圈出异常 52 个,其中金矿物异常 16 个(其中Ⅰ级 2 个、Ⅱ级 6 个、Ⅲ级 8 个)、银矿物 8 个(其中Ⅰ级 2 个、Ⅱ级 2 个、Ⅲ级 4 个)、钼族矿物 5 个(其中Ⅰ级 1 个、Ⅱ级 1 个、Ⅲ级 3 个)、辰砂 13 个(其中Ⅰ级 1 个、Ⅱ级 4 个、Ⅲ级 8 个)、雄(雌)黄毒砂 10 个(其中Ⅰ级 2 个、Ⅱ级 3 个、Ⅲ级 5 个)。此处仅描述主矿物(金矿物)异常特征。

金矿物Ⅰ级异常共 2 个,分别为 8 号、10 号异常,分布于水口、燕窠村一带,10 号异常内有一中型矿床。金矿物Ⅱ级异常共 6 个,分别为 1 号、4 号、11 号、12 号、13 号、15 号异常,分布于赵家镇、石头坑村、矿亭村、坑西村、东联村、甲丘村一带,1 号异常内有 2 个矿(化)点,其中 1 个为治岭头式陆相火山岩型;4 号、13 号、15 号异常内各发育 1 个矿(化)点。Ⅲ级异常共 8 个,总面积 7.44km²。金矿物Ⅰ级、Ⅱ级异常特征见表 5-10。

表 5-10 诸暨-绍兴预测工作区 1:5 万自然重砂金矿物Ⅰ级、Ⅱ级异常特征表

异常编号	异常级别	面积(km²)	各级含量样品数					最高含量
			5	4	3	2	1	
8	Ⅰ	3.76	5		2	1	1	1216
10	Ⅰ	1.03	1				1	52
1	Ⅱ	1.28		1			1	20
4	Ⅱ	2.56		1	1			16
11	Ⅱ	0.91		1			1	20
12	Ⅱ	4.05	2	1	1	3	1	104
13	Ⅱ	1.75		1		4		16
15	Ⅱ	6.16	1	5	8	9		22

(3)诸暨-绍兴预测工作区自然重砂综合异常解释。预测工作区内共圈出综合异常 6 个,其中Ⅰ级异常 2 个、Ⅱ级异常 1 个、Ⅲ级异常 3 个。异常特征见表 5-11。

表 5-11 诸暨-绍兴预测工作区综合异常特征表

异常编号	异常级别	地理位置	面积(km²)	矿物组合	矿化特征
1	Ⅲ	余姚四明湖	79.12	铅族、铜族、银族	
2	Ⅰ	绍兴平水镇	166.36	金矿物、铅族、银族	中型金银铜矿床1处,金矿小型4处、矿(化)点13处,金银矿点1处
3	Ⅲ	诸暨白渔潭	35.93	铅族、银族	
4	Ⅰ	诸暨璜山	533.78	金矿物、钼族、铅族、铜族、锌族、银族	金矿中型1处、小型3处、矿(化)点26处,金银矿(化)点7处
5	Ⅱ	东阳大爽村	106.06	金矿物、铅族、铜族	金银矿小型1处、矿(化)点3处,金矿矿(化)点4处
6	Ⅲ	东 阳	46.77	金矿物、铅族、铜族	

绍兴平水镇Ⅰ级异常(2号)区内主要有双溪坞群、骆家门组、志棠组及上侏罗统。见有细粒石英闪长岩及流纹斑岩、闪长玢岩、辉绿岩等岩体及岩脉。围岩蚀变有硅化、黄铁矿化、绿泥石化、绿帘石化和绢云母化等。异常处于华夏系构造与东西向构造复合部位,褶皱断裂发育。异常由已知矿引起,是找矿的有利地区。

诸暨璜山Ⅰ级异常(4号)区内地层主要有双溪坞群、陈蔡群混合石英闪长岩、片岩、片麻岩等,断裂发育,有花岗斑岩体及岩脉侵入,断裂带附近有铁帽、硅化、绿泥石化、绿帘石化、绢云母化、黄铁矿化发育。地质条件良好,位于芙蓉山火山通道之北部,构造条件有利。围岩均系矿源层,异常组合好,形态一致,是扩大已知矿床远景、就矿找矿的重要地区。

东阳大爽村Ⅱ级异常(5号)区内出露地层主要为陈蔡群变质岩,大爽组砂岩、砾岩、凝灰岩。有2条弧形断裂通过本区,东西向小断裂也较发育。沿断裂带有花岗斑岩脉侵入,两侧岩石硅化、黄铁矿化、高岭土化等。该地区发现了金矿,可扩大远景进行工作。

2. 溧水金矿预测工作区

预测工作区共圈出自然金Ⅱ级异常4个、Ⅲ级异常3个。现以 Ls02、Ls05 号异常为例评述如下。

Ls02 号异常位于溧水县石湫乡亭山,面积约 1.9km²,由两个自然金含量点组成,伴有黄铁矿异常,1:5万自然重砂测量还显示了砷矿物异常(本次录入数据不全,成图未有反映)。异常区见角闪闪长玢岩与西横山组砂岩接触带下方,角闪闪长玢岩有碳酸盐化、绢云母化等蚀变。该异常区与亭山化探锌、钴、锰异常相重叠。据江苏省有色金属华东地质勘查局813地质队在此工作,查明为一铜矿点,矿体呈脉状、细脉状和斑块状充填于构造裂隙中,矿床属火山期后热液充填矿床。因此,推测异常为铜矿点引起。

Ls05 号异常位于溧水县石湫乡丁公山,由9个自然金含量点组成,自然金含量最高达1000颗,且伴有黄铁矿异常,出露朱村组砂岩和角闪闪长玢岩,局部地区岩石褐铁矿化强烈,在异常区见铁帽。经野外验证,自然金重现性良好。该异常区与丁公山-雨山激电异常相吻合,也与航磁异常重叠,因此推测异常可能与接触带有关。

3. 浮梁臧湾地区臧湾式砂金型金矿预测工作区

区内共有金异常5处,总面积为258.29km²,其中Ⅰ级异常2处、Ⅱ级异常1处、Ⅲ级异常2处。

Ⅰ级异常:异常总面积达139.60km²,分布在德兴一带,为金村金异常AuⅠ008和臧湾金异常AuⅢ013。其中AuⅠ008分布在金村一带,面积96.06km²;AuⅢ013分布于臧湾一带,面积43.54km²。

区内发现一小型冲积型砂金矿床。

Ⅱ级异常：异常面积47.76km²，为旧城金异常AuⅡ011，主要分布于旧城一带。

Ⅲ级异常：异常总面积70.93km²，为福港金异常AuⅢ007和内百-思里金异常AuⅢ012，面积分别为50.00km²和20.93km²，主要分布在福港、内百—思里一带。

4. 政和王母山-建瓯东游金矿预测工作区

本区以金(498、537)为主，矿物组合简单，但含量比较高，金1~48颗，个别达64颗，粒径0.04~0.5mm。尤其是从建瓯至东峰、东游、川石这段河谷冲积阶地中已发现砂金矿点，区内亦发现原生金矿床(点)，值得进一步开展普查找矿工作。

5. 德化淳湖-永泰盖洋金矿预测工作区

本区以金(550)为主，矿物组合简单，但规模较大，金(550)异常面积达252km²，含量比较高，异常金1~96颗，个别达178颗，粒径0.01~0.8mm。区内有金矿点多处，成矿地质条件较好，有一定找矿远景，值得进一步开展普查找矿工作。

五、锑矿

1. 淳安安吉锑矿预测工作区

淳安安吉锑矿预测工作区分别利用了1：20万临安幅、广德幅、屯溪幅、旌德幅4个图幅资料，1：5万昌化测区共4个图幅的自然重砂资料。

(1)1：20万自然重砂异常特征。预测工作区内共圈出异常78个，锑族矿物1个Ⅰ级、白钨矿28个（Ⅰ级9个、Ⅱ级5个、Ⅲ级14个）、铋族矿物10个（Ⅰ级4个、Ⅱ级4个、Ⅲ级2个）、铅族矿物12个（Ⅰ级2个、Ⅱ级6个、Ⅲ级4个）、雄(雌)黄毒砂3个（Ⅰ级1个、Ⅲ级2个）、重晶石24个（Ⅰ级1个、Ⅱ级10个、Ⅲ级13个）。此处仅描述主矿物（锑矿）的异常特征。

锑族矿物Ⅰ级异常位于淳安三宝台锑矿周围，面积36.59km²，内含1个4级、6个3级分级点，最高含量120。异常区内已知1处小型钨矿，1处钨矿矿化点。

(2)1：5万自然重砂异常特征。1：5万自然重砂资料未覆盖整个预测工作区，仅昌化附近4个1：5万图幅内有相关资料。利用此资料共圈出异常82个，其中辉锑矿1个Ⅰ级异常、白钨矿19个（Ⅰ级3个、Ⅱ级12个、Ⅲ级4个）、铋族14个（Ⅰ级4个、Ⅱ级6个、Ⅲ级4个）、铅族26个（Ⅰ级6个、Ⅱ级9个、Ⅲ级11个）、雄黄毒砂4个（Ⅱ级2个、Ⅲ级2个）、重晶石18个（Ⅰ级2个、Ⅱ级10个、Ⅲ级6个）。此处仅描述主矿物（锑矿）的异常特征。

辉锑矿Ⅰ级异常分布于千亩田一带，面积5.42km²，其中包含7个5级、2个4级、3个3级、1个2级分级点，最高含量240，异常内未发现已知锑矿矿床或矿(化)点。

(3)淳安安吉预测工作区自然重砂综合异常解释。预测工作区内共圈出综合异常2个，其中Ⅰ级异常1个、Ⅱ级异常1个。异常特征见表5-12。

表5-12 淳安安吉预测工作区综合异常特征表

异常编号	异常级别	地理位置	面积(km²)	矿物组合	矿化特征
1	Ⅱ	临安浩坞	76.37	锑族、白钨矿、铋族、铅族、雄(雌)黄毒砂、重晶石	锑矿(化)点5个
2	Ⅰ	淳安三宝台	28.56	锑族、白钨矿、铋族、铅族、雄(雌)黄毒砂、重晶石	锑矿小型矿床1个、矿化点1个

临安浩坞Ⅱ级异常(1号)位于顺溪花岗岩体上。岩体外接触带为震旦系雷公坞组含砾凝灰岩。围岩蚀变强烈,有硅化、绢云母化、钠长石化。异常可能为矿化引起,应进行检查。

淳安三宝台Ⅰ级异常(2号)位于震旦系雷公坞组、休宁组、下寒武统荷塘组、杨柳岗组内,东南部褶皱断裂较为发育,有姚家斑状花岗岩、花岗闪长岩体侵入。区内已知矿床有锑小型矿床1个、矿(化)点1个。应对岩体接触带进行详细普查。

2. 武宁铜家锑矿预测工作区

预测工作区内共有锑异常3处,总面积为1716.55km²。其中Ⅱ级异常1处,为石坑坞白钨矿异常CwⅢ024,面积达698.86km²;Ⅲ级异常2处,异常总面积1017.69km²,为双溪黑钨矿异常WⅠ006和武宁市罗坪磷钇矿异常YⅡ004,面积分别为402.33km²和615.36km²。异常区内硅化、角岩化、绿泥石化、云英岩化及黄铁矿化等发育。

六、稀土矿

1. 赣中南河岭式风化壳离子吸附型轻稀土矿预测工作区

预测工作区内共有组合矿物异常644处,总面积为54 037.97km²,自然重砂矿物主要有黑钨矿、白钨矿、磷钇矿、独居石、铌钽铁矿、锡石、金、铜族矿物和铅族矿物等。其中Ⅰ级异常75处,总面积为12 195.61km²;Ⅱ级异常210处,总面积为22 103.14km²;Ⅲ级异常359处,总面积为19 739.22km²。

2. 长汀河田地区稀土矿预测工作区

预测工作区北西部有磷钇矿(808、809、811、812、813)、锡石(419)、黑钨矿(89、90)、白钨矿(263、264、265)等异常,磷钇矿几颗~0.35g,最高0.5g;区内异常虽然范围不大,但较集中出现,矿物组合较全。区内已发现钨、钨钼矿点多处,成矿地质条件较好。寻找风化壳型稀土金属矿产有一定的意义,值得注意。

3. 宁化地区稀土矿预测工作

预测工作区北部有磷钇矿(796)、锡石(392、393、394、395)、黑钨矿(67)、铌钽铁矿(729)等异常。异常具有矿物组合较全、含量高和颗粒粗等特点。磷钇矿几颗~0.91g;铌钽铁矿少数几颗~0.26g,粒径0.1~1.3mm。区内伟晶岩脉和石英脉较发育。成矿地质条件较好,是寻找花岗岩风化壳型稀土金属矿产的有利地段,值得注意。

七、磷矿

上饶-广丰朝阳式沉积型海相磷矿预测工作区

预测工作区内共有组合矿物异常5处,总面积为350.69km²。其中Ⅱ级异常1处,面积为39.51km²,为上饶县石人磷钇矿异常YⅡ007,主要分布于上饶县石人一带;Ⅲ级异常共圈出4处,总面积为311.18km²,异常主要分布于广丰县杉溪、玉山杨家、广丰罗村等地。其中广丰杉溪铜族矿物异常CuⅢ028面积41.26km²,SnⅢ032面积215.57km²,玉山杨家金异常AuⅡ043面积25.41km²,广丰罗村金异常AuⅢ044面积28.94km²。

八、锡矿

1. 开化桐村-常山岩前锡矿预测工作区

开化桐村-常山岩前锡矿预测工作区重砂系列异常图圈定分别利用了1:20万屯溪、建德、衢州3

个图幅的自然重砂资料和 1∶5 万上方、大溪边、芳村 3 个图幅的自然重砂资料。

预测工作区内共圈出综合异常 15 个,其中Ⅰ级异常 3 个,Ⅱ级异常 3 个,Ⅲ级异常 9 个。

预测工作区内共 14 个锡矿床(点),其中小型矿床 6 处,矿点 5 处,矿化点 3 处。小型矿床全部落在下坑村Ⅰ级综合异常(2 号)和芙蓉乡Ⅰ级综合异常(12 号)内。综合异常特征见表 5-13。

表 5-13 开化桐村-常山岩前锡矿预测工作区综合异常特征表

异常编号	异常级别	面积(km²)	异常名称	矿物组合		矿化特征
				1∶20 万	1∶5 万	
2	Ⅰ	292.53	下坑村Ⅰ级综合异常	锡石、白钨矿、黑钨矿、铋族、黄铁矿	锡石、白钨矿、黑钨矿、铋族、萤石	小型锡矿 3 个、锡矿点 1 个、锡矿化点 1 个、铜锌矿点 1 个
4	Ⅰ	92.59	上方乡Ⅰ级综合异常	锡石、黄铁矿	锡石	锡矿点 1 个、小型铅锌矿 1 个、铅锌矿点 1 个、银矿点 1 个、金矿点 1 个
12	Ⅰ	84.32	芙蓉乡Ⅰ级综合异常	锡石、白钨矿、黑钨矿、铋族、萤石、黄铁矿	锡石、钼族、白钨矿、黑钨矿、铋族、萤石	小型锡矿 2 个、锡矿点 1 个、锡矿化点 1 个、大型萤石矿 1 个
1	Ⅱ	70.39	大叶村Ⅱ级综合异常	锡石		锡矿点 1 处、铜锌矿点 1 个
8	Ⅱ	31.01	大源Ⅱ级综合异常	锡石、白钨矿、黑钨矿、铋族、黄铁矿	锡石、白钨矿、黑钨矿、铋族、萤石	铅锌矿点 1 个
11	Ⅱ	11.97	手掌坞Ⅱ级综合异常	锡石、黑钨矿	锡石	锡矿点 1 个
3	Ⅲ	27.30	黄谷乡Ⅲ级综合异常	锡石、白钨矿、黑钨矿、萤石、黄铁矿	白钨矿、萤石	小型铅锌矿 2 个、铅锌矿点 1 个、银矿点 1 个
5	Ⅲ	19.63	外徐村Ⅲ级综合异常	锡石、白钨矿、黄铁矿	白钨矿	
6	Ⅲ	10.85	西山村Ⅲ级综合异常	锡石	锡石	
7	Ⅲ	7.60	新桥乡Ⅲ级综合异常	锡石、黄铁矿	锡石、黑钨矿	
9	Ⅲ	28.08	太真乡Ⅲ级综合异常	锡石、白钨矿、黑钨矿、黄铁矿	锡石、铋族	铅锌矿点 1 个、铜矿点 1 个
10	Ⅲ	12.75	白坑村Ⅲ级综合异常	锡石	锡石	
13	Ⅲ	13.12	芳村镇Ⅲ级综合异常	锡石	锡石、萤石	钨矿点 1 个
14	Ⅲ	21.58	桐村镇Ⅲ级综合异常	锡石、白钨矿		
15	Ⅲ	37.89	里山岭Ⅲ级综合异常	锡石、白钨矿		铜矿点 1 个、铜锌矿点 1 个

2号(下坑村Ⅰ级综合异常)呈不完整类似椭圆形,面积292.53km²。异常内出现有小型锡矿3处、锡矿点1处、锡矿化点1处。异常区内出露有一套奥陶纪地层,以及侏罗纪细粒花岗岩(γJ_3)。出露的地质体均为成矿有利条件,由此判断,该异常区内对扩大锡矿的规模有较大前景。

4号(上方乡Ⅰ级综合异常)呈条带状,长轴为东北-西南方向,面积92.59km²。异常区内已知矿床(点)较多,有锡矿点1处、小型铅锌矿1处、铅锌矿点1处、银矿点1处、金矿点1处。异常区内出露志留系—石炭系。从地质体来看,该区域内不利于锡矿成矿。由此推断,该异常是由多种已知矿床(点)引起,对扩大锡矿规模指示意义不是很明显。

12号(芙蓉乡Ⅰ级综合异常)呈不规则形状,面积84.32km²。异常区内已知锡矿较多,有小型锡矿2处、锡矿点1处、锡矿化点1处。异常西北方向出露上寒武统和奥陶纪地层,以及白垩纪细粒花岗岩(γK_1^2)。东南方向出露地层多为南华系—震旦系。从地质体上可以看出,异常区内分为两部分,西北方向有利于锡矿成矿,东南方向不利于锡矿成矿。由此判断,该异常区内西北方向对扩大锡矿的规模有一定的前景。

1号(大叶村Ⅱ级综合异常)呈不完整条带状,面积70.39km²。区内已知锡矿点1处。出露晚奥陶世—泥盆纪地层,以及一面积较小的侏罗纪细粒花岗岩(γJ_3)。从地质体与矿点的空间位置上判断,异常区内东南方向对扩大锡矿规模有一定的前景。

2. 宁国-绩溪锡矿预测工作区

宁国-绩溪锡矿预测工作区内锡矿产地只有1处,即热液型宁国市西坞口中型锡(钨)矿床。区内与锡矿有关的重砂异常有45个,其中锡石异常10个(Ⅰ级异常1个、Ⅱ级异常4个、Ⅲ级异常5个)、白钨矿异常16个(Ⅰ级异常4个、Ⅱ级异常3个、Ⅲ级异常9个)、黑钨矿异常5个(Ⅱ级异常3个、Ⅲ级异常2个)、铋族矿物异常7个(Ⅱ级异常3个、Ⅲ级异常4个)、钼族矿物7个(Ⅰ级异常2个、Ⅱ级异常2个、Ⅲ级异常3个)。

西坞口锡石Ⅰ级异常(《安徽省宁国-绩溪预测工作区锡石自然重砂异常图》编号为1)位于宁国市甲路镇西坞口一带,异常呈北西向展布,不规则形,面积26.39km²。共取样16个,均含锡石,一般含量17~100颗,最高含量达0.122g。锡石呈棕黑色及半透明—透明的浅黄棕色、浅黑色、碎块状,油脂光泽;粒径0.1~0.7mm。伴生矿物有黄铁矿、重晶石、白钨矿、赤褐铁矿、钛铁矿等。异常位于宁国墩复背斜核部,主要出露震旦系,西北部零星出露上寒武统西阳山组和下奥陶统宁国组,晚侏罗世西坞口花岗闪长岩呈小岩株分布。北东向断裂发育。围岩蚀变有大理岩化、矽卡岩化、硅化、角岩化、云英岩化等,局部钨、锡、铋矿化。异常由锡(钨)矿床所引起,与土壤测量锡、铍、钴、铜异常和水系沉积物测量锡异常部分重合。锡石分布连续、均匀,成矿地质条件有利,应进一步工作,扩大矿床远景。典型矿床如热液型西坞口中型锡(钨)矿床(图5-2),热液型小塘坞铅锌矿化点均落位于区内。

纵观全区,唯一的锡矿有锡石异常响应,响应度为100%,表明以锡石为代表的高温矿物异常为热液型锡矿的重要找矿标志之一。据西坞口床资料,矿区内矿化强烈,矿石矿物包括锡石、黑钨矿、辉铋矿等,而与其响应的重砂异常只有锡石异常,黑钨矿、铋族矿物等异常均未参与响应,据此推理应有黑钨矿异常、铋族矿物异常存在的可能。

本区热液型锡矿重砂矿物的标型矿物组合为锡石+黑钨矿+铋族矿物(+钼族矿物)。

3. 徐州锡矿预测工作区

该预测工作区共圈定锡族矿物Ⅱ级异常1个、Ⅲ级异常5个,铅族异常主要与自然金、铅、铜等多金属矿物共生,现以Xz09号异常为例评述如下。

Xz09号异常位于铜山县大湖凤凰山,异常沿北东向断层呈长椭圆形分布,面积约4.9km²。异常由13个铅族矿物和11个锡族矿物含量点组成,出露地层为寒武系张夏组、炒米店组及三山子组,北东向断层发育,异常区东部发现铁矿床(点)多处,推测为碎屑岩及矿化裂隙遭受机械破坏、搬运而形成重砂异常。

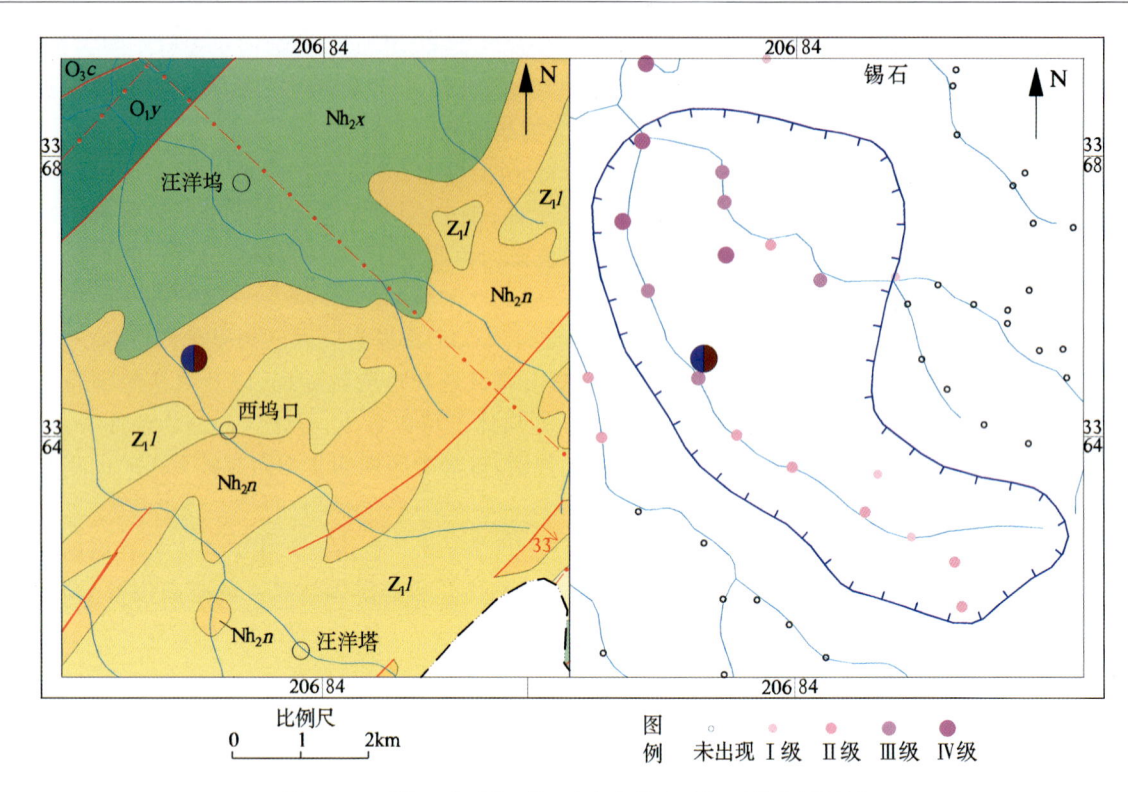

图 5-2　西坞口中型锡（钨）矿床自然重砂锡石异常剖析图

4. 建瓯市-南平市-沙县锡矿预测工作区

该预测工作区内异常以锡石、白钨矿为主，伴有黑钨矿、铌钽铁矿、铅族矿物等异常，其中以锡石规模最大，面积达 787km²。异常总体上呈北东和北西两个方向展布。矿物组合较全，锡石几颗～1.91g，最高 2.35g，粒径达 1mm；黑钨矿几颗～0.15g，最高 0.71g；白钨矿 12 颗～0.12g。

区内主要出露麻源群、龙北溪组、长林组、石帽山群、沙县组等地层，侵入岩有加里东期混合花岗岩、燕山早期黑云母花岗岩和燕山晚期花岗斑岩等，伟晶岩脉发育。钠长石化、云英岩化较强烈。断裂以北东向为主，近东西向和北西向次之。

区内已发现顺昌山后中型铅锌矿、上白小型铜铅锌矿，以及富头街、房道、徐坑 3 处铌铁矿、锡石等矿（化）点。经检查，异常区内广泛分布白云母花岗伟晶岩。远景甚佳，应进一步检查。

九、钼矿

1. 金华银坑-安地钼矿预测工作区

金华银坑-安地钼矿预测工作区重砂系列异常图圈定利用了 1∶20 万金华幅、丽水幅 2 个图幅的自然重砂资料。预测工作区内综合异常共圈出 4 个，其中Ⅰ级异常 1 个、Ⅱ级异常 1 个、Ⅲ级异常 2 个。

预测工作区内仅 1 处斑岩型钼矿点，落于银坑Ⅰ级综合异常（3 号）内。综合异常特征见表 5-14。

3 号（银坑Ⅰ级综合异常）呈靴子状，面积 235.02km²。预测工作区内唯一 1 处斑岩型钼矿落于此异常范围内。区内出露地层有下白垩统磨石山群火山岩及中元古界陈蔡群变质岩，同时出露有多个面积大小不一的成矿岩体（$\gamma\pi K_1^1$、$\xi\gamma K_1^1$）。由此推断，该异常对扩大钼矿的规模具有很大的前景。

2 号（麻坪岭Ⅱ级综合异常）呈不完整椭圆形，面积 86.04km²。区内出露地层有下白垩统磨石山群火山岩及中元古界陈蔡群变质岩，同时出露有大面积的成矿岩体（$\xi\gamma K_1^1$）。虽然异常区内未发现钼矿，但其成矿地质条件十分有利。因此判断，该异常对发现新的钼矿床具有一定的指示意义。

表 5-14　金华银坑-安地钼矿预测工作区综合异常特征表

异常编号	异常级别	面积（km²）	异常名称	矿物组合	矿化特征
3	Ⅰ	235.02	银坑Ⅰ级综合异常	钼族、白钨矿、黑钨矿、锡石、铋族、铅族	钼矿点1个、多金属矿点1个、锡矿点1个
2	Ⅱ	86.04	麻坪岭Ⅱ级综合异常	钼族、白钨矿、黑钨矿、锡石、铋族、铅族	
1	Ⅲ	30.60	莘畈乡Ⅲ级综合异常	钼族、锡石、铋族、铅族	
4	Ⅲ	45.56	金竹Ⅲ级综合异常	钼族、黑钨矿、锡石、铋族、铅族	

2. 休宁南部钼矿预测工作区

休宁南部预测工作区内钼矿产地有两处（表 5-15）。区内与钼矿有关的重砂异常有 10 个，包括钼族矿物异常 2 个（均为Ⅱ级异常）、白钨矿异常 5 个（Ⅰ级异常 1 个、Ⅱ级异常 3 个、Ⅲ级异常 1 个）、铋族矿物异常 2 个（均为Ⅱ级异常）、锡石异常 1 个（Ⅲ级异常）。

表 5-15　休宁南部钼矿预测工作区钼矿产地一览表

序号	矿床名称	经度	纬度	成因类型	主矿种规模
1	休宁县牛角门钼矿	117°44′04″E	29°42′50″N	斑岩型	矿点
2	休宁县里东坑钼矿	117°45′38″E	29°42′23″N	斑岩型	小型

里东坑白钨矿、铋族矿物Ⅰ级综合异常由里东坑白钨矿Ⅰ级异常、里东坑铋族矿物Ⅱ级异常综合构成，位于休宁县流口镇里东坑一带。异常呈不规则弯月形，近东西向展布，面积 21.90km²。共取样 9 个，其中白钨矿异常样 8 个，一般含量 17~1000 颗，最高含量达 0.027g；有 5 个样含铋族矿物，含量介于 5~75 颗之间。伴生矿物有雄（雌）黄、辰砂、磷氯铅矿、锆石等。异常位于障公山东西向褶皱带尖领庙-芳村复式背斜的北翼，出露中元古界上溪群木坑组。

近东西向棕里-祁红断裂通过异常区中部，沿断裂两侧有细—中粒黑云母花岗岩侵入，硅化、角岩化、绿泥石化、绢云母化普遍，蚀变带达 2km，局部云英岩化。沿裂隙有黄铁矿化石英脉贯入。典型矿床如斑岩型里东坑小型钼（钨）矿床，斑岩型牛角门钼矿点均落位于区内。里东坑岩体与成矿关系较密切。岩石化学分析表明，里东坑岩体中钼、钨元素含量偏高，Mo 为 $(100~500)\times 10^{-6}$；W 为 $(100~1000)\times 10^{-6}$；Sn、Be、Ga 均为 $(10~50)\times 10^{-6}$。经检查，异常由钨钼矿床及岩体接触带云英岩化所引起。

纵观全区，区内 2 处斑岩型钼矿床（点）均有白钨矿异常、铋族矿物异常与之响应，响应度为 100%，充分说明预测工作区内白钨矿异常、铋族矿物异常与斑岩型钼矿关系极其密切，以白钨矿、铋族矿物为代表的高温矿物重砂异常为斑岩型钼矿的重要找矿标志之一。

本区斑岩型钼矿重砂矿物的标型矿物组合为（钼族矿物）+白钨矿+铋族矿物（+锡石）。

3. 武夷山市洋庄-邵武市水北钼矿预测工作区

该预测工作区异常以黑钨矿、锡石为主，另有白钨矿、铅族矿物、铌钽铁矿、磷钇矿等矿物异常，异常规模巨大，呈北东向展布。黑钨矿、锡石、铌钽铁矿异常重叠性好。矿物组合较全，含量亦较高，黑钨矿少数颗~0.9g，最高 1.61g；白钨矿少数颗~0.266g；锡石 0.03~1.16g，最高达 3.27g；铋族矿物几颗~

少数颗。程挡、横坑、周远山等处通过路线踏勘,已发现钨矿石英脉,找矿远景较好。同时还有铌钽矿、褐钇铌矿、独居石、磷钇矿等伴生,应注意综合找矿。

十、锰矿

铜陵锰矿预测工作区内锰矿产地有 8 处(表 5‑16)。区内与锰矿有关的重砂异常有 4 个,即锰族矿物异常 4 个(均为Ⅲ级异常)。

表 5‑16 铜陵锰矿预测工作区锰矿产地一览表

序号	矿床名称	经度	纬度	成因类型	规模
1	铜陵市大通锰矿	117°53′06″E	30°50′06″N	沉积型	中型
2	铜陵县新桥瑶山锰矿	117°58′54″E	30°52′42″N	沉积型	小型
3	铜陵市牛形山锰矿	117°55′46″E	30°51′08″N	沉积型	小型
4	铜陵县新桥盛冲锰矿	117°58′28″E	30°53′24″N	沉积型	矿点
5	铜陵市观音山锰(铁)矿	117°53′45″E	30°53′23″N	风化淋滤型	矿点
6	南陵县西牛山锰矿	118°13′32″E	30°58′12″N	热液型	矿化点
7	南陵县石板路锰矿	118°09′20″E	30°54′36″N	沉积型	矿化点
8	南陵县横劳里锰矿	118°02′04″E	30°50′20″N	沉积型	矿化点

纵观全区,8 处沉积风化型锰矿均未有重砂异常与之响应。预测工作区横跨 1∶20 万铜陵幅、宣城幅,这 2 幅重砂测量工作开展较早,重砂测量工作程度低,检出矿物种类较简单。虽然区内曾进行过 1∶5 万重砂测量(铜陵市幅、戴家汇幅),可能由于对沉积风化型锰矿重视程度不够,其重砂成果未圈定锰族矿物异常,也未对锰矿进行分析研究。总之,区内沉积风化型锰矿重砂异常响应程度很差,其内在缘由有待于今后进一步研究。推测本区沉积风化型锰矿重砂矿物的标型矿物为锰族矿物。

十一、银矿

1. 临安昌化‑开化杨林银矿预测工作区

该预测工作区重砂系列异常图圈定分别利用了 1∶20 万旌德、临安、屯溪、建德、衢州 5 个图幅自然重砂资料和 1∶5 万昌化、顺溪、大溪边 3 个图幅资料。预测工作区内共圈出综合异常 6 个,其中Ⅰ级异常 2 个、Ⅱ级异常 3 个、Ⅲ级异常 1 个。

预测工作区内已知银矿床(点)18 个,其中小型矿床 4 处、矿(化)点 14 处。综合异常特征见表 5‑17。

1 号(夏色岭综合Ⅰ级异常)呈近似矩形,面积 23.22km²。异常区内已知矿床(点)较多,有小型钨银矿 1 处,钨矿小型矿床 1 处、矿点 1 处,钨钼矿点 1 处,多金属矿点 1 处。区内出露南华系—震旦系,白垩纪花岗岩发育。因此推断该异常由已知矿床(点)引起,对扩大银矿规模指示意义不明显。

6 号(马金综合Ⅰ级异常)呈不规则矩形,面积 39.77km²。异常区内已知银矿小型矿床 1 处、矿点 1 处、矿化点 2 处,铅族小型矿床 2 处、矿点 1 处。区内出露南华系—奥陶系。推断该异常内扩大银矿的规模有一定前景。

表 5-17 临安昌化-开化杨林银矿预测工作区综合异常特征表

异常编号	异常级别	面积 (km²)	异常名称	矿物组合 1:20万	矿物组合 1:5万	矿化特征
1	Ⅰ	23.22	夏色岭综合Ⅰ级异常	金矿物、铅族	铜族、铅族	小型钨银矿1处,钨矿小型矿床1处、矿点1处,钨钼矿点1处,多金属矿点1处
6	Ⅰ	39.77	马金综合Ⅰ级异常	铜族、铅族	银矿物、金矿物、铅族、锌族	银矿小型矿床1处、矿点1处、矿化点2处,铅族小型矿床2处、矿点1处
2	Ⅱ	44.09	屏门综合Ⅱ级异常	金矿物、铜族、锌族		银矿点1处、铅锌矿点1处
3	Ⅱ	55.53	淳安里桐综合Ⅱ级异常	铅族		银矿点4处、金银矿点2处、多金属矿点3处、锡矿点1处
5	Ⅱ	106.08	芦家坑综合Ⅱ级异常	金矿物、铜族、铅族		银矿点1处
4	Ⅲ	133.06	甘坞综合Ⅲ级异常	铜族、铅族		伴生银小型矿床1处、矿点2处、小型铜矿1处

其他单(组合)矿物异常数见表 5-18。

表 5-18 临安昌化-开化杨林银矿预测工作区重矿物异常个数一览表

矿物	Ⅰ级 1:20万	Ⅰ级 1:5万	Ⅱ级 1:20万	Ⅱ级 1:5万	Ⅲ级 1:20万	Ⅲ级 1:5万	合计 1:20万	合计 1:5万
银矿物	0	0	0	1	0	0	0	1
金矿物	0	0	1	1	2	0	3	1
铜族矿物	0	1	1	0	4	0	5	1
铅族矿物	3	4	3	2	5	2	11	8
锌族矿物	0	0	1	1	0	0	1	1

2. 池州银矿预测工作区

池州银矿预测工作区内银矿产地有14处(表5-19)。区内与银矿有关的重砂异常有51个,包括金异常12个(Ⅰ级异常3个、Ⅱ级异常5个、Ⅲ级异常4个)、铅族矿物异常25个(Ⅰ级异常2个、Ⅱ级异常10个、Ⅲ级异常13个)、铜族矿物异常5个(Ⅰ级异常3个、Ⅱ级异常2个)、钼族矿物异常9个(Ⅰ级异常3个、Ⅱ级异常2个、Ⅲ级异常4个)。

新屋柯铅族矿物、钼族矿物、铋族矿物Ⅰ级综合异常由晚坑柯家铅族矿物Ⅰ级异常、新屋柯铅族矿物Ⅱ级异常、新屋柯钼族矿物Ⅱ级异常、许家桥铋族矿物Ⅱ级异常综合构成,位于池州市马衙镇新屋柯一带。异常呈北东向展布,不规则形,面积23.35km²。共取样31个,其中铅族异常样12个,一般含量5～50颗,最高含量100颗;有10个样含钼族矿物,一般含量1～5颗,最高含量50颗;有21个样含铋族矿物,一般含量5～50颗,最高含量达0.3g。伴生矿物有锆石、金红石、钛铁矿等。异常处于吴田铺-洞里章背斜的北东段,出露寒武系至志留系,分布白垩纪花园巩钾长花岗岩、石英正长岩、花岗闪长岩体、岩体中花岗斑岩脉、正长斑岩脉较发育。北东向断裂发育,具多期次活动的特点。硅化、大理岩化强烈,局部绿泥石化、白云石化。异常可能主要由银铅锌矿床(点)引起。异常矿物含量较低,但矿物组合良好,又有银、铅锌等矿床(点)分布,成矿地质条件有利,值得进一步工作。典型矿床如矽卡岩型-热液型许家桥中型银铅锌矿床,热液型朱家冲金(银)矿点、墩上童溪金矿点,矽卡岩型乌谷墩多金属矿点均落位于区内。

表 5-19 池州银矿预测工作区银矿产地一览表

序号	矿床名称	经度	纬度	成因类型	规模
1	池州市黄山岭铅锌银矿	117°37′00″E	30°24′00″N	矽卡岩型	大型
2	池州市许桥银矿	117°40′49″E	30°37′26″N	矽卡岩型-热液型	中型
3	池州市牛背脊银多金属矿	117°39′15″E	30°28′00″N	矽卡岩型-热液型	小型
4	池州市银坑洞银金多金属矿	117°27′03″E	30°24′18″N	热液型-淋积型	小型
5	池州市铜山排铜矿	117°31′20″E	30°30′04″N	热液型	小型
6	青阳县寺门口硫铁矿	117°50′54″E	30°43′06″N	热液型-铁帽型	小型
7	池州市朱家冲金(银)矿	117°37′30″E	30°35′23″N	热液型	矿点
8	池州市墩上童溪金矿	117°37′28″E	30°35′29″N	热液型	矿点
9	池州市灌口乡锈水壕金矿	117°28′37″E	30°25′20″N	淋积型	矿点
10	池州市乌谷墩多金属矿	117°40′37″E	30°37′27″N	矽卡岩型	矿点
11	池州市松山铁铜多金属矿	117°37′23″E	30°27′55″N	热液型	矿点
12	池州市贵池区婆猪形铁矿	117°34′15″E	30°30′20″N	热液型	矿点
13	池州市小双河铅锌矿	117°34′00″E	30°30′20″N	热液型	矿化点
14	池州市六峰山外围多金属矿	117°32′30″E	30°33′00″N	淋积型	矿化点

区内其他重砂异常与矽卡岩型-热液型银矿床(点)产生响应的有:寺门口铅族矿物Ⅱ级异常区内有热液型-铁帽型寺门口硫铁矿(银为伴生),山边韩铅族矿物、钼族矿物Ⅱ级综合异常区内有淋积型六峰山外围多金属矿化点(银为伴生),大斥岭黄金Ⅰ级异常区内有淋积型锈水壕金矿点。

纵观全区,14处矽卡岩型-热液型银矿中9处有重砂异常与之响应,响应度为64.29%,其中钼族矿物异常与7处银矿床(点)有响应,响应度为50%;铅族矿物异常与6处银矿床(点)有响应,响应度为42.86%;铜族矿物异常、金异常各与1处银矿床(点)有响应,响应度为7.14%。这说明预测工作区内钼族矿物异常、铅族矿物异常为矽卡岩型-热液型银矿的重要找矿标志之一。

本区矽卡岩型-热液型银矿重砂矿物的标型矿物组合为(银族矿物+)铅族矿物+钼族矿物+铜族矿物+自然金。

3. 平和山格-诏安金星银矿预测工作区

该预测工作区内共圈定铅族矿物异常4个、自然金异常3个。区内有大面积的白钨矿、黑钨矿、锡石异常,共同构成了5处明显的异常集中区。

官陂异常以锡石为主,异常面积达430km²,还有白钨矿、锡石、黑钨矿、铅族矿物、磷钇矿等异常。异常规模较大,锡石、黑钨矿、磷钇矿异常重叠性好。

平和锡石、黑钨矿、自然金、白钨矿异常集中区,矿物组合较全,矿物粒径较细小,含量也较低。含黑钨矿0.0003~0.13g,粒径0.1~0.6mm,白钨矿几颗~0.092g,粒径0.002~0.9mm,还有锡石、铋族矿物、铅族矿物、自然金、辰砂等矿物。

区内已发现钨、钼矿点和铜、钼矿点2处,成矿地质条件较好。

火田镇锡石、黑钨矿异常集中区,锡石异常较大。

建设锡石、黑钨矿异常集中区，处于北东向挤压变质带中，经检查，片麻状花岗闪长岩之外接触带大坑组细砂岩中，已发现含黑钨矿石英脉、毒砂石英脉，围岩强烈云英岩化、绿泥石化、黄铁矿化。

常山锡石、黑钨矿、自然金、白钨矿异常集中区，区内见有稀有金属矿化，赋存于云英岩化、钠长石化蚀变带中。重砂异常反映良好，成矿地质条件较好，有一定找矿远景，值得进一步工作。

十二、硫铁矿

1. 淳安合富硫铁矿预测工作区

淳安合富硫铁矿预测工作区重砂系列异常图圈定利用了1∶20万衢州、屯溪、建德、旌德、临安5个图幅自然重砂资料。预测工作区内共圈出综合异常6个，其中Ⅰ级异常1个、Ⅱ级异常1个、Ⅲ级异常4个。预测工作区内已知硫铁矿床（点）3处，共伴生硫铁矿床（点）8处。综合异常特征见表5-20。

表5-20 淳安合富硫铁矿预测工作区综合异常特征表

异常编号	异常级别	面积（km²）	异常名称	矿物组合	矿化特征
1	Ⅰ	586.86	昌化Ⅰ级综合异常	黄铁矿、铅族	共伴生硫铁矿矿点4处，中型萤石矿1处，多金属矿点3处，铅锌矿点1处，铅矿点1处，钨钼矿点2处，钨矿小型矿床2处、矿点3处
3	Ⅱ	211.81	金竹坞Ⅱ级综合异常	黄铁矿、铜族、铅族	共伴生硫铁矿矿点1处，小型银矿1处、小型铜矿1处
2	Ⅲ	89.96	树山村Ⅲ级综合异常	黄铁矿、铅族	多金属矿点3处、金银矿点3处、锑矿点1处
4	Ⅲ	155.51	畈头村Ⅲ级综合异常	黄铁矿、铜族、铅族	银矿点1处
5	Ⅲ	126.73	大源头村Ⅲ级综合异常	黄铁矿	
6	Ⅲ	79.57	麻坞村Ⅲ级综合异常	黄铁矿、铅族	铜矿点1处

1号（昌化Ⅰ级综合异常）呈不规则形状，面积586.86km²。异常内已知矿床（点）较多，有硫铁矿矿点4处，中型萤石矿1处，多金属矿点3处，铅锌矿点1处，铅矿点1处，钨钼矿点2处，钨矿小型矿床2处、矿点3处。其中硫铁矿均为共伴生的，包括海相沉积型矿点3处、热液型矿点1处。区内地层较为复杂，从南华系—志留系都有出露，另有早白垩世火山岩零星出露。岩体不发育，仅有零星几块小面积早白垩世花岗岩出露。推断该异常由已知矿床（点）引起，对寻找海相沉积型硫铁矿指示意义不明显。其他单（组合）矿物异常数见表5-21。

表5-21 淳安合富硫铁矿预测工作区重矿物异常个数一览表

矿 物	Ⅰ级	Ⅱ级	Ⅲ级	合计
黄铁矿	1	2	9	12
铜族矿物	0	1	3	4
铅族矿物	2	3	4	9

2. 庐纵硫铁矿预测工作区

庐枞硫铁矿预测工作区内硫铁矿矿产地有 7 处（表 5-22）。

表 5-22 庐枞硫铁矿预测工作区硫铁矿产地一览表

序号	矿床名称	经度	纬度	成因类型	规模
1	庐江县黄屯硫铁矿	117°29′48″E	31°07′23″N	热液型	大型
2	庐江县何家小岭硫铁矿	117°27′21″E	31°04′50″N	热液型	大型
3	庐江县泥河硫铁矿	117°21′00″E	31°02′25″N	潜火山气液型	大型
4	庐江县罗河硫铁矿	117°19′20″E	31°00′48″N	火山热液型	大型
5	庐江县大包庄硫铁矿	117°20′04″E	30°59′38″N	热液型	大型
6	庐江县钟山硫铁矿	117°27′30″E	31°05′10″N	热液型	中型
7	庐江县马鞭山硫铁矿	117°29′00″E	31°07′00″N	火山热液型	矿点

预测工作区横跨 1∶20 万铜陵幅、安庆幅，重砂测量工作开展较早，重砂采样、资料整理等方面可能处于摸索阶段，规范化方面欠缺，以致于区内有重砂采样点 1558 个，而黄铁矿（乃至褐铁矿）没有出现，故利用 1∶20 万重砂数据库不可能圈定出黄铁矿异常。预测工作区虽然曾经开展过 1∶5 万重砂测量，但其成果也没有提及黄铁矿异常。再者，将已有各种矿物异常与硫铁矿进行空间分析，异常未产生响应。因此，就重砂没有作为的状况与成矿规律组交流，他们认为区内硫铁矿埋深于地下 200～800m 之间，重砂很可能没有大的作为，因而同意对庐枞硫铁矿预测工作区硫铁矿不再进行重砂研究工作。推测本区陆相火山岩型硫铁矿重砂矿物的标型矿物为黄铁矿。

3. 政和王母山硫铁多金属矿预测区

本区位于政和-大埔断裂带东，以北东向和北西向断裂为主。主要赋矿层位为新元古代东岩组和龙北溪组中富含铅锌元素的含钙镁铁硅酸盐岩建造（"绿片岩"建造）。燕山期岩浆和构造活动强烈，岩浆气液对矿体起叠加改造作用，使含矿层再一次活化、迁移和富集。重砂异常以铅族矿物为主，伴有黑钨矿、自然金的异常，异常范围较大、含量高、连续性好。

1∶20 万水系沉积物测量结果表明，区内铅、锌异常主要集中在北部，且面积较大，浓集中心明显，套合性较好，区内政和夏山与政和铁山等中小型铅锌矿床与铅、锌异常套合良好。已有夏山铅锌矿，大林源、东山铅锌矿点，富美金矿点等，成矿条件尚佳，有较大的找矿远景。

十三、硼矿

长兴和平硼矿预测工作区重砂异常图圈定，利用了 1∶20 万广德、临安、杭州、苏州 4 个图幅的自然重砂资料，区内共圈出综合异常 16 个，其中Ⅰ级异常 4 个、Ⅱ级异常 7 个、Ⅲ级异常 5 个。

预测工作区内共 3 个硼矿床（点），其中长兴和平中型硼矿由于是一盲矿体，因此其附近未圈出重砂异常；德清铜山寺硼矿点落在水坞里Ⅰ级异常（7 号）内；安吉港口乡硼矿点落在港口乡Ⅰ级异常（8 号）内。综合异常分布图见图 5-3，综合异常特征见表 5-23。

6 号（渔村Ⅰ级综合异常）呈近"7"字形，主要矿物有白钨矿、铋族、铅族、铜族、锡石。异常内出现萤石大型矿床 1 处。

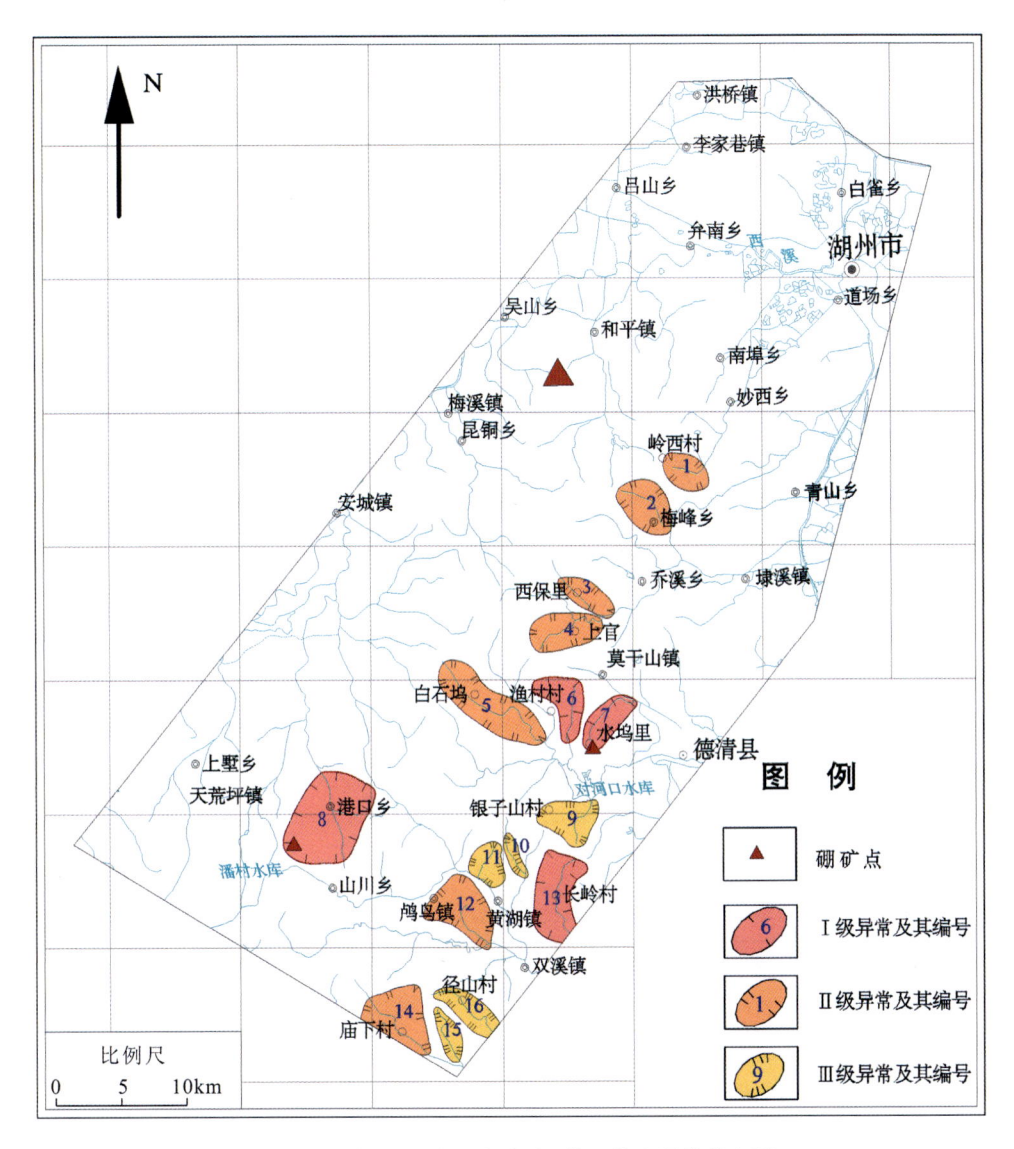

图 5-3　长兴和平硼矿预测工作区综合异常分布图

7号(水坞里Ⅰ级综合异常)呈椭圆型,长轴近东北-西南向,主要矿物有白钨矿、铋族、铅族、铜族。异常与已知硼矿点空间位置套合,且异常内出露的地层($\epsilon_1 d$、$Z_2 b$)和岩体($\gamma\delta K_1$)均与成矿有关。由此得出,该异常内对扩大硼矿的规模有一定的前景。

8号(港口乡Ⅰ级综合异常)呈近长方形,展布方向为北偏东,主要矿物有白钨矿、黑钨矿、铅族、铜族。异常内存在多金属矿化、银矿化、铁矿化等。异常与已知硼矿点空间位置套合,且异常的南边部分查家头—桐坞里一带出露的地层($\epsilon_1 d$、$Z_2 b$)和岩体($\gamma\delta K_1$)均与成矿有关。由此得出,该异常南边部分对扩大硼矿的规模有一定前景。

13号(长岭Ⅰ级综合异常)呈近半月型,底部被预测工作区边框所切,主要矿物有铋族、黑钨矿、铅族、锡石。异常内存在钨锡矿化、钼矿化。

4号(上官Ⅱ级综合异常)呈椭圆型,长轴沿东西方向延伸,主要矿物有铋族、铅族、锡石。异常内出露一白垩纪石英二长岩($\eta o K_1$)岩体,此岩体与硼矿成矿关系密切。由此得出该异常对寻找硼矿具有一定可能,可进行异常查证。

表 5-23 长兴和平硼矿预测工作区综合异常特征表

异常编号	异常级别	面积（km²）	异常名称	矿物组合	矿化特征
6	Ⅰ	10.92	渔村Ⅰ级综合异常	白钨矿、铋族、铅族、铜族、锡石	萤石大型矿床1处
7	Ⅰ	9.13	水坞里Ⅰ级综合异常	白钨矿、铋族、铅族、铜族	硼矿点1处
8	Ⅰ	34.23	港口乡Ⅰ级综合异常	白钨矿、黑钨矿、铅族、铜族	硼矿点1处、多金属矿点2处、银矿点1处、铁小型矿床1处
13	Ⅰ	18.91	长岭Ⅰ级综合异常	铋族、黑钨矿、铅族、锡石	钨锡矿点1处、钼矿点1处
1	Ⅱ	7.71	岭西村Ⅱ级综合异常	铅族、锡石	
2	Ⅱ	12.78	梅峰乡Ⅱ级综合异常	白钨矿、铅族、锡石	金矿点1处
3	Ⅱ	7.382	西保里Ⅱ级综合异常	铋族、铅族	
4	Ⅱ	13.12	上官Ⅱ级综合异常	铋族、铅族、锡石	
5	Ⅱ	23.56	白石坞Ⅱ级综合异常	铅族、铜族	
12	Ⅱ	17.02	鸬鸟镇Ⅱ级综合异常	白钨矿、铋族、黑钨矿、铅族、锡石	
14	Ⅱ	17.07	庙下村Ⅱ级综合异常	白钨矿、铋族、铅族、锡石	
9	Ⅲ	11.36	银子山村Ⅲ级综合异常	铋族、锡石	萤石特大型矿床1处
10	Ⅲ	3.11	里山村Ⅲ级综合异常	白钨矿、铋族、黑钨矿、铅族	铁矿点1处
11	Ⅲ	6.67	浪河口Ⅲ级综合异常	白钨矿、黑钨矿	
15	Ⅲ	5.24	风笑岭Ⅲ级综合异常	铋族、铅族、锡石	
16	Ⅲ	8.93	径山村Ⅲ级综合异常	铅族、锡石	

其他单（组合）矿物异常数见表 5-24。

表 5-24 长兴和平硼矿预测工作区重矿物异常个数一览表

矿物	Ⅰ级	Ⅱ级	Ⅲ级	合计
白钨矿	3	2	2	7
黑钨矿	0	2	1	3
铋族矿物	0	2	3	5
铅族矿物	3	1	3	7
铜族矿物	2	1	0	3
锡石	3	3	2	8

十四、萤石矿

1. 武义-永康萤石矿预测工作区

该预测工作区重砂系列异常图圈定分别利用了1:20万金华、仙居、丽水、温州4个图幅的自然重砂资料和1:5万桃溪、柳城、遂昌3个图幅的自然重砂资料,共圈出综合异常15个,其中Ⅰ级异常5个、Ⅱ级异常7个、Ⅲ级异常3个。

预测工作区内已知萤石矿床(点)163处,其中大型矿床7处、中型矿床24处、小型矿床36处、矿(化)点96处。武义后树大型萤石矿(典型矿床)落于雅畈镇综合Ⅰ级异常(5号)内。

1号(金星综合Ⅰ级异常)呈不完整椭圆形,面积16.22km²。异常内已知萤石中型矿床1处、小型矿床1处、矿点2处。异常内出露下白垩统磨石山群西山头组,同时有4条花岗斑岩($\gamma\pi$)岩脉,以及小面积白垩纪霏细斑岩($\upsilon\pi K_1^2$)岩体。区内发育有4条北东向断裂和3条东西向断裂,该类型萤石矿与断裂成矿关系密切。由此推断,该异常对扩大萤石矿规模具有一定的指示意义。

3号(毛店镇综合Ⅰ级异常)呈不规则形状,面积411.51km²。异常内已知矿床(点)有萤石大型矿床2处、中型矿床7处、小型矿床10处、矿点20处,多金属矿点1处。异常内出露一整套白垩纪火山岩、中元古代陈蔡群变质岩,以及小面积白垩纪英安玢岩($\zeta\mu K_1^2$)、粗安岩($\tau\alpha\mu K_1^2$)等岩体。区内断裂非常发育,以东西向和北东向为主。由此推断,该异常为已知矿床引起,但对扩大萤石矿规模仍具有较大的意义。

5号(雅畈镇综合Ⅰ级异常)呈不规则矩形,面积328.88km²。异常内已知矿床(点)有萤石大型矿床1处、小型矿床4处、矿点24处、矿化点10处,锡矿点1处。异常区内出露早白垩世火山岩,出露面积较大的岩体有白垩纪二长花岗岩($\eta\gamma K_1^2$)、流纹斑岩($\lambda\pi K_1^2$)和安山玢岩($\alpha\mu K_1^2$)。区内断裂多沿北东向发育。由此判断,该异常对扩大萤石矿规模具有一定意义。

7号(桃溪镇综合Ⅰ级异常)呈近似燕子状,燕头指向北偏东方向,面积203.98km²。异常内已知矿床(点)有萤石大型矿床2处、中型矿床3处、小型矿床3处;金矿点1处、银矿点1处。区内出露早白垩世高坞组、西山头组、馆头组、朝川组4种火山岩地层,岩体出露较少,仅有小面积白垩纪花岗斑岩($\gamma\pi K_1^2$)岩体。区内断裂较发育,大断裂以北东向为主,小断裂以北西向为主。由此推断,该异常对扩大萤石矿规模具有一定意义。

8号(沈店村综合Ⅰ级异常)呈近似椭圆形,长轴沿南北向展布,面积94.94km²。异常内已知矿床(点)有萤石大型矿床2处、中型矿床3处,多金属矿点1处。区内出露早白垩世西山头组、朝川组2种火山岩地层,岩体出露较少,仅有小面积白垩纪流纹斑岩($\lambda\pi K_1^2$)岩体。区内断裂不发育,沿北东向的断裂仅3条。由此推断,该异常对扩大萤石矿规模指示意义不明显。

4号(唐先镇综合Ⅱ级异常)呈类似"T"形,面积74.85km²。异常内已知2处小型萤石矿床。区内出露早白垩世火山岩地层,白垩纪流纹斑岩($\lambda\pi K_1^2$)、安山玢岩($\alpha\mu K_1^2$)等岩体。区内断裂发育,以北东向为主。由此推断,该异常对扩大萤石矿规模具有较好的指示意义。

2. 霍山-舒城萤石矿预测工作区

该预测工作区地属秦岭-大别造山带北缘北淮阳构造-岩浆成矿带,萤石矿属中低温热液充填型,以庐江县鸭池山萤石矿床为代表,主要受燕山期火山-沉积建造、侵入岩建造和断裂裂隙构造等预测要素控制。矿产预测类型为鸭池山式热液型萤石矿。

预测工作区内萤石矿产地有14处(表5-25),均为热液型。区内与萤石矿有关的重砂异常12个,包括萤石异常1个(Ⅱ级异常)、辰砂异常4个(Ⅱ级异常1个、Ⅲ级异常3个)、雄(雌)黄异常4个(Ⅱ级异常1个、Ⅲ级异常3个)、重晶石异常3个(Ⅱ级异常1个、Ⅲ级异常2个)。

表 5-25 霍山-舒城预测工作区萤石矿产地一览表

序号	矿床名称	经度	纬度	成因类型	规模
1	庐江县鸭池山萤石矿	117°10′11″E	31°16′36″N	中低温热液充填型	中型
2	霍山县下符桥萤石矿	116°20′52″E	31°27′27″N	中低温热液型	小型
3	六安市黄氏祠萤石矿	116°19′35″E	31°28′33″N	热液型	小型
4	舒城县高峰萤石矿	116°44′35″E	31°11′54″N	中低温热液充填交代型	小型
5	舒城县新街萤石矿	116°49′41″E	31°23′03″N	中低温热液充填交代型	小型
6	庐江县罗埠萤石矿	117°15′23″E	31°22′51″N	中低温热液型	矿点
7	舒城县罐子冲萤石矿	116°49′50″E	31°23′18″N	中低温热液型	矿点
8	舒城县粉坊庄萤石矿	116°44′33″E	31°11′57″N	中低温热液型	矿点
9	六安市圣人山萤石矿	116°19′48″E	31°29′08″N	中低温热液型	矿点
10	舒城县胡家冲萤石矿	116°48′29″E	31°12′31″N	中低温热液型	矿点
11	舒城县大山凹萤石矿	116°41′47″E	31°14′40″N	中低温热液型	矿点
12	舒城县花门楼萤石矿	116°48′04″E	31°12′47″N	中低温热液型	矿点
13	舒城县徐湾萤石矿	116°44′36″E	31°11′54″N	中低温热液型	矿点
14	舒城县河棚萤石矿	116°44′33″E	31°11′57″N	热液型	矿点

东港冲雄(雌)黄、重晶石Ⅱ级综合异常由东港冲雄(雌)黄Ⅱ级异常、东港冲重晶石Ⅱ级异常综合构成,位于舒城县山七镇东港冲一带。异常呈近南北向展布,不规则形,面积16.50km²。共取样10个,其中有4个样含雄(雌)黄,含量介于8~50颗之间;重晶石异常样9个,一般含量50颗,最高含量达0.3g。伴生矿物有辰砂、铅族、钼族、铋族、钍石、锆石等。异常位于毛坦厂断裂以南,分布有白垩纪二长花岗岩及晚侏罗世斜长角闪岩体,出露古元古界庐镇关群小溪河组混合岩。北东向断裂发育,北东走向的石英正长斑岩脉和辉长岩脉亦发育。硅化、绿泥石化、绢云母化普遍,并见有黄铜矿化、方铅矿化等。推测异常由区内已知矿床(点)及接触带矿化所引起。中低温热液充填交代型高峰小型萤石矿床(图5-4),中低温热液型徐湾萤石矿点、粉坊庄萤石矿点,热液型河棚萤石矿点,中温热液型东港多金属矿点均落位于区内。区内重砂矿物组合良好,成矿地质条件较好,可进一步工作。

乌梅冲萤石Ⅱ级异常,位于舒城县河棚镇乌梅冲一带。异常呈近北北西向展布,不规则椭圆形,面积7.04km²。共取样7个,有4个样含萤石,一般含量1颗,最高含量150颗。伴生矿物有锆石、绿帘石、石榴石、角闪石、磷灰石、褐帘石、独居石、磷钇矿、重晶石、铅族等。异常位于毛坦厂断裂以南,主要分布于早白垩世正长花岗岩与石英正长斑岩体内。北东向断裂发育,岩体内裂隙亦十分发育。叶蜡石化、碳酸盐化强烈。中低温热液型花门楼萤石矿点、胡家冲萤石矿点均落位于区内。推测异常由萤石矿点所引起。预测工作区内仅有的4个重砂矿物萤石出现点均在异常区内,加上有2个热液型萤石矿点与之吻合,成矿地质条件有利,应进一步工作,寻找中低温热液型矿床。

预测工作区内1:20万重砂测量采样数为3659个,萤石矿物仅有4处出现,出现率为0.11%。从上述分析可以看到,区内14处热液型萤石矿床(点),其中6处萤石矿床(点)有重砂异常与之响应,响应度为42.86%。虽然重砂异常对萤石矿响应程度偏低,但从与萤石矿响应的重砂异常矿物种类分析,除萤石异常外,雄(雌)黄异常、重晶石异常亦加入到响应异常系列中,充分体现了区内萤石矿床为中低温热液型矿床的事实,为矿床学、成因矿物学等地质科学提供了翔实的基础资料。

本区热液型萤石矿重砂矿物的标型矿物组合为萤石+雄(雌)黄+重晶石(+辰砂)。

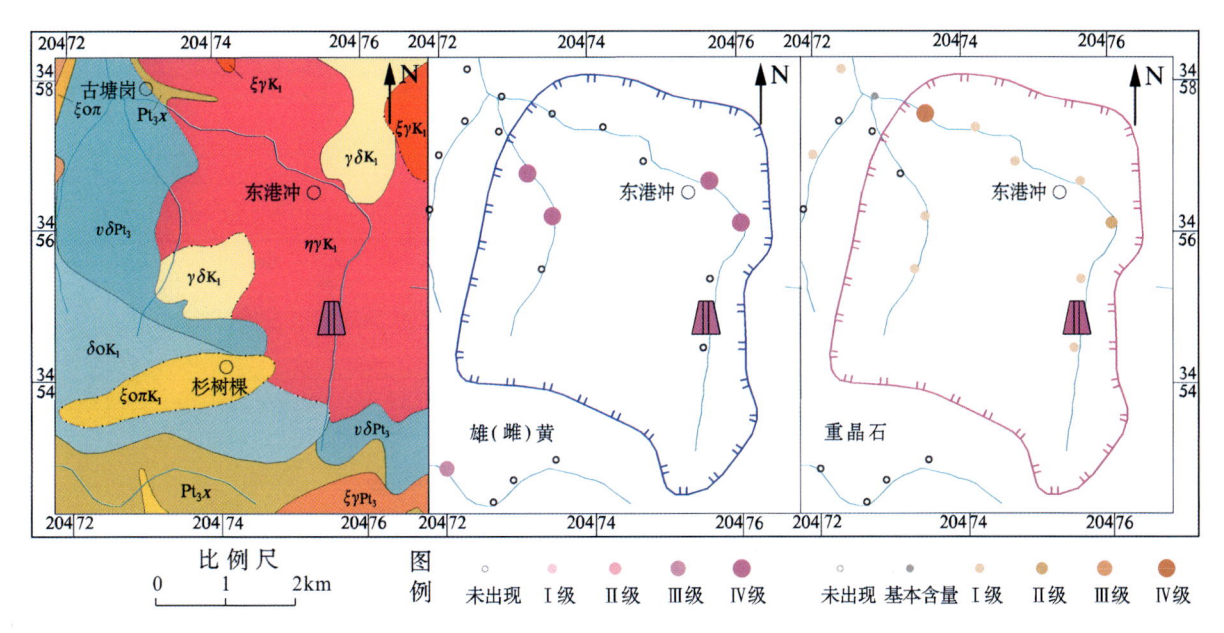

图 5-4　高峰萤石矿自然重砂雄（雌）黄、重晶石异常剖析图

十五、重晶石矿

1. 宁国-绩溪重晶石矿预测工作区

该预测工作区内重晶石矿产地有 3 处（表 5-26），与重晶石矿有关的重砂异常有 8 个，即重晶石异常 8 个（Ⅰ级异常 1 个、Ⅱ级异常 4 个、Ⅲ级异常 3 个）。

表 5-26　宁国-绩溪重晶石预测工作区重晶石矿产地一览表

序号	矿床名称	经度	纬度	成因类型	规模
1	绩溪县石榴村重晶石矿	118°34′03″E	29°58′27″N	生物化学沉积型	小型
2	绩溪县和尚村重晶石矿	118°35′36″E	30°05′30″N	热液充填型	矿点
3	歙县洪村口重晶石矿	118°26′38″E	29°57′48″N	生物化学沉积型	矿点

石榴村重晶石Ⅰ级异常（《安徽省宁国-绩溪预测工作区重晶石自然重砂异常图》编号为 8）位于绩溪县临溪镇石榴村一带。异常呈北北东向展布，似椭圆形，面积 30.63km²。共取样 29 个，其中重晶石异常样 23 个，一般含量 500 颗/30kg～0.16g/30kg，最高含量达 1.5143g/30kg。重晶石呈白黄色、灰黑色，板状、粒状，条痕白色，不透明—半透明，玻璃光泽，硬度小。伴生矿物有锆石、绿帘石、石榴石、黄铁矿、白钨矿、辰砂、雄黄、铅族矿物、铬铁矿等。异常处于临溪向斜的次级背斜倾没端，出露震旦系休宁组、雷公坞组、蓝田组，下寒武统荷塘组，中寒武统杨柳岗组。南部分布晋宁期歙县花岗闪长岩体。北东向断裂发育。接触带有硅化、角岩化、蛇纹石化等。异常由重晶石矿床所引起，同时亦与荷塘组下段的重晶石、磷结核夹层有关。异常规模大，强度高，具重晶石、磷结核夹层的荷塘组下段分布广泛，成矿地质条件有利，应进一步工作，扩大矿床规模。典型矿床如生物化学沉积型石榴村小型重晶石矿床（图 5-5）落位于区内。

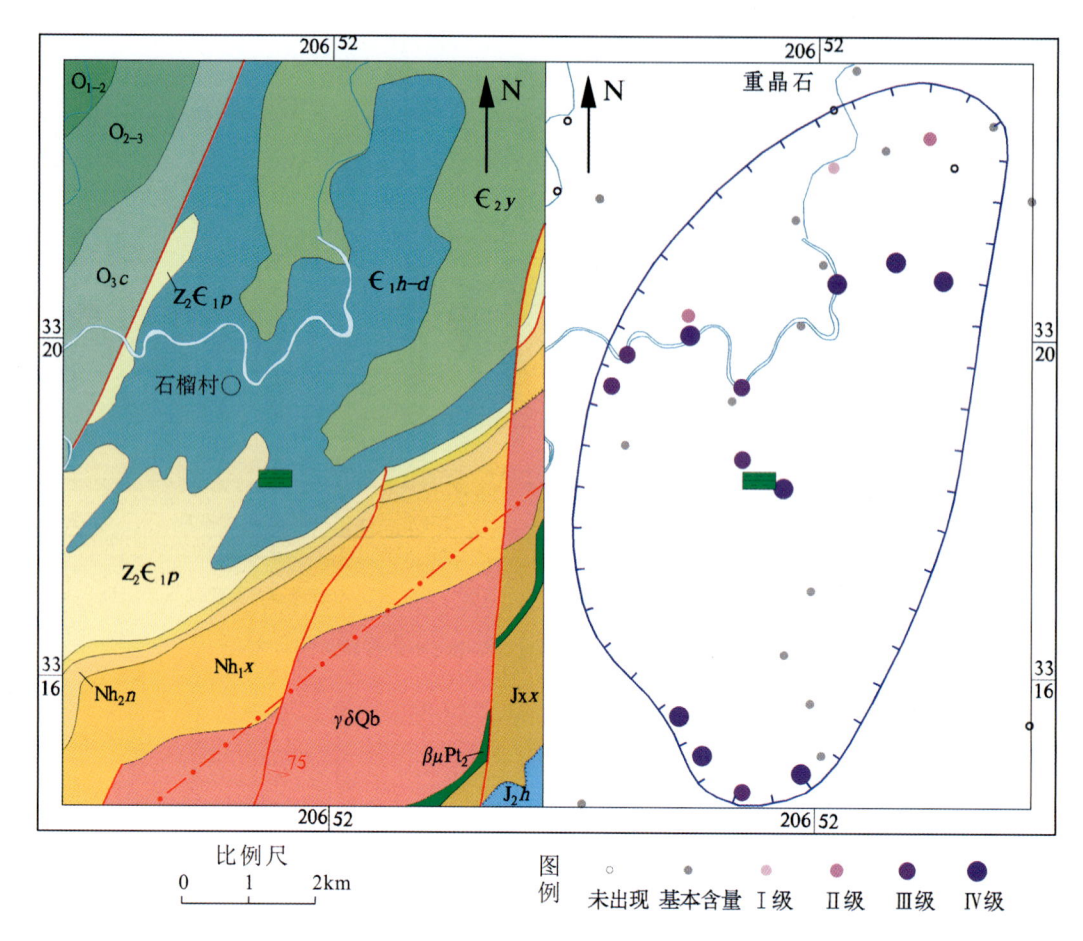

图 5-5 石榴村重晶石自然重砂异常剖析图

高迁重晶石Ⅱ级异常（《安徽省宁国-绩溪预测工作区重晶石自然重砂异常图》编号为6）位于绩溪县城西北高迁一带。异常呈北东向展布，似三角形，面积12.88km²。共取样34个，其中重晶石异常样18个，一般含量1400~7084颗，最高含量达0.3g。伴生矿物有锆石、金红石、绿帘石、白钨矿、泡铋矿、辰砂、黄铁矿等。异常区出露震旦系，寒武系荷塘组、大陈岭组、杨柳岗组、华严寺组，南部有白垩系分布。北东向、南北向断裂构造发育。岩浆活动较为频繁，有石英斑岩等岩脉出露，硅化较弱。异常由重晶石矿点所引起。与化探金、银、铜、锌等元素异常部分重合。重晶石矿物含量较高，分布较均匀、连续，可进一步工作，今后应注意综合找矿。热液充填型和尚村重晶石矿点，沉积淋滤型乳坑铁锰矿点均落位于区内。

区内其他重砂异常与沉积型重晶石矿产生响应的有：洪村口重晶石Ⅱ级异常区内有生物化学沉积型洪村口重晶石矿点。

纵观全区，重晶石异常主要分布于预测工作区南北两端，呈北东向展布，明显受北东向皖浙赣断裂带控制，其中南部重晶石异常强度大，为重晶石矿床（点）所引起，而北部则较弱且与萤石矿关系密切。区内3处重晶石矿均有重晶石异常与之响应，响应度为100%，效果很理想，充分表明重晶石异常为重晶石矿的重要找矿标志之一。

本区沉积型重晶石矿重砂矿物的标型矿物为重晶石。

2. 福建重晶石矿预测工作区

该预测工作区有永安-明溪、长汀古城2处预测区。永安-明溪预测区无重砂异常反映。

第六章 自然重砂找矿模型综合研究

以华东地区典型矿床的自然重砂资料研究为基础,总结某矿种(组)典型的直接或间接自然重砂矿物(组合);指示成矿地质构造环境的重砂矿物(组合);重砂矿物的物理特征与矿种(组)的空间位置关系。

研究典型矿床自然重砂特征,建立自然重砂找矿模式,不仅要对自然重砂资料中最具特征的信息进行提取,而且在研究典型矿床成矿地质背景、成因类型、控矿因素、找矿标志、不同工作比例尺化探工作取得成果的基础上,对所有最特征的信息都应进行提取和组合,并建立以自然重砂信息为主的地质-自然重砂找矿模型。

在典型矿床的选择原则和依据方面,主要根据矿产预测有关技术要求以及自然重砂资料研究应用等,重点选择了研究程度较深、化探重砂资料较齐全、成矿类型明确、在三级或四级成矿区(带)内具有一定代表性矿床开展了建模工作(表6-1)。

表 6-1 华东地区建模典型矿床一览表

序号	矿种	矿床类型	典型矿床	矿床规模
1		层控叠改式矽卡岩型	安徽省铜陵县新桥铜硫铁矿床	中
2		复控式矽卡岩型	安徽省铜陵市铜官山铜矿床	大
3		热液接触交代为主矽卡岩型	江苏省江宁区安基山铜矿床	中
4	铜	海相火山-沉积型	浙江省绍兴市平水铜矿床	中
5		斑岩型	江西省德兴铜矿床(田)	大
6		矽卡岩型	江西省城门山铜硫矿床	大
7		陆相火山岩型	福建省上杭紫金山铜金矿床	大
8		斑岩型	安徽省庐江县岳山银铅锌矿床	中
9		碳酸盐岩型	江苏省南京市栖霞山铅锌银矿床	大
10	铅锌	陆相火山岩型	浙江省黄岩五部铅锌矿床	大
11		陆相火山岩型	江西省冷水坑铅锌矿床	大
12		沉积变质-热液改造型	福建省尤溪梅仙铅锌多金属矿床	大
13		矽卡岩型	安徽省铜陵市天马山金矿床	大
14		卡林型(微细浸染型)	江苏省江宁区汤山金矿床	小
15	金	陆相火山岩型	浙江省遂昌治岭头金矿床	大
16		岩浆热液型	江西省金家坞金矿床	中
17		变质碎屑岩中热液型	福建省泰宁何宝山金矿床	中

续表 6-1

序号	矿种	矿床类型	典型矿床	矿床规模
18	银	热液型	安徽省池州市许桥银矿床	中
19		火山岩型	浙江省新昌县后岸银矿床	小
20		陆相火山-次火山岩型	福建省武平悦洋银矿床	大
21	钨	斑岩型-热液型	安徽省祁门县东源钨（钼）矿	大
22		石英脉型	江西省西华山钨矿床	大
23		斑岩型	福建省清流行洛坑钨钼矿床	大
24		矽卡岩型	福建省建瓯上房钨矿床	中
25	钼	斑岩型	安徽省金寨县沙坪沟钼矿床	特大
26		矽卡岩型	安徽省池州市黄山岭铅锌钼矿床	大
27		岩浆热液型	浙江省青田石平川钼矿床	中
28		斑岩型	福建省漳平北坑场钼矿床	大
29	锡	斑岩型	江西省会昌岩背锡矿床	中
30		锡石-硫化物型	江西省德安曾家垄锡矿床	中

第一节 铜矿床

一、安徽省铜陵县新桥铜硫铁矿床

（一）矿床基本信息

安徽省铜陵县新桥铜硫铁矿床基本信息见表 6-2。

表 6-2 安徽省铜陵县新桥铜硫铁矿床基本信息表

序号	项目名称	项目描述
1	经济矿种	硫铁矿、铜、金、铁、铅、锌
2	矿床名称	安徽省铜陵县新桥铜硫铁矿床
3	行政隶属地	安徽省铜陵县
4	矿床规模	中型
5	中心坐标经度	117.99500°E
6	中心坐标纬度	30.92222°N
7	经济矿种资源量	铜金属量 43.62×10^4 t；硫矿石量 7545×10^4 t；铁矿石量 2487×10^4 t；铅金属量 1236 t；锌金属量 55 134 t；金 1.13 t；银 113.15 t

(二)矿床地质特征

矿床处于燕山期北北东向盛冲向斜与印支期北东向舒家店-永村桥背斜相叠加形成的坳陷部位。矿体主要赋存于上石炭统与上泥盆统间的层间破碎带中,受碳酸盐岩地层及层间构造控制。

北东向及北西向断裂构造和北东向背斜构成矿区基本构造格局,背斜倾没转折端、枢纽起伏部位及褶皱翼部岩层产状变化处,均对成矿有明显控制作用。

矿区出露地层有上泥盆统、石炭系、下二叠统、第四系。赋矿层位为上石炭统黄龙组、船山组,二叠系栖霞组灰岩部分也被交代成矿(图6-1),岩性是以灰岩、白云岩为主的浅海相碳酸盐岩,多已蚀变为大理岩。

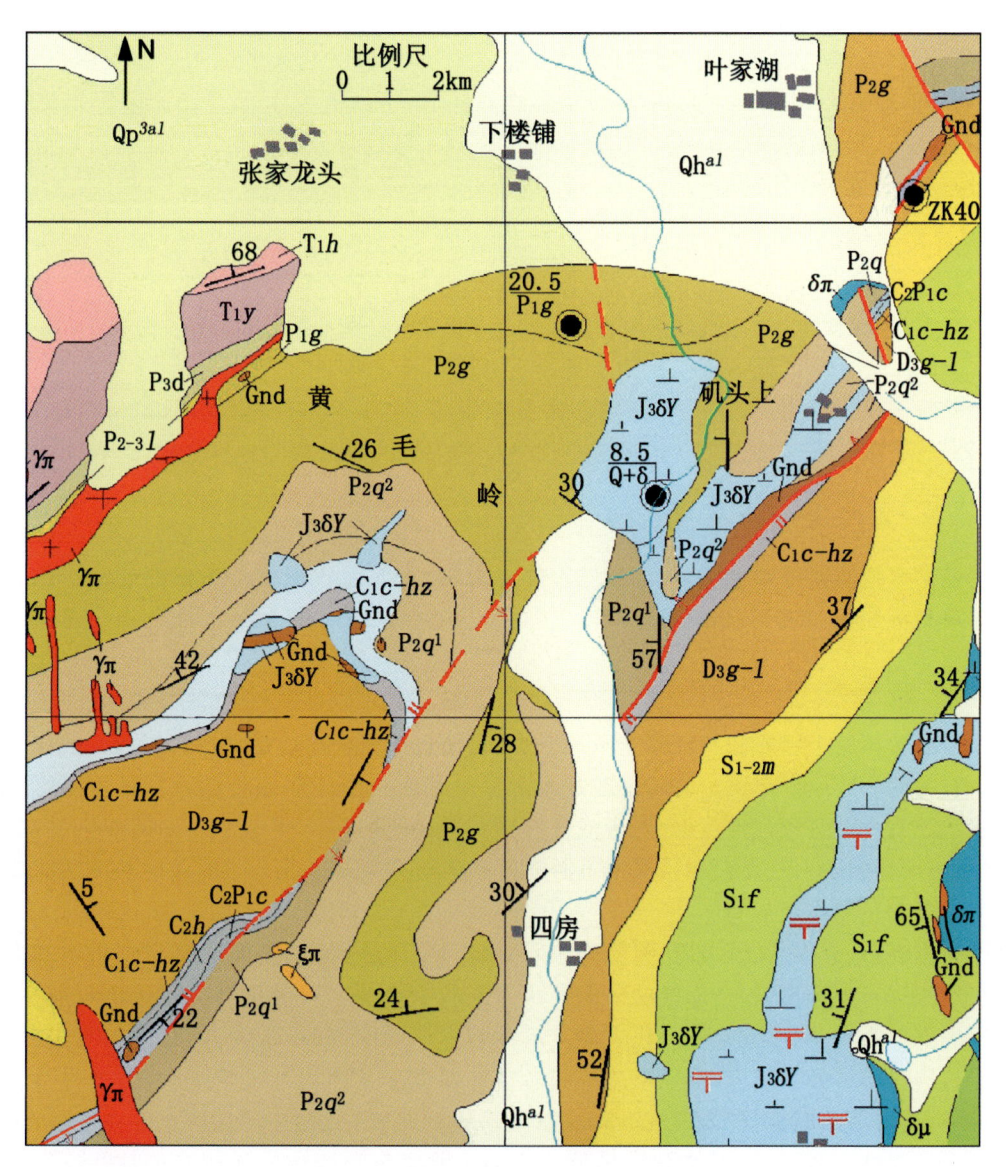

图6-1 铜陵新桥铜硫铁矿区域地质图

Qh^{al}.第四系全新统冲积物;Qp^{3al}.第四系上更新统冲积物;T_1h.和龙山组;T_1y.殷坑组;P_3d.大隆组;$P_{2-3}l$.龙潭组;P_2g.孤峰组;P_2q.栖霞组;C_2P_1c.船山组;C_1c-hz.船山组和黄龙组并层;D_3g-l.擂鼓台组和观山组并层;S_1f.坟头组;$S_{1-2}m$.茅山组;$r\pi$.花岗斑岩;$\delta\mu$.闪长玢岩;δ.闪长岩;Gnd.铁帽

主矿体呈似层状—层状,沿五通组(D_3w)与黄龙组(C_2h)之间的层间滑脱构造带稳定延伸,主要赋存于黄龙组白云岩段内,规模大,沿走向长达2560m,倾斜方向最大延深1810m,平均厚21m,埋深+140~−678m。矿体顶板围岩主要是船山组(C_2ch)灰岩和栖霞组(P_2q)灰岩。主矿体的厚度沿走向和倾斜方向常有变化。由于岩体侵位穿切了含矿层和围岩,主矿体沿走向部分被切断而不连续。岩体的侵入虽部分地破坏和吞噬了同生沉积矿胚层,但与之有关的热液成矿作用常使矿体在近接触带处矿化增强、品位变富。

(三)自然重砂特征

1. 区域岩石

据《安徽省地球化学特征及找矿目标研究》(2012年)统计结果,赋矿层黄龙组、船山组、栖霞组中除CaO较高(>50%)外,铜、铅、锌、银、金等高含量特征并不明显。矿物来源应为岩浆热液。与成矿有关的岩浆岩SiO_2平均值为61.07%,为SiO_2过饱和岩石;CaO平均值为4.64%,Na_2O平均值为3.61%,K_2O平均值为3.56%,碱质偏高,$\sigma=3.89$,属钙碱性系列中酸性岩。上石炭统碳酸盐岩地层,为利于交代的活泼岩石,易于成矿作用的进行。

2. 区域自然重砂

自然重砂异常呈不规则形,面积101.45km^2。取样149个,异常样中金105个、铅族99个、辰砂53个、白钨矿62个、泡铋矿92个。最高含量分别为:金155颗,粒径0.1~0.2mm,铅族1g以上,辰砂76颗,白钨矿0.84g,泡铋矿0.6g。伴生矿物有重晶石、雄黄、雌黄等。

有地磁异常23个,重力异常1个,自电和激电异常各9个。与土壤测量铜、铅、铬、钒异常部分重合。异常形成与矿床(点)关系密切。该区是寻找多金属等矿产有希望的地区之一。

(四)地质-自然重砂找矿模型

综合上述矿床地质特征和地球化学、自然重砂异常特征,安徽省铜陵县新桥铜硫铁矿床的地质-自然重砂找矿模型可简化如表6-3所示。

(五)成矿模式

矿床的形成包括两个性质和特征完全不同,出现时间也不相同的成矿作用:即沉积(成岩)成矿作用和岩浆活动有关的热液成矿作用。前者是在晚石炭世早期海相潮坪洼地较还原的环境中,伴随碳酸盐的沉积形成了具有一定蒸发岩特点(含石膏或硬石膏)的胶黄铁矿层,奠定了后来矿床中主矿体形成的基础;而伴随燕山早期末广泛发育在长江中下游地区的强烈岩浆侵入及与之有关的热液成矿活动,则对矿床的最终形成起主导作用。

海西期喷流沉积:近年来(侯增谦、蒙义峰等)提出新桥矿是在海西期海底喷流沉积的基础上,经过燕山期岩浆热液进一步叠加、复合形成的矿床。认为层状主矿体中可分出3个喷流沉积旋回。每个喷流沉积旋回的下部为块状硫化物组合,代表喷流沉积强烈活动时期;中部为含黄铁矿、水蛋白石结核的纹层状泥岩与透镜状黄铁矿组合,代表喷流沉积活动减弱而陆源碎屑加入增大时期;上部为菱铁矿岩、铁硅质岩、硬石膏岩等的组合,代表喷流沉积晚期体系环境向氧化状态转变时期,并在中下部形成粗晶重晶石团块和不规则脉体。3个喷流沉积旋回由下向上化学沉积岩所占比例减少,而陆源和内源碎屑含量增多。矿体中黄铁矿的$\delta^{34}S$值自下向上呈降低趋势或基本保持不变,但在泥质岩夹层中往往降低,呈现喷流间歇期有生物还原硫参与的特点。

根据新桥铜硫铁矿多金属矿床以上成矿条件的综述,建立新桥式层控热液叠改型铜硫铁矿多金属矿床成矿模式图(图6-2)。

表 6-3 安徽省铜陵县新桥铜硫铁矿床地质-自然重砂找矿模型表

分类	项目名称	项目描述
地质特征	矿床类型	层控热液叠改型
	矿区地层与赋矿建造	该区出露地层为志留系—三叠系。志留系—泥盆系主要为碎屑岩；石炭系—三叠系以海相碳酸盐岩为主，夹海陆交互相的含煤碎屑岩系。与成矿有关的层位主要是在石炭系底部与泥盆系顶部间的灰岩-白云岩层，二叠系栖霞组部分也被交代成矿
	矿区岩浆岩	区内与成矿有关的岩浆活动主要为燕山期，一般分为早晚两期。燕山早期岩性为闪长岩、石英闪长岩等偏中性岩类；燕山晚期岩性为偏酸性的石英闪长岩-花岗闪长岩、花岗斑岩等
	矿区构造与控矿要素	地质构造属铜陵-繁昌断坡带南段的铜陵-戴家汇岩浆断裂活动断块区。盖层构造为一系列走向北东而相间排列的短轴背斜及复式向斜。区内近东西、南北向基底构造及其交汇点控制着该区岩浆活动及成矿成矿作用。矿床处在燕山期北北东向盛冲向斜与印支期北东向舒家店-永村桥背斜相叠加形成的坳陷部位。层间构造是主要的控矿构造，控制着沉积改造型矿体的产出。接触带构造是次要的控矿构造，局部接触带部位矿体变得厚大。中浅成中酸性岩浆岩，是铜金多金属矿的主要来源
	矿体空间形态	主矿体呈似层状—层状，小矿体主要呈透镜状、脉状和不规则状
	矿石类型	原生矿石6种类型：含铜黄铁矿石、含铜磁铁矿石、黄铁矿石、磁铁矿石、菱铁矿石、铅锌矿石，其中黄铁矿石最为普遍，次为含铜黄铁矿石，铅锌矿石最少；氧化矿石4种类型：褐铁矿石(铁帽)、含铜褐铁矿石、褐铁矿型金银矿石、浸染型铜矿石
	矿石矿物	主要金属矿物为黄铁矿，次为磁黄铁矿、黄铜矿、辉铜矿、磁铁矿、菱铁矿、黝铜矿、褐铁矿、铜蓝、孔雀石等，少量硫铜铋矿、铜银铅铋矿、自然金、银金矿、闪锌矿、方铅矿、辰砂等
	矿化蚀变	矽卡岩化和硅化、绿泥石化等
地球化学特征	区域岩石特征	黄龙组、船山组、栖霞组赋矿层铜等成矿元素含量富集特征不明显。与成矿有关的岩浆岩 SiO_2 平均值为61.07%，为 SiO_2 过饱和岩石；CaO 平均值为4.64%，Na_2O 平均值为3.61%，K_2O 平均值为3.56%，碱质偏高，$\sigma=3.89$，属钙碱性系列中酸性岩
	原生晕特征	
	次生晕特征	存在铜、铅、锌、金、银、砷、钼、锡等元素水系沉积物异常
	中大比例尺化探特征	1:5万普查化探铜、铅、锌、金、银、砷、钼、锡异常发育
	自然重砂特征	不规则形，面积101.45km²。取样149个，异常样：金105个、铅族99个、辰砂53个、白钨矿62个、泡铋矿92个。最高含量：金155颗，粒径0.1~0.2mm；铅族1g以上；辰砂76颗；白钨矿0.84g；泡铋矿0.6g。伴生矿物有重晶石、雄黄、雌黄等

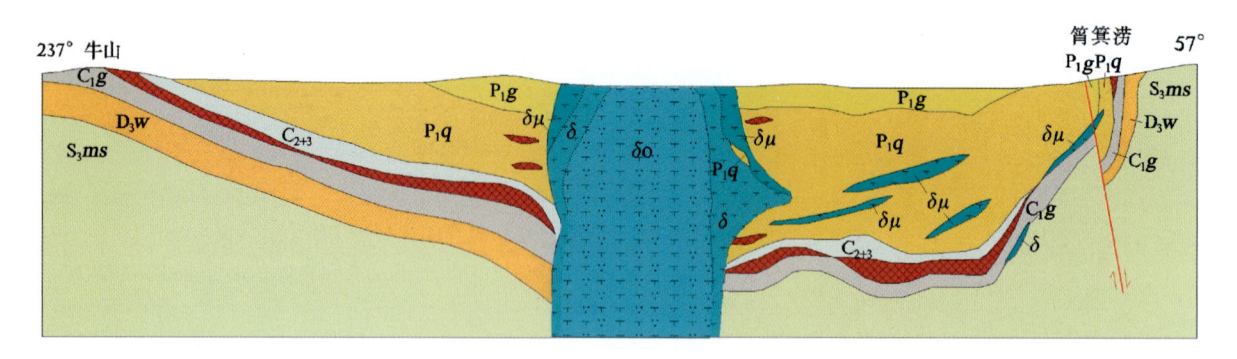

图 6-2 新桥铜硫铁多金属矿床成矿模式图

P_1g. 孤峰组;P_1q. 栖霞组;C_{2+3}. 中上石炭统;C_1g. 高骊山组;D_3w. 五通组;S_3ms. 茅山组;δo. 石英闪长岩;δ. 闪长岩;$\delta\mu$. 闪长玢岩

地球化学找矿模式是自接触带向地层一侧形成钼-铜-铅-锌-银-金-砷-锑异常分带序列。

二、安徽省铜陵市铜官山铜矿床

(一)矿床基本信息

安徽省铜陵市铜官山铜矿床基本信息见表 6-4。

表 6-4 安徽省铜陵市铜官山铜矿床基本信息表

序号	项目名称	项目描述
1	经济矿种	铜、铁
2	矿床名称	安徽省铜陵市铜官山铜矿床
3	行政隶属地	安徽省铜陵县
4	矿床规模	大型
5	中心坐标经度	117.81667°E
6	中心坐标纬度	30.90722°N
7	经济矿种资源量	铜矿石量 7101.5×10^4 t,金属量 62.0256×10^4 t;铁矿石量 4041.1×10^4 t
8	备 注	

(二)矿床地质特征

铜官山矿田处于铜陵-戴家汇东西向构造岩浆岩带南侧,北东向与东西向构造交会处。矿田内地表出露志留系至第三系,与矿化关系密切的有铜官山岩体、天鹅抱蛋山岩体和金口岭岩体。

铜官山铜矿床位于铜官山倒转背斜的北西翼,石炭系黄龙组、船山组及二叠系栖霞组、孤峰组与石英闪长岩体的接触带,为该矿床的重要成矿部位(图 6-3)。含矿地层主要为石炭系至二叠系,矿床严格受岩体与黄龙组白云岩有利层位控制,形成接触带和似层状矿体。矿床基本上产于浅海相至滨海相的碳酸盐岩地层中,矿体赋存于由碎屑岩向碳酸盐岩相过渡带内。

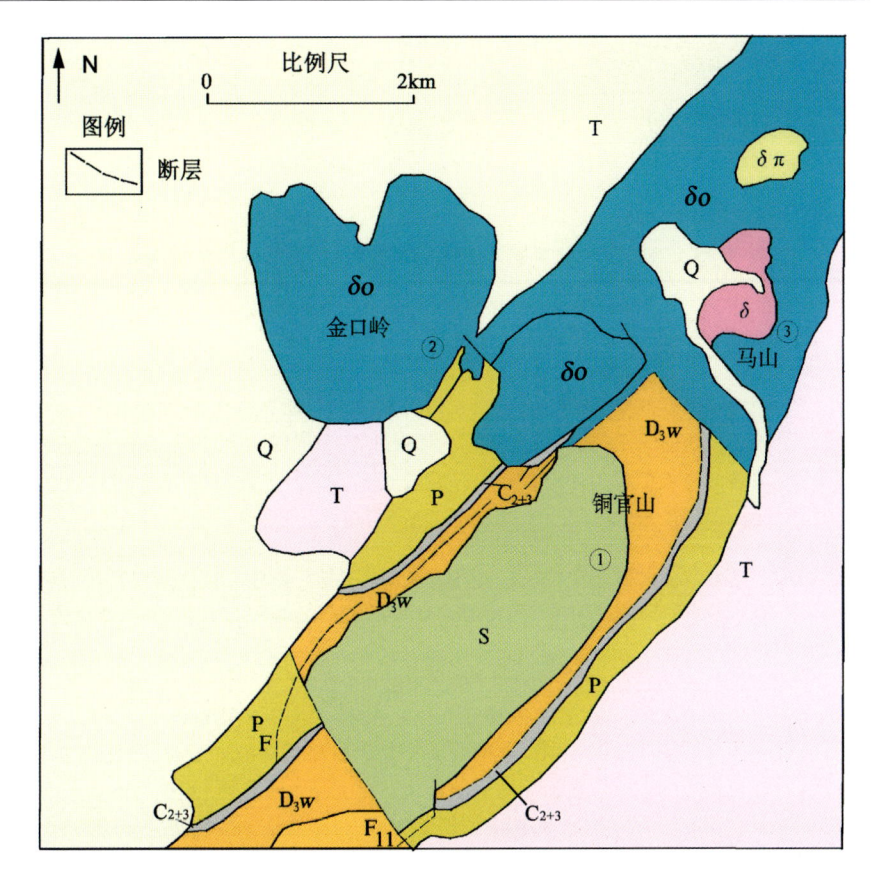

图 6-3 铜官山铜矿床地质略图(吕才玉等,2007)

Q.第四系;T.三叠系;P.二叠系;C_{2+3}.中上石炭统;D_3w.泥盆系五通组;S.志留系;δ.闪长岩;δo.石英闪长岩;δπ.闪长斑岩;①铜官山铜矿床;②金口岭铜矿床;③马山铜矿床

(三)自然重砂特征

1. 区域岩石

据《安徽省地球化学特征及找矿目标研究》(2012 年)统计结果,赋矿层位石炭系—二叠系碳酸盐岩中除了 CaO、镉较高外,大部分地层中铜、铅、锌、银、铁等元素含量较低。铜官山花岗闪长岩($\gamma\delta_5^2$)中银、铜、锌、锰、钨、砷、钼、氟、磷、钡,Na_2O、Al_2O_3、CaO 等平均含量较全省明显高,应为主要矿物质来源。

与矿有关的岩体一般属于 SiO_2 弱过饱和的弱碱性岩石,Na_2O+K_2O 为 6.63%~8.96%,副矿物以磁铁矿、榍石、磷灰石较高为特征,铜、铅、锌、银、镍、钴、砷、铌在岩体中有较高的含量。

闪长岩体本身含铜丰度较高(可达 119×10^{-6}),同时石英闪长岩铜含量较高,并在岩浆和热液活动过程中,自中心向边缘由 0.003% 增到 0.03%,一般 0.01% 左右。而且 SiO_2 含量递减,CaO 及深色矿物增加,岩石总碱量>7%,Na/K>2,CA=58,属较富碱的正钙碱性系列。容矿围岩,石炭系—二叠系碳酸盐岩及黄龙组下部的诸段,含铜量很低,一般<20×10^{-6},低于区域铜异常下限 20×10^{-4},下伏志留系及泥盆系砂页岩平均含铜分别可达 246×10^{-6} 和 70×10^{-6}。但对应分析表明,二者关系不大,还有资料表明来自沉积源的铜不超过 10%。

2. 自然重砂

自然重砂异常似圆形,面积 12.42km²。取样 75 个,68 个样含金,含量 4~160 颗,最高 512 颗;铅族异常样 30 个,一般含量 8~150 颗,最高 0.0262g;40 个样含铋族,一般含量 8~80 颗,最高 245 颗;白钨矿异常样 63 个,一般含量 10~80 颗,最高 0.0436g。伴生矿物有锆石、辰砂、金红石等组合。

(四) 地质-自然重砂找矿模型

综合上述矿床地质特征和自然重砂特征,安徽省铜官山铜矿地质-自然重砂找矿模式可简化如表 6-5 所示。

表 6-5 安徽省铜陵市铜官山铜矿床地质-自然重砂找矿模型表

分类	项目名称	项目描述
地质特征	矿床类型	矽卡岩型
	矿区地层与赋矿建造	该区出露地层为志留系—第三系。志留系—泥盆系主要为碎屑岩;石炭系—三叠系以海相碳酸盐岩为主,夹海陆交互相的煤及页岩;侏罗系主要为火山岩;白垩系、第三系多为陆相堆积。与成矿有关的层位主要是在石炭系底部与泥盆系顶部接触界面上,区内现已查明的几个大型矿床,如冬瓜山、新桥等主矿体都在这一含矿空间
	矿区岩浆岩	区内与成矿有关的岩浆活动主要为燕山期,一般分为早晚两期。燕山早期岩性为闪长岩、石英闪长岩等偏中性岩类;燕山晚期岩性为偏酸性的石英闪长岩-花岗闪长岩、花岗斑岩等。这两期岩浆活动在该区是相互重叠并具有一定的相关性,对成矿都有着明显的控制作用
	矿区构造与控矿要素	地质构造属铜陵-繁昌断皱带南段的铜陵-戴家汇岩浆断裂活动断块区。盖层构造为一系列走向北东而相间排列的短轴背斜及复式向斜。区内近东西、南北向基底构造及其交汇点控制着该区岩浆活动及成岩成矿作用。侵入接触带构造、接触带断裂构造、层间构造和裂隙构造是主要的控矿构造,控制着矽卡岩型、沉积改造型和斑岩型矿体的产出
	矿体空间形态	矿床内多数矿体产于岩体与中上石炭统黄龙组和船山组灰岩的接触带上,围绕岩体依次为罗家山、笔山、松树山、老庙基山、小铜官山、老山、宝山、白家山等矿段,呈近似环状分布。矿体的形态和产状受接触带构造、岩石性质和层间剥离裂隙-断裂等因素控制,基本可分为似层状矿体、不规则囊状或柱状矿体、脉状矿体
	矿石类型	矿石类型主要为含铜矽卡岩、含铜磁铁矿石、含铜滑石蛇纹石岩;其次为含铜石英脉-角岩、含铜石英闪长岩、含铜大理岩;再次为黄铁矿-胶黄铁矿、单硫矿石及磁铁矿(单铁矿石)
	矿石矿物	主要金属矿物为磁黄铁矿、黄铁矿、磁铁矿、黄铜矿;其次为白钛铁矿、辉钼矿、辉铜矿、方铅矿、铁闪锌矿、毒砂、辉铋矿、辉锑矿、赤铁矿、镜铁矿及少量白钨矿。脉石矿物为钙铁榴石、透辉石、硅灰石、蛇纹石及方柱石、绿帘石、绢云母、石英、滑石等
	矿化蚀变	蚀变发育,主要为碳酸盐化、绿泥石化、绿帘石化、绢云母化、硅化、钾长石化;其次为蛇纹石化、滑石化等。蚀变与矿化是在广泛发育的接触交代变质晕中,后续接触交代及热液作用依次叠加结果,分带与矿化类同
地球化学特征	区域岩石特征	与矿有关的岩体一般属于 SiO_2 弱过饱和的弱碱性岩石,Na_2O+K_2O 为 6.63%~8.96%,副矿物以磁铁矿、榍石、磷灰石较高为特征,铜、铅、锌、银、镍、钴、砷、铌在岩体中有较高的含量
	原生晕特征	
	次生晕特征	矿区范围内存在铜(≥$800×10^{-6}$)、银(≥$0.8×10^{-6}$)、钼(≥$0.8×10^{-6}$)、锌(≥$200×10^{-6}$),浓集中心显著,异常呈北东向沿与成矿关系密切的铜官山岩体及其周边分布
	自然重砂特征	似圆形,面积 12.42km²。取样 75 个,68 个样含金,含量 4~160 颗,最高 512 颗;铅族异常样 30 个,一般含量 8~150 颗,最高 0.0262g;40 个样含铋族,一般含量 8~80 颗,最高 245 颗;白钨矿异常样 63 个,一般含量 10~80 颗,最高 0.0436g。伴生矿物有锆石、辰砂、金红石等

(五)成矿模式

成矿物质主要来自深部角闪闪长岩与石英闪长岩-二长岩钾质演化的同源岩浆系列。含矿岩浆侵入到黄龙组时,对同生含铜黄铁矿层进行改造叠加,使铜进一步富集,成为沉积改造型矿。在岩体与栖霞组接触处,矽卡岩化后的含矿热液在这一有利构造的深部沉积成矿,黄龙组中的同生矿质也部分活化转移到此沉积,形成矽卡岩矿体。如果含矿岩体侵入到化学活动性差、封闭性好的泥盆系硅质岩中,矿液被封闭在岩体内,沿原生裂隙迁移,在岩体内一定部位形成斑岩型矿体;若硅质围岩裂隙较发育,则矿液沿裂隙充填形成石英脉型矿体。这一成因过程说明,铜官山铜矿是一个成矿物质多来源、多成因、多成矿阶段的复控式矽卡岩型矿床。

根据铜官山铜矿床以上成矿条件的综述,建立铜官山式矽卡岩型铜矿成矿模式(图6-4)。

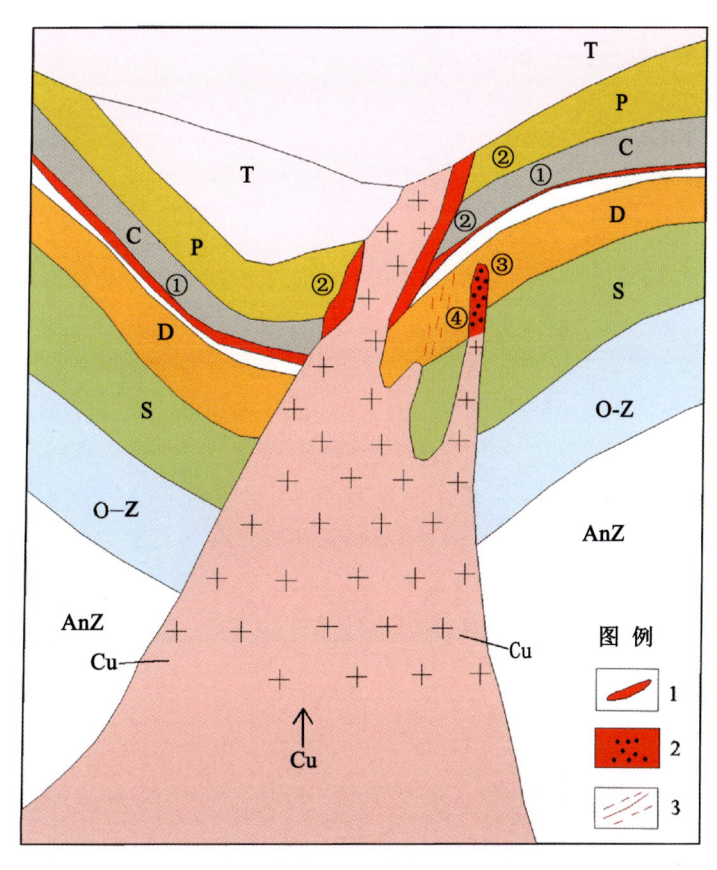

图6-4 铜官山铜矿床成矿模式图(陈毓川等,1993)

1.块状矿体;2.浸染状矿体;3.脉状矿体;①沉积-改造型:松山、老庙基山、小铜官、老山、宝山矿段;②矽卡岩型:笔山、罗山、白家山矿段;③斑岩型:东门山矿段;④石英脉型:老庙基山矿段

三、江苏省江宁区安基山铜矿床

(一)矿床基本信息

江苏省江宁区安基山铜矿床基本信息见表6-6。

表 6-6　江苏省江宁区安基山铜矿床基本信息表

序号	项目名称	项目描述
1	经济矿种	铜、铅、钼
2	矿床名称	江苏省江宁区安基山铜矿床
3	行政隶属地	江苏省江宁区
4	矿床规模	中型
5	中心坐标经度	东经 119°04′02″～119°04′44″
6	中心坐标纬度	北纬 32°06′12″～32°07′10″
7	经济矿种资源量	

（二）矿床地质特征

矿区处于下扬子古陆块东部，宁镇穹断褶束中段，桦墅-亭子向斜南翼与汤山-仑山背斜北翼之间，近东西向断裂与北北西向断裂交会处。矿区主要位于黎家山次级背斜核部及近核两翼。矿区出露地层有中—下三叠统青龙组、中三叠统黄马青组和侏罗系象山群，深部自泥盆系至侏罗系较为齐全。区内褶皱轴向为近东西向，断裂主要为北北西向、近东西向。北北西向构造岩浆带为矿区控岩控矿构造。在黎家山背斜与北北西向断裂交会处，原地层被断裂及岩浆冲碎、吞蚀成多个岩片状捕房体，形成了矿液活动的有利空间，从而控制了矿化带和矿体的展布。侵入岩（安基山岩体）为燕山中晚期浅—中浅成中酸性岩体，同位素测年为 92～123Ma。呈岩株状产出，剥蚀较浅，平面上呈北北西向长椭圆形。岩性主要为花岗闪长斑岩、石英闪长斑岩。

矽卡岩型矿带受一组北北西向张性断裂控制，长约 1800m，宽约 800m，矿带中断裂断续分布大小不等捕房体，矿体主要赋存于石炭系—二叠系、三叠系的碳酸盐岩层与岩体接触带部位。矿体形态复杂，以陡倾斜透镜状为主。矿区内共查明大小矿体 100 余个，呈似层状、扁豆状、透镜状、脉状；主矿体呈不规则透镜状和脉状，长 560～600m，厚 14.23～45.35m，延深大于 300m。尚见少量斑岩型铜矿体，大部分赋存于石英绢云母化花岗闪长斑岩中，少量产于砂岩捕房体内，矿体受石英绢云母化带中北北西向裂隙控制，呈陡倾斜脉状产出，厚度几米至数十米不等，走向延长 200～400m 不等，延深 300m 左右，剖面上有明显的膨大、收缩、分叉现象。矿化自地表至深达−900m 尚未穿过铜钼矿化带，但品位均很低，与矽卡岩矿体邻近才富集成矿体，矿体平均品位铜 0.3% 左右。

（三）自然重砂特征

矿区及其外围曾先后做过 1∶20 万水系沉积物测量、1∶5000～1∶5 万土壤测量和 1∶2000 岩石测量，它们所反映的地球化学特征基本相同，异常元素组合以铜、钼、铅、锌、银为主，呈北北西向展布，各元素又不同程度地显示出近东西向展布的趋势，分带明显。异常的范围、展布方向及分带性，分别与矿床的矿化范围、主要控矿构造、矿化带及矿体的延伸方向、成矿的分带性相吻合。

1. 水系沉积物地球化学特征

1∶20 万水系沉积物测量所反映的安基山铜矿床的异常，与安基山岩体有关的矿床、矿点异常连在一起，形成一个大规模（面积为 268.5km²）铜、铅、锌、金、银、铋、钼、镉、锑等元素的综合异常，异常轴向与主要控矿构造和矿化带的方向相吻合，呈东西向和北西向展布的趋势。铅、锌、金、铜、钼、银等元素异常具有明显浓度分带，尤以铜较为完整，面积最大，安基山铜矿区位于铜异常内带（表6-7）。

表6-7 水系沉积物测量安基山铜矿区及外围异常特征值表

元素组合	面积（km²）	强度				规模	
		浓度（×10⁻⁶）		衬度		衬度算术规模	衬度几何规模
		最小值	最大值	算术均值	几何均值		
36Pb3	196.9	20.9	300.3	63.6	1.8	457.6	353.5
27Zn3	153.5	44.3	461.9	119.3	1.8	328.8	278.4
32Cu3	234.9	20.1	898	109.2	2.6	1159.5	614.2
34Au3	88.4	1.5	41	6.8	2.5	326.1	223.6
35Au3	18.3	2.2	25.1	11.7	4.1	115.5	74.7
25Ag3	181.7	41	2100	271.8	2.5	605.8	461.7
26Bi3	186.2	0.17	6	1.0	2.0	557.8	366.6
50Cd3	248.7	70	7100	535.4	2.4	984.6	596.5
32Mo3	158.1	0.36	54	4.1	2.3	796.0	358.3
33Mo1	1.5	2.1	2.1	2.1	2.6	3.9	3.9
29Sb1	1.3	2.1	2.1	2.1	2.2	2.8	2.8
33Sb2	16.5	0.78	3.1	1.8	1.7	32.0	28.6
27Sb3	53.9	0.8	26	4.0	1.8	226.6	96.8
各参数累计						5597	3459.6

2. 自然重砂特征

根据铜金矿有关的重砂矿物组合，铜井铜金矿选择了铜族矿物、自然金、重晶石、辰砂4种矿物做了含量分级图（图6-5），由于受矿物检出率普遍较低的影响，落在矿区范围的重砂矿物偏少，但反映出这些重砂矿物在铜井铜金矿周围有较好的显示（或指示），江苏省全省铜族矿物含量一般也为1颗，在铜井铜金矿周围含量普遍都在5颗以上，在矿点附近两个点均高达100颗，远远高于全省其他地区。全省自然金含量一般为1颗，但铜井周围两个点的自然金含量分别高达5颗、39颗。重晶石与辰砂也具有相似的分布规律，由此可以看出，铜、金矿床（点）附近的铜族矿物、自然金、重晶石、辰砂具有较好的指示意义。

（四）地质-自然重砂找矿模型

根据上述矿床地质特征、地球化学与自然重砂特征分析，总结江宁区安基山铜矿床的地质-地球化学自然重砂找矿模型（表6-8）。

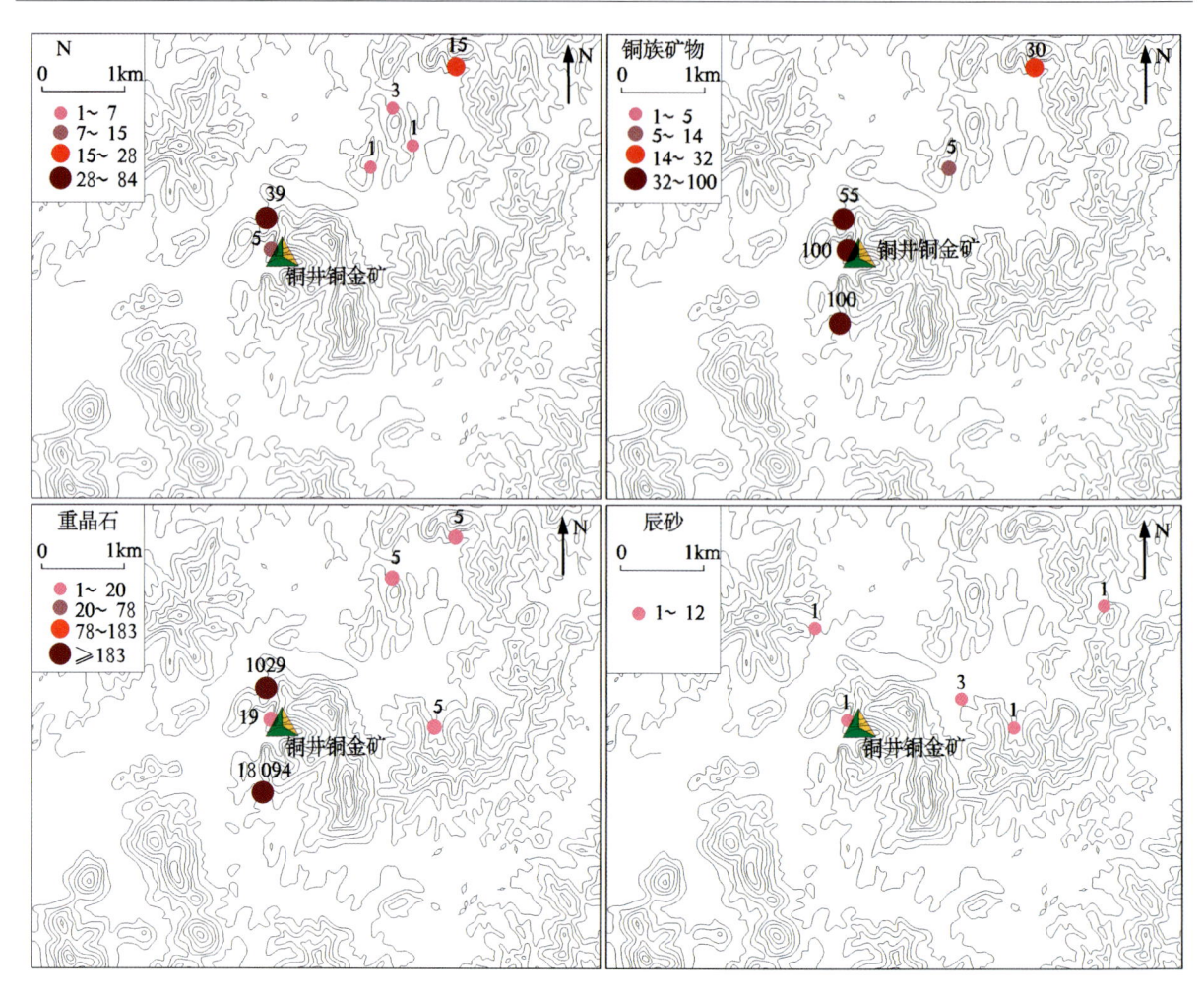

图 6-5 铜井铜金矿自然重砂含量分布图

表 6-8 江苏省江宁区安基山铜矿床地质-自然重砂找矿模型表

矿床类型		热液接触交代为主矽卡岩型
地质标志	地层标志	石炭系—三叠系碳酸盐岩,以栖霞组为主
	构造标志	北北西向导岩断裂及其旁侧构造与岩体捕房体接触带复合构造
	岩浆岩标志	燕山中晚期阶段中酸性花岗闪长斑岩、石英闪长斑岩,含铜 92×10^{-6},Cu/Zn 比值低(4~19)
	蚀变标志	矽卡岩化,由岩体内至外具分带现象
地球化学标志	水系沉积物	元素组合非常复杂,有 Cu、Pb、Zn、Mo、Bi、Au、Ag 等
	土壤	Cu、Mo、Pb、Zn、Ag、As、Sb 等组合,元素水平分带内带:Cu、Mo、Ag;外带:Pb、Zn、Ag、As、Sb
	岩石	(1)花岗闪长斑岩中铜钼浓度克拉克值大于 6,可作为铜钼矿标志;石英闪长斑岩中铅锌浓度克拉克值大于 2,可作为铅锌矿标志 (2)矿前晕:Ag、Pb、Zn;Cu/Pb=5;矿中晕:Cu、Mo;Cu/Pb=50;矿尾晕:Mo、Cu;Cu/Pb=150 (3)元素对比值标志:Cu/Zn>100,Cu/Pb>20,Cu/(Ag×100)>30(铜矿化标志);Cu/Zn、Cu/Pb<10(铅锌矿化标志);10<Cu/Zn<100(铜锌矿化标志);10<Cu/(Ag×100)<30(含银的铜铅锌矿化标志)
	铁帽	Cu>0.40%,Pb<0.06%,Zn>0.30%,Mo>0.001%,Ag>0.5×10^{-6}

(五)成矿模式

据指示元素异常分带性,结合矿床地质特征,围绕安基山岩体可建立如下地质地球化学模式图(图6-6)。地球化学成晕模式可分三至四带:Ⅰ.钼带,以钼为主,内见钼、铜晕,展布在中心部位,为石英闪长玢岩、花岗闪长斑岩、砂岩顶垂体出露地段,从整个侵入体的分布特征来看,晕的基底属岩浆源的中心部位。Ⅱ.铜带,分布于钼带外侧,以铜为主,包括有钼、铜、银、锌、铅晕,为花岗闪长斑岩、石英闪长玢岩与砂岩、灰岩的主要接触交代带。Ⅲ.铅、锌带,展布于铜带外侧,以铅、锌为主,包含有铜、银、锌、铅晕,为石英闪长玢岩与砂岩、灰岩接触交代的外带。Ⅳ.锰、汞带,据光谱资料分析,锰、汞在测区外围明显增高,虽未系统整理成晕,但可说明,指示元素钼、铜、银、锌、铅晕的外侧存在锰、汞带,此带地层蚀变微弱,矿化不强,但可作为追踪上述指示元素地球化学晕的线索。

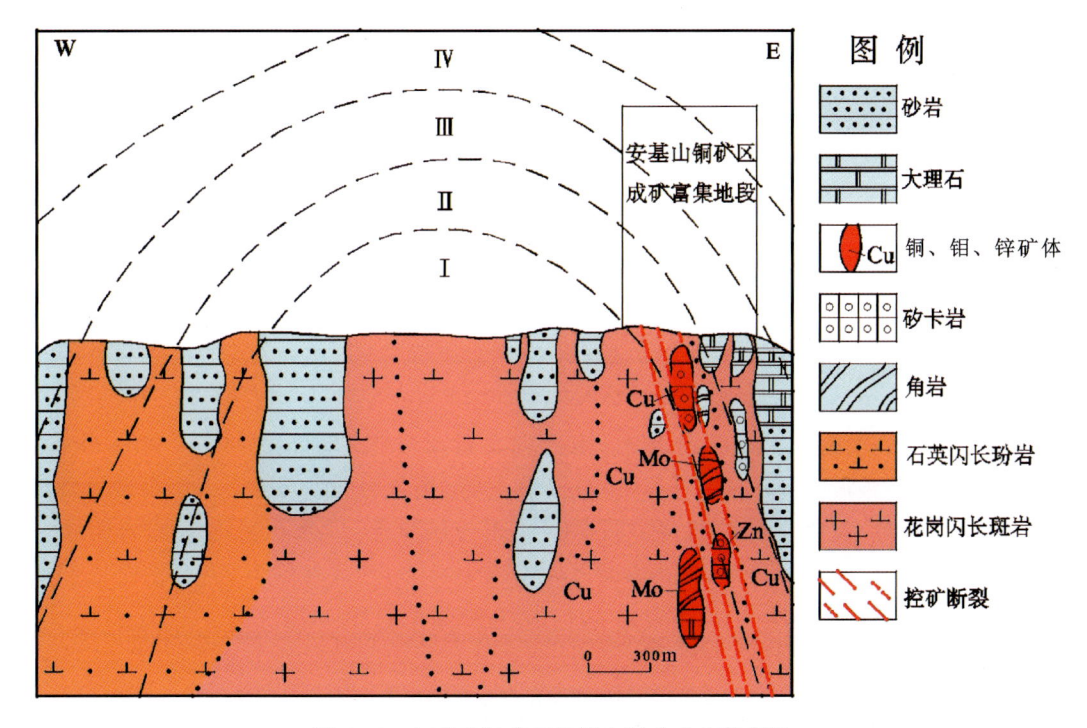

图6-6 江苏省江宁区安基山铜矿成矿模式图

四、浙江省绍兴市平水铜矿床

(一)矿床基本信息

浙江省绍兴市平水铜矿床基本信息见表6-9。

(二)矿床地质特征

矿床产于扬子准地台常山-诸暨台隆与浙东南隆起区接合部位,江山-绍兴断裂带北东段的北西侧。区域内分布中元古界平水组,其上与震旦系以断层相接触。平水组厚约5000m,可分4个喷发旋回,自下而上:第一旋回为酸性中心式爆发沉积物;第二旋回为中酸性中心式喷发沉积物;第三旋回、第四旋回依次是中性、中基性裂隙式喷发物。各旋回下部为爆发-喷溢相,上部为喷发-沉积相。

表 6-9 浙江省绍兴市平水铜矿床基本信息表

序号	项目名称	项目描述
1	经济矿种	铜
2	矿床名称	浙江省绍兴市平水铜矿床
3	行政隶属地	浙江省绍兴市
4	矿床规模	中型
5	中心坐标经度	120°36′12″E
6	中心坐标纬度	29°53′23″N
7	经济矿种资源量	铜资源量 17.2411×10^4 t

矿区内平水组走向北东,倾向北西,倾角66°~80°,局部倒转。古火山构造已十分难以辨认。据研究,在矿区北东段6~13线附近以及4~6线附近,第一旋回喷发物的上部,存在近火口相至远火口相的堆积,厚度由100m剧减为5m,碎屑由粗变细构成火山锥体,边缘有爆破角砾岩。锥体中心产出钠长斑岩,与火山岩呈贯穿或顺层、覆盖关系,并有大量细碧玢岩以及其他脉岩穿插,厘定为一古火山穹丘和火山通道,矿体围绕穹丘产出,由内向外品位由低变高。矿体赋存于第一旋回上部火山-沉积岩中,含矿段岩石可分12层,主矿体即属(11)层,与上覆角斑质熔凝灰岩呈微角度不整合,其余下部各矿层均与岩层整合,并有同步褶曲。

(三)自然重砂特征

异常区位于绍兴平水附近。异常沿北东-南西向呈近长方形状,长约14km,宽约8km,面积约82km^2。异常由1个金异常(金24号Ⅰ级异常)、1个银异常(银6号Ⅰ级异常)、1个辰砂异常(辰砂19号Ⅱ级异常)、2个雄(雌)黄毒砂异常[雄(雌)黄毒砂13号Ⅰ级异常、12号Ⅱ级异常]组合而成。区内取样数138个,其中含金矿物样品37个,最高含量8;含银样品3个,最高含量10;含辰砂样品15个,最高含量45;含雄(雌)黄毒砂样品24个,最高含量104。异常特征见表6-10。

表 6-10 平江镇Ⅰ级异常特征表

		Ⅰ级	Ⅱ级	Ⅲ级	Ⅳ级	Ⅴ级	标形特征
金	含量	1~3	4~5	6~10	>10		粒径 $d=0.1~0.2$mm,金黄色,不规则粒状,具展性
	个数	31	3	3	—		
雄(雌)黄毒砂	含量	1~5	6~10	11~15	16~20	>20	样品均为雄(雌)黄矿物,粒径 $d=0.1~0.2$mm,橙红色或柠檬黄色、棱角状、次棱角状或不规则粒状、柱状,半浑圆状
	个数	17	5	1	—	2	
辰砂	含量	0~10	11~30	31~50	51~100	>100	粒径 $d=0.1~0.5$mm,鲜红色或深红色,不规则粒状
	个数	9	4	2	—		
银	含量	1~3	4~5	6~10	>10		粒径 $d=0.1~0.2$mm,银白色,具有延性,不规则粒状、纤维、片状
	个数	2	—	1			

注:表中所述含量均为标准化后的数值。

出露地层主要为双溪坞群变质岩,东北部分为双溪坞群中基性—酸性火山岩、馆头组砂岩、砾岩、凝灰质砂岩、页岩。有一北东向断层通过。区内见有细粒石英闪长岩侵入,围岩发育硅化、黄铁矿化、矽卡岩化、绿泥石化、次生石英岩化、绿帘石化、绢云母化等。区内已知矿床有金小型矿床3处、矿(化)点10处;铜锌中型矿床1处;铜金中型矿床1处;铜矿(化)点4处;多金属矿(化)点1处;铅锌矿(化)点1处。异常为已知矿床所引起,应进一步扩大远景,可加强矿区外围的普查。

(四)地质-自然重砂找矿模型

根据地质地球化学综合研究结果,建立平水铜矿床地质-地球化学自然重砂模型(表6-11)。

表6-11 浙江省绍兴市平水铜矿床地质-自然重砂找矿模型表

矿床类型		海相火山-沉积型铜矿
地质环境	围岩条件	长英质火山碎屑岩和热水沉积硅质岩
	成矿时代	同位素年龄802.3~976.4Ma,相当于中元古代晚期
	成矿环境	中元古代双溪坞群下部火山沉积岩(细碧-角斑岩)
	构造背景	绍兴-诸暨大型强变质-变形带,江绍拼合带北西侧
矿床特征	矿物组合	黄铜矿、黄铁矿、辉铜矿、磁铁矿、褐铁矿、闪锌矿、方铅矿等
	结构构造	块状、条带状、同生角砾状、稠密-星浸染状
	蚀变	由中心到边缘:次生石英岩化、绢云母化、绿泥石化分带
	矿化	重晶石化、黄铁矿化
	控矿条件	海相火山岩层展布控制为主,火山穹隆控制为次
	矿体形态	似层状、透镜状,倾向北西,倾角50°~70°
	综合利用矿种	闪锌矿、黄铁矿
地球化学特征	矿床原生晕分带	PbAuHgSbZn(外带)—CuZnAgAsPbMoBa(中带)—CuZnAuAgCo(内带)
	矿带地球化学分带	SbAg-Pb-CuZn
	预测自然重砂要素	黄铜矿、黄铁矿、辉铜矿、磁铁矿、褐铁矿、闪锌矿、方铅矿

(五)成矿模式

地质-自然重砂成矿模式见图6-7。

矿床具有组分、蚀变等分带特征,由矿体中心向外,矿石矿物组合呈渐变分带:闪锌矿、重晶石、黄铜矿、黄铁矿带→黄铜矿、黄铁矿带→黄铁矿带,相应的矿石类型为块状锌、铜、重晶石硫矿石→浸染状铜、硫矿石→浸染状单硫矿石→矿化绢云石英片岩(长英质火山岩)。碧玉、石英、黄铁矿、磁铁矿等组合分布于矿层边缘的顶部,围绕矿化中心作半环形分布。蚀变分布具不对称性,顶盘岩石蚀变轻微,为弱绿泥石化。底板岩石蚀变强烈,具筒状蚀变。在矿体中心部位,矿体下盘火山碎屑岩中发育次生石英岩化→黄铁矿、黄铜矿化筒状蚀变核,向外过渡为绢云母化→绿泥石化,远离中心则蚀变渐次减弱。同时形成地球化学组分分带:①主要成矿元素Cu、Zn、Au及高温元素Co、Ni的浓集中心与主矿体相吻合;②矿体上盘晕不发育,而底盘晕发育。负Na_2O晕在下盘呈漏斗状;③水平方向由中心到边部Co、Ni、Mo、Cu、Au→Zn、Pb、Ag→Ba、As、Sb、Hg递变,Cu/Zn渐次减少,与矿物分带一致。

根据上述研究结果认为,区内成矿介质来源较复杂,初步认为是岩浆水与海水,可能还有同生地层水(大气水)混合而成的热卤水,形成海相火山-沉积型铜矿床。

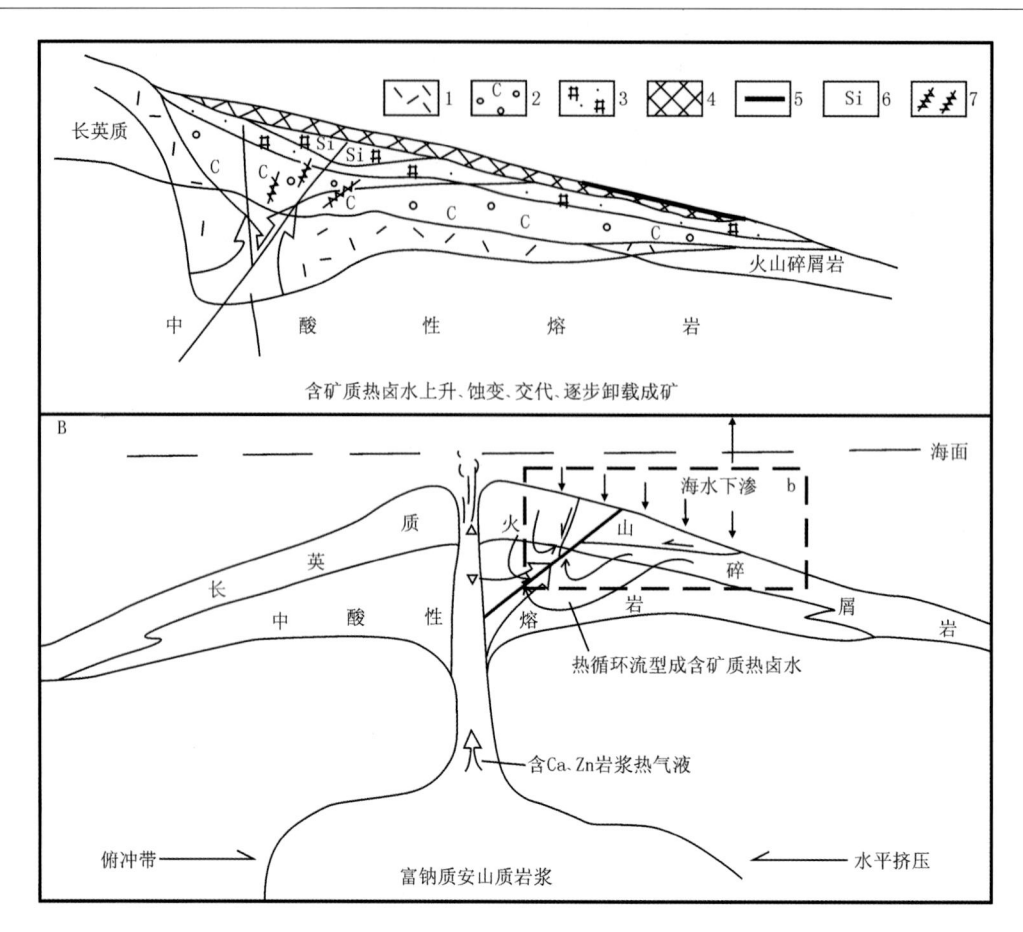

图 6-7 浙江省绍兴市平水铜矿成矿模式图(据黄有年,1992)
1.绿泥石化带;2.绢云母石英岩化带;3.浸染状 Cu、S(Zn)矿体;4.块状 Zn、Cu(Ba)矿体;5.层纹状碧玉(同生角砾状)矿石;6.次生石英岩化;7.细脉状矿化

五、江西省德兴铜矿床(田)

(一)矿床基本信息

德兴铜厂德兴式斑岩型铜硫(金)矿床基本信息见表 6-12。

表 6-12 德兴铜厂德兴式斑岩型铜硫(金)矿床基本信息表

序号	项目名称	项目描述
1	经济矿种	铜
2	矿床名称	江西省德兴铜矿床
3	行政隶属地	江西省德兴市
4	矿床规模	大型
5	中心坐标经度	117°43′41″E
6	中心坐标纬度	29°00′47″N
7	经济矿种资源量	查明铜矿储量,铜厂:529.8278×10^{4}t;朱砂红:184.4922×10^{4}t;富家坞:250.7767×10^{4}t
8	备注	铜平均品位分别为0.454%和0.501%,朱砂红铜储量达大型规模,铜平均品位0.42%

(二) 矿床地质特征

德兴铜矿床(田)处于万年逆冲推覆地体的前缘,赣东北深断裂带上盘(北西侧),德兴-弋阳构造混杂岩带内。矿床(田)内广泛出露中元古界蓟县系张村岩群韩源岩组,岩性为绢云母千枚岩、粉砂质千枚岩、凝灰质千枚岩和变质沉凝灰岩,夹有安山玢岩、基性熔岩、英安岩等。岩石韵律明显,厚逾千米,岩石 Rb-Sr 同位素等时线年龄值为 1401Ma。

全区为一近东西向的泗洲庙复式向斜,矿床(田)位于其南翼,南翼有后期构造叠加形成北东-北北东向西源岭倾伏背斜和官帽山向斜。其北北东向断裂系统派生的北西西向张性断裂和北北西向张扭性断裂是矿田的控岩控矿构造。

成矿岩体主体为燕山早期第二阶段的花岗闪长斑岩,全岩 Rb-Sr 等时线年龄值为 172Ma。同阶段的还有石英二长闪长玢岩、钾长花岗细晶岩;此外还有燕山早期第一阶段的闪长岩(193Ma);燕山晚期石英闪长玢岩、钾长花岗细晶岩等;3 个成矿斑岩均呈小岩株状产出,其中铜厂斑岩体出露面积为 $0.7km^2$,富家坞岩体为 $0.2km^2$,朱砂红岩体为 $0.07km^2$,3 个岩体沿 295°方向呈串珠状分布。单个岩体呈岩筒状向北西倾伏,倾伏角 40°～60°,且由南往北依次变陡,顶部和边部发育同期脉岩。3 个成矿岩体微量元素特征:亲硫元素 Cu、Au、Mo、Ag 含量较高,Cu 一般为 $(132～300)×10^{-6}$,高于维氏同类岩石的 6～11 倍;Au $0.04\mu g/g$,高于同类岩石的 90 倍;Ag $0.14\mu g/g$,高于同类岩石的 4～8 倍;Mo 2～$50\mu g/g$,高于同类岩石的 2～4 倍;亲铁元素 Cr、Ni、Co、V 含量亦较高,一般为同类岩石的 3～4 倍;矿化剂元素 S、As、P 含量较高,含 S 为同类岩石的 3～5 倍。

德兴铜矿床(田)矿体赋存于成矿斑岩体内、外接触带,以外带为主,其中铜厂、朱砂红两矿床外带矿体约占 50%,富家坞矿床外带矿体约占 75%。岩体中心为无矿核心,矿体形态总体呈环绕接触带向北西倾伏的"空心筒状体"。主矿体倾角(40°～70°)小于无矿接触带倾角。铜品位比较均匀,含铜品位富家坞矿床平均为 0.50%、铜厂矿床为 0.46%、朱砂红矿床为 0.42%;铜品位变化系数为 24%～65%,外带铜品位高于内带;含矿率为 0.83%～0.92%。岩体上盘矿体厚大且含铜品位高;下盘矿体规模小,铜品位低而含 Mo 高,矿化延伸大于 1200m。

(三) 自然重砂特征

根据铜厂外围 1:50 万重砂测量资料,赣东北铜厂地区有重砂矿物 50 种,其中,与中低温热液矿床有关的金属硫化物(黄铜矿、黄铁矿、方铅矿等)及自然金最为发育;其次为铁族矿物,如镜铁矿、磁铁矿、褐铁矿、铬铁矿、钛铁矿等。重砂中,黄铜矿与黄铁矿有密切关系,个别黄铜矿颗粒中有黄铁矿充填,也有黄铁矿包围黄铜矿的现象。

在铜矿石中,金的含量为 $(0.04～1.4)×10^{-6}$,个别达 $5×10^{-6}$,而在铜矿化岩石中金的含量平均为 $0.086×10^{-6}$。金银普遍存在,是斑岩铜矿床的主要特征之一。一般以自然元素矿物为主(自然金、银金矿、金银矿),其次为金银的碲化物。

在弋阳铁砂街铜矿区域上,见有 1 个铜族矿物异常,为 CuⅡ029 异常,属Ⅰ级异常,近南北向椭圆状分布于测区中北部,异常面积约 $7.50km^2$。

在赣北九瑞地区铜多金属矿带上,金属硫化物分布亦普遍。赣南,如广昌图幅铜铅锌矿中,亦常含有较高的金银矿物,它与燕山晚期黄铁细晶岩化、硅化、花岗斑岩或石英斑岩脉和石英脉有成因联系。

铜族矿物物理性质不稳定,搬运距离不远,因此测区铜矿床、矿(化)点周围一般均未形成铜族矿物异常区。但以往工作表明,当铜族矿物异常点稍较集中,虽含量不高,但也具有找矿意义。

(四) 地质-自然重砂找矿模型

综合上述矿床地质特征和地球化学特征,建立德兴铜矿地质-地球化学自然重砂找矿模型(表 6-13)。

表 6-13 江西省德兴铜矿地质-地球化学自然重砂找矿模型表

地质特征结构模型	大地构造位置	万年逆冲推覆地体的前缘,赣东北深断裂带上盘
	控矿构造	北东向、北北东向、北西向断裂带
	赋矿地层	为前震旦系双桥山群浅变质岩系
	岩浆岩	与成矿密切相关的是燕山早期花岗闪长斑岩小岩体
自然重砂结构模型	自然重砂特征	根据铜厂外围1:50万重砂测量资料,赣东北铜厂地区有重砂矿物50种,其中,与中低温热液矿床有关的金属硫化物(黄铜矿、黄铁矿、方铅矿等)及自然金最为发育;其次为铁族矿物,如镜铁矿、磁铁矿、褐铁矿、铬铁矿、钛铁矿等。自然重砂中黄铜矿与黄铁矿有密切关系,个别黄铜矿颗粒中有黄铁矿充填,也有黄铁矿包围黄铜矿的现象
	矿田地球化学异常结构	异常元素组合为Cu-Mo-W-Pb-Zn-Ni-Co,异常空间分布可分为内外两带,内带为Cu、Mo、Mn、V等元素异常,外带为Pb、Zn、Ni、Co等元素异常,各单元素异常呈现环状分布特征。区域土壤中Cu、Mo元素高背景中,环绕矿田的Cu、Mo高异常带的外围,有一环状含Cu低值区存在,直接指示元素为Cu-Mo-W
	矿床地球化学 直接指示元素异常组合	Cu-Mo-Pb-Zn-Au-Ag-Cd,异常包围含岩体和已知矿床
	间接指示元素异常组合	Hg-Sb-As,异常包围已知矿床,与矿田异常重合,但面积更大
		W-Bi,异常出现在已知矿田上,与矿田异常套合,范围较小,负异常出现在矿田异常外围
	典型特征	W-Bi,Cu-Mo-Pb-Zn-Au-Ag-Cd,Hg-Sb-As异常之间有近似水平分带

(五)成矿模式

德兴铜厂地区分布蓟县纪张村岩群属怀玉古岛弧火山-浊积岩沉积,含铜丰度较高,达 $78\mu g/g$,作为赋矿围岩为铜的成矿奠定了一定的物质基础。

燕山早期强烈的构造活动,使来源于深部或上地幔的分熔岩浆,沿矿田东侧的赣东北深断裂带上侵,并在北西向横张断裂与北东向叠瓦式断裂复合部位侵位成岩。岩浆作用晚期,残余熔浆成分主要为碱质(高钾)的水-硅酸盐体系,并含一定的挥发组分。这种气液在高温、高压和较封闭条件下,使围岩角岩化。岩体中产出由内向外的气液蚀变和微弱矿化,形成面型钾(硅)化及弱磁铁矿化、黄铁矿化、辉钼矿化。成矿模式如图 6-8 所示(包家宝等,2002)。

随着构造作用频繁活动,断裂裂隙发育,形成相对低压高渗透空间,深部加热大气降水的作用增强,岩体接触带成为岩浆水和深部加热大气降水对流循环的主要界面,导致出现以接触带为中心的温度、压力、浓度的梯度场变化。早期至主成矿期,热液温度较高,属酸、弱酸性体系高卤素、高碱质流体,这种热液具有很高的萃取围岩中 Cu、Au、S、Fe 等成矿元素的能力,形成矿田外围围岩中的铜量降低场。热液使钾长石、斜长石和黑云母水解,形成绢云母、石英、绿泥石。随着加热大气降水掺和作用增强,引起溶液中氢离子浓度降低,Ca^{2+}、Mg^{2+}、Na^+、Fe^{2+} 浓度增大,并随着溶液的 f_{O_2}、T 降低,pH 值增大,致使大量金属硫化物沉淀,并产生自接触带向内外两侧蚀变作用强度的递减。

在接触带近侧,SiO_2、K_2O、H_2O 和 Fe_2O_3 含量增高,构成了石英-绢云母-水白云母化带;Na_2O、Al_2O_3、MgO、CaO、FeO 迁移至外带,形成了外带的绿泥石(绿帘石)-水白云母化带。而且,形成依络合物稳定性由小→大的 Cu、Zn、Ag、Pb 的矿化分带以及辉钼矿、黄铜矿、黄铁矿→闪锌矿、方铅矿的分带性。晚期中低温成矿阶段,加热大气降水是热液的主要成分,溶液中 CO_2 和 H_2S 浓度增高,使溶液呈弱

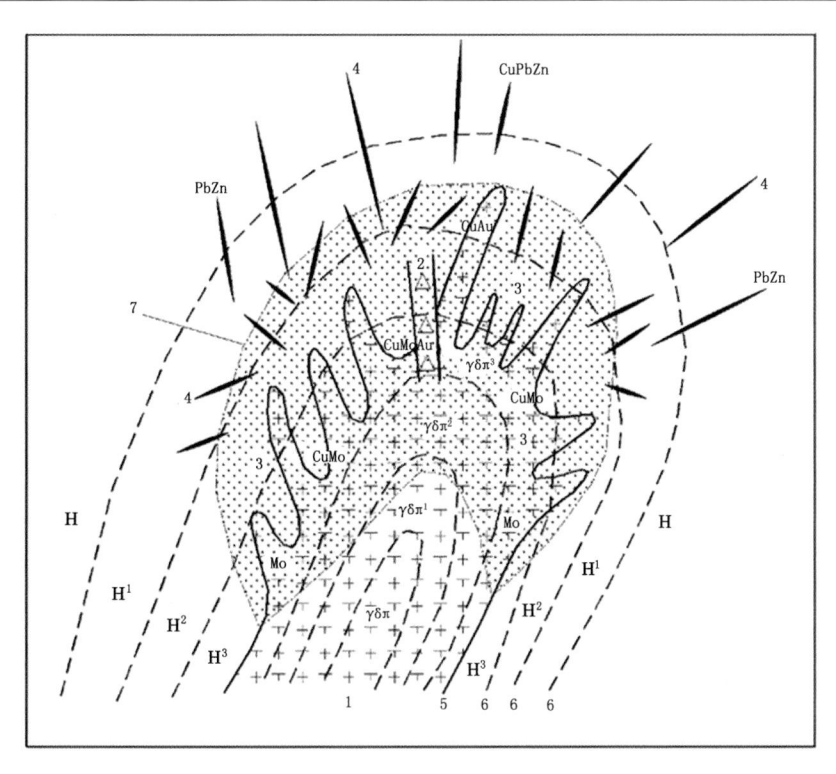

图 6-8 德兴斑岩型铜矿床(田)综合成矿模式图(包家宝等,2022)

1.花岗闪长斑岩;2.爆破角砾岩;3.浸染状矿化;4.细脉状矿化;5.斑岩体界线;6.蚀变带界线;7.矿体界线;
γδπ.花岗闪长斑岩;γδπ^1.钾长石-绿泥(帘)石-伊利石化带;γδπ^2.绿泥石-水白云母化带;γδπ^3.石英-绢云母
化带;H.浅变质围岩;H^1.绿泥石-伊利石化带;H^2.绿泥石-水白云母化带;H^3.石英-绢云母化带

酸性至弱碱性,而温度、压力进一步降低,大气氧的作用明显增强,使溶液达到饱和而大量晶出碳酸盐和硫酸盐矿物,并伴有方铅矿、闪锌矿、黄铁矿和少量黄铜矿的脉状矿化,分布在矿床的外带,从而形成了以成矿期岩体接触带为中心的蚀变矿化分带。

六、江西省城门山铜硫矿床

(一)矿床基本信息

江西省九江城门山矽卡岩型铜硫矿床是一个以铜硫为主的伴生钼、锌、金、银等多种有用矿产的大型矿床,其基本信息见表 6-14。

表 6-14　江西省九江城门山矽卡岩型铜硫矿床基本信息表

序号	项目名称	项目描述
1	经济矿种	铜、钼
2	矿床名称	江西省城门山铜硫矿床
3	行政隶属地	江西省九江市
4	矿床规模	大型
5	中心坐标经度	115°48′02″E
6	中心坐标纬度	29°41′16″N
7	经济矿种资源量	铜 $177.13×10^4$ t,钼 $5×10^4$ t

(二)矿床地质特征

城门山矿区位于扬子陆块九瑞坳陷带东缘,赣江深断裂与长江深断裂交会部位的南西侧,北西向深断裂与北东东向构造岩浆岩带接合部位。

矿区出露的地层自北向南、由老到新有:中志留统罗惹坪组泥岩、粉砂岩、细砂岩夹砂质页岩,上志留统纱帽组石英细砂岩、粉砂岩夹页岩;上泥盆统五通组含砾石英砂岩、石英砂岩;中石炭统黄龙组灰岩、白云质灰岩、白云岩;下二叠统梁山组碳质页岩,下二叠统栖霞组含燧石结核灰岩、含碳质灰岩,下二叠统茅口组燧石结核灰岩、碳质页岩夹透镜状灰岩,上二叠统龙潭组碳质页岩夹煤层,上二叠统长兴组硅质页岩、燧石灰岩、碳质页岩;下三叠统大冶组页岩、薄层灰岩,中三叠统嘉陵江组灰岩、白云质灰岩及角砾状灰岩白云岩;第四系黏土及砾石层。

矿区位于长山-城门湖背斜的北翼东段近倾伏端处。矿区构造格架由次级横跨褶皱和北东东向、北西向及北北东向三组断裂构成,裂隙和接触构造发育。

矿区为中酸性浅成-超浅成多次侵入的复式杂岩体,出露面积0.8km²。平面上呈不规则的椭圆形,在剖面上以75°左右倾角向北西倾斜。岩性主要为花岗闪长斑岩(铜矿成矿主要母岩)、石英斑岩(钼矿成矿母岩)等。

矿体空间上呈现以斑岩体为中心的环带状分布,矿体直接产于斑岩体内、外接触带及接触带外围岩中,空间上与斑岩体密切相关,离开岩体一定范围即为无矿的围岩。铜矿体主要分布于岩体上部、接触带和接触带外,相对而言钼矿分布于岩体中心较深的部位。总体表现为以钼矿体为核心向外依次为铜矿体、铜硫矿体的中心式环带状分布模式。以接触带为中心形成的矽卡岩铜矿体主要分布在接触带,矿体形态和产状取决于接触带形态变化的复杂程度,块状硫化物矿体受五通组与黄龙组之间的假整合面及层间破碎带控制,呈似层状,并以岩体为中心向东西两侧作对称分布;斑岩铜矿体主要分布于岩体的浅部和边缘;斑岩钼矿体则主要分布在岩体的中心部位,少数分布在紧靠岩体的砂岩中。产于接触带的矿体,受层间破碎带及斑岩体与碳酸盐岩地层接触带产状两种因素控制,往往形成犬牙交错、厚大的"羽列"矿体。

(三)自然重砂特征

1. 区域地球化学特征

1:20万水系沉积物测量结果,显示了Cu、Mo、Bi、Au、Sb、Cd、As、Pb、Zn、W等元素异常。其中,Cu、Mo、Bi、Cd具三级浓度分带,Au、Pb、Sb、Ag、Zn、W具二级浓度分带,且呈同心圆状分布。

2. 自然重砂特征

九江-瑞昌预测区内共有铜族矿物异常5处,总面积为122.99km²,为Ⅲ级异常,主要分布在瑞昌邓家山、龚家、巫山一带。

(四)地质-自然重砂找矿模型

城门山铜矿区,铜及多金属元素地球化学异常显著,各元素异常中心位置基本一致,并且各元素地球化学异常主要出现在花岗闪长斑岩体的内、外接触带。矿区铜及多金属元素综合异常和单元素异常的空间分布相关性特征,为矿床工业类型的多样性和铜多金属潜在资源综合评价提供了重要的地球化学信息依据。

综合上述矿床地质特征和地球化学特征,建立城门山铜硫矿床地质-地球化学自然重砂找矿模式(表6-15)。

表 6-15 江西省城门山铜硫矿床地质-地球化学自然重砂找矿模式表

矿床类型	江西城门山式广义矽卡岩型铜硫矿
基本特征	与燕山期中酸性侵入岩有关的块状硫化物型、矽卡岩型、斑岩型"三位一体"铜(钼)矿
成矿时代	主成矿时代:晚侏罗世—早白垩世,同位素年龄 155～142Ma(早期海底喷气沉积成矿时代:石炭纪)
资料来源	赣西北大队,1981;黄恩帮等,1990;季绍新等,1990

地质背景	赋矿构造单元	大地构造位于扬子准地台内的下扬子-钱塘台拗中,南邻江南台隆,北接淮阳地盾,三级构造单元是九江台陷,四级单元为瑞昌-九江凹褶断束。矿区位于长山-城门湖背斜的北翼东段近倾伏端处。矿区处于北东东向与北西向深大断裂带的交会部位。矿区构造格架由次级横跨褶皱和北东东向、北西向及北北东向 3 组断裂构成
	含矿地层	矿区地层为志留系、泥盆系碎屑岩和石炭系—三叠系碳酸盐岩。其含矿地层主要为石炭系和二叠系
	岩浆岩	岩浆岩为中酸性浅成-超浅成多次侵入的复式杂岩体,出露面积 0.8km^2。岩性主要为花岗闪长斑岩(铜矿成矿主要母岩)、石英斑岩(钼矿成矿母岩)等
	岩矿结构(矿化部位)	矿石有位于南部及深部五通组与黄龙组间的块状硫化物型铜硫多金属矿体、位于岩体接触带的矽卡岩型铜矿体、位于岩体内部的斑岩型铜矿和钼矿体。根据矿物共生组合的不同,可以划分下列几种矿石类型:含铜黄铁矿(占探明铜储量的 40.4%,平均含铜 1.24%)、含铜矽卡岩(占探明铜储量的 34.4%,平均含铜 0.61%)、含铜斑岩(占探明铜储量的 19.8%,平均含铜 0.55%)、含铜角砾岩(占探明铜储量的 3.2%,平均含铜 0.78%)、含铜黄铁矿-磁铁矿(占探明铜储量的 1.6%,平均含铜 0.6%)、含钼斑岩(以 4Mo 为主,占总储量的 98%,含钼 0.047%)等。

矿床工业类型	矿区矿石工业类型有:铁矿石(产于氧化带铁帽内,为褐铁矿,TFe 34.75%)、铜硫矿石、硫铁矿石(含硫 30.07%)、锌矿石(含锌 8.33%)、钼矿石等。主要有害组分为砷(铜矿体中平均含砷 0.027%,钼矿体中 0.008%)。矿石自然类型为氧化矿石、混合矿石、原生矿石。矿床工业类型为矽卡岩-斑岩型铜硫钼矿床
伴生矿床	铜矿石含金银较高,各矿体中平均 Au(0.1～0.69)×10^{-6}、Ag(5.1～21.5)×10^{-6}。其他有益组分有 Au、Ag、Se、Te、Tl、Ga、Ge、Re、Cd、In 等
矿体形态	主要有:似层状矿体(以 1Cu 为代表)、豆荚状(以 3Cu、13Cu、15Cu 为代表)、透镜状(5Cu、6Cu、7Cu 等)、带状(以 21Cu 为代表)、席状(为 10Cu)。最大矿体延长可达 2000m,最厚 54m,一般厚 20m
矿物组合	矿石中的金属矿物主要有黄铁矿、黄铜矿、辉钼矿、闪锌矿、磁铁矿,次为针铁矿、赤铁矿、磁黄铁矿、辉铜矿、斑铜矿、胶黄铁矿、蓝铜矿、白铁矿、孔雀石、自然铜等
矿石组构	矿石的构造主要为块状、浸染状、细脉浸染状,次为松散状、角砾状、条带及似条带状和环状等;结构有结晶粒状、交代溶蚀结构,次为假象、次文象、文象蠕虫结构
矿体结构	似层状、豆荚状、透镜状为主,席状
容矿围岩	主矿体直接围岩是五通组砂岩和石炭系—二叠系灰岩及岩浆岩,但钼矿体底板有志留系砂岩
围岩蚀变	蚀变主要有钾长石化、矽卡岩化、硅化、大理岩化、黑云母化、绢云母化、高岭土化等
矿化分带	矿化分带以岩体为中心由内向外大致有:Mo-Cu、S-Cu、PbZnAg 分带规律
蚀变分带	从复式岩体中心向外可分为内外 2 个带、7 个蚀变岩相亚带:内带为岩体中的蚀变,包括中心带(钾长石-石英化带)、过渡带(黑云母-钾长石化带)、边缘带(高岭土-绢云母化带);外带为围岩中的蚀变(碳酸盐岩和砂岩),包括接触带(矽卡岩化带)、外接触(有硅化-大理岩化带、硅化-绢云母化带、热液钾长石-石英岩化带)
风化剥蚀	主矿体直接出露地表,受氧化作用地表形成铁帽,湖区为湖泥覆盖
地球化学标志	具有 Cu、Pb、Zn、Ag、Mo、As、Mn、W、Sn、Bi、V、Co、Ni、Hg、F 等元素原生晕异常,特别是 Cu、Pb、Zn、Ag、Mo 主成矿元素异常;异常面积和强度大、形态规整,具有多组分特征,组分分带明显,浓度分带清楚,具有明显的浓集中心
变质变形	具接触交代变质作用

(五)成矿模式

城门山铜硫矿床是受构造-岩浆演化、围岩建造和构造空间综合控制的产物。矿床形成的基本条件是:有深源浅成-超浅成中酸性斑岩体;有志留系—三叠系碎屑岩+白云岩+灰岩的围岩建造;位于北西西向城门山-封山洞基底断裂上,是中深部及浅部菱形网格构造结点;有断裂破碎带、层间破碎带、裂隙带构造、接触带和岩性差异面等容矿构造空间。其不同类型矿床的矿化特征不同,主导控矿因素各异,斑岩型铜钼矿床为斑岩体+岩体中裂隙带,钼主要与石英斑岩有关,铜主要与花岗闪长斑岩有关;矽卡岩型铜矿床为斑岩体+灰岩建造+接触带构造;层控硫化物型铜硫矿床为五通组石英砂岩与黄龙组灰岩、白云岩岩性差异面+层间破碎带。矿床构成以斑岩体为中心的与燕山期中酸性侵入岩有关的块状硫化物型、矽卡岩型、斑岩型"三位一体"中高温热液型铜(钼)矿的成矿模式(图6-9)。

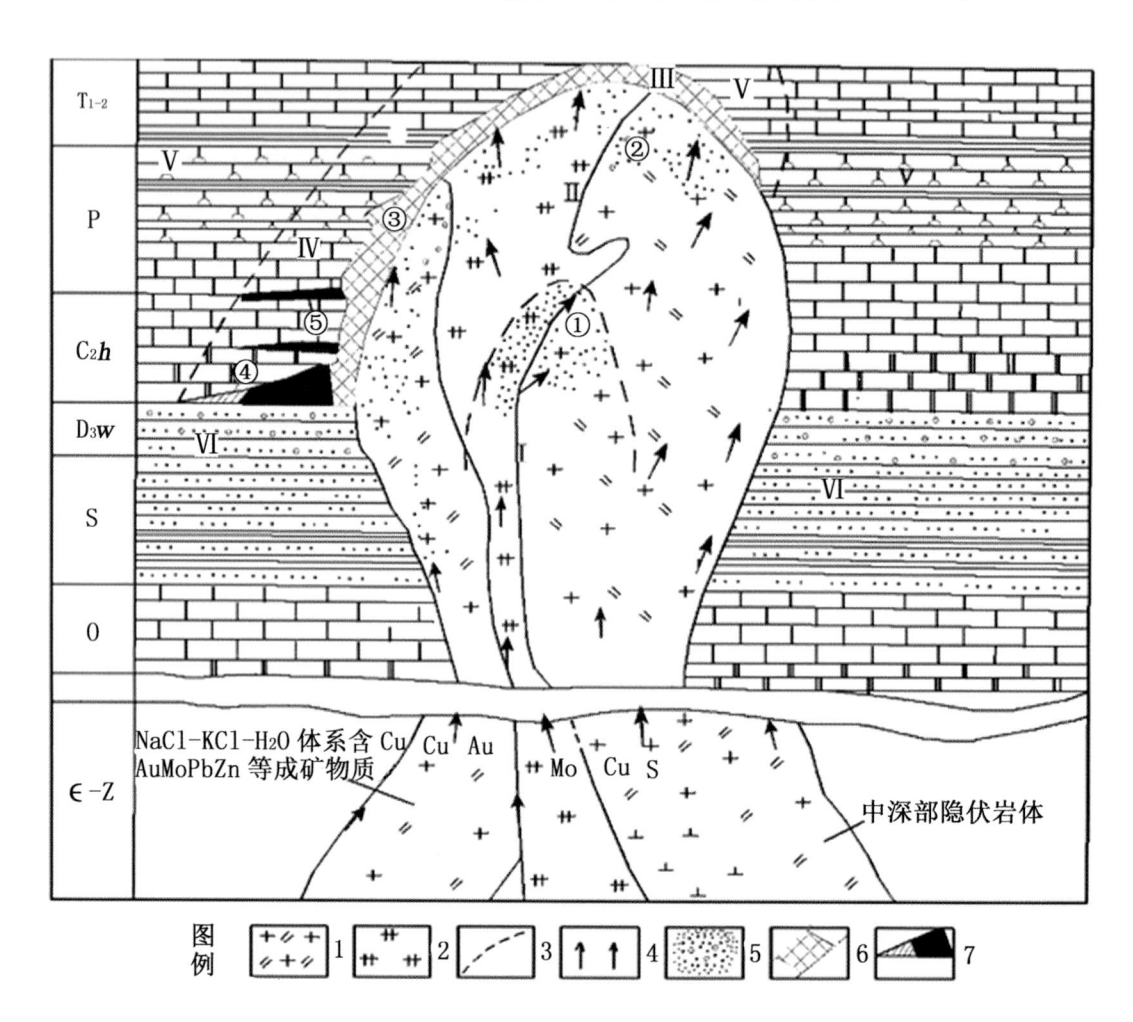

图6-9 城门山广义矽卡岩型铜硫矿床成矿系列模式图

1.花岗闪长斑岩;2.石英斑岩;3.围岩蚀变带界限;4.矿液运移方向;5.斑岩型矿床;6.矽卡岩型矿床;7.层控型矿床;①斑岩型钼矿;②斑岩型铜矿;③矽卡岩型铜矿;④层控块状硫化物铜矿;⑤层间硫化物型铜矿;Ⅰ.钾化-硅化带;Ⅱ.硅化-黏土化带;Ⅲ.矽卡岩带;Ⅳ.矽卡岩化大理岩带;Ⅴ.大理岩化带;Ⅵ.硅化-绢云母化带

七、福建省上杭紫金山铜金矿床

(一)矿区基本信息

福建省上杭紫金山铜金矿床基本信息见表6-16。

表6-16 福建省上杭紫金山铜金矿床基本信息表

序号	项目名称	项目描述
1	经济矿种	铜、金、钼、银
2	矿床名称	福建省上杭紫金山铜金矿床
3	行政隶属地	福建省上杭县
4	矿床规模	大型
5	中心坐标经度	116°24′30″E
6	中心坐标纬度	25°10′30″N
7	经济矿种资源量	铜金属量 196.7162×10^4 t,平均品位 0.44%;保有储量 191.4661×10^4 t

(二)矿床地质特征

矿区位于永梅坳陷之西南,上杭-云霄北西向深大断裂带与北东向宣和复式背斜南西倾伏端交会部位、上杭北西向白垩纪陆相火山断陷盆地东缘。

区内地质体主要有:震旦系浅变质砂泥岩和泥盆系、石炭系粗碎屑岩,分布在北东向复背斜的核部和两翼;白垩系陆相火山沉积建造,沿北西向火山断陷盆地分布;燕山早期酸性复式花岗岩体,呈北东向沿复背斜核部大规模侵入并遭受后期强烈的热液蚀变,是铜金矿主要容矿围岩;燕山晚期(早白垩世)中酸性潜火山相英安斑岩、隐爆角砾岩、花岗闪长斑岩,沿紫金山火山通道侵位于燕山早期的复式花岗岩体中,形成长1.5km,宽0.5km,长轴走向呈北东向的椭圆形复式岩筒,其顶部发育环状隐爆角砾岩带和震碎花岗岩带,两侧沿北西向裂隙带发育英安斑岩脉和热液角砾岩脉群,由它们组成的紫金山火山机构在平面上总体呈"蟹"形,是一个较完整的岩浆-气液活动体系(图6-10)。

矿区断裂构造十分发育,主要有北东向、北西向两组。成矿前的北东向、北西向断裂交会处是岩浆活动的通道,控制着紫金山火山机构、复式斑岩筒的形成;成矿后的北东向、北西向断裂导致南东、北东断块的上升,矿体遭受剥蚀。控矿的北西向裂隙成群成带沿紫金山主峰两侧展布,形成长大于2km,宽大于1000m蔚为壮观的北西向裂隙密集带,英安斑岩、热液角砾岩、含铜硫化物等脉体大多沿该组裂隙分布,并具有一致的产状等特征,表明北西向裂隙是矿床最重要的控岩控矿构造。

紫金山铜、金矿带围绕着斑岩筒分布,矿带主要分布于岩筒北西侧外接触带,南东侧外接触带因断裂抬升剥蚀,仅见零星矿化。

矿化具上金下铜的垂向分带(图6-11),铜矿带分布在潜水面以下,"铁帽型"金矿带叠置在铜矿带之上的潜水面以上。铜矿体呈脉状、透镜状,长、宽近等,一般700~900m,厚3~15m,产状与北西向裂隙一致。矿体由一系列主要沿北西向裂隙充填的含铜硫化物细脉组成,脉幅一般0.2~3cm,长几米一

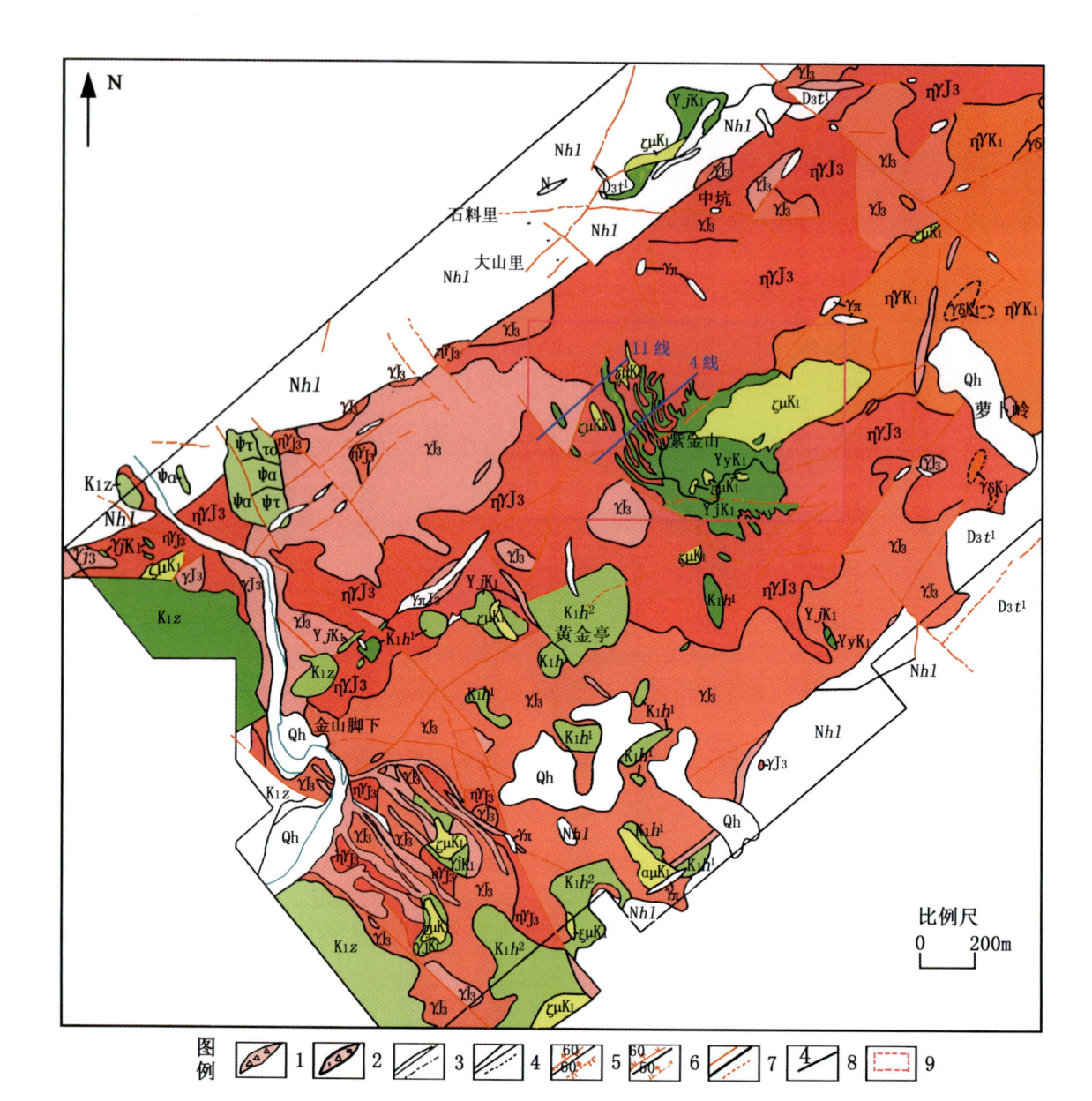

图 6-10 福建上杭紫金山地质矿产略图

Qh.第四纪全新世;Qp.第四纪更新世;K_1z.早白垩世寨下组;K_1h^2.早白垩世黄坑组上段;K_1h^1.早白垩世黄坑组下段;K_1h.黄坑组(未分);D_3t^1.晚泥盆世天瓦崠组下段;Nhl.南华纪楼子坝组;YjK$_1$.早白垩世隐爆角砾岩;YyK$_1$.早白垩世隐爆凝灰岩;$\zeta\mu K_1$.早白垩世英安玢岩;$\lambda o\pi K_1$.早白垩世石英斑岩;$\gamma\pi K_1$.早白垩世花岗斑岩;$\alpha\mu K_1$.早白垩世安山玢岩;$\gamma\pi J_3$.晚侏罗世花岗斑岩;$\zeta\mu J_3$.晚侏罗世英安玢岩;$\gamma\delta K_1$.早白垩世中粒花岗闪长岩(四坊岩体);$\eta\gamma K_1$.早白垩世斑状细粒黑云二长花岗岩(仙师岩体);γJ_3.晚侏罗世细粒白云母花岗岩(金龙桥岩体);$\eta\gamma J_3$.晚侏罗世碎裂中细粒二长花岗岩(五龙子岩体);γJ_3.晚侏罗世碎裂粗、中粗粒、巨粒花岗岩(迳美岩体);$\gamma\delta$.花岗闪长岩脉;$\lambda o\pi$.石英斑岩脉;$\zeta\mu$.英安玢岩脉;$\gamma\pi$.花岗斑岩脉;$\xi\pi$.正长斑岩脉;N.基性岩脉、安山玢岩脉;φa.角闪安山岩脉;$\varphi\tau$.角闪粗面岩;τo.石英粗面岩;1.断裂破碎带;2.花岗碎裂岩带;3.实测、推测不整合地质界线;4.实测、推测地质界线;5.实测、推测逆断层及产状;6.实测、推测正断层及产状;7.实测、推测性质不明断层;8.勘探线及编号;9.紫金山矿区范围

几十米不等。铜矿体成群成带、近于平行排列,剖面上呈右行侧列、间距5~15m,总体构成平行于斑岩筒长轴展布的长约2000m、宽约1000m的矿带。金矿体呈透镜状,长300~1000m,厚50~200m。产状与铜矿体近于一致。

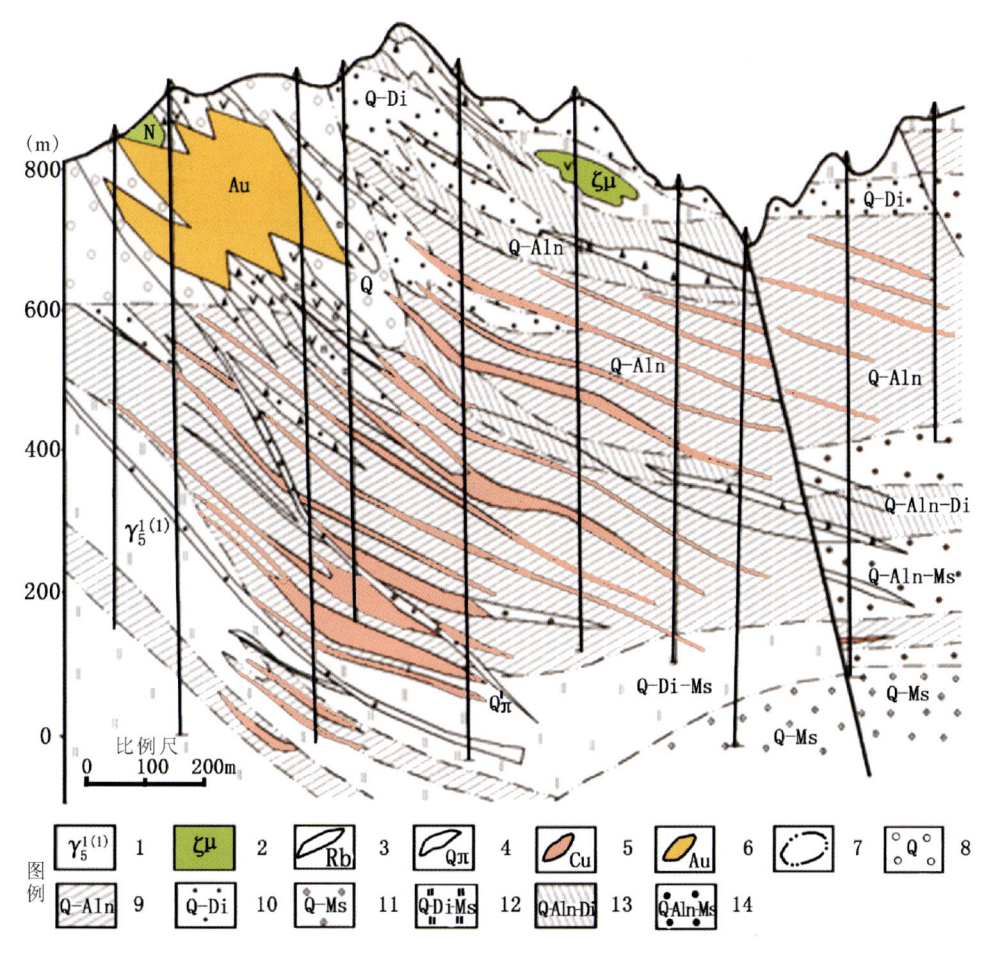

图 6-11 福建省上杭紫金山铜金矿区 3 线剖面图

1.燕山早期花岗岩;2.英安玢岩;3.热液角砾岩;4.石英斑岩;5.铜矿体;6.金矿体;7.蚀变界线;8.硅化带;9.石英-明矾石带;10.石英-迪开石带;11.石英绢云母带;12.石英-迪开石-绢云母带;13.石英-明矾石-迪开石带;14.石英-明矾石-绢云母带

(三)自然重砂特征

1. 矿区地球化学背景特征

上杭紫金山陆相火山岩型铜金矿处于长汀-上杭被动陆缘Ⅴ-3-4(Nh—O)地质构造区内,Au、Cu平均值与全国(指全国水系沉积物含量推荐值,下同)相比较偏低,但高于福建省(表6-17)。

表 6-17 长汀-上杭被动陆缘Ⅴ-3-4(Nh—O)构造区主要成矿元素含量特征表

	Ag	Au	Cu	Pb	Zn	W	Mo	Sn	Mn
武夷-云开造山系Ⅴ(福建省)	105.1115	1.0136	9.6031	41.1262	76.6082	3.2382	1.2735	5.2375	586.3676
全国	80.0	1.3	21.56	25.96	68.47	2.19	1.23	3.43	678
长汀-上杭被动陆缘Ⅴ-3-4(Nh—O)	97.7597	1.0396	10.0675	36.2556	67.3177	3.8173	0.9503	5.6738	474.0328

矿区所处的 Au、Cu 元素高背景分布区，Cu 大于 15.5×10^{-6} 高背景分布面积 141km²。Au 大于 1.6×10^{-6} 高背景分布面积达 1184km²。

2. 自然重砂特征

重砂异常以锡石、黑钨矿、磷钇矿为主，异常区位于中粗粒黑云母花岗岩（$\gamma_5^{2(3)c}$）与混合岩及中上泥盆统石英砂岩、砂砾岩、紫红色粉砂岩的内外接触带上。异常中部石英脉发育，有南北向及北西向两组。

1∶5万水系沉积物测量，Cu 以 35×10^{-6} 为异常下限，圈出铜异常 14 处，其中有 3 处具异常浓集中心；Mo 以 5×10^{-6} 为异常下限，圈出 Mo 异常 16 处，其中 6 处具异常浓集中心，Cu 与 Mo 异常套合良好。

（四）地质-自然重砂找矿模型

根据地球化学特征的研究，建立上杭紫金山（紫金山式）陆相火山岩型铜金矿典型矿床地质-地球化学自然重砂找矿模型（表 6-18）。

表 6-18 上杭紫金山铜金矿地质-自然重砂找矿模型表

分 类		主要特征
地质成矿条件	大地构造背景	位于华南加里东褶皱系东部，东南沿海火山活动带西部亚带，闽西南晚古生代坳陷之西南侧，上杭-云霄北西向深断裂带与北东向宣和复背斜的交会部位，上杭北西向白垩纪陆相火山-沉积盆地东缘
	火山建造/火山作用	紫金山火山机构主要发展过程：爆发—喷溢—中酸性次火山岩侵入—大规模中心式隐蔽爆发—小规模裂隙式爆发—酸性次火山岩侵入。火山作用形成的主要岩性为：火山角砾岩、凝灰岩、英安岩、英安玢岩、隐爆碎屑岩、脉状隐爆碎屑岩-石英斑岩
	侵入岩建造	燕山期的岩浆侵入。燕山早期有中粗粒花岗岩、中细粒二长花岗岩、细粒白云母花岗岩，花岗结构，块状构造，其中中细粒二长花岗岩是铜金矿体的重要围岩，岩浆成因类型显示 S 型花岗岩特征；燕山晚期有细粒黑云母二长花岗岩、中粒花岗闪长岩，岩浆成因类型为 I 型（同熔型）花岗岩
	成矿构造	燕山期的北东向与北西向构造交会为矿区的主要成矿控矿构造
	围岩蚀变	主要蚀变带为：强硅化蚀变带、石英-明矾石蚀变带、石英-迪开石混合蚀变带、石英-绢云母蚀变带
	矿体产状及特征	矿体主要分布于火山北西侧的脉状角砾岩的内外接触带中，呈脉状、透镜状成群分布。具有"上金下铜"的垂直分带特点
	矿物组合	铜矿矿物组合，金属矿物含量 6%～10%，以黄铁矿、蓝辉铜矿为主，铜蓝、硫砷铜矿次之，脉石矿物为石英、明矾石、迪开石。金矿矿物组合，金属矿物主要为自然金、褐铁矿、赤铁矿，脉石矿物主要为石英，少量迪开石
	矿体结构	矿石主要结构有：他形粒状结构、半自形—自形结构、填隙结构、包含结构、交代残余结构、固溶分离结构等；矿石构造有：胶状变胶状构造、团包状构造、细脉-微细脉状构造、细脉浸染状构造、角砾状构造等
地球化学特征	区域地球化学异常特征	（1）矿床处于 Au、Cu 高背景分布区，尤其 Au 高背景区可达千余平方千米 （2）矿田元素组合：Au-Cu-Pb-Zn-Ag-As-Sb-Bi-Mo-W （3）矿区元素组合 Au-Ag-Pb-As-Sb-Bi-Cu-Sn-Mo （4）组分分带，由南西至北东有：(As-Sb)-(Au-Ag-Cu-Pb-Sn)-(Mo-Cu-Bi-W-Zn)
	自然重砂异常特征	重砂异常以锡石、黑钨矿、磷钇矿为主，异常区位于中粗粒黑云母花岗岩（$\gamma_5^{2(3)c}$）与混合岩及中上泥盆统石英砂岩、砂砾岩、紫红色粉砂岩的内外接触带上。异常中部石英脉发育，有南北向及北西向两组

（五）成矿模式

矿床形成于一个与燕山晚期深源中酸性潜火山作用有关的成矿系列中，定位于火山机构潜火山岩岩筒外接触带的隐爆角砾岩、热液角砾岩脉带及周围。铜金矿主要是由浅成低温热液型铜金矿和斑岩型铜矿组成。矿化具上金下铜的垂向分带，铜矿带分布在潜水面以下，"铁帽型"金矿带叠置在铜矿带之上的潜水面以上。矿床形成于早白垩世，其成矿的物理化学环境为中低温、低盐度、酸性、近地表处，成矿物质铜、金主要来源于燕山晚期的中酸性岩浆，硫主要来源于深源岩浆，水以天水为主，混合部分岩浆水。

通过对典型矿床地球化学特征的分析研究，编制上杭紫金山（紫金山式）陆相火山岩型铜金矿地质-地球物理-地球化学模型图，对应于矿床的成矿系列，地球化学异常在元素组合、组分分带、主成矿元素反映的异常规模等具明显的特征。

第二节 铅锌矿床

一、安徽省庐江县岳山银铅锌矿床

（一）矿床基本信息

安徽省庐江县岳山银铅锌矿床基本信息见表6-19。

表6-19 安徽省庐江县岳山银铅锌矿床基本信息表

序号	项目名称	项目描述
1	经济矿种	银、铅、锌
2	矿床名称	安徽省庐江县岳山银铅锌矿床
3	行政隶属地	安徽省庐江县
4	矿床规模	中型
5	中心坐标经度	117°30′16″E
6	中心坐标纬度	31°07′14″N
7	经济矿种资源量	铅 16.15×10^4 t，锌 35.72×10^4 t。银矿体金属量：银 55.7 t，伴生铅 0.55×10^4 t，伴生锌 0.98×10^4 t

（二）矿床地质特征

庐江县岳山银铅锌矿大地构造位置位于扬子陆块下扬子地块（前陆带）沿江褶断带中部，长江中下游铜-金-铁-铅-锌（锡-钨-钼-锑）-硫-石膏成矿带庐枞铜-金-铁-钼-铅-锌-银-硫成矿区。

矿区出露地层包括基底沉积岩地层和火山岩地层两部分。火山岩地层以角度不整合覆盖于基底沉积岩地层之上。基底沉积岩地层主要为一套海相-陆相的碎屑岩建造，包括中三叠统黄马青组、上三叠统范家塘组、下侏罗统钟山组、中侏罗统罗岭组。火山岩地层由老至新为龙门院组安山岩、砖桥组粗安岩、双庙组。其中以龙门院组和砖桥组含矿性最好。

区内的控岩构造主要为北东向的隐伏大断裂，而促成岩浆上侵，提供岩浆运移通道的主要是次一级的北西向及北北西向断裂。形成于印支期、活化于燕山早期的北东向深大断裂是良好的导矿构造，由这组北东方向大断裂派生的一些北西向次级断裂形成，伴随岩浆活动，一些火山穹隆、褶皱等火山构造也相应形成，给矿产形成提供富集储存的场所。区内南北向断裂大都破坏了矿化的连续性。

区内出露的岩浆岩有三类：一是喷出岩，主要是龙门院组和砖桥组两个旋回的产物，常见的岩石类型有角闪安山岩、粗安岩类、火山碎屑熔岩类；二是次火山岩，多呈岩枝、岩床相顺层或超覆侵入于喷出岩中或基底沉积岩中，局部沿断裂构造上侵，时代归属龙门院旋回或砖桥旋回；三是侵入岩，分布较广，主要有闪长玢岩与正长斑岩两类（矿区内岩浆岩同位素年龄：黄屯闪长玢岩 125.6Ma，井屋粗安斑岩 119.0Ma）。

矿体主要赋存于龙门院旋回的粗安斑岩中，其次赋存于基底沉积岩地层范家塘组和钟山组下段的砂页岩中，以铅锌矿体为主，银矿体为次。前者为中型，后者为小型。全矿床共圈出铅锌矿体123个，其中编号的19个中，以1号矿体规模最大，为主矿体，2～8号为次要矿体，9～19号为小矿体。1号矿体赋存于粗安斑岩与砂岩的接触带上，呈透镜状—似层状产出。矿体被 F_1 断层切为东西两部分，东盘向北位移，西盘向南位移。被 F_1 断层错开后，其长轴呈NE23°方向，长920m，宽100～350m，其工程见矿总厚度为4.00～109.75m，平均为40.34m。矿体产状受接触带控制，总体向南倾斜，倾角10°～40°，仅北端向北倾斜，倾角15°～20°。矿体由南向北逐渐分为上下两支，在11线以北，1号铅锌矿体即分成1-1与1-2两层，而11线以南至10线，1号矿体完整性良好，基本为一似层状矿体。矿体总的特征是：中间厚度大，边缘厚度小，变化规律性明显。

全矿床共圈出银矿体14个，其中氧化矿体1个、复脉状矿体2个、单脉状矿体9个、层状矿体2个，以1号、2号、12号矿体规模稍大，其余规模均很小。

（三）地球化学特征

1. 区域岩石

据《安徽省地球化学特征及找矿目标研究》(2012年)统计结果，龙门院组、范家塘组 Zn 含量明显高，是全省平均值的2倍以上，Au、As、Pb、Ag、Fe、Ti、Co、Cr、V、Mn 较高（>20%），且龙门院组较范家塘组高含量特征更明显。钟山组这些元素富集特征不明显。

2. 区域化探

本次收集到庐江县岳山铅锌银矿区1:20万水系沉积物51件样品的39项元素含量数据。计算水系沉积物中元素平均值相对其在中国水系沉积物中的富集系数，与中国水系沉积物元素含量平均值相比，庐江县岳山铅锌银矿区1:20万水系沉积物明显富集 Hg、B、W、Pb、Mo、Sn、Bi、Zr、U、Ag、Th、Ti、Au、V、Nb、Cu、La、Co 计18项，其富集系数大于1.20。即庐江县岳山铅锌银矿区水系沉积物在高温成矿元素中明显富集 W、Mo、Sn、Bi；在中温成矿元素中明显富集 Pb、Au、Cu；在低温成矿元素中明显富集 Hg、Ag；在其他元素方面富集 B、Zr、U、Th、Ti、V、Nb、La、Co。根据本次收集到的1:20万水系沉积物39项元素作地球化学异常剖析图，在庐江县岳山铅锌银矿区存在明显异常的元素有 Pb、Zn、Ag、As、Sb、W、Sn。因此可以认为在1:20万水系沉积物中庐江县岳山铅锌银矿区的成矿指示元素组合为 Pb、Zn、Ag、As、Sb、W、Sn。

（四）地质-地球化学找矿模型

综合上述矿床地质特征和地球化学特征，安徽省庐江县岳山银铅锌矿床的地质-地球化学找矿模型可简化如表6-20所示。

表 6-20 安徽省庐江县岳山银铅锌矿床地质-地球化学找矿模型

分类	项目名称	项目描述
地质特征	矿床类型	斑岩型
	矿区地层与赋矿建造	区内出露地层包括基底沉积岩地层和火山岩地层两部分,包括中三叠统黄马青组、上三叠统范家塘组,下侏罗统钟山组、中侏罗统罗岭组,龙门院组安山岩、砖桥组粗安岩、双庙组。其中以龙门院组和砖桥组含矿性最好
	矿区岩浆岩	区内出露的岩浆岩有三类:①喷出岩主要是龙门院组和砖桥组两个旋回的产物,常见的岩石类型有角闪安山岩、粗安岩类、火山碎屑熔岩类;②次火山岩多呈岩枝、岩床相顺层或超覆侵入于喷出岩中或基底沉积岩中,局部沿断裂构造上侵,时代归属龙门院旋回或砖桥旋回;③侵入岩分布较广,主要有闪长玢岩与正长斑岩两类
	矿区构造与控矿要素	矿区位于扬子陆块下扬子地块(前陆带)沿江褶断带中部,庐枞盆地北东部边缘。区内的控岩构造主要是北东向的隐伏大断裂,而促成岩浆上侵,提供岩浆运移通道的主要是次一级的北西向及北北西向断裂。形成于印支期、活化于燕山早期的北东向深大断裂是良好的导矿构造,由这组北东方向大断裂派生的一些北西向次级断裂形成,伴随岩浆活动,一些火山穹隆、褶皱等火山构造也相应形成,为矿产形成提供富集储存的场所
	矿体空间形态	矿体主要赋存于龙门院旋回的粗安斑岩中,其次赋存于基底沉积岩地层拉犁尖组和磨山组下段的砂页岩中,以铅锌矿体为主、银矿体为次,呈透镜状—似层状产出
	矿石类型	自然类型:根据氧化程度分为硫化矿石和氧化矿石;硫化矿石中根据赋存围岩进一步分为斑岩型矿石、砂岩型矿石;根据铅锌含量分为铅矿石、锌矿石和铅锌矿石
		工业类型:根据氧化程度分为硫化矿石和氧化矿石;硫化矿石中根据赋存围岩进一步分为斑岩型矿石、砂岩型矿石
	矿石矿物	矿石矿物:主要有闪锌矿、方铅矿、黄铁矿、白铁矿、黄铜矿、自然银,少量毒砂、磁铁矿、赤铁矿、叶铁矿、菱铁矿、褐铁矿、蓝辉铜矿、铜蓝、铅矾、白铅矿、铅黄、黄钾铁矾
	矿化蚀变	从上到下大致有4个蚀变带:①硅化、次生石英岩蚀变带;②铅锌矿、高岭石、水云母蚀变带;③黄铁矿、石英蚀变带;④电气石、钾长石蚀变带。铅锌矿主要赋存在第二带,黄铁矿主要赋存在第三至第四带
地球化学特征	区域岩石特征	龙门院组、范家塘组中 Zn、Pb、Ag、Au、As 铁族元素含量高
	原生晕特征	
	次生晕特征	出现 Pb、Zn、Ag、As、Sb、W、Sn 等元素衬值异常
	中大比例尺区域化探特征	与中国水系沉积物元素含量平均值相比明显富集的元素有 Hg、B、W、Pb、Mo、Sn、Bi、Zr、U、Ag、Th、Ti、Au、V、Nb、Cu、La、Co;剖析图显示存在异常的元素有 Pb、Zn、Ag、As、Sb、W、Sn

(五)成矿模式

晚侏罗世随着龙门院旋回的火山活动,由于岩浆的分异作用,含有 H_2S 气体和 Pb、Zn、Ag 等金属元素的成矿热液在岩浆房中局部富集,这些成矿物质主要来源于地幔,但随着岩浆上升,也汲取了基底沉积岩中的部分成矿物质,但富含成矿热液的岩浆上升到近地表时,便冷凝结晶而形成次火山岩体。成矿热液在次火山岩体这种半封闭系统中,也随岩浆温度的下降而不断向上部聚集并结晶沉淀。当温度大约在 300~400℃时,成矿热液开始析出黄铁矿、闪锌矿、方铅矿等硫化矿物,它们沿着次火山岩体的原生裂隙、矿物间隙和矿物解理进行充填、渗透交代，形成星散浸染状和细脉浸染状斑岩型铅锌矿石；同时，在次火山岩体的边部，成矿热液向接触带外侧的砂岩中渗透，沿构造裂隙、层间裂隙和胶结物的空隙进行充填和渗透交代，形成细脉浸染状砂岩型铅锌矿石。此期铅锌矿形成以后，在地下水的作用下，由于氧逸度的增高，部分 Pb、Zn、Ag 又重新被地下水溶解，并迁移到张性破碎带或张性裂隙中重新沉淀，形成脉状银矿。由于 H_2S 和 SO_4^{2-} 之间的硫同位素分馏，使得银矿石中的闪锌矿和方铅矿富集轻硫，$\delta^{34}S$ 为负值，以致铅锌矿石形成明显的差别。进入表生分化期后，出露地表的铅锌矿体和银矿体均遭受氧化，其中 Pb、Ag 元素基本上残留原地，而 Zn 元素则淋失。Pb 即未明显贫化，也未明显富集，而 Ag 则稍有富集。形成的主要氧化物是铅钒、褐铁矿和黄钾铁钒。

根据该矿床以上成矿条件的综述，建立岳山式斑岩型铅锌矿成矿模式。

二、江苏省南京市栖霞山铅锌银矿床

（一）矿床基本信息

江苏省南京市栖霞山铅锌银矿床基本信息见表 6-21。

表 6-21　江苏省南京市栖霞山铅锌银矿床基本信息表

序号	项目名称	项目描述
1	经济矿种	铅、锌
2	矿床名称	江苏省南京市栖霞山铅锌银矿床
3	行政隶属地	南京市
4	矿床规模	大型
5	中心坐标经度	东径 118°56′00″～118°57′46″
6	中心坐标纬度	北纬 32°08′27″～32°09′27″
7	经济矿种资源量	铅锌 260.38×10⁴t，铜 1.6×10⁴t，金 33.66t，银 3363t

（二）矿床地质特征

矿床位于宁镇断褶束北侧龙仓复背斜南翼。矿床受层位、岩性、岩相控制十分明显。中石炭统黄龙组碳酸盐岩相地层为主要赋矿层位，显示出层控矿床特征。上构造层由象山群砂页岩组成开阔的背斜褶皱。下构造层褶皱强烈，栖霞山-甘家巷复式背斜是背斜西延再现部分。自北到南由甘家巷背斜、五亩山向斜、大凹山背斜、钱家渡向斜等次级褶皱组成。断裂构造十分发育，纵向断裂，以 F_2 为代表，是矿区的重要容矿构造之一，发育于栖霞山-甘家巷复背斜的南翼（倒转翼），断层面与地层层面大致平行或小角度相交，层间错动，略有逆冲，使浅部的五通组砂岩、下石炭统高骊山组粉砂岩逆冲到石炭系、二叠系灰岩之上。断裂走向北东-南西，纵贯全区，断续长 5km 以上，属压性、压扭性构造，具"先压后张"特征。横向断裂亦十分发育，可归纳为两级共 40 余条。一级横断裂规模较大的有甘家巷-钱家渡河栖霞-长林断裂，切割深，是导矿构造。二级横断裂部分与 F_2 纵断裂配套，在成矿前发生，在交叉部位矿体往往膨大，少数直接赋存于横断裂中的矿体规模较小。此外，还有沿象山群砂岩与下构造层之间不整合面发生的断裂破碎带、古岩溶构造等，常被后期矿液充填交代，也是重要的容矿构造。矿区内未出露岩浆岩体，仅西部甘家巷地表及个别钻孔深部见有少量的闪长玢岩岩脉。在矿区西南方向尧化门一带则有石英闪长岩体出露。

矿区有大小矿体17个,主矿体9个,总体呈带状分布。主矿体赋存于高骊山组与黄龙组之间硅钙岩层界面控制的纵向断裂带中,矿体上部延伸至F_2断裂旁侧断裂中,旁侧断裂大致沿象山群与下构造层不整合面发育,形成数十米厚的构造角砾岩。主矿体形态规则,呈似层状、大透镜状产出,走向北东,倾向北西,矿体长约1400m,厚30~50m不等。

(三)自然重砂特征

矿区范围及其外围曾先后做过1:20万水系沉积物、1:5万土壤及1:1万土壤测量,它们所反映的地球化学特征基本相同,异常元素组合较为复杂,主要有Pb、Zn、Ag、Cu、Au、As、Sb、Cd、Bi、Hg等。异常呈北东向展布,较好地反映了栖霞山铅锌银矿床的成矿作用。

1:20万水系沉积物圈出了77.17km²综合异常,元素组合复杂,主要有Au、Pb、Zn、Ag、Cd、Sb、Hg,其次为Cu、As、Bi、Hg、Mo等,各元素异常特征值如表6-22所示。异常呈北东向不规则状展布,与栖霞山-大凹山多金属矿化带延伸方向一致,异常范围与矿区范围基本吻合。Au、Pb、Zn、Ag等元素浓度分带完整,一般都发育有外、中、内带,且它们的异常规模均较大。总体来说,该综合异常反映了区内已知矿产的成矿作用,属矿致异常。

表6-22 1:20万水系沉积物测量栖霞山铅锌银矿区异常特征值表

元素组合	面积 (km²)	强 度				规 模	
		浓 度		衬 度		衬度算术 规模	衬度几何 规模
		最小值	最大值	算术均值	几何均值		
31Au3	42.72	2.1	30	4.83	3.09	206.50	132.36
35Pb3	44.93	22.8	375.7	3.30	1.78	148.62	80.11
26Zn3	35.81	52.3	639.8	2.66	1.67	95.18	60.10
31Cu1	15.96	63.2	63.2	2.85	2.85	45.60	45.60
23Ag3	43.64	76	1000	3.01	1.91	131.53	83.71
31As3	28.16	9.8	98.5	2.72	1.66	76.71	46.95
25Bi1	22.12	0.52	0.82	2.09	2.05	46.30	45.49
49Cd3	66.69	100	1200	2.69	2.17	180.0	145.02
25Hg1	6.97	343	343	5.53	5.52	38.53	38.53
26Hg1	9.99	380	380	6.12	6.12	61.17	61.17
29Mo2	7.58	3.4	3.4	4.16	4.16	31.53	31.53
28Sb3	43.63	1	12	3.32	2.03	144.65	88.56
各参数累计						1206.32	859.13

注:Au、Ag、Cd、Hg含量单位为$\times 10^{-9}$,其他元素含量单位为$\times 10^{-6}$。

根据铅锌银矿床的矿物组合,栖霞山铅锌银矿选择了铅族、重晶石、黄铁矿与辰砂作含量分级图(图6-12),从图上可以看出,铅族矿物、黄铁矿有较好的显示,重晶石与辰砂显示效果弱些。这些高含量点与矿床点有一定的距离,也反映出受重砂采样密度的影响,尤其是在矿区,这些矿物在铅锌银矿周围有明显的显示,对寻找相关的矿床有一定的指示意义。

(四)地质-自然重砂找矿模型

通过分析矿床地质特征和地球化学特征,总结出南京栖霞山铅锌银矿床的地质-地球化学自然重砂找矿模型可简化如表6-23所示。

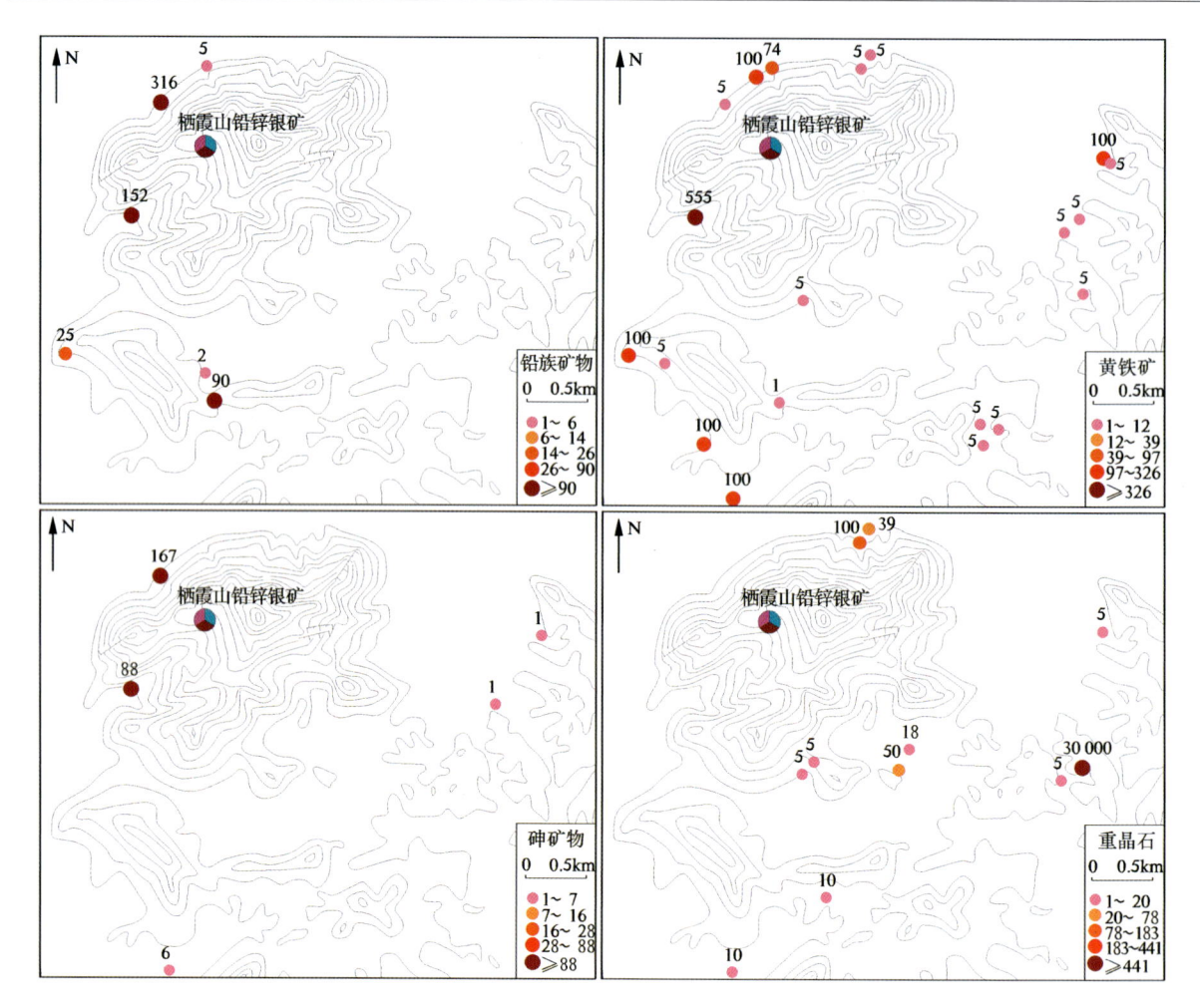

图 6-12 栖霞山铅锌银矿自然重砂含量分布图

表 6-23 栖霞山铅锌银矿床地质-自然重砂找矿模型

<table>
<tr><td colspan="2">矿床类型</td><td>碳酸盐岩型</td></tr>
<tr><td rowspan="4">地质标志</td><td>地层标志</td><td>石炭系黄龙组、二叠系栖霞组碳酸盐岩地层为成矿有利层位和主要赋矿地层</td></tr>
<tr><td>构造标志</td><td>层间断裂</td></tr>
<tr><td>岩浆岩标志</td><td>深部有中酸性岩体</td></tr>
<tr><td>蚀变标志</td><td>硅化、碳酸盐化、重晶石化，局部见萤石化、石膏化</td></tr>
<tr><td rowspan="4">地球化学标志</td><td>水系沉积物</td><td>Pb、Zn、Ag、Cd、Sb、Hg、Au、As、Cu 等元素组合</td></tr>
<tr><td>自然重砂</td><td>根据铅锌银矿床的矿物组合，栖霞山铅锌银矿选择了铅族、重晶石、黄铁矿与辰砂作含量分级图，铅族矿物、黄铁矿有较好的显示，重晶石与辰砂显示效果弱些。这些高含量点与矿床点有一定的距离，也反映出受重砂采样密度的影响，尤其是在矿区</td></tr>
<tr><td>岩　石</td><td>矿前晕：As、Sb、Hg
矿中晕：Pb、Zn、Cd、Bi
矿尾晕：Pb、Zn、Cu、Mo
Pb/Cu=1.36～3.28</td></tr>
<tr><td>铁　帽</td><td>$Cu=0.1\%～0.16\%$，$Pb>0.16\%$，$Zn>0.45\%$，$Mo<13×10^{-6}$，$Ag>5×10^{-6}$</td></tr>
</table>

(五)成矿模式

南京市栖霞山铅锌银矿形成过程可以模式化为图6-13。研究表明,宁镇地区基底形成以后,上地幔局部活化,产生地壳断裂,断块上升。中生代地台开始活化,随区域构造运动产生深大断裂。在沿江断裂挤压作用下,地壳加速破裂,产生负压致使地幔隆升。磁性基底和盖层同步隆升,同时伴随大规模岩浆侵入。岩浆通过沿江断裂在所处的沉积盖层中属半封闭条件,在6.3km深处形成岩浆库。由于后期构造影响,一部分岩浆脱离岩浆库,自西向东迁移,并逐渐变为中性。随着迁移距离的增加,温度渐渐降低,在岩浆完全固结以前,岩浆结晶、分异物中富含氟、氯,熔蚀震旦系嘉山组(千枚岩,铅202×10^{-6};锌283×10^{-6})、高桥组(含砾绢云母千枚岩,银1.15×10^{-6})的高矿化度岩浆热液在自身温度、压力驱动下继续上浮,并与渗流至地下淋滤了矿原层(嘉山组、高桥组)而富含铅、锌、银的卤水相汇合形成以岩浆热液为主体的混合矿热液,进入纵向断裂和不整合面,在合适的层位,主要是下石炭统—下二叠统(特别是黄龙组白云岩、白云质灰岩)中,结晶、沉淀、富集成矿,形成以岩浆热液为主的复式层控矿床。

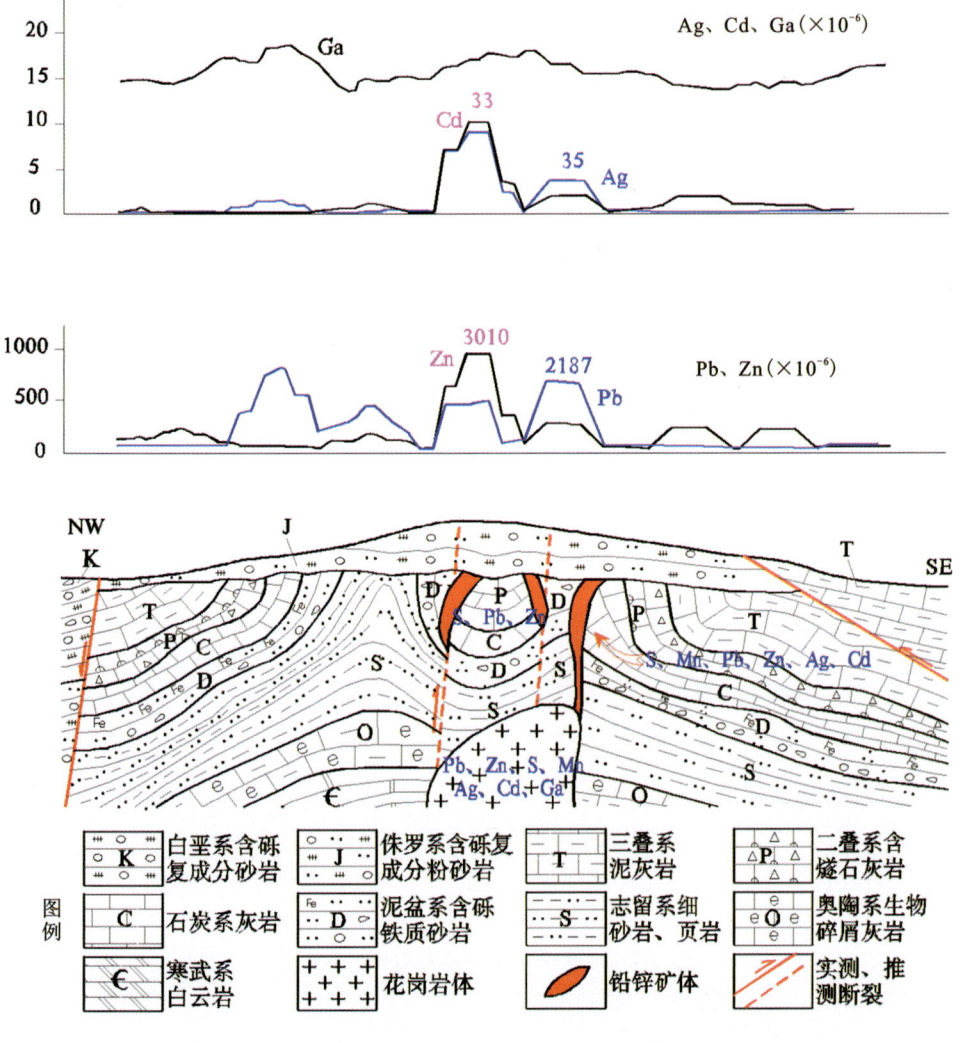

图6-13 栖霞山铅锌银矿地质-地球化学自然重砂成矿模式图

三、浙江省黄岩五部铅锌矿床

(一)矿床基本信息

浙江省黄岩五部铅锌矿床基本信息见表6-24。

表6-24 浙江省黄岩五部铅锌矿床基本信息表

序号	项目名称	项目描述
1	经济矿种	铅、锌
2	矿床名称	浙江省黄岩五部铅锌矿床
3	行政隶属地	浙江省黄岩
4	矿床规模	大型
5	中心坐标经度	120°55′13″E
6	中心坐标纬度	28°35′55″N
7	经济矿种资源量	铅 $63.586\ 287\times10^4$ t,锌 $91.617\ 846\times10^4$ t

(二)矿床地质特征

矿区位于浙闽粤中生代火山岩带的北段,属变质基底隆起与断拗块段的交接部位。五部铅锌矿床赋存于北北西向—近南北向的五部断裂中,倾向西,倾角60°~70°。控矿断裂上盘(西盘)为大爽组、馆头组和朝川组,岩性为玻屑凝灰岩、弱熔结凝灰岩与凝灰质粉砂岩、砂岩砂砾互层,夹玄武安山岩、安山岩。下盘为西山头组,为层状至块状晶玻屑熔结凝灰岩,偶夹不稳定的凝灰质粉砂岩、沉凝灰岩。

控矿断裂近南北展布,长达30km,宽数米至40m,倾向西,倾角60°~70°,分北、南及龙潭背3个矿段,长约5km。其中赋存7个铅锌矿体,北矿段Ⅰ号矿体规模最大,走向长2140m,平均厚度9.88m,最厚处达32.23m。矿体延深一般400m左右,控制最大延深达880m。在倾向上主矿体上、下盘有平行及分支矿体。

(三)自然重砂特征

铅族异常范围内铅族见矿样品8个,见矿率为88.9%。含量最高为5250,最低为1。含量分布特征见表6-25和图6-14。五部铅锌矿所在位置绝大部分重砂样点均具有铅族矿物异常显示,异常样点分布连续,含量多为Ⅳ级、Ⅴ级。

表6-25 黄岩五部地区铅族异常含量特征表

级别	Ⅰ	Ⅱ	Ⅲ	Ⅳ	Ⅴ
含量	1~15	16~30	31~50	51~1000	>1000
样品个数	5	0	0	2	1

注:以上所述含量均为标准化后的数值。

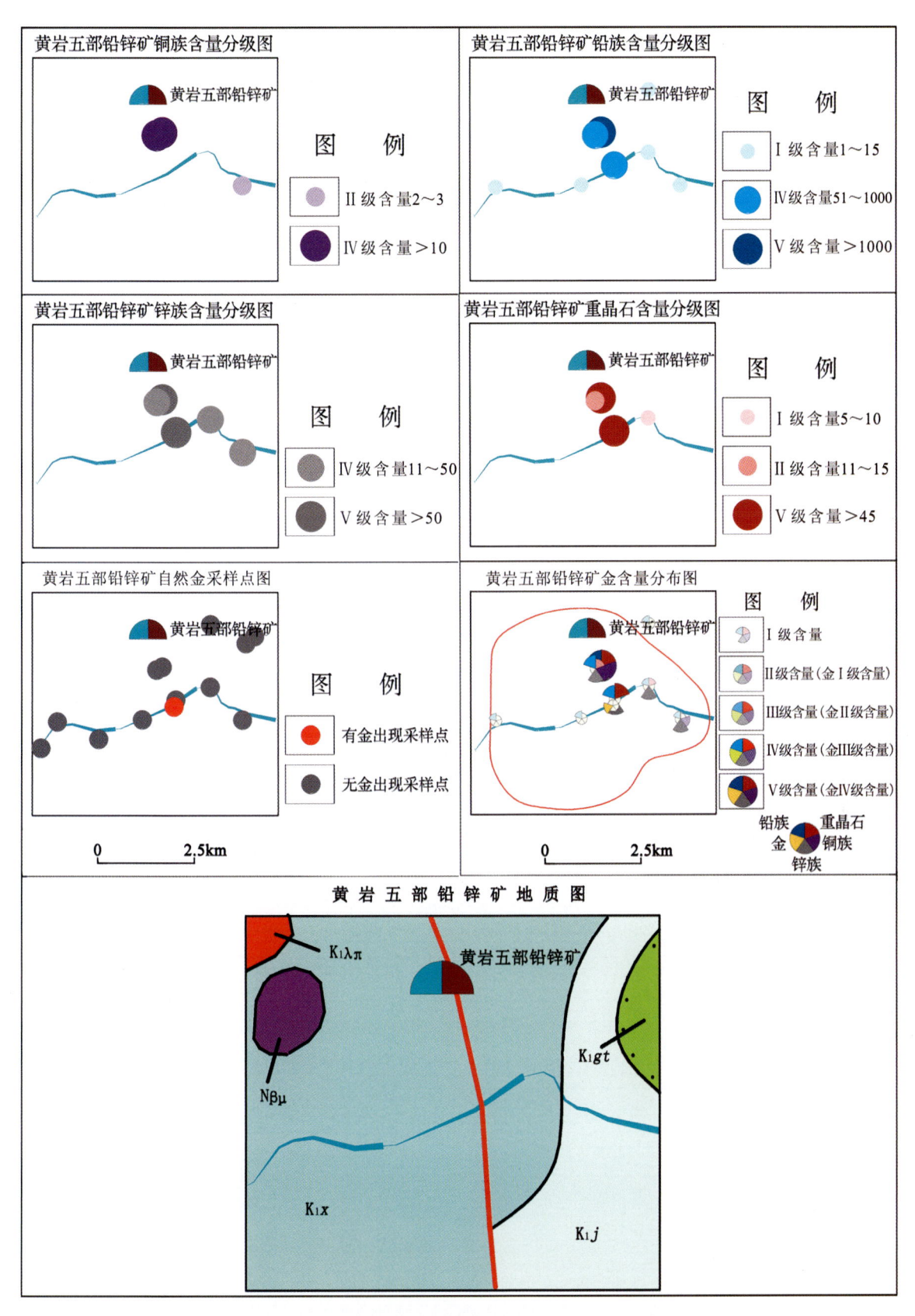

图 6-14 黄岩五部铅锌矿所在位置重砂异常剖析图

锌族异常范围内锌族见矿样品5个，见矿率为55.6%。含量最高为2775，最低为25。含量分布特征见表6-26和图6-14。五部铅锌矿所在位置绝大部分重砂样点具有锌族矿物异常显示，异常样点分布连续，含量全部为Ⅳ级、Ⅴ级，且含量为Ⅴ级的两个样点含量值都比较高，均在2000以上。

表6-26　黄岩五部地区锌族异常含量特征表

级　别	Ⅰ	Ⅱ	Ⅲ	Ⅳ	Ⅴ
含　量	1~4	6~7	8~10	11~50	>50
样品个数	0	0	0	3	2

注：以上所述含量均为标准化后的数值。

(四) 地质-自然重砂找矿模型

通过分析矿床地质特征和自然重砂特征，总结出浙江黄岩五部铅锌矿床的地质-自然重砂找矿模型可简化如表6-27所示。

表6-27　浙江黄岩五部铅锌矿床地质-自然重砂找矿模型

特征描述		陆相火山岩型铅锌矿
区域成矿地质环境	大地构造位置	丽水-宁波隆起带，温州-镇海坳陷带和常山诸暨台隆
	主要控矿构造	断裂构造控制，在断裂及其附近次级裂隙及层间破碎带内
	主要赋矿层位	下白垩统朝川组和西山头组
	成矿时代	燕山晚期
	成矿环境	区域性盆边断裂破碎带，成矿流体属K^+、Na^+、Ca^{2+}、Cl^-、SO_4^{2-}类型
	构造背景	位于浙东南隆起区温州-镇海坳陷带黄岩-象山坳断束内
区域成矿地质特征	矿物组合	以闪锌矿、方铅矿为主，黄铁矿次之，少量黄铜矿
	结构构造	结构有半自形—他形晶粒结构、自形晶片状结构、镶嵌结构、交代结构
		浸染状构造、细脉浸染状构造、脉状构造、致密块状构造
	蚀　变	硅化、绢云母化、高岭石化、重晶石化、绿泥石化、绿帘石化
	控矿条件	基底构造对火山活动的展布、迁移、强度起着控制作用，并制约着火山构造的格局
		矿田的定位受早白垩世构造火山盆地边缘断裂与局部火山断裂裂隙联合控制
		燕山期第Ⅲ期火山喷发旋回是本区最主要的成矿期
自然重砂特征	铅族异常特征	五部铅锌矿所在位置绝大部分重砂样点具有铅族矿物异常显示，异常样点分布连续，含量多为Ⅳ级、Ⅴ级
	锌族异常特征	五部铅锌矿所在位置绝大部分重砂样点具有锌族矿物异常显示，异常样点分布连续，含量全部为Ⅳ级、Ⅴ级，且含量为Ⅴ级的两个样点含量值都比较高，均在2000以上

(五)成矿模式

五部铅锌矿的控矿断裂是在温州-镇海断裂带发生裂陷的总背景下产生的。燕山晚期断裂东侧宁溪盆地裂陷接受火山-沉积物质,早白垩世晚期宁溪盆地返回抬升,断裂中充填石英霏细斑岩,堵塞了岩浆上侵的通道,随着岩浆热液的不断积聚上升,压力不断增大,产生了隐爆作用,形成隐爆角砾,为含成矿物质的岩浆热液提供了通道,为成矿物质析出沉淀成矿提供了场所(空间)。火山作用、岩浆热液活动使围岩发生蚀变,从火山-沉积岩中析出大量的 SiO_2、Na_2O、CaO 以及部分 K_2O、Al_2O_3,使介质流体由弱酸性变为弱碱性,形成金属络离子,并进入溶液,为迁移创造了条件。深部热流上升与下渗大气降水的参加、对流,极大地改变了原来热液的盐度、压力和 Eh 值,使矿质沉淀成矿(图 6-15)。

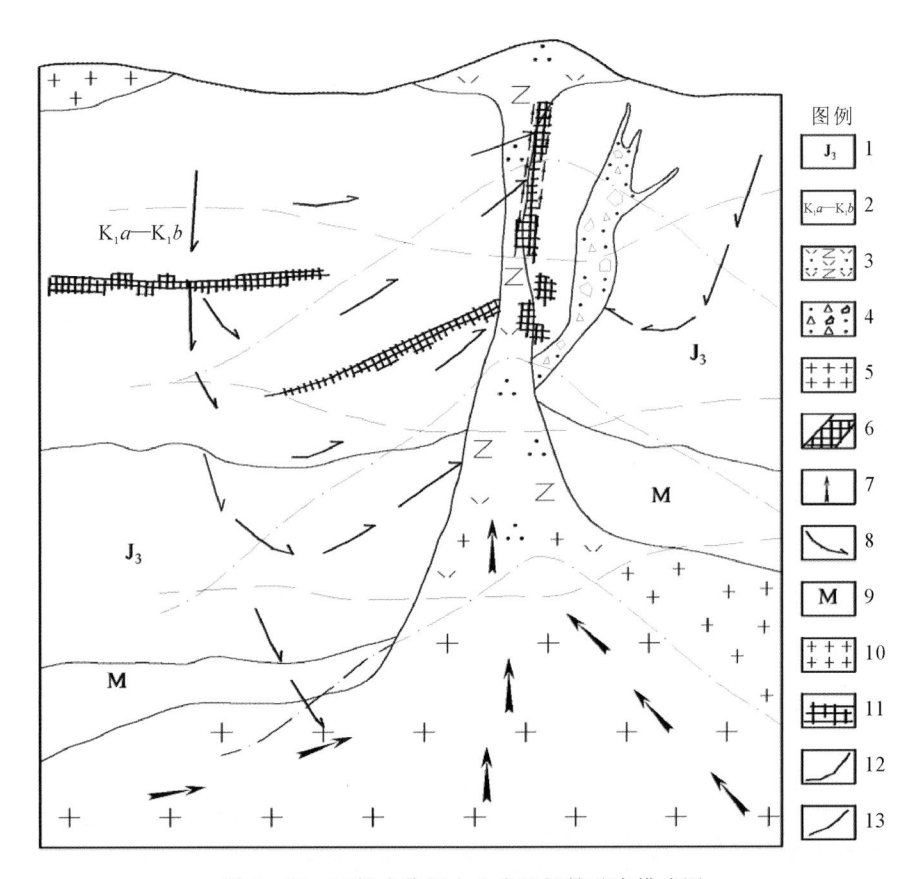

图 6-15 五部式陆相火山岩型铅锌矿床模式图

1.断陷盆地底盘建造;2.断陷盆地建造;3.石英霏细斑岩;4.隐爆角砾岩;5.深部岩浆房;6.五部式铅锌矿;7.深部热液运移方向;8.地下水下渗方向;9.火山基底构造层;10.花岗岩;11.层状矿床;12.等温线(自上而下升高);13.等压线(自上而下升高)

四、江西省冷水坑铅锌矿床

(一)矿床基本信息

江西冷水坑铅锌矿床基本信息见表 6-28。

表 6-28　江西冷水坑铅锌矿床基本信息表

序号	项目名称	项目描述
1	经济矿种	铅、锌
2	矿床名称	江西省冷水坑铅锌矿床
3	行政隶属地	江西省贵溪县
4	矿床规模	大型
5	中心坐标经度	$117°12'00''E$
6	中心坐标纬度	$27°55'00''N$
7	经济矿种资源量	铅 $159.94×10^4 t$，锌 $223.39×10^4 t$，银 8435t

(二)矿床地质特征

冷水坑铅锌矿床地处扬子与华夏两古板块间钦(州湾)-杭(州湾)结合带及其萍乡-广丰(绍兴)深断裂带南侧武功山-北武夷前缘褶冲带东部，古罗岭火山构造洼地的北西边缘，属北武夷铜、银、铅锌、金成矿亚带。区内出露地层主要有上震旦统老虎塘组($Z_2 l$)、下石炭统梓山组($C_1 z$)、上侏罗统打鼓顶组($J_3 d$)、下白垩统鹅湖岭组($K_1 e$)等。

矿床为一个遭受构造破坏的古火山口构造，断裂构造以北东向为主，为区域推覆构造在矿床的出露部分。根据矿化特点与成矿作用的不同，冷水坑矿床的铅锌银矿化主要有斑岩型和层控叠生铁锰碳酸盐岩型两类。前者产于花岗斑岩及其内外接触带中，有细脉-细脉浸染型和脉带型两种矿体；后者赋存于打鼓顶组下段和鹅湖岭组下段火山碎屑岩-碳酸盐岩、硅质岩建造中，靠近花岗斑岩体时即有层控叠生型铁锰-银铅锌矿体产出(表6-29,图6-16)。

表 6-29　冷水坑铅锌矿床类型及其特征

矿床类型	斑岩型矿床	层控叠生型矿床
赋存部位	矿体产于燕山中期第二阶段花岗斑岩体内带及接触带附近	矿体分别产于上侏罗统打鼓顶组下段、鹅湖岭组下段火山碎屑岩-碳酸盐岩、硅质岩建造中。靠近花岗斑岩体时即有层控叠生型铁锰-银铅锌矿体产出
矿体形态	透镜状	似层状、规则透镜状
矿体产状	总体上与花岗斑岩体产状一致，倾向北西	与火山岩地层产状基本一致，总体向南东倾
围岩蚀变	面型绿泥石化、绢云母化、碳酸盐化及黄铁矿化、硅化等	碳酸盐化、弱绢云母化及线型绿泥石化等
矿物组合	黄铁矿、闪锌矿、方铅矿、螺状硫银矿、自然银、石英、钾长石、斜长石、绿泥石、绢云母等	铁锰碳酸盐矿物、白云石、石英、碧玉、磁铁矿、赤铁矿、闪锌矿、方铅矿、螺状硫银矿、自然银等
矿石组构	细中粒半自形、他形粒状结构，交代结构，细脉浸染状、脉状构造为主	铁锰碳酸盐矿物的鲕状、细粒他形粒状结构、细中粒半自形、他形粒状结构，交代结构，块状构造、细脉浸染状、脉状构造
元素组合	Ag-Pb-Zn-Cd-Cu-Au	Ag-Pb-Zn-Cd-Au
埋藏情况	以隐伏矿为主，部分出露地表	隐伏状
成矿方式	斑岩岩浆中温热液交代	火山沉积期后热液-岩浆气液交代充填

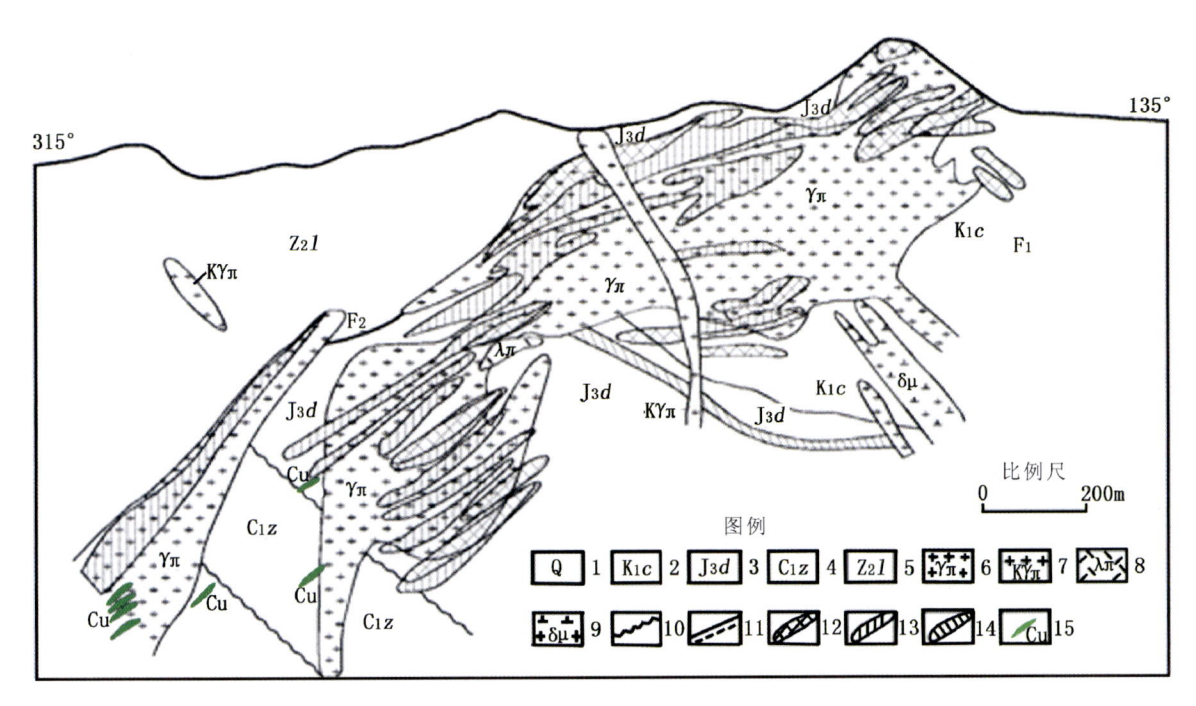

图 6-16 冷水坑矿床 100 线地质剖面图

1.第四系;2.下白垩统鹅湖岭组;3.上侏罗统打鼓顶组;4.下石炭统梓山组;5.上震旦统老虎塘组;6.含矿花岗斑岩;7.钾长花岗斑岩;8.流纹斑岩;9.闪长玢岩;10.地层不整合界线;11.实测、推测断层;12.银铅锌矿体;13.铅锌矿体;14.铁锰含矿层;15.铜矿体

(三)自然重砂特征

矿区内共有铅族矿物异常 7 个,总面积为 788.61km²,划分为三个级别。

Ⅰ级异常:区内自然重砂铅族矿物Ⅰ级异常 1 个,分布在铅山县陈坊一带,面积 59.07km²。预测区内发现一小型热液型、充填型铅锌矿床及一些矽卡岩型铁、铅锌矿化点。其矿化特征为硅化、黄铁矿化。

Ⅱ级异常:区内自然重砂铅族矿物Ⅱ级异常共圈出 3 个,异常总面积达 531.50km²。

PbⅡ012:分布在铅山县石塘一带,为Ⅱ级铅族矿物异常,面积 207.33km²。发现一小型热液型、充填型铅锌矿床及一些矽卡岩型铁、中温热液型铅锌矿化点,矿化特征为黑钨矿化、云英岩化。

PbⅡ019:分布在铅山县天柱山一带,为Ⅱ级铅族矿物异常,面积 253.93km²。发现一些中温热液型铜铅锌多金属矿化点,矿化特征为硅化、绿泥石化。

Ⅲ级异常:区内自然重砂铅族矿物Ⅲ级异常共圈出 3 个,异常总面积为 198.04km²。主要分布在福港、内百—思里一带。

江西省贵溪冷水坑-梨子坑自然重砂铅族矿物异常基本特征见表 6-30。

(四)地质-自然重砂找矿模型

通过分析矿床地质特征和地球化学特征,总结出贵溪冷水坑铅锌银矿田的地质-地球化学自然重砂找矿模型可简化如表 6-31 所示。

(五)成矿模式

冷水坑铅锌矿田是近年来探明的特大型铅锌银矿田。矿田呈北东-南西向展布,面积约 10km²,由银路岭、鲍家、下鲍家和银珠山、营林等矿区组成。矿田中三类矿床分属两大成矿期、三个成矿阶段(成矿模式见图 6-17)。

表 6-30　江西省贵溪冷水坑-梨子坑自然重砂铅族矿物异常一览表

异常编号	重砂异常名称	异常级别	面积(km²)	重砂推断矿种	矿化特征
PbⅠ011	铅山县陈坊铅族矿物异常	Ⅰ级	59.07		硅化、黄铁矿化
PbⅡ012	铅山县石塘铅族矿物异常	Ⅱ级	207.33	铅锌矿	黑钨矿化、云英岩化
PbⅡ018	资溪县黄茅寨铅族矿物异常	Ⅱ级	70.24		
PbⅡ019	铅山县天柱山铅族矿物异常	Ⅱ级	253.93	铅锌矿	硅化、绿泥石化
PbⅢ014	上饶县范家坳铅族矿物异常	Ⅲ级	102.43	铅锌钼锡矿	辉钼矿化、锡矿化、铅锌矿化、钨矿化
PbⅢ013	上饶县铁山铅族矿物异常	Ⅲ级	33.85	铅锌矿	方铅矿化、闪锌矿化
PbⅢ017	资溪红石下铅族矿物异常	Ⅲ级	61.76		

表 6-31　江西贵溪冷水坑铅锌银矿田地质-自然重砂找矿模型

成矿要素		描述内容
储量		铅 159.94×10⁴t,锌 223.39×10⁴t,银 8435t
特征描述		与燕山期花岗斑岩有关的斑岩型和上侏罗统火山岩有关的层控叠生型铅锌银矿
地质环境	地层	上侏罗统打鼓顶组及鹅湖岭组陆相火山杂岩
	岩浆岩	晚侏罗世次火山岩体,岩性主要有次花岗斑岩
	成矿时代	燕山期,含矿花岗斑岩锆石 SHRIMP U-Pb 谐和年龄 162.4Ma
	成矿环境	斑岩型矿体主要产在花岗斑岩中;层控叠生型矿体主要产在晶屑凝灰岩中
	构造背景	武夷隆起与饶南坳陷接壤处的隆起一侧的香台山火山构造洼地北西边缘
矿床特征	矿物组合	金属矿物:黄铁矿、闪锌矿、方铅矿、磁铁矿、螺状硫银矿、自然银等; 脉石矿物:绢云母、石英、水白云母、绿泥石、钾长石、斜长石、方解石等
	结构构造	矿石结构:中细粒粒状、斑状、包含、充填、交代(残余)、碎裂结构等 矿石构造:块状、角砾状、细脉浸染状、浸染状及脉状构造等
	蚀变	绢云母化、绿泥石化、碳酸盐化、硅化和黄铁矿化,少量泥化、褐铁矿化等
	控矿条件	(1)晚侏罗世陆相火山喷发-沉积是层控叠生型铅锌银矿的主要赋存层位 (2)构造对成矿的控制作用明显,是斑岩型和层控叠生型矿体赋存空间 (3)含矿花岗斑岩体既是矿液携带体,又是赋矿围岩
	风化	地表黄铁矿等硫化物风化形成铁帽
	自然重砂标志	小型热液型、充填型铅锌矿床及一些矽卡岩型铁、铅锌矿化点,其矿化特征为硅化、黄铁矿化

1. 火山-沉积成矿期

在晚侏罗世陆相火山构造洼地内形成火山湖盆,在封闭-半封闭、气候干燥、弱还原、弱碱性、湖水不深、湖盆缓慢下降条件下,成矿以沉积作用为主,形成层状、似层状菱铁锰矿层,与火山岩呈整合关系,层位稳定。

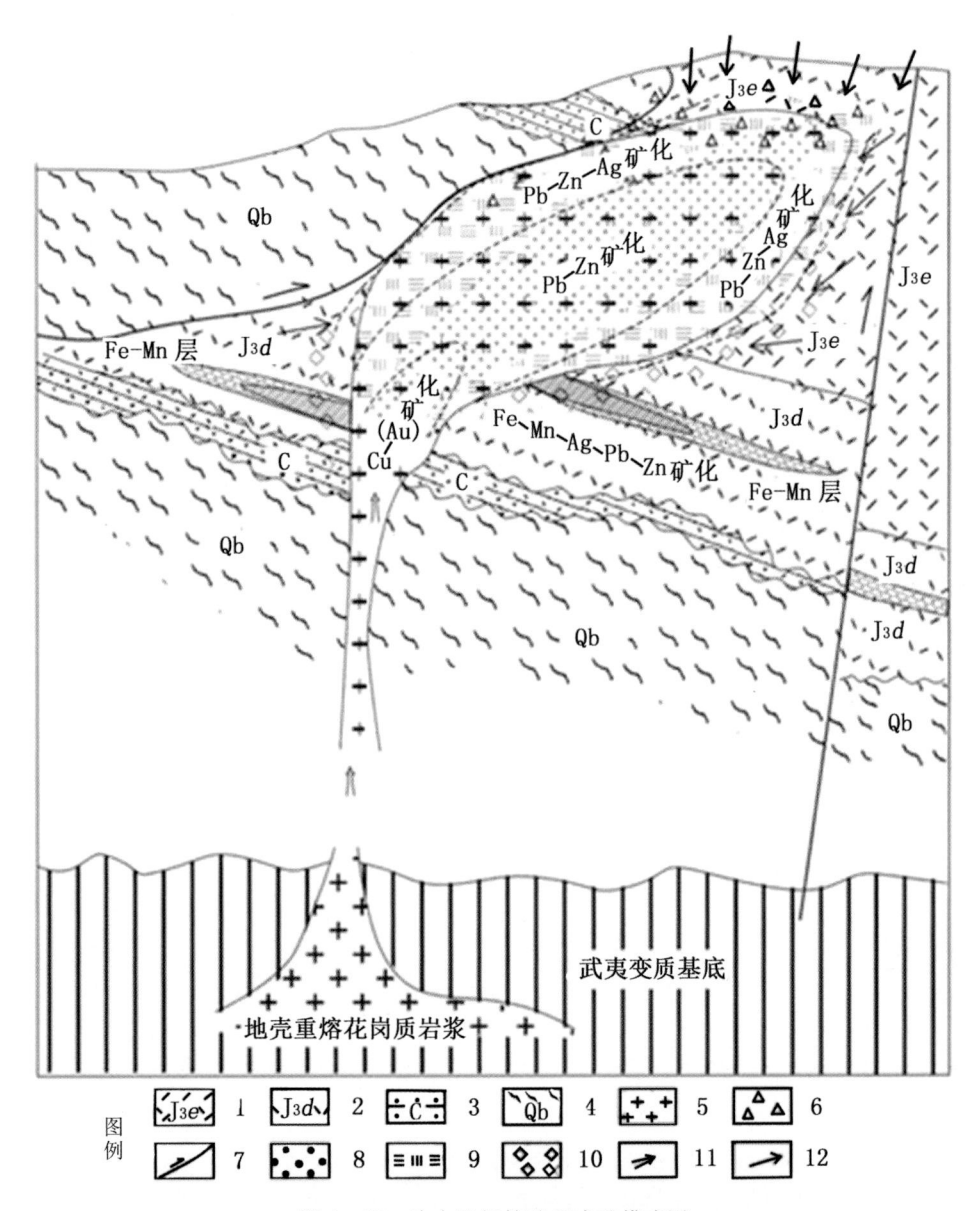

图6-17 冷水坑铅锌矿田成矿模式图

1.上侏罗统鹅湖岭组火山岩；2.上侏罗统打鼓顶组火山岩；3.石炭系碎屑岩；4.青白口系变质岩；5.冷水坑次花岗斑岩；6.爆破角砾岩；7.逆冲断层；8.绿泥石化-绢云母化带；9.绢云母化-碳酸盐化-硅化-黄铁矿化带；10.碳酸盐化-绢云母化带；11.岩浆流体运移方向；12.大气水运移方向

2. 火山喷气-热液成矿期（分两个阶段）

(1)次火山斑岩型成矿阶段：早期含矿花岗斑岩，在其侵入、冷凝过程中逐步富集含矿的火山喷气-热液，并由偏碱性转变成偏酸性，随着硫离子浓度加大，矿物质相对富集，以交代自变质作用方式析出Fe、Cu、Pb、Zn、Ag等的硫化物。这种交代作用形成浸染状矿石。

(2)脉带型和层控叠生型成矿阶段：斑岩型矿床形成后，控制次斑岩体的F_1、F_2断裂仍继续活动，派生出多级断裂破碎带和层间滑动破碎带，提供了火山喷气-热液的通道和赋矿空间。随着成矿温度的降低，含矿火山喷气-热液向以热液为主的方向转变，为银的富集提供了条件，成矿以充填方式为主，交代方式为次；矿石以脉状、角砾状、块状构造为主。而原生碳酸盐岩层受火山喷气-热液影响，导致矿质活化、转移和重结晶，再加上次花岗斑岩侵入，使部分菱铁矿转变成磁铁矿。

上述三种成矿类型既有区别,又有共性,均与区内中生代陆相火山活动有关,但由于受控矿条件、多期多阶段成矿叠生、改造影响,使得三者在空间上的分布界线难以截然分开。

五、福建省尤溪梅仙铅锌多金属矿床

(一)矿床基本信息

福建省尤溪梅仙铅锌多金属矿床基本信息见表6-32。

表6-32 福建省尤溪梅仙铅锌多金属矿床基本信息表

序号	项目名称	项目描述
1	经济矿种	铅、锌、银、铜
2	矿床名称	福建省尤溪梅仙铅锌多金属矿床
3	行政隶属地	福建省尤溪县
4	矿床规模	大型
5	中心坐标经度	118°15′00″E
6	中心坐标纬度	26°14′30″N
7	经济矿种资源量	铅金属量 10.75655×10^4 t,平均品位 1.44%;锌 34.82184×10^4 t,平均品位 4.83%;银金属量 303.08t

(二)矿床地质特征

尤溪梅仙地处闽北隆起、永梅坳陷与闽东火山断陷带的交接部位。其主体位于政和-大埔断裂带以东的火山基底隆起带内。梅仙块状硫化物矿床是在大陆裂谷环境下形成的,具明显的块状硫化物矿床特征。梅仙铅锌银矿床和闽中地区其他同类型的矿床一起共同被称为梅仙式矿床(图6-18)

矿床位于北东向寿宁-华安火山基底断隆带中段的变质岩"天窗"东部。"天窗"周边广泛分布上侏罗统火山岩,不整合(或断层)覆盖在基底变质岩之上;"天窗"内发育中新元古界东岩组。东岩组原岩为一套以基性、酸性"双峰式"火山岩为主夹细碎屑岩及碳酸盐岩,可分为六段,第一、第三、第五段为主要含矿层位,总称绿片岩段,岩性主要为绿帘石岩、绿帘透辉石岩、阳起片岩、绿泥片岩、钠长阳起绿帘石岩、大理岩夹钠长浅粒岩、钠(斜)长变粒岩,原岩主要为由基性—酸性火山岩、碳酸盐岩组成的细碧角斑岩建造。

第二、第四、第六段为无矿段,岩性以变粒岩为主,原岩主要为中酸性火山岩、火山碎屑沉积岩、正常碎屑沉积岩。区内侵入岩主要为燕山晚期花岗斑岩,呈北东向岩墙状分布,对矿化具有叠加改造作用。矿区褶皱由两对宽缓的背向斜组成,褶皱轴向北东,卷入褶皱的地层主要为中新元古代地层。褶皱核部是有利的容矿部位,矿体加厚,品位增高。断裂构造有北东向、近东西向、近南北向三组,多为陡倾角断裂。北东向、近南北向断裂为成矿后断裂,造成地层的缺失和矿体的破坏;近东西向断裂可见被晚期铅锌矿脉充填。

铅锌矿体赋存于东岩组的第一、第三、第五绿片岩段,受细碧角斑岩建造控制,可分为3个矿带,每个矿带由1~6个矿体组成。矿体呈似层状、层状、透镜状,产状与围岩片理一致。丁家山主矿体长450~1800m,延深210~420m,平均厚1.29~6.92m,最厚25.77m,平均品位 Pb:0.96%,Zn:4.21%,Ag:40.28×10^{-6},富矿品位 Pb+Zn 大于 20%,Ag 品位变化大,部分可构成工业矿体(图6-19)。

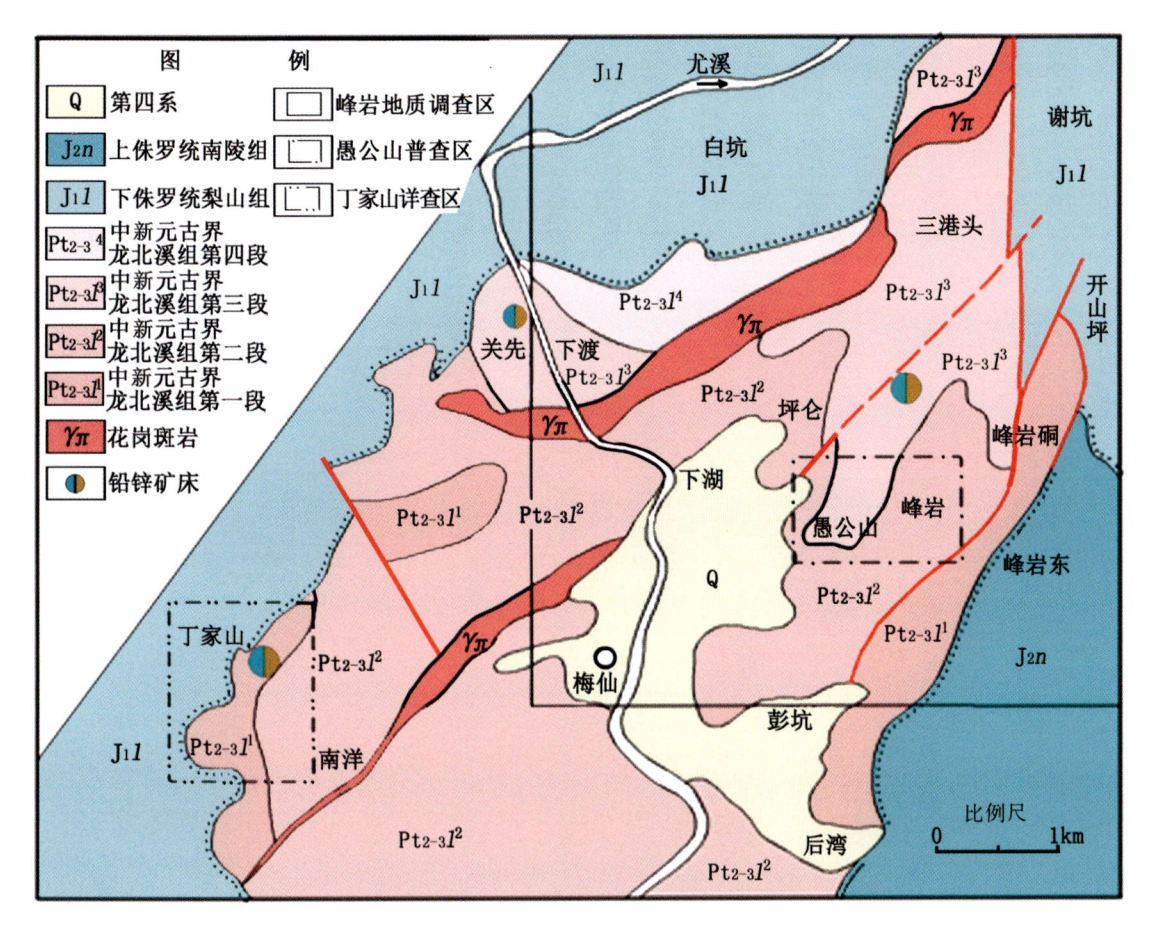

图 6-18　尤溪梅仙铅锌矿田地质略图

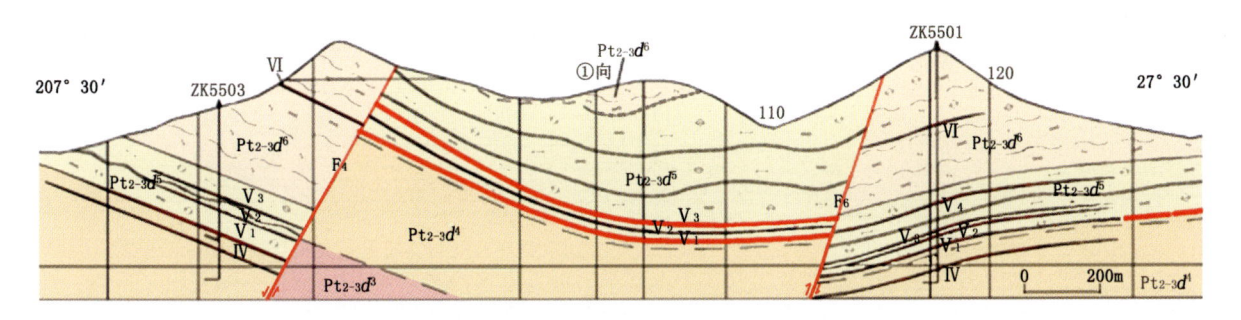

图 6-19　峰岩矿区铅锌银矿 55 号勘探线地质剖面图

$Pt_{2-3}d^6$.中-上元古界东岩组第 6 段；$Pt_{2-3}d^5$.中-上元古界东岩组第 5 段；$Pt_{2-3}d^4$.中-上元古界东岩组第 4 段；$Pt_{2-3}d^3$.中-上元古界东岩组第 3 段；V_3.铅锌银矿体编号；F_4.断裂编号；ZK5503.钻孔编号

(三) 地球化学特征

1. 矿床所在区域地球化学背景特征

尤溪梅仙沉积变质-热液改造型铅锌矿处于闽中古裂谷Ⅴ-3-6(Pt_3)地质构造区，区内主要成矿元素以 Ag、W 高于全国或全省背景值，Cu、Ni、Cr 高于全省背景值，Pb、Zn、Sn、Ag 高于全国背景值为主要特征(表 6-33)。

表 6-33 闽中古裂谷 V-3-6(Pt$_3$)构造区主要成矿元素含量特征表

	Ag	Au	Cu	Pb	Zn	W	Mo	Ni	Cr
武夷-云开造山系 V（全省）	105.1115	1.0136	9.6031	41.1262	76.6082	3.2382	1.2735	8.37	22.2
全　国	80.0	1.3	21.56	25.96	68.47	2.19	1.23	24.41	58.25
闽中古裂谷 V-3-6(Pt$_3$)	109.0038	0.9800	12.7136	37.3121	74.4290	3.6264	1.1964	11.2621	34.2318

说明：Au、Ag 单位为 $\times 10^{-9}$，其他为 $\times 10^{-6}$。

矿区所处 Cu 大于 15.5×10^{-6} 的高背景分布面积 140km^2；Ag 大于 149.0×10^{-9} 的高背景分布面积 211km^2；Pb 大于 56.8×10^{-6} 的高背景分布面积 145km^2；Zn 大于 85.1×10^{-6} 的高背景分布面积 129km^2。其主要成矿元素背景具较大规模分布。

2. 矿床所在区域地球化学异常特征

1∶20万区域化探为 Pb-Zn-Cu-Ag-Au-W-Bi-As-Sb-Cd-Mn 等，元素组合复杂。

区内主成矿元素 Pb-Zn-Ag-Cu 异常规模大，浓度分带明显。其中：Cu 平均含量 28.9×10^{-6}，极大值 79.5×10^{-6}，异常面积 121.3064km^2；Ag 平均含量 263.0×10^{-9}，极大值 1070.0×10^{-9}，异常面积 140.2582km^2；Pb 平均含量 200.0×10^{-6}，极大值 1230.0×10^{-6}，异常面积 99.1483km^2；Zn 平均含量 171.0×10^{-6}，极大值 524.0×10^{-6}，异常面积 97.4291km^2（表 6-34）。

元素相互套合于矿床之上，形成非常清晰的地球化学异常，反映了明显的矿致异常特征。

表 6-34 尤溪梅仙铅锌矿 1∶20 万区域化探异常元素含量特征表

元素	面积（km^2）	平均值	极大值	规格化面金属量
Cu	121.3064	28.9	79.5	3511.19
Pb	99.1483	200	1230	19 862.18
Zn	97.4291	171	524	16 612.83
Au	100.1026	2.87	8.40	287.43
W	55.2428	7.56	23.2	417.48
Ag	140.2582	263	1070	36 907.95
Cd	121.8785	411	1080	50 037.02
Sb	104.1550	0.482	1.76	50.19
Mn	82.0066	1702	4140	139 552.45
As	81.1847	6.98	17.2	566.26
Bi	104.6689	2.39	9.35	250.31

说明：Au、Ag、Cd 元素含量平均值和极大值单位为 $\times 10^{-9}$，其他元素含量单位为 $\times 10^{-6}$。

3. 矿区地球化学异常特征

1∶2.5万化探土壤测量显示 CuPbZnAgCoWVSn 等组合异常,其中 Pb-Zn-Ag-Cu 异常规模大,含量值高,作为主成矿元素异常特征明显(表6-35)。

表6-35 尤溪梅仙铅锌矿 1∶2.5万化探异常元素含量特征表

元素	面积(km^2)	平均值	极大值	规格化面金属量
Cu	58.16	66.45	300	3864.73
Pb	95.622	454.94	15 000	43 502.0
Zn	59.37	252.44	6000	3113.36
Co	23.29	11.79	100	274.58
W	3.71	16.49	300	61.18
Ag	13.51	1.21	150	16.35
V	5.35	130.68	300	699.14
Sn	53.23	11.39	400	606.29

注明:Ag 元素含量平均值和极大值单位为 $\times 10^{-9}$,其他元素含量单位为 $\times 10^{-6}$。

区内共圈定3个北东向 Cu-Pb-Zn 异常带:西带丁家山—关兜 Zn-Pb-Cu 组合异常带,长5000m,宽500~1000m,含 Zn:(300~3000)$\times 10^{-6}$,Pb:(600~1000)$\times 10^{-6}$,Cu:(60~200)$\times 10^{-6}$,各元素套合较好,带内发现了丁家山、关兜矿床;中带坪仑—谢坑 Pb-Zn-Cu 组合异常带,长4.5km,宽1.2km,含 Pb:(500~2500)$\times 10^{-6}$,Zn:(150~2000)$\times 10^{-6}$,Cu:(100~400)$\times 10^{-6}$,各元素异常中心套合好,该带处在峰岩矿区西北部;东带通演—峰岩 Cu-Pb-Zn 组合异常带,长6.5km,宽300~1200m,异常浓度 Cu:(60~400)$\times 10^{-6}$,Pb:(500~10 000)$\times 10^{-6}$,Zn:(500~1500)$\times 10^{-6}$,由后湾、彭坑、科第3个浓集中心组成,该带北段处在峰岩矿区东南部。

异常略具分带,大致有两组:Cu-Pb-Zn 异常规模大,主体北东向展布,套合程度高,略偏西南;Mo-Sn-Bi 具北西向展布,略偏北东。Ag-Bi-W 因早期半定量分析成果,灵敏度不够,分析报出率低,仅高异常有反映。

(四)找矿模型

根据成矿地质作用划分,矿床的形成分为新元古代裂谷火山喷发沉积成矿期、四堡-晋宁变质成矿期、燕山构造岩浆改造期以及表生期等。各成矿期相应形成一套矿物的共生组合。同样地球化学异常的分布特征也经历了不同的作用期,最终形成目前元素组合复杂、有较大规模分布的地球化学异常。

通过典型矿床地球化学特征分析研究,建立了地质-地球化学找矿模型(表6-36)。

(五)成矿模式

峰岩式(梅仙)铅锌多金属矿主要由沉积变质-热液改造型铅锌多金属矿组成。矿床的形成经历了长期、复杂的成矿过程。根据成矿地质作用划分,可分为4个成矿期。各成矿期相应形成一套矿物的共生组合(图6-20)。

表 6-36　尤溪梅仙铅锌多金属矿床地质-地球化学找矿模型

分　类		主　要　特　征
地质成矿条件和标志	大地构造背景	位于政和-大埔断裂带东,闽东燕山期陆内造山带的次级构造单元寿宁-华安火山基底断隆带内;在中—新元古代时,是一个发育于新太古代—古元古代基底之上的裂陷槽
	岩浆建造/岩浆作用	燕山晚期花岗斑岩脉较发育,花岗斑岩脉主要沿北东向断裂侵入,呈岩脉、岩墙状产出
	成矿构造	本矿床形成于大陆裂谷构造环境下,在海底张性断裂深处的地球内部热能的驱动下,含矿热流水沿张裂带喷出,遇海水冷却后逐渐形成"矿源层"
	围岩蚀变	围岩蚀变类型有方解石化、绿泥石化、绢云母化、石英化等,另外还有绿帘石化、阳起石化
	成矿特征	矿体主要沿"含矿层"所组成的"乡"字褶皱轴部或倒转翼分布,呈透镜状、似层状左行雁列侧现,与围岩基本整合并显示褶皱构造的控矿作用;矿石自然类型主要有银铅锌矿石和铅锌矿石两种;矿石的矿物成分复杂,主要有方铅矿、闪锌矿、黄铁矿,次为磁黄铁矿、毒砂、黄铜矿等;矿石结构有半自形-他形粒状结构、聚粒镶嵌结构、交代残留结构等;矿石构造有斑杂状构造、浸染状构造、细脉浸染状构造、浸染条带状构造等;近矿蚀变为黄铁矿化、硅化、碳酸盐化等
地球化学特征	区域地球化学特征	(1)处于闽中古裂谷 V-3-6(Pt_3)银铅锌地球化学高背景带内 (2)元素组合:Pb-Zn-Cu-Ag-Au-W-Bi-As-Sb-Cd-Mn (3)分带特征:主成矿元素 Pb-Zn-Cu-Ag 浓度分带明显,组分分带不明显
	矿床地球化学特征	(1)元素组合:Pb-Zn-Cu-Ag-W-Bi-Mo-Sn-Co-V (2)组分分带(由内向外):(W-Bi-Mo-Sn)-(Pb-Zn-Cu) (3)主成矿元素异常具明显浓度分带 (4)地表 Pb-Zn 土壤异常含量可达边界品位

中新元古代裂谷火山喷发沉积成矿期:闽中裂谷的形成,多旋回基性、酸性火山喷发,金属硫化物喷流沉积和火山间歇碳酸盐沉积,形成东岩组含矿岩系和铅锌的原始矿层。

四堡-晋宁变质成矿期:晋宁运动使东岩组含矿岩系褶皱变质,原岩为基性火山岩、泥灰岩的变质形成绿片岩的矿物组合:透辉石、绿帘石、阳起石、石英、长石;原岩为酸—中酸性火山岩的变质形成变粒岩的矿物组合:石英+长石±阳起石;原岩为碳酸盐岩的变质形成大理岩、白云质大理岩;原始沉积矿层发生变质重结晶,并且在变质热液参与下发生物质成分的转移,导致矿化在不同地段出现富集或贫化,是铅锌矿的主要改造期。

燕山构造岩浆改造期:燕山期大规模岩浆作用和断块活动,导致地层和矿层的破坏。热液沿构造裂隙贯入形成脉状分布的方解石、绿泥石等线型蚀变;部分岩层发生退变质,形成绢云母化、阳起石化;部分铅锌等成矿物质向构造裂隙迁移,在断裂、火山岩的构造裂隙中沉淀,形成脉状铅锌矿。

表生期:原生的金属硫化物被氧化,形成褐铁矿等氧化物。

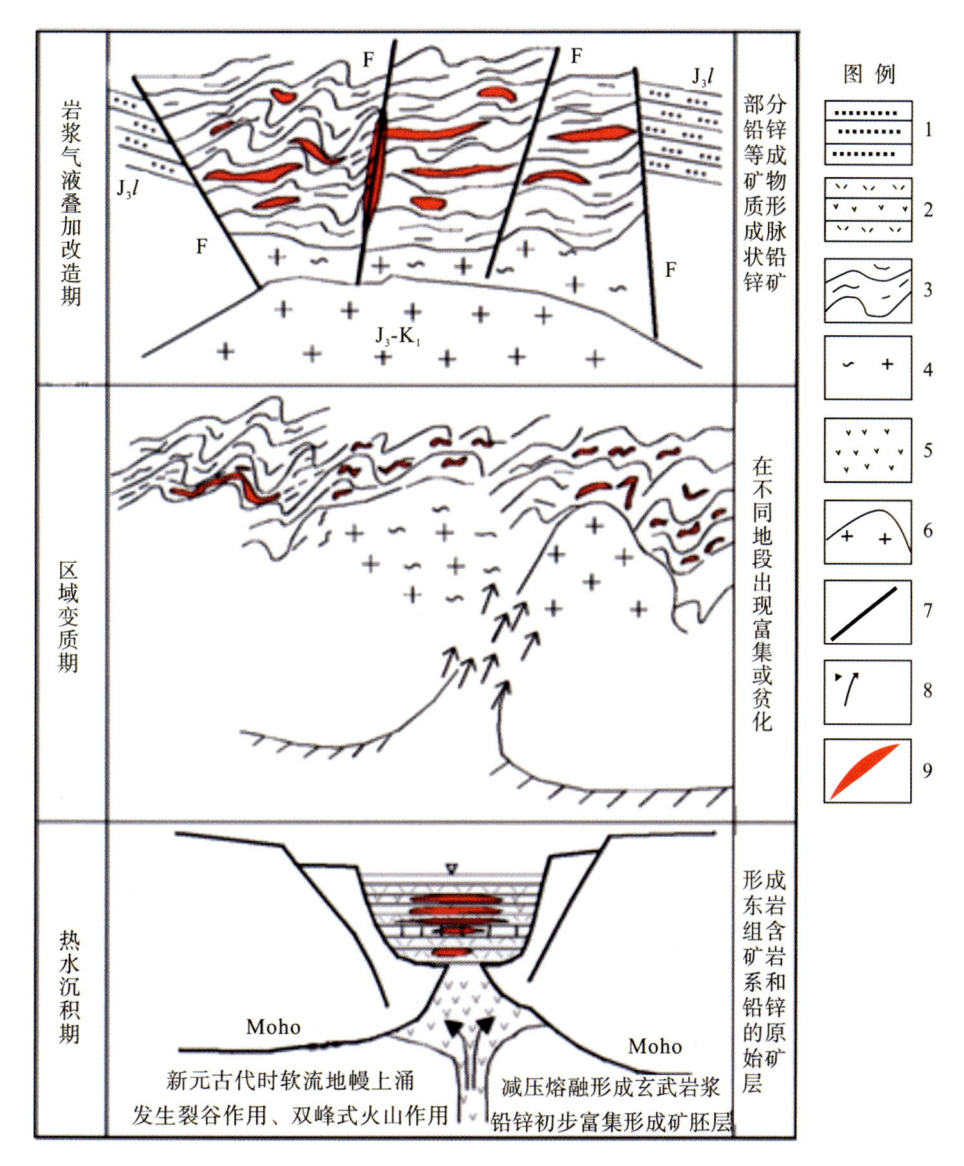

图 6-20 福建尤溪峰岩(梅仙)铅锌矿床成矿模式图

1.粉砂岩;2.安山质凝灰岩;3.变质岩;4.混合花岗岩;5.火山岩;6.花岗岩;7.断裂;8.成矿物质运移方向;9.铅锌矿体

第三节 金矿床

一、安徽省铜陵市天马山金矿床

(一)矿床基本信息

安徽省铜陵市天马山金矿床基本信息见表6-37。

表 6-37 安徽省铜陵市天马山金矿床基本信息表

序号	项目名称	项目描述
1	经济矿种	金、硫铁矿
2	矿床名称	安徽省铜陵市天马山金矿床
3	行政隶属地	安徽省铜陵市
4	矿床规模	大型
5	中心坐标经度	118.83639°E
6	中心坐标纬度	30.26861°N
7	经济矿种资源量	Au 金属量:26 543kg

(二)矿床地质特征

矿区位于扬子准地台北东部下扬子台褶带贵池-繁吕凹褶束中部,区域地层从古生界奥陶系至新生界第四系皆有出露。矿区主要发育自志留系茅山组至第四系地层,自老至新:中志留统茅山组砂岩,变质后为角岩;泥盆系五通群砂岩、砂质页岩;上石炭统黄龙组白云质灰岩、白云岩及纯灰岩,变质后为大理岩或白云岩,黄龙组为矿床的主要容矿层位;上石炭统船山组大理岩;中二叠统栖霞组灰岩、页岩,孤峰组硅质岩、页岩;上二叠统龙潭组砂岩,大隆组页岩;下三叠统殷坑组灰岩页岩,和龙山组灰岩、南陵湖组灰岩;第四系全新统。

区内褶皱构造主要有铜官山背斜、金口岭向斜。断裂有白鹤-松树山走向断层、笔西走向断层等。

区内岩体有金口岭岩体、铜官山岩体和天鹅抱蛋山岩体3个,其中天鹅抱蛋山岩体可能与成矿关系密切。

天马山金硫矿床的含矿带长达1400m,平均厚15m左右,延深1200m,主要沿黄龙组白云岩段(下段)与纯灰岩段(上段)之间,以及船山组灰岩与栖霞组灰岩,黄龙组与船山组,黄龙组与上泥盆统五通组之间的层间裂隙带发育,均为隐伏矿体。矿床成分以Au、S为主,并伴有Cu、Pb、Zn、Ag、As等元素,是一大型的金硫矿床。矿床中以硫铁矿体为主,其余各种矿体或被硫铁矿体包围,或与硫铁矿体重合,极少产于硫铁矿体之外。矿体赋存标高为近地表(+71m)~800m,-100m以上称天山矿段,-100m以下称马山矿段。金矿体90%、硫矿体60%赋存于-255m标高以上。

根据矿体的赋存部位及矿体与地层的关系,可将天马山金硫矿床的矿体分为层状矿体、接触带矿体和穿层矿体。

(1)接触带矿体主要是天山矿段的Ⅴ号矿体及小矿体,产于岩体与栖霞灰岩的接触带上。矿体呈透镜状、囊状,形态复杂,产状不稳定,局部近于直立,具矽卡岩型矿体的典型特征。

(2)穿层矿体主要是天山矿段的Ⅰ号、Ⅱ号矿体,赋存于石炭系黄龙灰岩、船山灰岩及船山灰岩与二叠系栖霞灰岩交界处附近,矿体呈不规则透镜状、囊状、筒状,产状较陡,与地层产状不一致。

(3)层状矿体产状与地层一致,如天山矿段的Ⅲ号矿体,主要赋存于黄龙组白云岩与泥盆系五通群交界处;马山矿段的矿体主要为层状矿体,赋存于黄龙组大理岩与白云岩交界处以及黄龙灰岩、船山灰岩交界处和黄龙大理岩下部,矿体呈似层状、层状。

(三)地球化学特征

1. 区域地球化学特征

据《安徽省地球化学特征及找矿目标研究》(2012年)统计结果,矿区黄龙组中Cu、Pb等元素含量与全省平均值接近,Sb元素含量高于全省平均值,Au、Ag、Zn元素含量低于全省平均值。

本次收集到铜陵天马山矿区1:20万水系沉积物101件样品的39项元素含量数据。计算水系沉积物中元素平均值相对其在中国水系沉积物中的富集系数,统计结果与中国水系沉积物元素含量平均值相比,铜陵市天马山金矿区1:20万水系沉积物明显富集 Au、Ag、Cd、Pb、Bi、Sb、Cu、As、Zn、Hg、Mn、B、Mo、Co、W、V、Sn 计17项,其富集系数大于1.30。即铜陵市天马山金矿区水系沉积物在高温成矿元素中明显富集 Bi、Mo、W、Sn;在中温成矿元素中明显富集 Au、Pb、Cu、Zn;在低温成矿元素中明显富集 Ag、Sb、As、Hg;在其他元素方面富集 Cd、Mn、B、Co、V。

2. 地球化学异常特征

根据收集的1:5万地球化学水系沉积物测量成果,编制出矿区的地球化学异常剖析图,图面显示在天马山矿区存在明显异常的元素有 Au、Ag、As、Cu、Pb、Zn、Mo、Bi 等元素,因此可以认为这些元素在1:5万水系沉积物测量中对天马山矿区有成矿指示作用。

(四)地质-地球化学找矿模型

综合上述矿床地质特征和地球化学特征,安徽省铜陵市天马山金矿床地质-地球化学找矿模型可简化如表6-38所示。

表6-38 安徽省铜陵市天马山金矿床地质-地球化学找矿模型

分类	项目名称	项目描述
地质特征	矿床类型	矽卡岩型
	矿区地层与赋矿建造	矿区主要发育自志留系茅山组至第四系,中石炭统黄龙组下段白云岩与成矿有密切关系
	矿区岩浆岩	区内岩体有金口岭岩体、铜官山岩体及天鹅抱蛋山岩体3个,其中天鹅抱蛋山岩体可能与成矿关系密切。天鹅抱蛋山岩体侵入铜官山背斜倾伏端东侧,出露于马山、青石山、天鹅抱蛋山之间。该岩体为闪长岩体,出露形态为不规则圆形,面积 0.7~0.8km²。岩体同位素年龄为137.4Ma,属于燕山运动中晚期、中浅成相小岩株。区内岩脉主要有细晶闪长岩脉、石英闪长玢岩脉及闪长玢岩脉
	矿区构造与控矿要素	区内褶皱构造主要有铜官山背斜和金口岭向斜。成矿前断层有白鹤-松树山走向断层、笔西走向断层。成矿后断层主要有宝山断层、老庙基山断层及松树上-尾砂坝断层
	矿体空间形态	根据矿体的赋存部位及矿体与地层的关系,可将天马山金硫矿床的矿体分为层状矿体、接触带矿体和穿层矿体
	矿石类型	矿石类型有块状硫化物和浸染状硫化物矿石两类,以前者为主
	矿石矿物	矿石成分较复杂,主要金属矿物有磁黄铁矿、黄铁矿,其次有毒砂、胶状黄铁矿、磁铁矿、黄铜矿等。脉石矿物主要有石英、方解石、白云石、滑石、蛇纹石、绿泥石、石榴石、菱铁矿等
	矿化蚀变	热液蚀变发育于构造裂隙及近矿围岩中,与矿化有关的热液蚀变有黄铁矿化、碳酸盐化、蛇纹石化及硅化,另外还有绢云母化、绿泥石化、赤铁矿化等
地球化学特征	区域岩石特征	矿区石英闪长岩中金含量为 $95×10^{-9}$
	原生晕特征	有益组分以 S、Au 为主,并伴有 As、Ag、Cu、Pb、Zn 等
	次生晕特征	Pb、Zn、Au、Ag、As、Hg 等含量逐渐升高,Cu、Mo、Cr、Co、Ni、REE 等含量逐渐降低
	中大比例尺化探特征	近矿成矿指示元素组合为 Au-Ag-As,外围指示元素组合为 Sb-Hg。Au、As、Pb、Zn、Sb、Hg 等元素异常分布有很高的套合性
	区域化探特征	与中国水系沉积物元素含量平均值相比明显富集的元素有 Au、Ag、Cd、Pb、Bi、Sb、Cu、As、Zn、Hg、Mn、B、Mo、Co、W、V、Sn;剖析图显示存在异常的元素有 Au、Ag、As、Cu、Pb、Zn、Mo、Bi

(五)地质-地球化学成矿模式

天马山金硫矿床的成因类型为层控矽卡岩型,即在早石炭世矿区为一潮上带,晚石炭世逐步转为潮下带的碳酸盐沉积,在局部静水还原条件及有机质和厌氧细菌的参与下,形成了黄铁矿层,以胶状黄铁矿及层纹状矿石(白云石、黄铁矿互层)为主,含少量菱铁矿,这一时期主要富集 S、As、Fe 以及少部分的 Au、Cu 等成矿元素;在印支期——燕山期,由于太平洋板块活动逐渐增强,造成下扬子地区一系列北东——东西向盖层褶皱、断裂及中生代断陷盆地,伴随有强烈的酸性岩浆侵入和火山活动,岩浆脉动式侵入后期的岩浆热液含有大量的 Au、Cu、Ag、Pb、Zn、S 等成矿物质,在接触带形成矽卡岩型矿体,岩浆热液沿着层间断裂面等构造裂隙运移,驱动地下水和层间水循环,携带成矿物质活化转移富集,并使同生沉积的黄铁矿层由于此种叠加作用而形成新的矿物组合,如黄铜矿、自然金、方铅矿、闪锌矿、石英、方解石等交代早期矿物或充填于粒间及裂隙,甚至有穿层的富矿脉和网脉。

二、江苏省江宁区汤山金矿床

(一)矿床基本信息

江苏省江宁区汤山金矿床基本信息见表 6-39。

表 6-39 江苏省江宁区汤山金矿床基本信息表

序号	项目名称	项 目 描 述
1	经济矿种	金
2	矿床名称	江苏省江宁区汤山金矿床
3	行政隶属地	江苏省江宁区
4	矿床规模	小型
5	中心坐标经度	东经 119°00′16″~119°03′26″
6	中心坐标纬度	北纬 32°02′26″~32°03′35″
7	经济矿种资源量	金资源量 2.71t

(二)矿床地质特征

矿床位于宁镇断块隆起的汤仑背斜弧形弯曲转折处,因背斜枢纽在此隆起,形成汤山短轴背斜。它为一小型微细浸染型金矿床。控矿地层为奥陶系红花园组、汤头组泥灰岩。区内构造主要有褶皱构造和断裂构造,前者主要为汤山短轴背斜,后者包括环形断裂带(F_1)、近南北向张性断裂、放射状断裂及隐伏断裂等。矿区的岩浆活动主要表现为燕山晚期浅成岩的侵入,已发现的仅为闪长玢岩。闪长玢岩主要分布于矿区的中部和东北部,多呈岩脉及岩枝分布,大多呈北东走向。矿区的蚀变和矿化主要发生在 F_1 断裂带及其附近,次为岩体接触带附近。主要有硅化和次生石英岩化、褐铁矿化、黄铁矿化、赤铁矿化、重晶石化和萤石化、泥化以及铜铅锌矿化和汞锑矿化。根据矿(化)带的分布位置及不同特征,划分了 4 个矿(化)段,分别是黄栗墅矿(化)段、汤山镇矿(化)段、建新村矿(化)段和汤山头矿(化)段。本研究以黄栗墅矿(化)段进行矿床地质特征描述。

黄栗墅矿(化)段位于汤山北坡黄栗墅一带,矿(化)带长 2km,总体走向 75°左右,倾向北西,倾角 66°~85°。本矿段是矿区金矿(化)最富集的地段,金储量占全矿区储量的 93.59%,发现 11 个金矿体,即 1~11 号矿体。它们都集中分布在本矿段西部,除 3 号矿体产于 F_1 下盘以下,其余矿体均赋存于 F_1 断裂带的泥状角砾岩及硅化带中。矿体走向呈透镜体及条带状,倾向上呈上大下小的楔形体或透镜体,产状与 F_1 一致,倾角 72°~88°。

(三) 地球化学特征

矿区范围及其外围曾先后做过 1∶20 万水系沉积物测量、1∶5 万~1∶5000 土壤测量和 1∶1 万岩石地球化学测量,它们所反映的地球化学特征基本相同,异常元素组合主要有 Au、As、Sb、Ag、Pb、Cu 等,异常呈北北东向展布,与汤山背斜大致吻合,反映出区域褶皱构造控矿因素。

1. 地层地球化学特征

经过矿区有关地层金含量的统计,奥陶系的灰岩、泥灰岩中金含量较高。红花园组($O_1 h$)灰岩(25 件样品)平均含金量 $20×10^{-9}$,比宁镇地区灰岩的背景含量($3×10^{-9}$)高 6 倍多。可见,金(矿)化与奥陶系含金普遍有着密切的关系。其高背景值的地层可视为本区金矿化的来源之一。此外,对金和其他元素的相关分析表明:金与砷的相关性最好,相关系数为 0.73(表 6-40)。因此,砷是该地区找金重要的指示元素。

表 6-40 主要相关系数表

元素	Au	Ag	As	Bi	Sb	Cu	Pb	Zn
Au	1.00							
Ag	0.18	1.00						
As	0.73*	0.10	1.00					
Bi	0.52	−0.03	0.44	1.00				
Sb	0.18	0.46	0.36	0.07	1.00			
Cu	0.25	0.01	0.26	0.61*	0.003	1.00		
Pb	0.45	0.65*	0.47	0.56	0.62*	0.39	1.00	
Zn	0.33	−0.05	0.47	0.71*	0.17	0.64*	0.45	1.00

注:* $P<0.001$。

2. 水系沉积物地球化学特征

1∶20 万水系沉积物圈出了 $32.41 km^2$ 综合异常,元素组合较为简单,以 Au、As、Sb 为主,Cu、Cd 次之。各元素异常特征值列入表 6-41。异常呈近椭圆形,北东向展布,与汤山背斜大致吻合。金含量一般为 $6.6×10^{-9}$~$11.5×10^{-9}$,最高可达 $14.5×10^{-9}$。Cu、As、Sb 元素浓度分带完整,分内、中、外带,Au、Cd 元素只有中、外带。建新金矿点、汤山头金矿床位于综合异常区中偏西部。

3. 土壤地球化学特征

1∶5 万土壤测量各元素异常的面积、强度和规模列入表 6-42。异常面积较为完整,面积约 $14.5 km^2$,异常总体呈北东东向长条状分布,元素组合比较复杂,以 Au、As、Ag、Sb 为主,Pb、Zn、Mo 次之,Cu、Bi、Hg、Cd 再次之。为进一步了解矿区各元素异常分布特征,选择 Au、Ag、As、Sb、Cu、Mo 编制汤山金矿区土壤测量异常剖析图(图 6-21)。各元素浓度分带比较完整,有内、中、外带,异常呈串珠状沿汤山头—团子尖—汤山镇一带北东东向展布。异常区出现了 2 个金浓集中心,分别位于汤山头—朱砂堰及汤山镇,浓度一般为 $7.4×10^{-9}$~$40.8×10^{-9}$,自西向东,2 个浓集中心的峰值依次为 $251.0×10^{-9}$、$93.6×10^{-9}$。

表 6-41 汤山金矿区 1∶20 万水系沉积物测量异常特征值表

元素组合	面积 (km²)	强 度				规 模	
		浓度（×10⁻⁶）		衬 度		衬度算术规模	衬度几何规模
		最小值	最大值	算术均值	几何均值		
33Cu3	16.14	24.2	32	1.3	1.29	20.99	20.85
33Au2	21.31	2.4	14.5	4.16	3.37	88.69	71.76
32As2	20.58	12.7	35	1.99	1.85	40.94	38.13
34As3	17.02	14	50	2.30	2.00	39.11	34.05
52Cd2	27.37	100	220	1.24	1.19	33.83	32.67
31Sb3	29.46	0.83	4.6	2.35	1.86	69.24	54.69
各参数累计						292.8	252.15

注：Cd 含量单位为×10⁻⁹，其他元素含量单位为×10⁻⁶。

表 6-42 汤山金矿区 1∶5 万土壤测量异常特征值表

元素组合	面积 (km²)	强 度				规 模	
		浓度（×10⁻⁶）		衬 度		衬度算术规模	衬度几何规模
		最小值	最大值	算术均值	几何均值		
23Au3	10.66	1.10	251	6.06	2.61	64.61	27.77
23Cu2	0.53	100	100	4	4	2.13	2.13
8Pb2	1.81	40	100	2.33	2.20	4.20	3.97
12Pb3	5.75	25	400	2.59	1.98	14.87	11.38
15Zn3	5.70	40	350	2.21	1.96	12.62	11.18
25Ag3	6.19	0.01	2.50	4.92	2.88	30.43	17.81
22As3	12.19	5	150	4.29	2.50	52.22	30.49
22Bi1	0.32	0.30	0.30	2.61	2.61	0.83	0.83
15Bi2	0.93	0.10	0.80	3.77	2.76	3.51	2.57
10Cd2	2.72	0.25	0.25	1.00	1.00	2.72	2.72
29Hg2	0.26	0.40	0.4	5.63	5.63	1.46	1.46
27Hg2	0.59	0.25	0.3	3.87	3.86	2.27	2.26
31Hg2	0.63	0.10	0.4	3.29	2.82	2.08	1.78
30Mo1	0.09	2.00	2	3.45	3.45	0.30	0.30
31Mo1	0.58	1.50	2	3.02	2.99	1.75	1.73
26Mo3	3.41	0.24	5	3.56	2.54	12.13	8.65
15Sb3	13.41	0.25	70	9.95	2.99	133.34	40.11
各参数累计						341.47	167.14

注：Au、Cd、Hg 含量单位为×10⁻⁹，其他元素含量单位为×10⁻⁶。

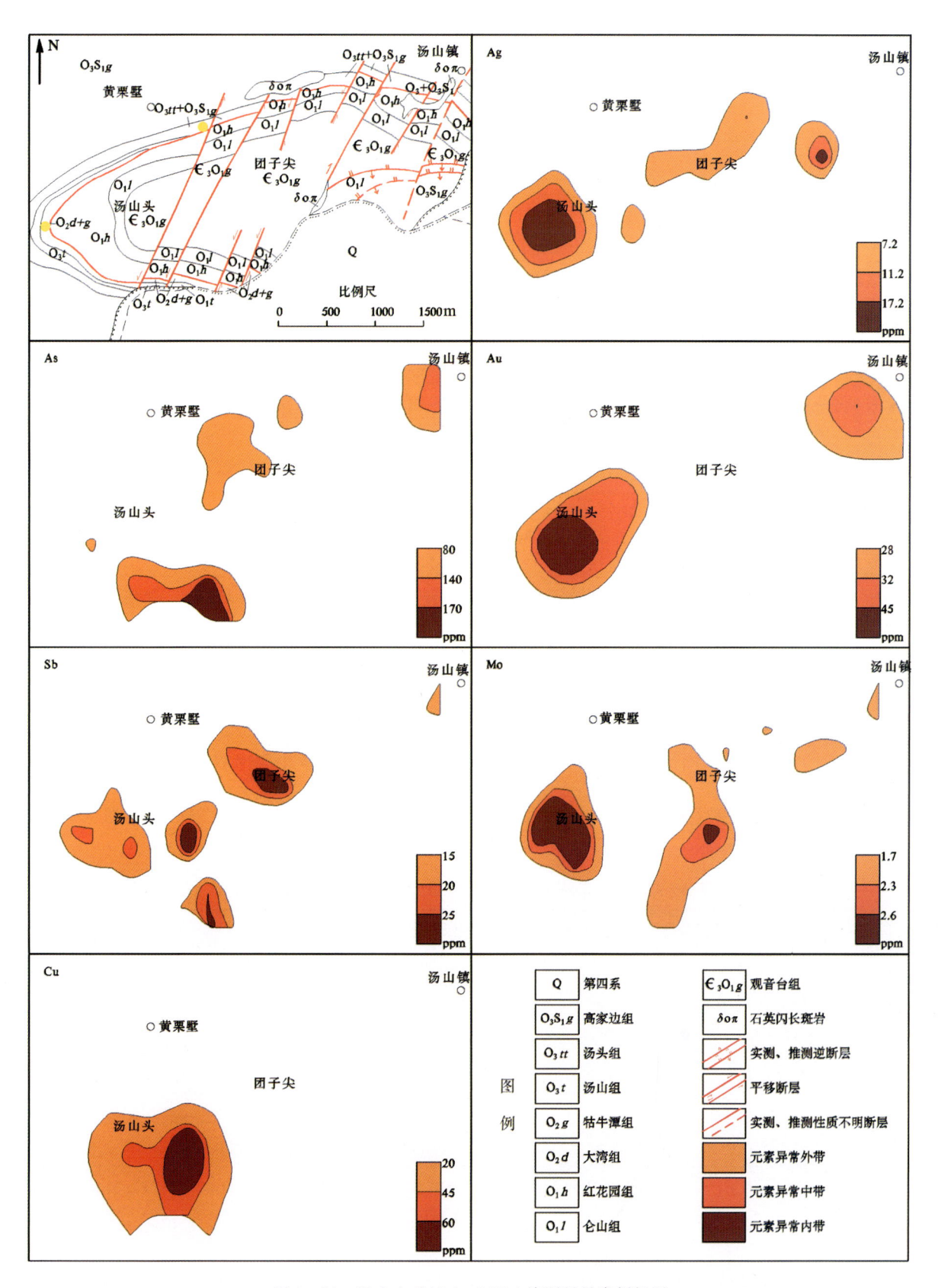

图 6-21　汤山金矿区 1∶5 万土壤测量异常剖析图

垂直于 F_1 环形断裂带布置 1:5000 土壤剖面异常特征研究发现，在 F_1 断裂带上具有明显的 Au 高值异常，与破碎带十分吻合，Au 浓度一般为 $50\times10^{-9}\sim150\times10^{-9}$；金矿体上异常则更明显，异常浓度极大值大于 300×10^{-9}，宽度大于 50m，梯度陡，形态规则。此外，金矿体上方具有较显著的 As 异常，异常浓度极大值大于 600×10^{-9}，异常宽度基本与 Au 异常吻合。Ag 异常较宽缓，可一直延伸至断裂带的下盘围岩中。该剖面上无明显的 Sb 异常显示。

4. 岩石地球化学特征

汤山西部 1:1 万岩石地球化学测量圈出两个异常（图 6-22），与 F_1 较吻合。其中汤山头 Hg、Ag、As、Pb、Zn、Mo 异常面积 $0.72km^2$，形态规则，连续性较好。Ag、As、Hg 异常呈不规则状展布；Pb、Zn 异常呈圆形、不规则状，大致呈北北东向断续延伸，它们被 As 异常所包围；Mo 异常大多数呈封闭的不规则状展布，异常外带分布范围较大。综合考虑这些元素异常空间分布位置，他们具有一定的垂直分带现象。由上而下分别为 Hg、Ag、As-Mo-Pb、Zn，且主要指示元素 Ag、Hg、As、Pb 具清晰、完整的浓度分带，指示金矿、多金属矿的累乘晕发育良好。另一异常为建新村 Ag 异常，面积 $0.38km^2$，呈近南北向条状不封闭分布，异常元素组合有 Ag、Cu、Pb、Mo、Hg。主要元素为 Ag，具清晰完整的浓度分带。经对 1:1 万岩石地球化学测量的一部分副样作了金的分析后发现：Au 异常与 F_1 断裂带十分吻合，浓度最高 $100\times10^{-9}\sim776\times10^{-9}$。

从主矿化带典型钻孔资料可以看到，以金矿化为主的地段 ZK104 资料分析，铜、锑异常很微弱，仅分布在前部，深部则无铅、锑异常；Au 异常与砷异常形态非常相似，含量曲线具有同步变化的趋势，它们在浅部（硅化岩）含量相对较高，变异系数较大，这与剖面土壤采样分析结果相吻合，它是寻找金矿的理想层位；Pb、Zn、Ag 异常形态比较类似，它们都在两个深度段出现了含量高值区（突变）：①地表深部 16~45m 处硅化岩分布区；②地表深部 80~92m 处硅化岩与白云质灰岩接触地段。

（四）地质-地球化学自然重砂找矿模型

通过改良格里戈良分带指数法，初步排出分带序列从浅到深为 As-Sb-Au-Ag-Pb-Zn-Cu。综合考虑矿区其他钻孔岩石地球化学资料分析，一般可见铅锌异常展布于铜异常的中偏上部，银异常展布于铜异常的外围上部。上述情况可以说明，汤山金矿的矿前晕为砷、锑；成矿晕为金、银；矿尾晕为铅、锌、铜。汤山金矿床地质-地球化学找矿模型见表 6-43。

表 6-43 江苏省汤山金矿床地质-地球化学自然重砂找矿模型

矿床类型		卡林型（微细浸染型）
地质标志	地层标志	奥陶系红花园组、汤头组泥灰岩，Au、Ag、As、Sb、Hg 等元素普遍富集
	构造标志	环形断裂破碎带
	岩浆岩标志	燕山晚期闪长玢岩，金含量 39×10^{-9}
	蚀变标志	主要有硅化、褐铁矿化、黄铁矿化、赤铁矿化、重晶石化、萤石化、泥化、锑汞矿化等
地球化学标志	水系沉积物地球化学	Au、As、Sb、Cu、Cd 等元素组合
	自然重砂异常	出露地层为上奥陶统，异常沿水系分布，推测异常可能由上游矿化带剥蚀、搬运、堆积而形成
	岩石地球化学	矿头晕：As、Sb；矿中晕：Au、Ag；矿尾晕：Pb、Zn、Cu
	构造地球化学	As、Au 异常宽度一致，与破碎带十分吻合，$Au>150\times10^{-9}$，$As>150\times10^{-6}$
	铁帽地球化学	铁帽发育，主要有赤铁矿、泥状角砾岩

第六章 自然重砂找矿模型综合研究

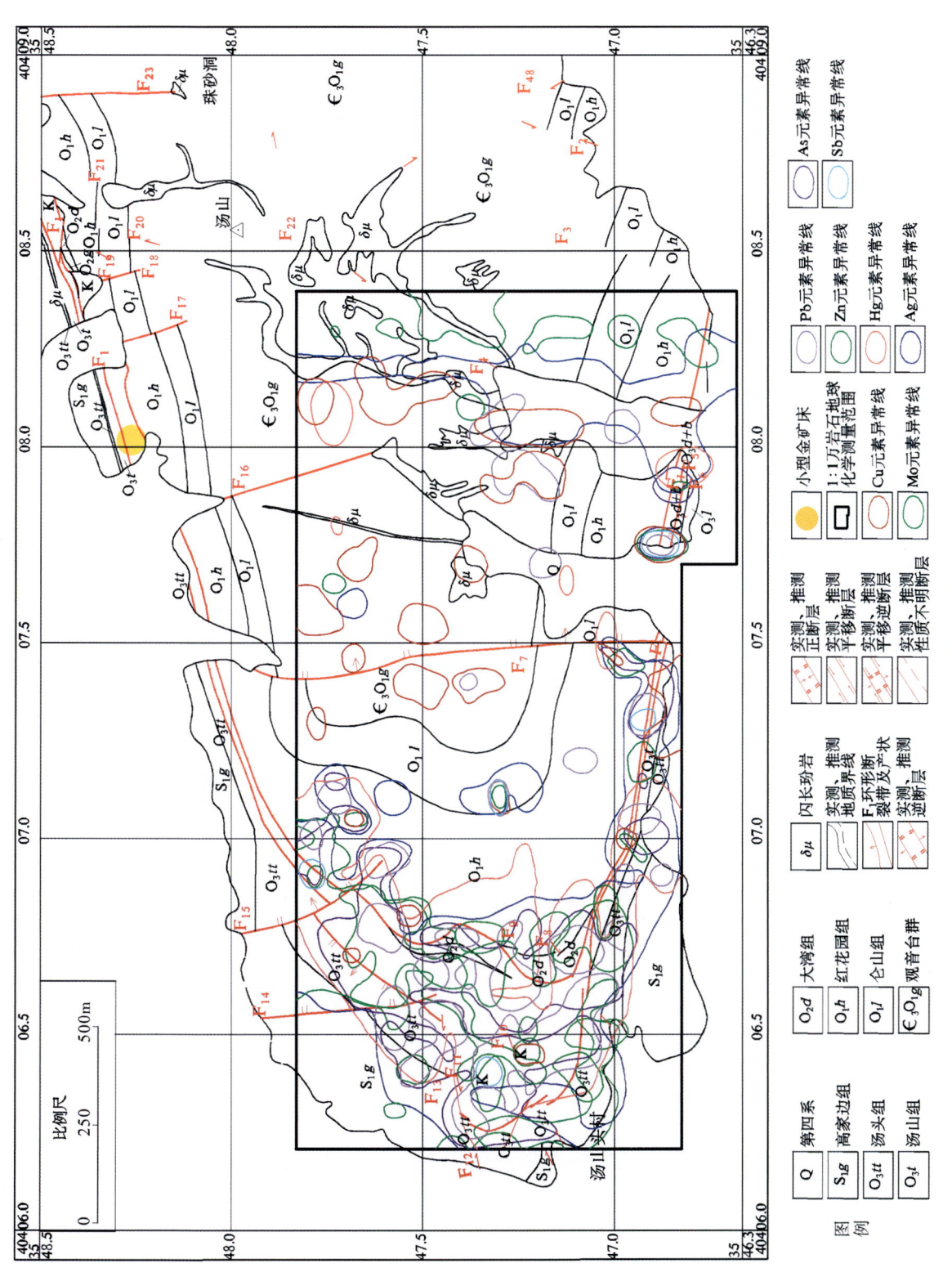

图 6-22 汤山金矿区西部岩石地球化学异常图

(五)地质-地球化学自然重砂成矿模式

南京市汤山金矿形成过程可以模式化为图 6-23。矿区岩浆侵入导致岩体附近岩石中地下水升温,形成热泉系统(此热泉系统现在还在继续活动),由于水密度的降低使其上升,同时,热水溶液中不断加入由地表向下渗滤的大气降水,这种循环在通过金高背景的碳酸盐建造时,与之进行组分的交换,从中淋滤出金等成矿物质,金便以 AuS^- 和 $Au(S_2O_3)_2^{3-}$ 等络阴离子的形式被溶解活化,从而形成上升的含矿热液。含矿热液沿 F_1 环形断裂带上升过程中与断裂破碎带和附近空隙度大且化学性质活泼的碳酸盐岩石又发生交代作用,由于热量的散失及溶液中 pH 值和氧化还原电位的变化,金络合物被破坏,于是在断裂带和附近空隙度大且化学性质活泼的碳酸盐岩石中,金自溶液中沉淀下来,形成金矿化或金矿体(早期的原生金矿体或矿化体)。

三、浙江省遂昌治岭头金矿床

(一)矿床基本信息

浙江省遂昌治岭头金矿床基本信息见表 6-44。

(二)矿床地质特征

本区地处龙泉-遂昌断隆,广泛发育晚中生代火山-侵入岩系及陆相火山-沉积盆地,中元古代基底八都群(中高级)及陈蔡群(中低级)变质杂岩呈断块状或"天窗式"出露,沿构造活动带的变质地块中局部有加里东—印支期构造热事件伴生的混合花岗岩发育,变质基底历经多期变质变形叠加与长期隆起剥蚀。侵入岩系列以中酸性—酸性花岗岩组合为特色。火山岩-沉积岩系产状平缓,构造变形以发育断裂构造为主,按断裂走向划分为北北东、北东、北西向三组,其中以北北东向最为发育,局部密集成带。与金银、铜铅锌成矿作用关系密切的为磨石山群(下岩系)火山岩系。火山活动带与三、四级火山构造明显受北东、北北东向构造控制,局部受北西向构造控制,与成矿作用直接相关的火山构造多在基底隆起区与断裂构造交会区段。

矿区内出露地层有基底古元古代八都群变质岩系和晚侏罗世磨石山群大爽组火山岩系。

八都群呈天窗出露约 $6km^2$,岩性为黑云斜长片麻岩、黑云二长片麻岩、斜长片麻岩、含石榴石黑云斜长片麻岩、含石墨黑云斜长片麻岩、黑云变粒岩,及少量的花岗片麻岩、变粒岩、浅粒岩等。原岩为砂质沉积岩夹火成岩和中酸性脉岩,变质相带为角闪岩相、矽线石-蓝晶石带,局部混合岩化,为赋矿围岩。

磨石山群大爽组覆盖了周围地段,岩性为流纹质晶屑玻屑凝灰岩、熔结凝灰岩、集块岩、凝灰质砂砾岩、凝灰质砂岩。矿区中部为华峰尖塌陷式火山通道,直径约 1km,属牛头山层火山的寄生火山口,充填火山角砾岩、凝灰岩及霏细斑岩、安山玢岩。矿区内燕山期脉岩、次火山岩极为发育,呈岩脉、小岩株产出,主要有霏细斑岩、花岗斑岩、石英闪长玢岩、安山玢岩、钠长斑岩等,长一般数十米至数百米,宽数米至十余米。次火山岩、脉岩侵入于变质岩或火山岩中,并切穿金银矿体。

矿区岩浆岩、次火山岩发育,主要为燕山期的酸性—中酸性侵入岩,主要有钠长斑岩、花岗斑岩、闪长岩、安山玢岩、石英闪长玢岩、霏细斑岩、霏细岩、闪长玢岩、辉绿玢岩、煌斑岩。霏细斑岩、霏细岩、闪长玢岩、辉绿玢岩、煌斑岩切穿金矿体。

金银矿体以近南北向的 F_1、F_{42} 为界,F_1 以西为西矿段,F_{42} 以东为东矿段,F_1 与 F_{42} 之间为中矿段。西矿段:矿体总体呈北西走向,倾向南西,倾角 25°~53°,为隐伏矿体,埋深 130~240m 标高。中、东矿段近东西、北东走向,倾角略有起伏,倾向 180°~148°,倾角 45°~55°。单脉体呈左行雁列,长 65~400m,赋存于 400~650m 标高水平。F_{42} 以东为东矿段,长 700m,矿带走向近东西向。倾向南-南西,倾角 36°~57°,矿体长 175m,赋存于标高 440~620m。

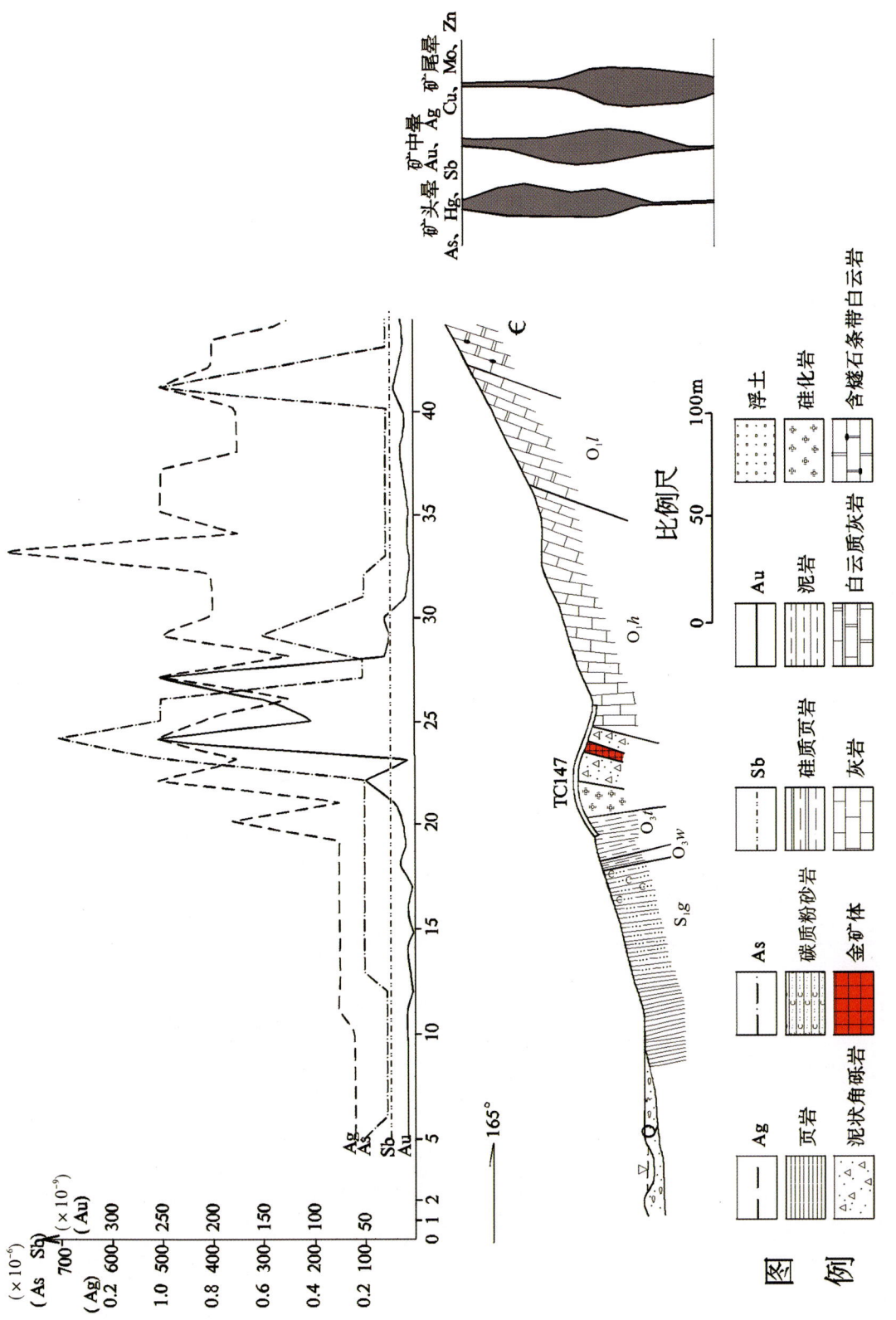

图 6-23 汤山金矿地质-地球化学自然重砂成矿模式图

表 6-44 浙江省遂昌治岭头金矿床基本信息表

序号	项目名称	项目描述
1	经济矿种	金
2	矿床名称	浙江省遂昌治岭头金矿床
3	行政隶属地	浙江省遂昌县
4	矿床规模	大型
5	中心坐标经度	119°25′30″E
6	中心坐标纬度	28°37′28″N
7	经济矿种资源量	(111b+332+333)矿石量 $215.077×10^4$ t,金 23 621kg,矿体平均品位 $10.98×10^{-6}$

金银矿体呈复脉状,赋存于八都岩群脆韧性断裂中,总延长约 2250m,被 F_1、F_{42} 分割成三段。F_1 以西为西矿段,长约 350m,呈北西向展布,单个脉体北西西向,倾向南西,分布在 100~300m 标高水平。F_1~F_{42} 之间为中矿段,长约 1200m,矿脉走向由东西渐变为北东东,产状 SE135°~155°∠35°~62°。

(三)地球化学特征

1. 土壤化探异常特征

根据浙江省地球物理地球化学勘查院 1986 年完成的遂昌县治岭头工区物化探普(详)查资料,治岭头 1∶1 万土壤化探圈定的异常,较高强度的 Au、Ag 异常与金银矿相对应,北侧高强度串珠状异常是古代开采活动污染引起的。Cu、Pb、Zn、Mo 组合异常围绕华峰尖火山机构边缘分布,反映的是铅锌矿化蚀变体。

2. 区域化探

用主成矿元素 Au、Ag,并选取伴生和指示性指标 Pb、Zn、Mo、Hg 等元素制作地球化学异常图和剖析图,按照区域 1∶20 万水系沉积物化探数据累频的 85%~95%~98% 截取异常下限和异常分级可直观反映异常矿化信息(矿致异常),异常特征见表 6-45。

表 6-45 遂昌治岭头金矿区地球化学异常参数特征表

元素含量	外带(下限):85%累频	中带:95%累频	内带:98%累频
Au(10^{-9})	2.4	4.4	7.2
Ag(10^{-9})	181	285	420
Pb(10^{-6})	46	64	88
Zn(10^{-6})	115	153	196
Mo(10^{-6})	2.3	3.1	5.1
Hg(10^{-9})	148	219	318

矿区对应水系沉积物 Au 有明显的强异常反映,呈岛状分布,Ag、Pb、Zn 元素也出现强度高的珠状异常,此外矿区伴生元素 Ba、Cd、Mn、Cr、Th 也出现相应的异常。Hg、Mo 无异常。矿带地球化学异常

总体构成 Au-Ag-(Pb-Zn)异常组合和分带特征(图6-24)。区域 Au、Ag 异常还出现在矿区西遂昌县城以及南部高亭一带,异常形态总体为北东向展布和延伸。

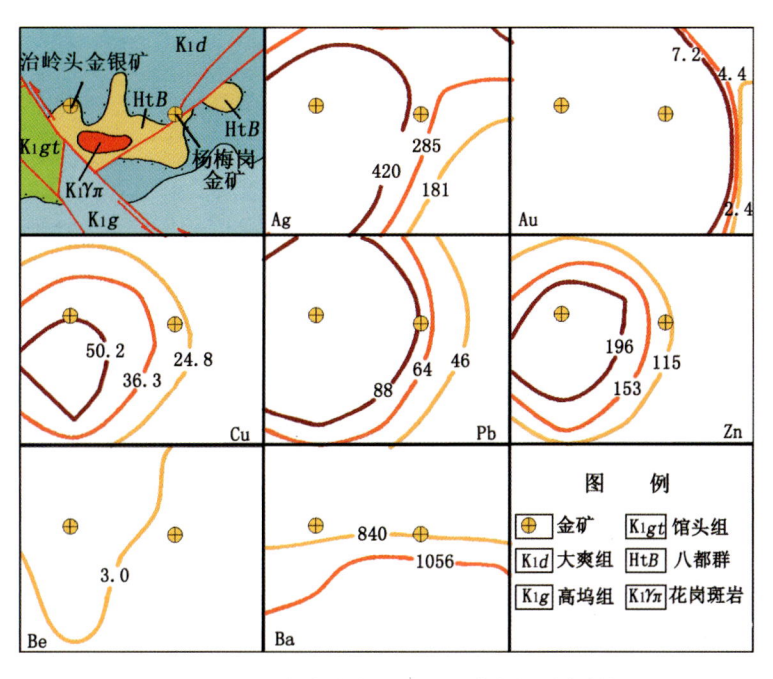

图 6-24　浙江省治岭头金银矿区域化探异常剖析图

Au、Ag、Zn 异常分布区对应地质情况为一套元古宙八都群海相火山岩-碎屑岩建造,显示异常和成矿物质来源与之有关。Pb、Zn 异常与燕山期侵入岩空间对应性高,显示异常和成矿与岩浆活动的关系。另外 Ba、Cd、Th 异常出现指示岩浆活动和热液因素,而 Mn、Cr 异常出现又体现了中性岩浆活动特点。异常的北东向带状或串珠状展布形态体现了北东向断裂构造的控岩控矿性。矿区地球化学异常体现了矿区的物质来源、成因复杂性。但总体与多期次燕山期的岩浆热液活动有关。

(四)地质-地球化学找矿模型

综合地质地球化学特征,建立地质-地球化学找矿模型(表6-46)。

四、江西省金家坞金矿床

(一)矿床基本信息

江西省鄱阳县金家坞变质碎屑岩中热液型金矿床基本信息见表6-47。

(二)矿床地质特征

本区地处扬子板块南缘的九岭-鄣公山隆起带东段,位于鄣公山巨型复背斜构造西端与景德镇深大断裂的交接部位。区域上广泛分布中元古界双桥山群上亚群的一套类复理石火山碎屑沉积浅变质岩建造,上白垩统赣州组零星分布在区内断陷盆地内。区域构造以北西西向到近东西向的线性紧闭褶皱为主;褶皱同期和后期形成了一系列北东向、近东西向的断裂构造。区内岩浆活动一般,仅在北部出露有潘村岩体和鹅湖岩体,均为燕山早期侵入的黑云母花岗闪长岩和花岗斑岩,同位素年龄为94~157Ma。

表 6-46　浙江省遂昌治岭头金银矿地质-地球化学找矿模型表

分类	成矿要素	描 述 内 容
必要	成矿时代	石英包裹体液体的 Rb-Sr 等时线年龄为 82.5±3.7Ma（周俊法等，1996）；包裹体液体 Rb-Sr 等时线年龄分别为 144±9Ma、127.1±6.8Ma、159.5±5.4Ma（陈好寿等，1996）；石英 $^{40}Ar-^{39}Ar$ 年龄为 139.4±18.6Ma（梅建明，2001）
必要	大地构造位置	武夷-云开造山系华夏地块武夷变质基底杂岩八都中高变质基底杂岩的中部
必要	大地构造演化阶段	中条期、燕山期陆缘火山活动区
必要	成矿构造	以近东西、北东东向张扭性断裂构造
重要	火山建造/火山作用	燕山早期为流纹质火山碎屑岩和流纹质熔岩，属钙碱性岩石；燕山晚期为安山质、英安质火山碎屑岩
重要	火山岩性岩相构造/火山构造	处于牛头山火山穹隆的边缘，穹隆中心为角砾岩筒和环状流纹岩充填，岩性岩相主要为火山碎屑流相流纹质玻屑熔结凝灰岩，崩落相流纹质含集块角砾凝灰岩
重要	岩浆建造/岩浆作用	燕山早期侵入岩主要为花岗斑岩，其次为霏细斑岩、石英闪长（玢）岩，见辉绿玢岩和煌斑岩；酸性岩为铝过饱和钙碱性岩类，中性岩为钙碱性岩类，辉绿玢岩和煌斑岩则属碱性系列岩石。燕山晚期主要有闪长玢岩、二长斑岩、霏细岩等岩脉及次火山岩；为钙碱性至偏碱性系列岩石
重要	成矿特征	矿体呈脉状，平面上呈尖灭侧现、舒缓波状、分支复合的总体展布特征，走向控制长约 1400m，倾向延深 270～300m，厚 1～25m，一般 10m 左右。 主要金属矿物为银金矿、金银矿、黄铁矿、闪锌矿、方铅矿。脉石矿物主要有石英、绢云母、蔷薇辉石、菱锰矿。 矿石构造主要为浸染状、斑杂状、角砾状、条带—环带状、块状、脉状构造。结构主要为自形晶粒状、镶嵌、他形晶粒结构、交代残余结构、填隙交代结构、乳浊状结构、包含结构。 矿床主要组分为 Au、Ag，局部伴生 S。 围岩蚀变组合为硅化-绢云母化-黄铁矿化-蔷薇辉石化-菱锰矿化-绿泥石化-绿帘石化
重要	矿床资源/储量	(111b+332+333)矿石量 $215.077×10^4$t，金 23 621kg，矿体平均品位 $10.98×10^{-6}$
重要	地球化学特征	Au-Ag 地球化学组合异常

表 6-47　江西省鄱阳县金家坞变质碎屑岩中热液型金矿床基本信息表

序号	项目名称	项 目 描 述
1	经济矿种	金
2	矿床名称	江西省金家坞金矿床
3	行政隶属地	江西省鄱阳县
4	矿床规模	中型
5	中心坐标经度	117°39′50″E
6	中心坐标纬度	28°32′60″N
7	经济矿种资源量	金 5.2217t

矿区内出露地层为中元古代浅变质岩系，岩性下部为变沉凝灰岩、千枚岩，上部为绢云母千枚岩夹变沉凝灰岩。矿区东部出露零星晚白垩世赣州组紫红色粉砂质砾岩夹石英砂岩、细砂岩，沿北东向带状分布（图 6-25）。

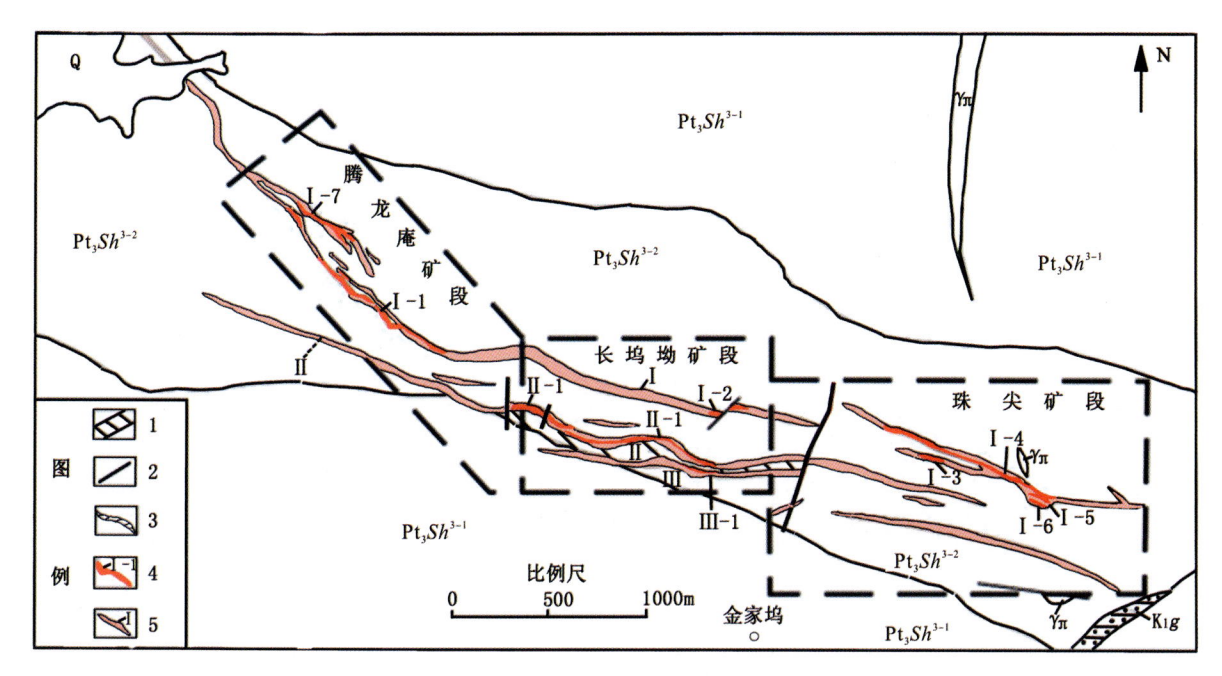

图 6-25 金家坞金矿区地质略图

Q.第四系;K₂g.白垩系赣州组;Pt₂Sh³⁻².中元古界上亚群第三岩组上段;Pt₂Sh³⁻¹.中元古界上亚群第三岩组下段;γπ.花岗斑岩;
1.挤压蚀变变形带及编号;2.实测断层;3.地质界线;4.金矿体及编号;5.金矿化带及编号

矿区南东部、北西部外侧各分布一条北东向逆冲(推覆)断裂带,东南部金家坞断裂属区域性沙堤-侯潭北东向逆冲推(滑)覆断裂带的组成部分,并控制了晚白垩世红层的展布,矿区正处于此断裂带由北东向往近东西向转曲的北侧,发育一系列北西西-近东西向弧形挤压剪切变形带,应属其压扭性派生"入"字形构造。矿区东部有花岗岩或花岗斑岩出露,呈北北东、北北西向岩墙(脉)或岩滴状产出。

矿区圈定金矿体 9 个,其中 I 号金矿化带 7 个矿体,I-1 和 I-7 号矿体分布在西部腾龙庵地段,I-2 号矿体分布中部长坞坳地段,I-3、I-4、I-5 和 I-6 号矿体分布在东部珠尖地段;各矿体近平行斜列产出,总体走向东部矿体近东西向、中部矿体 280°~300°,西部矿体 310°~320°,多数倾向北或北东,西部矿体少数倾向南西,倾角地表 40°~50°、中深部 50°~60°,局部 80°以上。矿体一般延长 300~600m,最长可达 1200m,矿体厚度一般 1~5m,最厚可达 16.40m,矿体平均厚度 3.15m,厚度变化系数 0.562;呈似层状、透镜状、脉带状延伸。矿体形态变化较大,常膨大、缩小、分支复合或尖灭再现。

(三)自然重砂特征

共选有浮梁臧湾、瑞昌洋鸡山、东乡虎圩、宜春吴村、德兴金山、兴国留龙、波阳金家坞和万年虎家尖共 8 个金矿典型矿床。

浮梁臧湾砂金矿:共有 2 个金异常和 1 个磷钇矿异常,均为Ⅲ级。金异常分布于测区北东和南西两侧,异常面积 23.62km²;磷钇矿异常分布于测区东部,异常面积 29.75km²。

兴国留龙金矿:发育 4 个重砂异常,分别为 AuⅢ103、SnⅡ022、SnⅠ085 和 CuⅡ064。AuⅢ103 异常面积 3.77km²,分布于测区北西部,为Ⅱ级异常。锡石发育 2 个异常,均为Ⅲ级异常,总面积 9.84km²,其中 SnⅠ085 异常分布于测区北西部,面积 4.00km²,SnⅠ085 异常分布于测区南东部,异常面积 5.84km²。CuⅡ064 异常分布于测区南西角,为Ⅰ级异常,面积 2.18km²。

波阳金家坞金矿:发育 2 个金异常和 3 个锡石异常。金异常分布于测区南东角及中西部,椭圆形,异常总面积 28.55km²,均为Ⅲ级异常;锡石异常分布于测区东部和西部,呈不规则状,异常总面积

$38.47km^2$,其中 1 个为Ⅲ级异常,2 个为Ⅱ级异常。

万年虎家尖金矿:圈出 1 个金Ⅱ级异常 AuⅡ030,为万年罗磨洲金异常,呈北东向长椭圆形展布于测区中东部,异常面积 $2.75km^2$。

瑞昌洋鸡山、东乡虎圩和宜春吴村 3 个金矿区域上未见有已选 8 种自然重砂矿物异常。而德兴金山金矿区域上未见金重砂异常,仅见有铜族矿物和锡石重砂异常。

(四)地质-地球化学自然重砂找矿模型

江西省鄱阳金家坞金矿地质-地球化学找矿模型见表 6-48。

表 6-48 江西省鄱阳金家坞金矿地质-地球化学找矿模型

分 类	项目名称	项目描述
地质条件	构造环境	本区地处扬子板块南缘的九岭-鄣公山隆起带东段,位于鄣公山巨型复背斜构造西端与景德镇深大断裂的交接部位;区域地层为一套广海相浊流沉积火山-碎屑类复理石建造,表现为一巨型复背斜构造(即鄣公山复背斜),双桥山群第三岩组为核部;受南北向挤压力作用,发育北东向斜冲断裂、韧性剪切带等系列大断裂,还发育部分北西向、近东西向、北东向次级断裂、剪切带等。与金矿化关系密切的主要为近东西向、北东向韧性剪切带和次级断裂
	岩石组合	区内大面积出露中元古界双桥山群第一、第二、第三、第四岩组,为一套广海相浊流沉积火山-碎屑类复理石建造,遭受区域绿片岩相变质作用。地层总体呈近东西走向,倾向北东或北西,倾角 $35°\sim80°$,局部反倾;各岩组之间呈整合接触关系,岩性差异较小,不易区分。上白垩统赣州组沿矿田南缘东西-北东向断陷盆地分布,为陆相碎屑红层建造,面积较小;第四系冲积物主要沿现代河谷、沟谷呈带状分布
	围岩蚀变	围岩蚀变分布在挤压破碎带内,以动力变质和热液变质为主,有硅化、黄铁矿化、绢云母化、绿泥石化、碳酸盐化等,偶见黄铜矿化。与金矿化关系密切的是硅化和中晚期黄铁矿化。硅化是金的载矿流体,黄铁矿则是金的直接载体,金赋存于其裂隙及晶格中
地表找矿标志		水系沉积物、土壤和地表岩石地球化学异常均以金为主,伴生砷、锑、汞异常,可作为该矿床的地球化学标志。挤压蚀变破碎带及其中的硅化石英脉和蚀变矿物的氧化物(如褐铁矿)等,也是地表寻找金矿床的重要标志
地球化学标志		分析土壤和岩石地球化学(原生晕)异常,根据其轴向与垂向分带,进行深部盲矿预测,是寻找和发现矿体的最有效手段

(五)地质-地球化学自然重砂成矿模式

矿区围岩属金高背景区,金异常呈区域→矿区→矿体显著增强的特点;前缘晕元素 As、Sb 异常发育良好;矿区周围无较大岩体,仅东部见数条花岗闪长岩脉,经工程揭露,与矿体之间接触,接触界线清晰;因此,可以推断成矿物质来源于中元古代富含金的火山沉积,经变质热液萃取,富集成矿;后期受岩浆热液叠加改造。

成矿作用一般经历了漫长的地质发展历史过程。根据本区地层、构造和岩浆岩与矿体之间的关系,矿体受中元古代地层挤压变形形成的挤压破碎带控制,而燕山期构造和花岗岩脉切穿矿体,从而初步认定矿体形成于中—晚古生代。

金家坞金矿的成矿作用大致经历了沉积成岩(矿源层形成)→区域变质变形(储矿构造形成)→动力变质热液改造→后期受岩浆热液叠加改造 4 个阶段(图 6-26)。

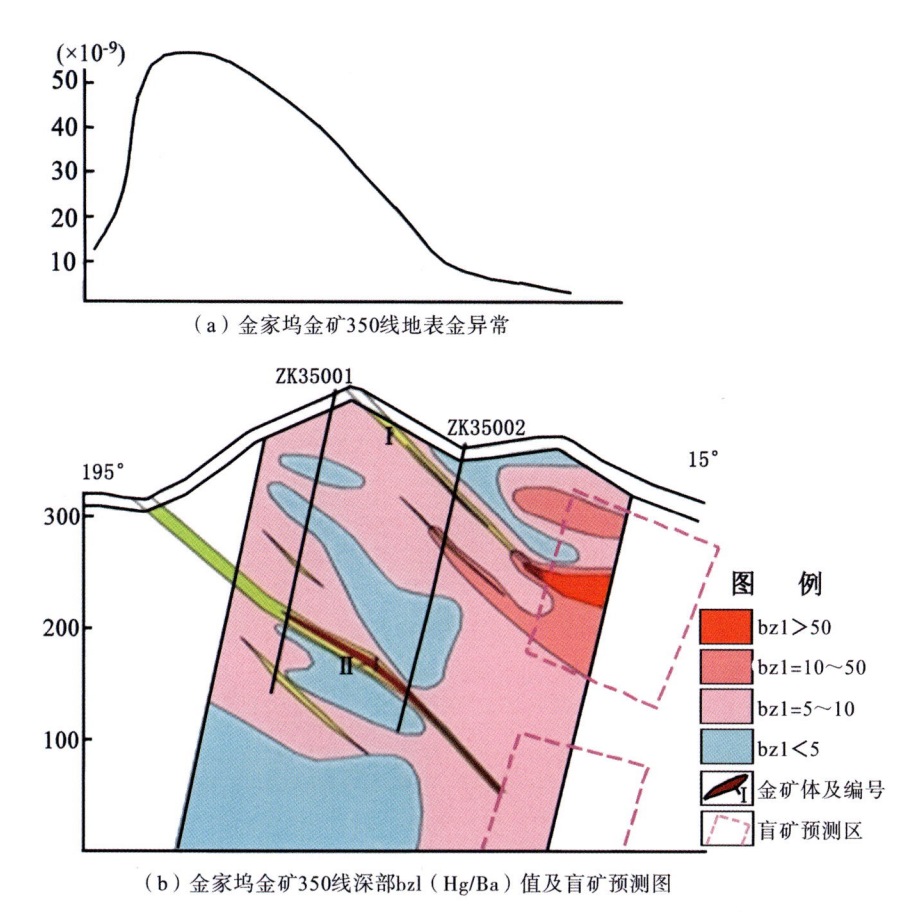

(a) 金家坞金矿350线地表金异常

(b) 金家坞金矿350线深部bzl（Hg/Ba）值及盲矿预测图

图 6-26 金家坞金矿成矿演化模式图

中元古代富含金的火山沉积,为金矿床的形成提供了丰富的物质来源;晋宁期形成近东西向紧闭褶皱和挤压破碎带,则提供了储矿构造;晋宁-加里东期对前期构造形迹进一步强化改造,燕山期区域岩浆作用为围岩中矿质的活化、迁移、沉淀成矿提供了必不可少的热源条件,萃取围岩中的金元素富集成矿;经后期构造运动改造,原有矿体形态被破坏,局部被剥蚀,形成砂金。

通过对金家坞金矿床的产出特征及产出规律的综合研究,初步认为矿床控矿因素以构造热液蚀变控矿为主;矿床成因类型属中—低温石英脉型-构造蚀变岩型金矿;控矿构造为北西-南东或近东西向脆-韧性剪切带次级构造形态——挤压破碎带。

五、福建省泰宁何宝山金矿床

（一）矿床基本信息

福建省泰宁何宝山金矿床基本信息见表 6-49。

（二）矿床地质特征

矿区处于华南加里东褶皱系东部,武夷古弧盆系浦城-顺昌隆起中部,北东向崇安-石城构造带与近东西向泰宁-政和构造带的交会部位,长兴加里东期（志留纪横坑单元）钾长混合花岗岩内外接触带上,是福建省重要的金矿找矿远景区之一。区内广泛出露中元古代变质岩和极少量中生代红色碎屑岩,侵入岩也有大面积分布,地质构造复杂,混合岩化作用强烈。

表 6-49 福建省泰宁何宝山金矿床基本信息表

序号	项目名称	项目描述
1	经济矿种	金
2	矿床名称	福建省泰宁何宝山金矿床
3	行政隶属地	福建省泰宁县
4	矿床规模	中型
5	中心坐标经度	117°10′14″E
6	中心坐标纬度	26°55′25″N
7	经济矿种资源量	金 2.640 24t

本区属闽北地区金矿区划中的Ⅳ1成矿带AV3成矿预测区,处在北东向三湖-泰宁断裂带南西端的北西部位,三湖-泰宁断裂带是崇安-石城深大断裂带中段的重要组成部分。深断裂具有长期多旋回活动的特点,继承性活动明显,深断裂控制了金矿的分布。

矿区出露地层为东岩组上段($Pt_{2-3}d$)的二长变粒岩和龙北溪组($Pt_{2-3}l$)黑云斜长变粒岩、石英片岩等。矿体主要分布于变质岩的脆韧性构造带中,脉状为主,常成群分布;次为脉型分布于变质岩或混合岩中(图6-27)。

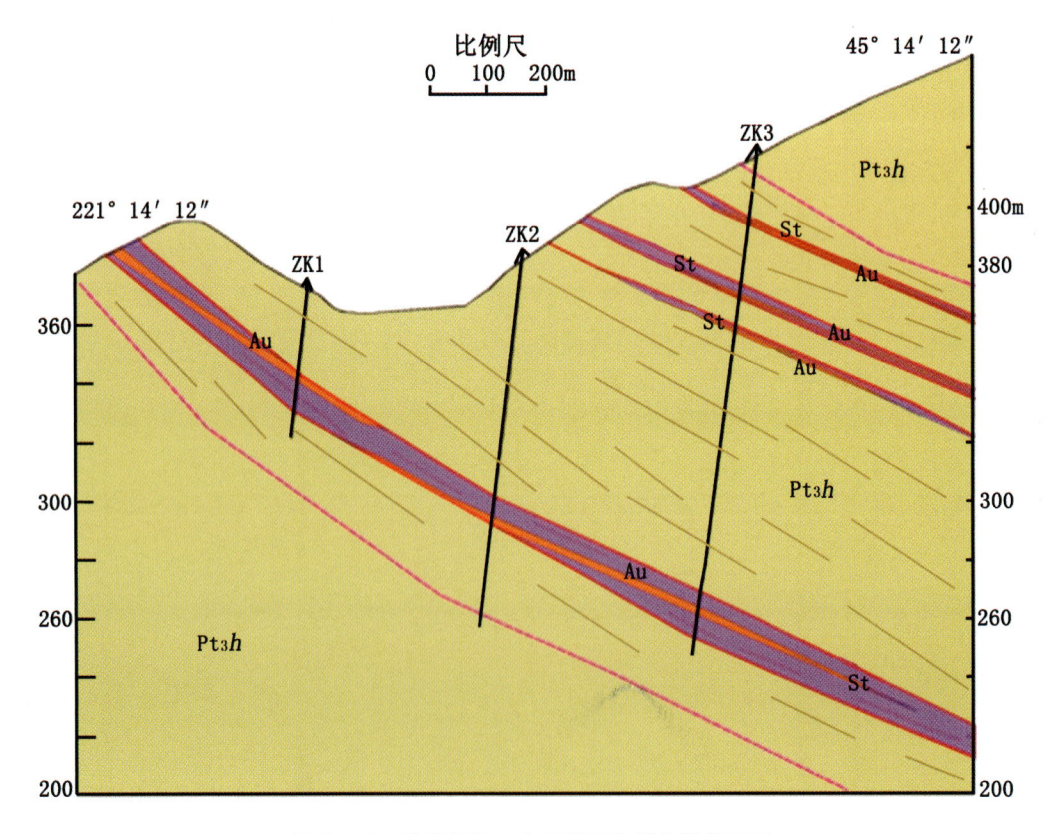

图 6-27 泰宁何宝山金矿床208线地质剖面图

Ph_3h.上元古界黑云变粒岩组合;Au.金矿体;St.构造破碎蚀变带;ZK2.钻孔

(三)地球化学特征

1. 矿区地球化学背景特征

泰宁何宝山变质碎屑岩中热液型金矿处于武夷古弧盆V-3-1(J_3—K)地质构造区,区内主要成矿元素背景含量以Zn、Ag、Sn、W高于全国或全省背景值;Cu、Zn、Sn高于全省背景值为主要特征。而Au则低于全省或全国背景值(表6-50)。矿区所处Au大于$1.2×10^{-9}$的高背景分布区面积达$221km^2$,其背景分布具较大规模。

表6-50 武夷古弧盆V-3-1(J_3—K)构造区主要成矿元素含量特征表

	Ag	Au	Cu	Pb	Zn	W	Mo	Sn	Mn
武夷-云开造山系V（全省）	105.1115	1.0136	9.6031	41.1262	76.6082	3.2382	1.2735	5.2375	586.3676
全 国	80.0	1.3	21.56	25.96	68.47	2.19	1.23	3.43	678
武夷古弧盆 V-3-1(J_3—K)	104.2203	0.8722	11.8150	40.5668	84.5497	2.8031	0.8701	6.1154	530.8260

注：Au、Ag元素含量单位为$×10^{-9}$,其他元素含量单位为$×10^{-6}$。

2. 矿区化探异常特征

矿床所处1∶20万区域化探异常具有Cu-Pb-Zn-Ag-Mn-Cd-W-Mo-Sn-Sb等多元素组合特征,其中金异常作为主成矿元素,含量高,极值达$736×10^{-9}$,异常面积达$73.41km^2$(表6-51)。

区域化探异常元素组合反映多成因矿化特征。作为主成矿元素,金异常规模大,元素含量高,可直接作为找金指示元素;Cu-Pb-Zn-Ag-Mn-Cd异常与东岩组上段($Pt_{2-3}d$)的二长变粒岩和龙北溪组($Pt_{2-3}l$)黑云斜长变粒岩、石英片岩铅锌矿源层有关;W-Mo-Sn-Sb反映了岩浆热液作用叠加。

表6-51 何宝山金矿区域化探异常元素含量特征表

异常元素	面积(km^2)	平均值	极大值	规格化面金属量
Cu	36.3266	32.1	47.9	1166.60
Pb	75.7609	66.4	140	5031.79
Zn	79.1769	137	214	10 826.25
W	64.4267	3.92	8.00	252.64
Mo	52.1589	2.10	7.80	109.61
Au	73.4173	81.8	736	6006.51
Sn	43.8582	10.6	20.7	466.73
Ag	46.3916	154	240	7137.17
Cd	21.5183	450	660	9683.24
Sb	56.4272	0.30	0.50	16.81
Mn	93.8605	803	1310	75 379.37

注：Au、Ag含量单位为$×10^{-9}$,其他元素含量单位为$×10^{-6}$。

3. 矿区化探异常特征

何宝山金矿区1∶5万化探土壤测量结果发现,本区异常元素组合简单,矿区地表主要反映单金异常,呈纺锤形,面积 $0.7km^2$,一般含量 $90 \times 10^{-9} \sim 290 \times 10^{-9}$,平均 271.5×10^{-9},极大值 975×10^{-9},衬度值为4.5。

1∶1万土壤测量值大于 70×10^{-9} 的异常范围与金矿化蚀变体基本吻合。何宝山矿段的异常规模较大,强度高,最高大于 300×10^{-9},其异常方向有北西向和北东向两组;梅桥矿段的异常方向主要为北东向。

(四)地质-地球化学找矿模型

通过典型矿床地球化学特征的分析研究,初步建立泰宁何宝山金矿床地质-地球化学找矿模型(表6-52)。

表6-52 泰宁何宝山金矿床地质-地球化学找矿模型表

分 类		主 要 特 征
地质成矿条件和标志	大地构造背景	华南加里东褶皱系东部,闽北隆起带浦城-顺昌隆起中部,北东向崇安-石城断裂带东侧,元古宇变质岩系
	变质建造/变质变形作用	本区经历了四堡-晋宁期、扬子-加里东期的区域构造演化(褶皱、变质和岩浆活动)和海西-印支期的强烈变形及动力学变质作用,在印支-燕山早期岩浆热液作用下,部分地下水萃取地层中的金元素,并进入韧性剪切带中,部分进入较陡的破碎带中形成了脆-韧性剪切带中硅化岩型金矿体及小规模脉状充填脉型金矿体
	成矿构造	四堡-晋宁期的火山沉积形成的金矿源体在加里东期变质和混合岩化,在韧性剪切带中相对富集,印支-燕山期岩浆构造作用时活化,形成主要容矿构造
	围岩蚀变	矿体近矿围岩蚀变较为强烈,蚀变类型主要有黄铁矿化、硅化、绢云母化、绿泥石化、碳酸盐化等,具中低温蚀变矿物组合特点,尤以硅化、黄铁矿化、黄铜矿化蚀变与金矿化关系最为密切
	矿体形态	矿体主要分布于变质岩的脆-韧性构造带中,以脉状为主,常成群分布;其次为充填脉型,分布于变质岩或混合岩中
	矿物组合	原生矿石矿物成分较简单,以黄铁矿、黄铜矿为主,其次为磁铁矿、闪锌矿、方铅矿、斑铜矿、磁黄铁矿,偶见银金矿、自然金。非金属原生矿物有钾长石、斜长石、黑云母、白云母及原生石英,次生矿物有次生石英、绢云母、方解石、绿泥石。矿石有用组分为金
	结构构造	矿石结构类型主要有自形—半自形粒状、他形粒状结构,聚粒镶嵌结构,碎粒结构。少见乳浊状结构、包含结构、交代残余结构,偶见针状结构等。矿石构造有斑点-斑杂状、块状、不规则脉状、团块状、脉状-网脉状、浸染状、细脉浸染状构造。少数为角砾状构造
地球化学特征	区域地球化学异常特征	(1)为 Au-Cu-Pb-Zn-Ag-Mn-Cd-W-Mo-Sn-Sb 等多元素组合异常 (2)Au为主成矿元素,异常规模大,其他元素为伴生元素,含量低,规模小 (3)Au异常主要位于北东侧,其他元素套合分布于其南东侧,略具分带
	矿床地球化学异常特征	(1)Au异常规模大,元素组合较单一 (2)Au异常具明显三级浓度分带特征 (3)异常主要呈带状展布,受断裂构造控制

(五)地质-地球化学自然重砂成矿模式

何宝山金矿是与变质作用有关的多期次地质作用形成的金矿。成矿大致可分为三期：交溪组地层形成过程中，中酸性火山作用有关的金元素较丰富；加里东期的变形变质及（岩浆侵入）混合岩化作用，使金元素进一步富集，尤其是其中的韧性剪切带，对金的富集更为有利；后期为印支-燕山期断裂（可能伴有岩浆作用）使矿液发生活化，沿断裂运移，在有利的构造部位沉淀富集形成矿体(图6-28)。

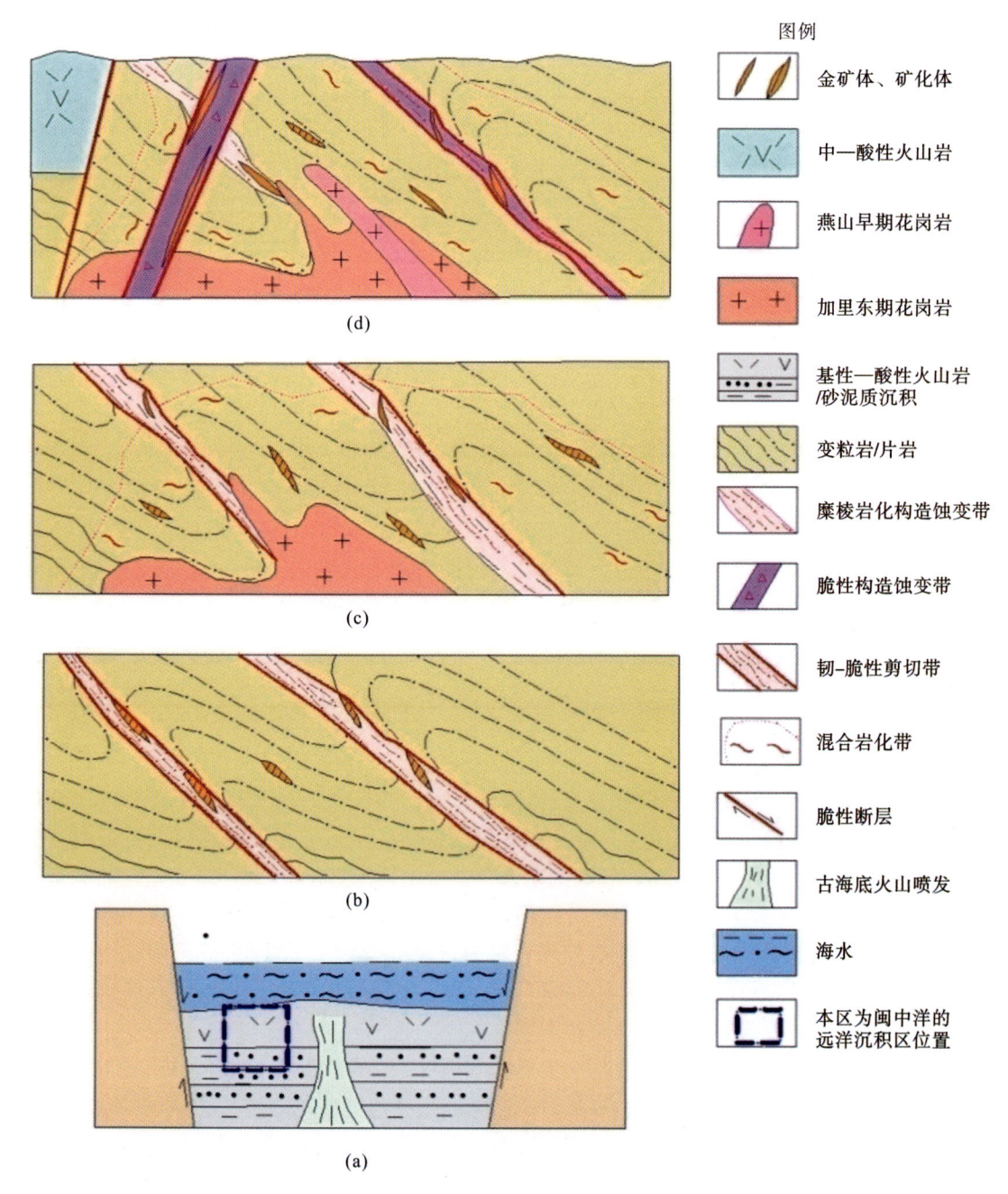

图6-28　福建省泰宁何宝山金矿成矿模式图

(a)中—新元古代地槽沉积时期；(b)加里东期区域变质时期；(c)加里东期岩浆侵入及混合岩化期；(d)燕山期构造岩浆作用(岩浆侵入及火山作用)成矿期

第四节 银矿床

一、安徽省池州市许桥银矿床

(一)矿床基本信息

安徽省池州市许桥银矿床基本信息见表6-53。

表6-53 安徽省池州市许桥银矿床基本信息表

序号	项目名称	项目描述
1	经济矿种	银、铜、铅、锌
2	矿床名称	安徽省池州市许桥银矿床
3	行政隶属地	安徽省池州市
4	矿床规模	中型
5	中心坐标经度	117°41′06″E
6	中心坐标纬度	30°37′12″N
7	经济矿种资源量	银金属量240.45t。铜1461.97t(1746t/913kt);Pb 16 192.36t(16 030t/958kt);Zn 29 227.04t(28 831t/958kt)

(二)矿床地质特征

矿区位于长江中下游铜、铁、金成矿带贵池-青阳多金属矿化区段内的次级云山背斜南西倾伏端核部;青阳、花园巩、茅坦3个燕山期中酸性—碱性岩体所夹持的带状地域中。区内云山背斜的地层自下奥陶统至下志留统,厚度1000~1500m。奥陶系多为介壳相碳酸盐岩建造,顶部有少量笔石相硅碳质泥岩建造,下志留统为笔石相砂岩与页岩互层,各统间地层均呈整合接触。

许桥银矿床位于扬子地层区下扬子地层分区芜湖-石台地层小区。出露有下奥陶统仑山组(O_1l)、中奥陶统汤山组(O_2t)[(红花园组(O_1h)—牯牛潭组(O_2g)]、宝塔组(O_2b),上奥陶统汤头组(O_3t)、五峰组地层(O_3w),下志留统高家边组(S_1g)及第四系(Q)。

构造主要沿云山背斜核部有众多中酸性小岩体侵位,且伴有多处银、铅、锌、铜、钼、金等矿化。成矿区段呈带状展布,明显受区域北东向构造-岩浆岩带控制。矿区内的北西向横断层、北东向纵断层、北北东向斜断层为印支期断裂,燕山期再活动,具多期次活动的特点,并联合控制岩浆岩的侵入和分布,为含矿热液的运移提供了通道。

矿区内侵入岩以中酸性岩浆岩为主,均为燕山期侵入,属中深成相。与成矿有关的岩体为燕山晚期形成的分水岭石英闪长岩体,呈不规则岩枝状产出,中-细粒结构,块状构造。在岩体与灰岩接触的接触带上,灰岩具矽卡岩化和强烈的大理岩化,在接触带附近的岩体中具辉钼矿化,局部形成辉钼矿体。

本区银矿床是一个以银为主的多金属矿床,主要成矿元素为银,并共(伴)生铅锌铜钼及金和镉等伴生有益组分。共有银矿体27个,钼矿体5个。银矿体主要集中在24～26线,钼矿体分布在26～29线。主要银矿体有5个,分别为1号、2号、6号、20号、22号矿体,其中又以2号银矿体规模最大。矿化带长600m,宽300m,延深400m,矿体形态为脉状、透镜状;矿体走向290°～320°,倾向北东,倾角60°～85°;矿体长30～240m,厚0.8～12.81m,规模较小。矿化水平分带(由岩体向围岩)Mo-Fe(黄铁矿)-Ag、Pb、Zn、Cu。矿化垂直分带(自下而上)Mo-Ag、Fe(黄铁矿)-Ag、Cu、Pb、Zn。在-100m标高以上以银铅锌矿体为主,在-100m标高以下以银铜矿体为主;且银铜矿体位于靠近分水岭石英闪长岩一侧,银铅锌矿体位于稍远于岩体的一侧。

(三)自然重砂特征

池州银矿预测工作区内银矿产地有14处。区内与银矿有关的重砂异常有51个,包括金异常12个(Ⅰ级异常3个、Ⅱ级异常5个、Ⅲ级异常4个)、铅族矿物异常25个(Ⅰ级异常2个、Ⅱ级异常10个、Ⅲ级异常13个)、铜族矿物异常5个(Ⅰ级异常3个、Ⅲ级异常2个)、钼族矿物异常9个(Ⅰ级异常3个、Ⅱ级异常2个、Ⅲ级异常4个)。

(四)地质-自然重砂找矿模型

综合上述矿床地质特征和自然重砂特征,安徽省池州市许桥银矿床地质-自然重砂找矿模型可简化如表6-54所示。

表6-54 安徽省池州市许桥银矿床地质-自然重砂找矿模型

分类	项目名称	项目描述
地质特征	矿床类型	中低温热液型
	矿区地层与赋矿建造	矿区出露有下奥陶统仑山组(O_1l),中奥陶统汤山组(O_2t)、宝塔组(O_2b),上奥陶统汤头组(O_3t)、五峰组地层(O_3w),下志留统高家边组(S_1g)及第四系(Q)。奥陶系碳酸盐岩地层化学性质活泼,易与中酸性岩浆岩进行双交代,利于矿质沉淀。碳酸盐岩地层中Pb含量高,并有较高的Ag、Sb含量,可作为成矿的矿源层,为成矿提供部分物质来源
	矿区岩浆岩	矿区内侵入岩以中酸性岩浆岩为主,主要包括花岗岩、石英闪长岩、闪长玢岩,呈岩基、岩枝状产出;次为基性辉绿岩脉。均为燕山期侵入,属中深成相
	矿区构造与控矿要素	属扬子陆块下扬子地块(前陆带)沿江褶断带,许桥银矿处在其中的贵池背向斜带吴田铺-洞里章背斜中。区域性断裂包括东西向周王断裂、南北向铜陵-九华山断裂、北东向高坦断裂,燕山期断裂活动强烈。盖层断裂主要是印支期形成的与褶皱构造相配套的北东向断层、北西向横断层、北北东向斜断层等,在燕山期有不同程度的复活。区域大断裂及盖层断裂控制区内的岩浆活动。 许桥-灰山背斜属吴田铺-洞里章背斜的北东段,为印支期褶皱,背斜北西翼发育有燕山期次级褶皱,主要包括分水岭背斜和人形山向斜。矿床即位于分水岭背斜轴部及翼部附近的裂隙构造中。矿区内的北西向横断层、北东向纵断层、北北东向斜断层为印支期断裂,燕山期再活动,具多期次活动的特点,并联合控制岩浆岩的侵入及分布,为含矿热液的运移提供了通道。矿区内节理发育,主要包括近南北向、近东西向、北东向、北西向四组

续表 6-54

分类	项目名称	项 目 描 述
地质特征	矿体空间形态	许桥银矿床是一个以银为主的多金属矿床,主要元素为银,并共(伴)生铅锌铜钼及金和镉等伴生有益组分。 矿化带长 600m,宽 300m,延深 400m,矿体形态为脉状、透镜状;矿体走向 290°～320°,倾向北东,倾角 60°～85°;矿体长 30～240m,厚 0.8～12.81m,规模较小
	矿石类型	工业类型:银铅锌矿石、银铜矿石 自然类型:方铅矿-闪锌矿矿石、黄铁矿-黝铜矿矿石
	矿石矿物	主要金属矿物有黄铁矿、闪锌矿、方铅矿、黝铜矿、黄铜矿、辉钼矿,次要矿物为车轮矿、辉铜矿、白铅矿、块硫锑矿、硫铋锑矿、硫铋锑铅矿、菱锌矿、磁黄铁矿、磁铁矿、辉银矿、碲银矿、自然银、斑铜矿、铜蓝、毒砂、硫砷铜矿等
	矿化蚀变	主要为硅化、方解石化、白云石化、绿泥石化,其中硅化、粗晶方解石化与银矿化密切相关
	次生晕特征	Ag、Cu、Sb、As、Pb、Zn 等元素的组合异常带,为找矿的有力地段
	自然重砂特征	纵观全区,14 处矽卡岩型-热液型银矿,其中 9 处有重砂异常与之响应,响应度为 64.29%,其中钼族矿物异常与 7 处银矿床(点)有响应,响应度为 50%;铅族矿物异常与 6 处银矿床(点)有响应,响应度为 42.86%;铜族矿物异常、金异常各与 1 处银矿床(点)有响应,响应度为 7.14%。这说明预测工作区内钼族矿物异常、铅族矿物异常为矽卡岩型-热液型银矿的重要找矿标志之一

(五)成矿模式

许桥银矿床处于区域构造-岩浆岩带纵向大断裂的西南延伸部位。该区燕山中期石英闪长岩体的侵入及期后残浆热液作用,为银多金属成矿提供了热动力和矿质来源,矿化与断裂、岩体有紧密的依存关系。矿化矿物组合呈现有规律的顺向分带,矿体周围发育热液作用的原生地球化学异常。断裂构造与石英闪长岩体是两个主要控矿因素,而且其成矿时代、矿化类型、控矿条件等与区域内多处分布的多金属矿床(点)有着很相似或相近的类同性。

当含矿热液流经碳酸盐岩地层时,使碳酸盐岩地层中的有用矿物活化转移,并转移至分水岭背斜轴部及翼部的北西西-北西向扭裂带的有利部位通过充填作用富集成矿。岩浆期后,由于挥发分(F、Cl、CO_2 等)的富集,钼以卤化物的形式从岩浆中分离出来,在硫逸度较高的介质中形成少量辉钼矿,呈稀疏浸染状分散在石英闪长岩体中,同时伴有绢云母化、碳酸盐化、硅化等。含矿热液的早期由于温度高、压力大,硫离子浓度低,不利于硫化物的形成,仅与碳酸盐岩地层作用,在岩体周围形成矽卡岩带,及少量磁黄铁矿、黄铜矿、黄铁矿。随着温度的降低,硫离子浓度增高,大量金属硫化物(黄铁矿、闪锌矿、方铅矿、黄铜矿、黝铜矿等)沉淀出来,Ag 则呈辉银矿或自然银低温分泌物微包体或细脉形式见于方铅矿等硫化物中,同时形成硅化、方解石化、白云石化、绿泥石化等围岩蚀变。这些金属硫化物与石英、方解石一起,呈充填脉状、网脉状、条带状分布于下奥陶统碳酸盐岩地层中。

综上所述,有较充足的依据来辨析、确定本矿床成因类型属于岩浆期后矽卡岩型-热液型矿床(图 6-29)。

图 6-29 许桥银矿床成矿模式图

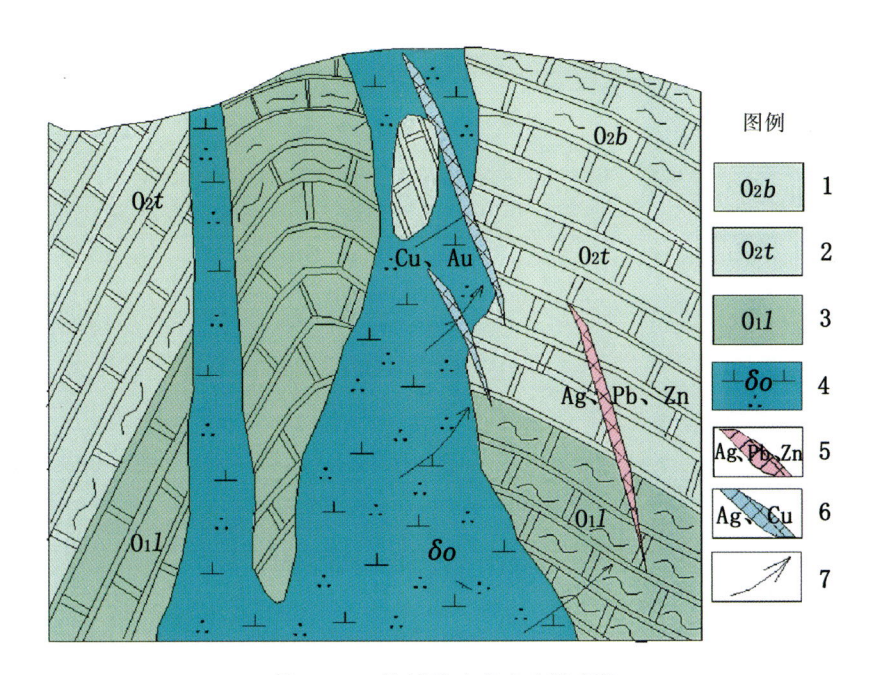

1.中奥陶统宝塔组；2.中奥陶统汤山组；3.下奥陶统仑山组；4.石英闪长岩；5.银（铅锌）矿体；6.银、铜矿体；7.含矿热液

二、浙江省新昌县后岸银矿床

(一)矿床基本信息

浙江省新昌县后岸银矿基本信息见表6-55。

表 6-55 浙江省新昌县后岸银矿基本信息表

序号	项目名称	项目描述
1	经济矿种	银
2	矿床名称	浙江省新昌县后岸银矿床
3	行政隶属地	浙江省新昌县
4	矿床规模	小型
5	中心坐标经度	120°57′39″E
6	中心坐标纬度	29°27′20″N
7	经济矿种资源量	银累计查明114.0t,保有114.0t；铅累计查明2495t,保有2495t；金累计查明135.6kg,保有135.6kg；锌累计查明5245t,保有5245t；铜累计查明1156t,保有1156t

(二)矿床地质特征

矿床位于丽水-余姚深断裂带东侧的新昌早白垩世火山洼地内,拔茅火山机构的近中心部位,后岸火山通道西侧。区域上属浙东南隆起区丽水-宁波隆起带新昌-定海断隆。

矿区为在晚侏罗世火山岩基底上形成的早白垩世火山洼地,洼地中出露地层为下白垩统朝川组,下部由沉积岩、凝灰角砾岩、集块岩夹多层安玄岩或安山岩组成,上部为英安质晶屑凝灰岩和流纹岩组成。馆头组仅在洼地边缘局部出露。朝川组是矿床主要赋矿岩系。

矿区岩浆岩以中酸性侵出相的次火山岩为主,呈现由中性向酸性演化的规律。

矿区构造:矿区位于拔茅火山机构的南东部位,矿体(矿化带)就赋存于后岸火山通道(安山玢岩)西侧的北北东向张性断裂及次级张性裂隙中。控矿断裂长大于800m,倾向南东,倾角66°~70°,延深大于350m。

矿床中已发现4个银矿体,均赋存于朝川组含集块凝灰角砾岩内近南北向张性断裂及其旁侧的次级裂隙中,贴近后岸火山通道相安山玢岩岩筒。1号矿带为主矿带,出露长约400m,走向南北向,倾向东,倾角47°~60°。Ⅰ-2为最大矿体,矿体平均厚度3.63m,平均Ag品位$264.68×10^{-9}$;最大延深263m。矿体呈右行雁列状,产于强硅化交代石英岩中。

矿体主要组分具有垂向分带:(自上而下)Ag(Au)—Ag、Zn(Au、Pb、Cu)—Ag、Cu(Zn、Pb)—(Zn、Pb)(表6-56)。

表6-56 后岸银矿床组分垂向分带(据梁修睦,1992)

矿化分带		海拔(m)	Ag($×10^{-9}$)	Cu(%)	Pb(%)	Zn(%)
氧化带	Ag(Au)	200	129.65			
硫化带	Ag、Zn(Au、Pb、Cu)	120	283.79	0.14	0.33	2.14
	Ag、Cu	35	689.47	0.92	0.41	0.54
	(Zn、Pb)	-35	168.80	0.92	0.72	0.77
	(Zn、Pb)	-180		矿化		

(三)地球化学特征

新昌后岸综合Ⅰ级异常呈不完整腰子形,面积74.81km²。异常区内已知银矿小型矿床1处、矿点5处。区内出露白垩系大爽组、高坞组、朝川组火山岩地层。由此推断在该异常内扩大银矿的规模有一定前景。

(四)地质-地球化学找矿模型

通过对典型矿床成矿的地质背景、控矿因素和矿床特征等综合研究,认为新昌后岸银矿的形成主要与上白垩统朝川组火山岩和火山构造密切相关,根据对成矿的控制程度划分为必要、重要、次要三个类别(表6-57)。

(五)成矿模式

新昌后岸银矿为火山热液矿床,赋矿层位为上白垩统朝川组,其控矿构造为拔茅火山机构,北东向断裂容矿,火山热液经断裂向上交代成矿,自头部向根部形成Ag(Au)—Ag、Zn(Au、Pb、Cu)—Ag、Cu(Zn、Pb)—Zn(Pb)的垂向分带。新昌后岸银矿成矿模式见图6-30。

表 6-57 浙江省新昌后岸银矿地质-地球化学找矿模型

分 类	项目名称	描 述 内 容
地质特征	矿床类型	火山热液充填(交代)型银铅锌多金属矿
	围岩条件	下白垩统朝川组：下部为沉积岩、凝灰角砾岩、集块岩夹多层安玄岩或安山岩，上部由英安质晶屑凝灰岩和流纹岩组成
	成矿年代	矿化交代石英岩(钾-氩法)74.9～84.7Ma 矿化安山玢岩(钾-氩法)75.4Ma
	构造背景	浙东南隆起区丽水-宁波隆起带新昌-定海断隆
矿床特征	矿物组合	辉银矿、银金矿，角银矿、自然银、辉银矿、螺状硫银矿；黄铜矿、闪锌矿、方铅矿、黄铁矿
	结构构造	半自形—自形晶粒结构，脉状、角砾状、团块状、浸染状构造
	蚀 变	强硅化带(矿化交代石英岩带)—黄铁绢英岩带—绢云母化带—碳酸盐化、绿泥石化带
	矿 化	石英脉型 Ag-Pb-Zn 矿化
	控矿条件	火山构造；中基性火山活动；南北向断裂带
	矿体形态	断续脉状、雁列脉状
	伴生矿种	Pb、Zn 矿
地球化学特征	原生地球化学垂向分带	Ag(Au)—Ag、Zn(Au、Pb、Cu)—Ag、Cu(Zn、Pb)—(Zn、Pb)
	矿田地球化学水平分带	Zn、Pb、Au—Cu、Ag
	预测地球化学要素	Ag(Cu、Pb、Zn、Au)综合异常

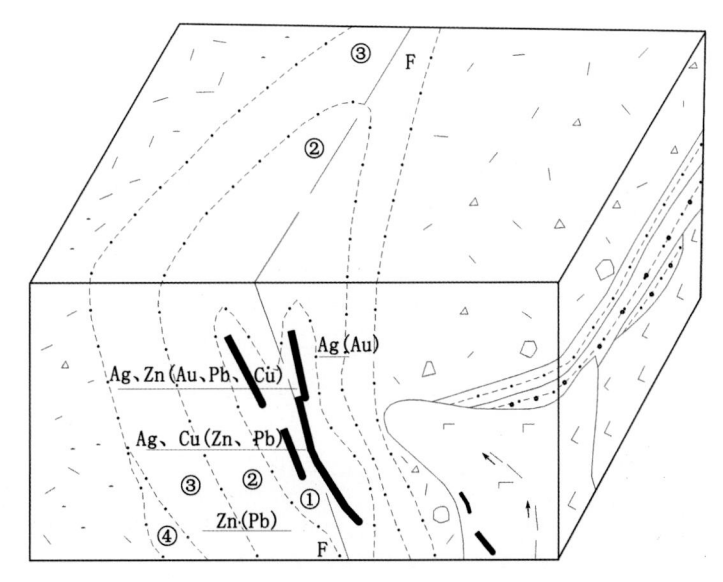

图 6-30 新昌后岸银矿床综合成矿模式图
①硅化、黄铁绢英岩化；②绢云母化；③绿泥石化；④碳酸盐化；箭头为安玄岩浆上侵方向

三、福建省武平悦洋银矿床

(一)矿床基本信息

福建省武平悦洋银矿床基本信息见表6-58。

表6-58 福建省武平悦洋银矿床基本信息表

序号	项目名称	项 目 描 述
1	经济矿种	银
2	矿床名称	福建省武平悦洋银矿床
3	行政隶属地	福建省武平县
4	矿床规模	大型
5	中心坐标经度	116°21′35″E
6	中心坐标纬度	25°10′10″N
7	经济矿种资源量	累计查明银矿石量 722.702×10^4 t,银金属量 1659.59t,银平均品位 133.50×10^{-9} (据2009年储量表)

(二)矿床地质特征

悦洋矿区位于北西向上杭-云霄断裂带与北东向连城-上杭断褶带的宣和复背斜交会处,上杭断陷盆地北缘。矿区地层较简单,主要出露南华纪楼子坝组浅变质岩(Nhl)和早白垩世石帽山群(黄坑组和寨下组)火山岩盖层。

矿区岩浆活动强烈,早期主要是岩浆侵入,后期表现为大规模的火山喷发。矿区主要发育燕山期紫金山复式岩体花岗岩,有中粗粒花岗岩、中细粒花岗岩和细粒花岗岩。以中细粒花岗岩为主,中细粒花岗岩是矿区最主要赋矿围岩。同时早白垩世火山活动强烈,形成了石帽山群厚大的火山碎屑熔岩,早期偏中性,晚期为酸性。

矿区构造以断裂为主,褶皱不发育。断裂构造按其走向可分为北西向、北东东向及北东向三组,其中以北西向断裂构造最为发育,它是基底构造的继承、复活。三组断裂都以硅化角砾岩带为特征,特别是由悦洋-金狮寨断裂与石北坑断裂夹持的地堑范围是矿体分布范围。

矿区岩石普遍强烈蚀变,其种类有硅化、水云母化、绢云母化、黄铁矿化、红化、迪开石化、冰长石化、绿泥石化、碳酸盐化,偶见明矾石化;以前四种为主要蚀变。根据蚀变矿物共生组合关系,可分为硅化-黄铁矿化、硅化-绢云母化-黄铁矿化、硅化-水云母化-黄铁矿化、硅化-水云母化-迪开石化、硅化-绢云母化-迪开石化、水云母化-碳酸盐化、硅化-绢云母化-绿泥石化等,以前三种蚀变组合与金属矿化关系密切。

区域化探异常同属紫金山综合异常带内,Au、Ag、Cu、Mo、Sn、Bi、As、Sb、Pb、Zn等多元素组合异常规模巨大,经证实为矿田异常。银矿床即分布于该矿田异常中。

矿体埋藏较深,主要在中、细粒花岗岩"舌状体"中及其上、下接触界面附近成群出现,金、银、铜在空间上有重叠交叉现象。银、铜主要矿体呈似层状,平行大脉或大扁豆状。矿体沿走向一般100～300m,最长700m,宽度一般500～1000m,最宽1500m。

矿区圈出的矿体数量多,铜矿体30个,银矿体30个,但主矿体铜有3个,银有4个,分别占铜、银矿总储量的52%和80.3%。矿体产状走向一般以310°～330°为主,倾向北东或北西,倾角小于30°。金矿体规模小,形态多变,品位、厚度变化大。

其成因类型初步认为属与火山次火山作用有成因联系的中高—中低温热液硫化物矿床,即陆相火山岩型。

(三)地球化学特征

1. 矿床所在区域地球化学特征

武平悦洋陆相火山-次火山岩型银矿床处于长汀-上杭被动陆缘V-3-4(Nh—O)地质构造区内,与全国相比较,Ag、Pb、W、Sn高,其他元素低;与全省背景值相比Au、Cu、W、Sn较高,其他元素低(表6-59)。

矿床所处Ag大于149.0×10^{-9}高背景区分布面积达$3200km^2$;Au大于1.6×10^{-9}高背景分布面积$1184km^2$。而矿床所在点是高背景区中的局部突起部位。

表6-59 长汀-上杭被动陆缘V-3-4(Nh—O)构造区主要成矿元素含量特征表

	Ag	Au	Cu	Pb	Zn	W	Mo	Sn	Mn
武夷-云开造山系V(全省)	105.1115	1.0136	9.6031	41.1262	76.6082	3.2382	1.2735	5.2375	586.3676
全　国	80.0	1.3	21.56	25.96	68.47	2.19	1.23	3.43	678
长汀-上杭被动陆缘V-3-4(Nh—O)	97.7597	1.0396	10.0675	36.2556	67.3177	3.8173	0.9503	5.6738	474.0328

说明:Au、Ag含量单位为$\times10^{-9}$,其他元素含量单位为$\times10^{-6}$。

2. 矿床所在区域地球化学异常特征

1∶20万区域化探异常元素组合Cu-Mo-Au-Pb-Zn-W-Ag-Bi-Sn-Cd-As-Sb,异常分布面积$152km^2$。在区域上该异常呈岛状展布,多元素套合程度高,浓集中心明显,形成非常醒目的地球化学异常。

区域异常分布形态主要有两组:一是北东向展布的为Cu-Mo-Pb-W-Bi,长约10km,宽5km,与紫金山复式岩体范围基本一致,受岩体和北东向构造控制;二是东西向展布的Au-Ag-Sn-As-Sb,长6~7km,宽3~4km,异常除与复式岩体有关外,还与火山机构有关,显示了近东西向基底构造对异常的控制作用。其元素组合分布特征也反映了区内多组构造控矿和多期成矿的控矿因素。

3. 矿区地球化学异常特征

1∶5万区域地球化学异常与1∶20万区域化探异常有继承性关系。同样形成大规模分布的Cu-Mo-Au-Pb-Zn-W-Ag-Bi-Sn-Cd-As-Sb组合异常,其主要成矿元素异常规模大,其中Ag异常面积$26.87km^2$,平均值1.00×10^{-6},极大值15.0×10^{-6},同时从异常剖析图上可以看出,主要元素异常规模大,元素组合复杂,套合程度高。

(四)地质-地球化学找矿模型

地球化学特征上主要表现为矿床处于区域元素地球化学高背景区。区域化探异常元素组合复杂,主成矿元素异常规模大,含量值高,浓集中心明显,反映矿田异常特征。同时反映了本区在不同成矿作用中形成不同的元素组合,形成区域性组分分带,而武平悦洋银矿床处于上杭紫金山铜、金、钼、银系列成矿作用矿田中的南西段低温成矿部位。通过典型矿床地球化学特征研究,归纳总结武平悦洋陆相火山-次火山岩型银矿典型矿床地质-地球化学找矿模型(表6-60)。

(五)成矿模式

据中国地质科学院矿床研究所、核工业华南地质研究所和福建省核工业295大队研究成果,悦洋式银多金属矿典型矿床受断裂夹持的地垒控制,成矿物质主要来源于陆相火山-次火山作用,浅成、超浅成岩体的侵入和断裂构造活动过程中萃取的基底地层中丰度较高的成矿元素,成矿热液沿着断裂运移,在温度、压力、物理化学条件等环境发生变化时,沉淀于中粒、细粒花岗岩的内外接触带中,尤其是花岗岩岩体的"舌状体"附近(图6-31)。

表6-60 福建省武平悦洋银矿床地质-地球化学找矿模型

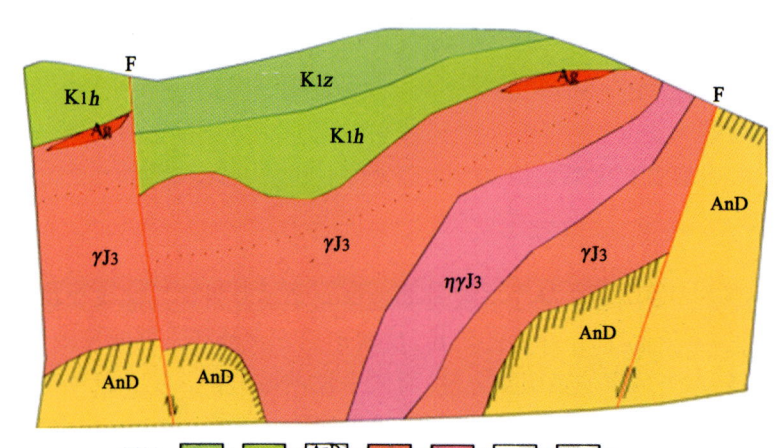

分类			主要特征
地质成矿条件和标志	成矿时代		K_1?
	含矿岩系时代		J_3、K_1
	成因类型		初步认为属与火山次火山作用有成因联系的中高—中低温热液硫化物矿床,即陆相火山岩型
	共生矿产		Au、Cu
	岩浆建造		早侏罗世的中粗粒花岗岩、中细粒花岗岩和细粒花岗岩建造
	成矿构造		成矿构造主要发育于中细粒、中粗粒花岗岩中,受"向型"基底控制,走向近东西,倾向南东或北西,倾角总体较缓,断裂中普遍有较强硅化蚀变
	成矿时代	矿体形态	矿体形态呈不规则透镜状、透镜状
		矿物组合	金属矿物主要有自然银、自然金、辉银矿、黄铜矿,少量斑铜矿、方铅矿、闪锌矿等。非金属矿物主要有微晶石英、玉髓、水云母等
		结构构造	矿石结构有自形粒状结构、半自形粒状结构、他形粒状结构、交代熔蚀结构、包含结构等矿石构造有斑杂状构造、浸染状构造、团块状构造、星点状构造、稠密浸染状构造等
	围岩蚀变		主要蚀变为硅化、水云母化、黄铁矿化、绢云母化、绿泥石化、迪开石化、冰长石化和碳酸盐化、硅化、黄铁矿化、绿帘石化、叶蜡石化、褐铁矿化等
地球化学特征	区域地球化学特征		(1)矿床处于长汀-上杭被动陆缘V-3-4(Nh—O)地球化学高背景区内 (2)元素组合:AgAuSbBiCuPbZn (3)分带(由南西往北东):(As-Sb)—(Ag-Au-Cu-Pb-Sn)—(Mo-Cu-Bi-W-Zn);悦洋处于南西段(矿田中的低温成矿部位)
	矿床地球化学特征		(1)元素组合:PbZnAgBiAuCu (2)水平分带(由南西至北东):PbZn-SbBi-AuCu-Ag (3)垂直分带(由上至下):PbZn-AuAgBiAsSb-CuAgBi-WMo

图6-31 福建省武平悦洋银矿成矿模式图

1.早白垩世寨下组;2.早白垩世黄坑组;3.前泥盆系基底;4.晚侏罗世花岗岩;5.晚侏罗世二长花岗岩;6.银矿体;7.断裂

第五节 钨矿床

一、安徽省祁门县东源钨(钼)矿床

(一)矿床基本信息

安徽省祁门县东源钨(钼)矿床基本信息见表6-61。

表6-61 安徽省祁门县东源钨(钼)矿床基本信息表

序号	项目名称	项目描述
1	经济矿种	钨
2	矿床名称	安徽省祁门县东源钨(钼)矿床
3	行政隶属地	安徽省祁门县
4	矿床规模	大型
5	中心坐标经度	117.63028°E
6	中心坐标纬度	29.96806°N
7	经济矿种资源量	WO_3资源量6.54×10^4t

(二)矿床地质特征

祁门县东源钨(钼)矿床地处安徽省南部,属扬子准地台江南隆起带东段,其区域构造位置属于鄣公山东西向构造带(即江南古陆东段)的北缘。

区内基底地层出露上溪群牛屋组、大谷运组和历口群镇头组、邓家组、铺岭组。前者属于弧后盆地沉积,后者属于前陆磨拉石盆地沉积。震旦系至早古生代盖层为扩张盆地沉积,主要岩石类型为钙泥质-碳酸盐岩、含碳泥岩及黑色碳质硅质泥岩等,形成了区内广泛出露的蓝田组海相碳酸盐岩沉积和荷塘组黑色岩系。该套地层中相对富集Ag、Cu、W、Mo、Ni、V、Zn等金属元素,是区内重要的控矿赋矿层位。

中生代岩浆活动在区内十分发育,主要见有近东西向展布的深熔型花岗闪长岩-花岗岩带及受断裂控制的同熔型花岗闪长斑岩-石英闪长玢岩小岩株、小岩枝、小岩瘤等,它们与区内Pb、Zn、Ag及Cu、Au成矿作用关系十分密切,是区内重要的含矿岩体。

矿区出露的地层主要有中元古界木坑组和牛屋组、青白口系邓家组、南华系休宁组、震旦系蓝田组。其中,牛屋组下段与成矿关系较密切。

矿区构造发育,主要有由牛屋组、木坑组组成的复式褶皱及断层。区内褶皱为古溪-朱家尖倒转背斜和花子岭似短轴褶皱。古溪-朱家尖倒转背斜褶皱轴线呈80°~85°延伸,但在朱家尖附近逐渐折向西南(为西反射弧的北部显示处),全长约20km,东宽5km,西宽3km,分别向东和西、西南倾伏。北部尚有一小分支背斜。由木坑组构成轴部,牛屋组下段为翼部。花子岭似短轴褶皱平面形态呈长卵形,长轴呈北东东向延伸,分别向两端倾伏,轴部地层为木坑组,翼部为牛屋组,但南北两侧均被断层破坏。区内断裂构造比较发育,有一系列互相平行的逆断层、逆掩断层、挤压片理带和近于垂直前弧的正断层。

区内岩浆岩发育,共有3个小岩体,分别为东源岩体、西源岩体和江家岩体。其中东源岩体周边还有几个小的卫星岩体出露,可以推断,在东源岩体边缘还有隐伏岩体分布。几个岩体的岩性特征基本相似,主要为花岗闪长斑岩。从蚀变特征分析,东源岩体具有多期次活动的特点。区内东源花岗闪长斑岩体与成矿关系较密切。

矿区矿体主要发育在东源花岗闪长斑岩体内,白钨矿体呈面状或带状产于岩体中—浅部。矿床类型为斑岩型。矿石类型主要有两种:细脉浸染状和浸染状矿石。据钻孔资料验证,整个东源岩体为全岩矿化,同时存在带状富集的特征。从已有的钻孔成果分析,白钨矿化在浅部比深部更加富集。

除白钨矿外,区内还存在辉钼矿化。且白钨矿与辉钼矿是共生或伴生关系,随着深度的变化,辉钼矿化的富集程度与白钨矿化主要呈现互为消长的关系,一般钻孔深部比浅部更加富集。

(三)地球化学特征

1. 区域岩石

据《安徽省地球化学特征及找矿目标研究》(2012年)统计结果,矿区内牛屋组中As、Bi、Cu、Sb、W、Zn元素含量均高于全省平均值;矿区北侧祁门城安花岗闪长岩中Ag、Bi、Pb、Sn、Zn元素含量均高于全省平均值。

2. 区域化探

本次收集到祁门东源钨(钼)矿区1∶20万水系沉积物53件样品的39项元素含量数据。统计结果与中国水系沉积物元素含量中位值相比,祁门东源钨(钼)矿区1∶20万水系沉积物明显富集Sn、W、Ag、Mo、Bi、Hg、Cd、Zn、As、Cu、Mn、Li、Be、Ba、Nb、Ti共计16项,其富集系数大于1.20。即祁门县东源钨(钼)矿区水系沉积物在高温成矿元素中明显富集Sn、W、Mo、Bi;在中温成矿元素中明显富集Cu、Zn;在低温成矿元素中明显富集Ag、Hg、As;在其他元素方面富集Cd、Mn、Li、Be、Ba、Nb、Ti。

据1∶20万地球化学水系沉积物测量结果,制作出祁门县东源钨(钼)矿地球化学异常剖析图(图6-32)。由剖析图分析可见,在东源矿区存在明显异常的元素有W、Mo、Bi、Ag、As、Zn等,因此可以认为这些元素组合在1∶20万水系沉积物测量中对祁门东源钨(钼)矿的成矿有指示作用。

(四)地质-地球化学找矿模型

综合上述矿床地质特征和地球化学特征,安徽省祁门县东源钨(钼)矿床的地质-地球化学找矿模型可简化如表6-62所示。

(五)地质-地球化学成矿模式

受深大断裂(如祁门-绩溪断裂)控制的深源岩浆,沿东源地区构造有利地段上侵,并以高温熔化硅铝壳含钨矿源层,造成钨元素的活化,使之进入载体矿物(斜长石、黑云母)或赋存于粒间孔隙的矿化剂中。这种含矿熔浆在后期侵入的岩浆中钨更为富集。残余含熔浆与围岩作用,产生钾化,使载体矿物中的钨活化富集。在高温高压条件下,氧逸度高于硫逸度,故含钨的络合物与矿化剂Ca^{2+}可形成浸染状的白钨矿。至热液期,成矿温度降低,由于斑岩体冷缩裂隙发育,故成矿压力也较低。此时的含矿热液则是高温岩浆和经过同位素交换有一定量大气水的热液的混合含矿热流体。该期的氧逸度降低,而硫逸度升高,导致钨的亲氧性更明显,随着强烈的钾硅化、黄铁绢英岩化、碳酸盐化的出现,从载体矿物中活化出来的钨则进入含矿热液中,在弱酸-弱碱、弱还原的物化条件下,含钨络合物与Ca^{2+}形成白钨矿,由于钨矿物大量富集于浅部斑岩体中,则形成斑岩钨矿床。根据该矿床以上成矿条件的综述,建立东源式热液型钨(钼)矿成矿模式图(图6-33)。

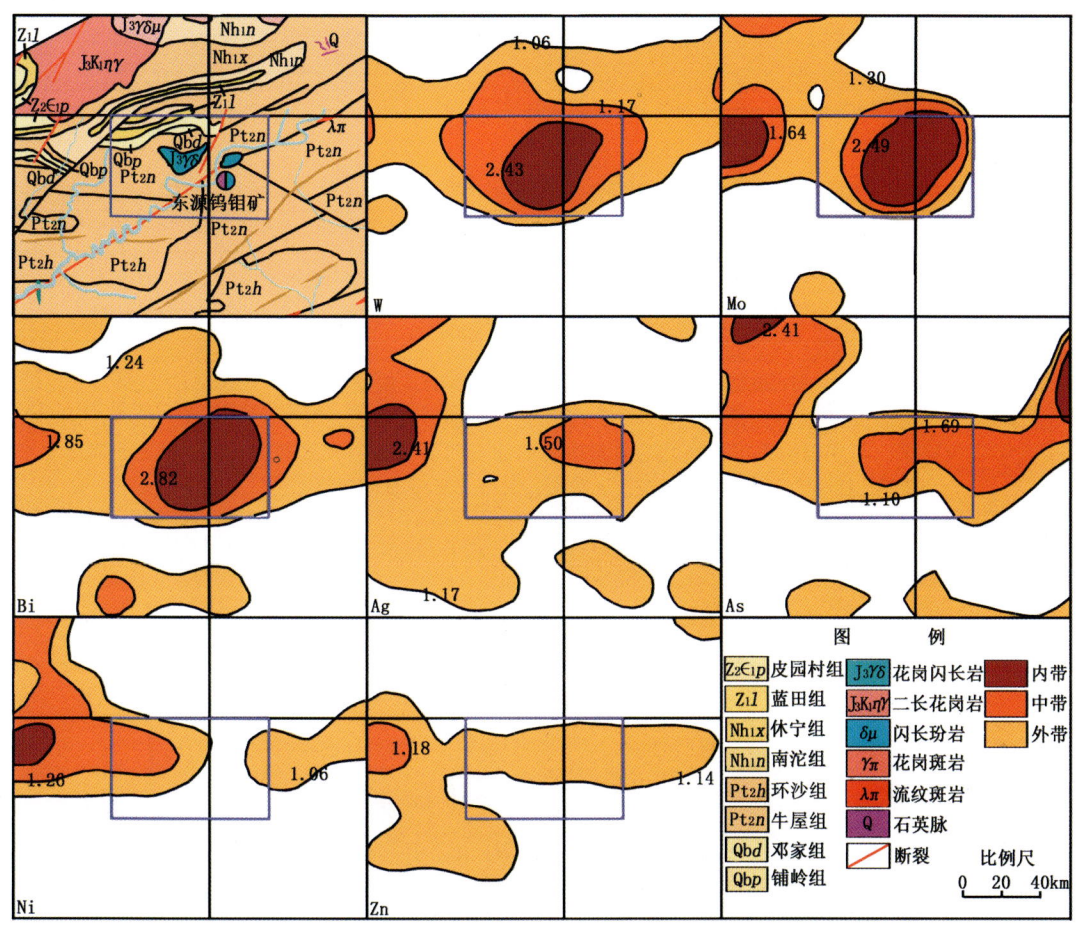

图 6-32　安徽省祁门县东源钨(钼)矿 1∶20 万区域化探异常剖析图

表 6-62　安徽省祁门县东源钨(钼)矿床地质-地球化学找矿模型

分类	项目名称	项目描述
地质特征	矿床类型	热液型
	矿区地层与赋矿建造	矿区出露的地层主要有中元古界木坑组和牛屋组、青白口系邓家组、南华系休宁组、震旦系蓝田组。其中,牛屋组下段与成矿关系较密切
	矿区岩浆岩	区内岩浆岩发育,共有 3 个小岩体,分别为东源岩体、西源岩体和江家岩体,其中东源岩体周边还有几个小岩株出露,可以推断,在东源岩体边缘还有隐伏岩体分布。几个岩体的岩性特征基本相似,主要为花岗闪长斑岩。从蚀变特征分析,东源岩体具有多期次活动的特点。区内东源花岗闪长斑岩岩体与成矿关系较密切
	矿区构造与控矿要素	矿区构造发育,主要有由牛屋组、木坑组组成的复式褶皱及断层。区内褶皱为古溪-朱家尖倒转背斜和花子岭似短轴褶皱。区内断裂构造比较发育,有一系列互相平行的逆断层、逆掩断层、挤压片理带和正断层
	矿体空间形态	矿区矿体主要发育在东源花岗闪长斑岩体内,白钨矿体呈面状或带状产于岩体中—浅部
	矿石类型	矿石自然类型包括细脉浸染状和浸染状钨矿石,工业类型主要为钨矿石
	矿石矿物	矿石矿物主要为白钨矿、含铜白钨矿、辉钼矿、黄铁矿;脉石矿物主要为石英、绢云母、绿泥石等
	矿化蚀变	区内主要的围岩蚀变是角岩化,分布在岩体的周边,但蚀变宽度变化较大。东源岩体中主要的围岩蚀变是绢云母化、硅化和黄铁矿化,其次是钾长石化、白云母化、碳酸盐化,还有绿泥石化、绿帘石化、高岭土化等

续表 6-62

分类	项目名称	项目描述
地球化学特征	区域岩石特征	岩石中 W 含量较高($\geqslant 10\times 10^{-6}$ 的占 50%),最高为 456.22×10^{-6};Mo 最高含量 330.68×10^{-6};Ba、Pb 正异常;东源、西源岩体 $SiO_2<70\%$,Al_2O_3 为 $13.41\%\sim 15.77\%$,Fe_2O_3 为 $0.33\%\sim 2.68\%$,$K_2O>Na_2O$,MgO 略小于 CaO
	原生晕特征	东源岩体中的 W、Mo 异常
	次生晕特征	1∶1 万土壤测量显示东源等轴状 W 元素面型异常,面积 $2km^2$ 以上,浓集中心明显,具分带,叠加了 Mo、Ag、Cu、Bi、Sb 等元素异常
	中大比例尺化探特征	圈出 $>32km^2$ 的 W、Mo、Bi、Ag、As、Pb、Zn 等元素综合异常
	区域化探特征	与中国水系沉积物元素含量中位值相比明显富集的元素有 Sn、W、Ag、Mo、Bi、Hg、Cd、Zn、As、Cu、Mn、Li、Be、Ba、Nb、Ti;剖析图显示存在异常的元素有 W、Mo、Bi、Ag、As、Zn 等

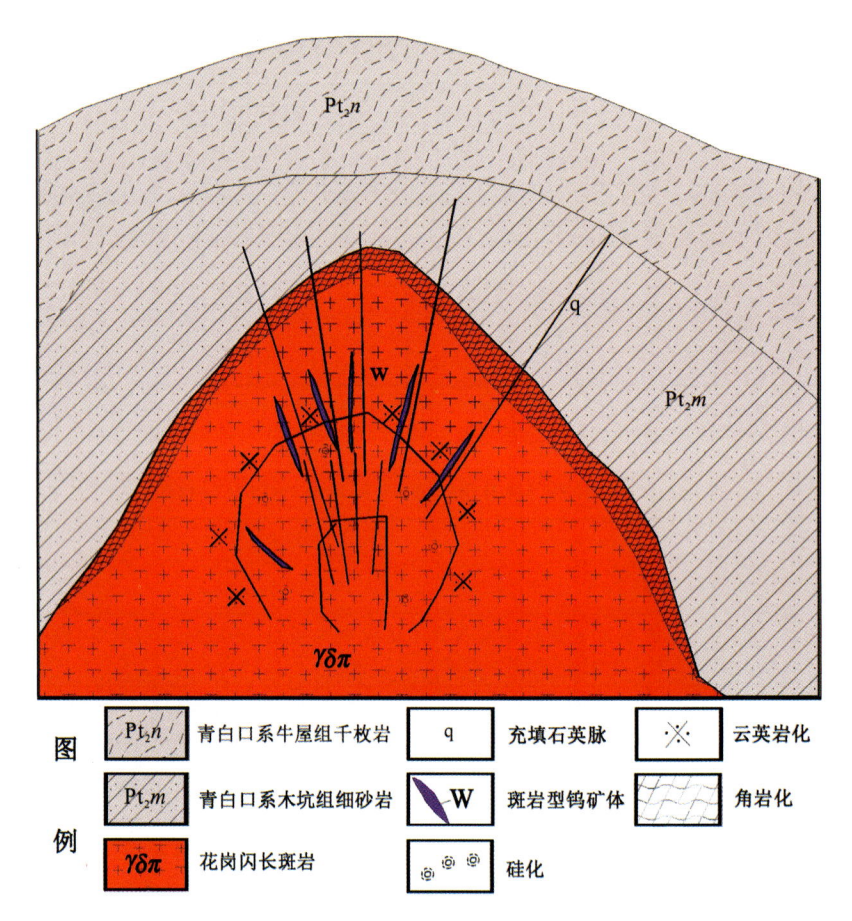

图 6-33 祁门东源钨(钼)矿成矿模式图

二、江西省西华山钨矿床

(一)矿床基本信息

江西省大余西华山内接触带石英大脉型钨矿床基本信息见表 6-63。

表 6-63 江西省大余西华山内接触带石英大脉型钨矿床基本信息表

序号	项目名称	项 目 描 述
1	经济矿种	钨
2	矿床名称	江西省西华山钨矿床
3	行政隶属地	江西省大余县
4	矿床规模	大型
5	中心坐标经度	114°43′41″E
6	中心坐标纬度	25°34′47″N
7	经济矿种资源量	WO_3 77 342t,平均品位 WO_3 1.086%

(二)矿床地质特征

西华山钨矿床为产于西华山复式花岗岩株内接触带大脉型大型钨矿床,其矿区及外围均为寒武系,地层中钨、锡、钼、铋和稀土元素含量均高于维氏平均值,其中钨平均含量为 $6.26×10^{-6}$。

西华山钨矿区处于西华山花岗岩株(矿田)的南部(图 6-34),岩株侵入于寒武系中,岩体北部与围岩接触面向外倾斜,倾角平缓;南部接触面为陡倾斜,并有超覆现象。花岗岩具高硅,富碱,贫铁、钙、钛的特点,成矿元素丰度高于华南含钨花岗岩。岩体上部钨含量为深部的 7.1 倍。

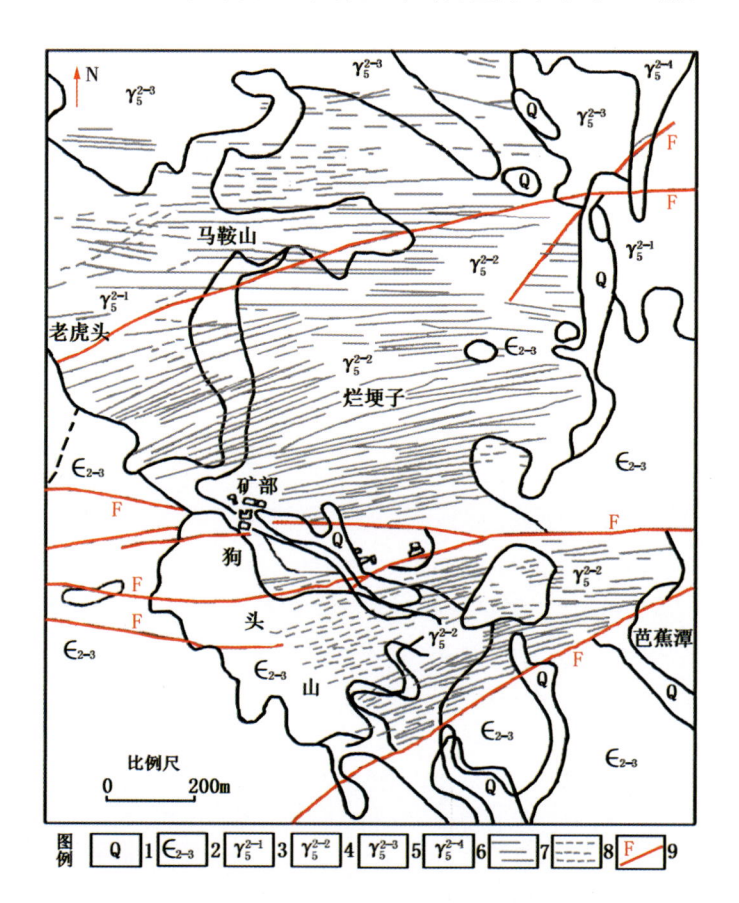

图 6-34 江西省大余西华山钨矿区地质平面简图
1.第四系;2.中上寒武统;3.燕山早期第一阶段斑状中粒黑云母花岗岩;4.燕山早期第二阶段中粒黑云母花岗岩;5.燕山早期第三阶段斑状中细粒黑云母花岗岩;6.燕山早期第四阶段斑状细粒黑云母花岗岩;7.含矿石英脉;8.隐伏含矿石英脉;9.断层

石英大脉型钨矿脉(体),赋存于斑状中粒黑云母花岗岩(γ_5^{2-1})和中粒黑云母花岗岩(γ_5^{2-2})内,当矿脉延伸至寒武系变质岩地层时,多数矿脉迅速尖灭,仅展示矿化标志带。"两层矿化"是西华山钨矿床独特的矿化分带现象。在两个阶段花岗岩上下叠置部位,存在有各自矿体或矿化带,在两种花岗岩接触带部位,为无矿或贫矿地段,当上下有矿脉贯通时,上层矿脉往往形成复合矿脉,矿化更为富集。沿两个阶段花岗岩接触带,有时存在双层矿化富集现象(图6-35)。

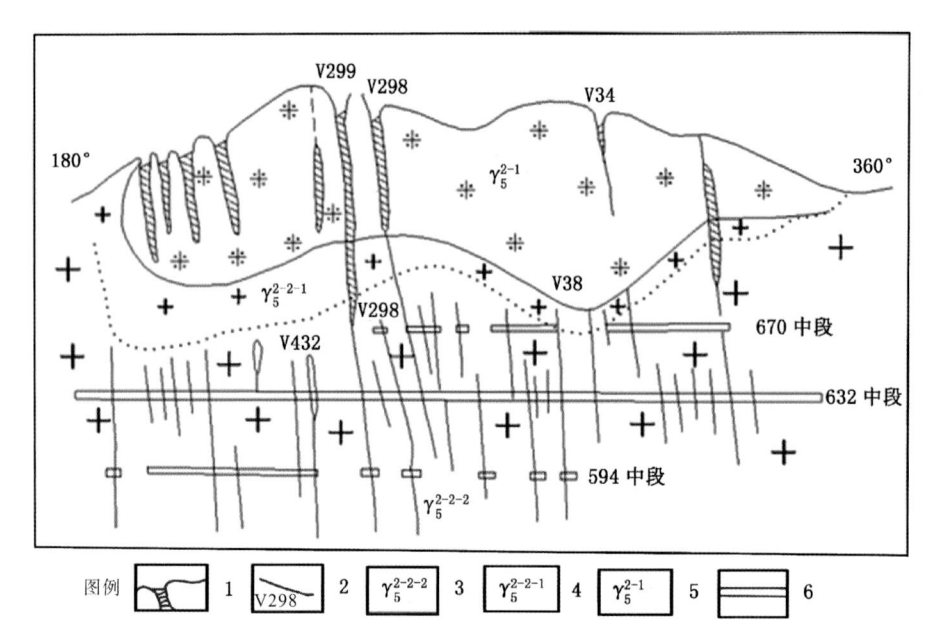

图6-35 江西省大余西华山钨矿区508勘探线剖面图(据吴永乐、梅勇文等,1987)
1.采空区;2.矿脉及编号;3.中粒黑云母花岗岩;4.细粒黑云母花岗岩;5.斑状中粒黑云母花岗岩;6.坑道

矿脉呈平行或侧幕状成组展布,按矿脉走向、排列格式及地理分布,可分南、中、北三个区段。矿脉呈密集脉带状产出,主要有三组:①走向NE65°～75°,倾向北北西为主,倾角80°～85°;②走向NE80°～90°,倾向北,倾角75°～85°;③走向SE95°～105°,倾向北北东,倾角80°左右。

矿区内共有615条工业矿脉,单条矿脉长一般200～600m,最长达1075m,脉幅多为0.2～0.6m,最厚可达3.6m,矿化深度多为60～200m,最深达350m以上。

(三)自然重砂特征

区域重砂矿物异常的分布与地质矿产的关系十分密切。已知的下桐岭、岿美山、西华山等钨锡矿床都有相关的重砂异常出现,江西省以钨锡矿形成的重砂异常最多,找矿的可信度最高。其规律具体表现如下。

(1)以黑钨矿或锡石为主的钨锡、白钨矿,有时还出现铌钽铁矿的组合矿物异常,是黑钨矿床的重要找矿标志,大多数重砂异常的分布基本反映了原生钨矿床所在位置。

(2)以硫化物型白钨矿为主的组合异常,主要是矽卡岩型钨、多金属矿床的找矿标志。阳储岭重砂异常为白钨矿、磷钇矿和雄黄。阳储岭杂岩体无论是造岩矿物还是副矿物中,都普遍含有较高的钨和镁,说明对重砂矿物元素的研究,对于寻找原生矿床具有重要指示意义。而一般花岗岩型钨矿的组合异常,则有黑钨矿、白钨矿、辉钼矿、辉铋矿、铌钽铁矿、锡石、方铅矿等矿物出现。

(3)矽卡岩型锡石硫化物矿床(如曾家垄)有锡石、白钨矿、黑钨矿重砂异常出现。

(4)伴生有金的铜铅锌型重砂异常,是铜多金属矿的找矿标志。如德厂的铅锌金异常、铁砂街的金铜异常等。在斑岩铜矿地区,研究黄铁矿、褐铁矿中铜元素含量,是提高重砂找矿效果的一种手段。白钨矿、金矿物组合异常一般出现在成因上与中酸性侵入岩有关的矽卡岩型铜多金属矿床上。沿长江南岸浅成侵入岩发育的多金属成矿区,白钨矿、金异常普遍出现,是很有典型性的现象,值得研究。

(5)金、辰砂、雄黄型重砂异常,是寻找中低温矿床的一种标志。

(6)铌钽、锆铪矿物主要集中在含矿混合岩、花岗岩、碱性岩及伟晶岩的风化壳附近,是此类矿床的矿物标志。

(7)稀土矿的形成明显与其附近的基性岩密切相关,比较单一的独居石砂矿附近的基岩大多数为前震旦系变质岩,而复杂矿物的独居石、磷钇矿等,多分布于混合岩化作用强烈地带,以磷钇矿、独居石、锆石和铌钽铁矿为主的异常是寻找加里东期交代花岗岩副矿物型稀土矿和混合岩型稀土矿床的找矿标志之一。

在总结上述江西省重砂矿物及其异常的找矿标志时,还应考虑到多数异常区矿物组合具有复杂来源和多成因的特点,因此需要配合其他找矿标志进行推断。

(四)地质-自然重砂找矿模型

根据综合结果,建立西华山钨矿床地质-自然重砂找矿模型(表6-64)。

表6-64 江西省大余县西华山钨矿床地质-自然重砂找矿模型

预测要素		描 述 内 容
特征描述		西华山式内接触带石英大脉型钨矿床
地质环境	地 层	寒武系浅变质杂碎屑岩
	岩浆岩	燕山早期酸性岩浆多次侵入的复式花岗岩体,主要为中粒黑云母花岗岩、斑状细粒黑云母花岗岩、花岗斑岩等
	成矿时代	燕山期(晚侏罗纪—早白垩纪),同位素年龄148～139Ma
	成矿环境	复式花岗岩体及其内外接触带附近
	构造背景	西华山-塘下近南北向复式褶皱的南端,区域北东向与北西向深大断裂带交会部位
成矿特征	矿物组合	金属矿物:黑钨矿,并普遍含有白钨矿、辉钼矿、辉铋矿、绿柱石,局部锡石含量较多;次要矿物主要为黄铁矿、磁黄铁矿、黄铜矿、斑铜矿、闪锌矿、毒砂、方铅矿及重稀土矿物
	结构构造	矿石结构:主要有自形晶粒状结构、半自形晶粒状结构、他形晶粒状结构、交代溶蚀结构、固溶体分离(乳滴状结构)结构。矿石构造:主要有块状构造、梳状构造、对称条带状构造、晶簇及晶洞构造、角砾状构造、浸染状构造等
	蚀变	有云英岩化、硅化、钾长石化、黄玉化、电气石化、黑云母化、绢云母化及绿泥石化
	控矿条件	(1)北北东向构造是基础,控制岩浆矿化带展布,北东向与北西向构造结点控制矿床定位,北西西向和东西向断裂是控制矿体构造 (2)围岩物理化学性质的差异,不同岩性组合,特别是中粒黑云母花岗岩的侵入对成矿有利 (3)酸性侵入岩多次侵入是成矿内因
地球物理特征	磁 法	矿区位于航磁平稳弱正磁异常场正场抬低压。ΔZ显示有南西部—北东部稍强,中部、北西—南东部稍弱的异常格局,平面上与西华山岩体、矿床的展布相吻合
	重 力	矿区位于漂塘-焦里重力负异常的南端,重力异常ΔG值为-45mGal,往南东方向过渡为信丰局部重力正异常。平面上与西华山-漂塘矿田分布的花岗岩体对应较好
	遥 感	区域显示北东-北北东向断裂构造为主体,东西向、北西向断裂构造互相交错,西华山-漂塘环形构造与西华山、漂塘环形构造构成大环套小环的构造格局
地球化学特征	区 域	水系沉积物、土壤W、Sn、Bi、Mo、Zn、Pb、Ag、Au组合异常
	矿 区	原生晕异常形态受岩体、接触带控制,成晕元素有:W、Sn、Bi、Cu、Mo、Pb、Zn、As、Mn、Co、Ni、V、Cd、B、Hg、F等,主要为W、Sn、Bi、Cu、Mo,平面上各元素呈环状分布。主元素三带明显
自然重砂特征		以黑钨矿或锡石为主的钨锡、白钨矿,有时还出现铌钽铁矿的组合矿物异常,是黑钨矿床的找矿重要标志,大多数重砂异常的分布,基本反映了原生钨矿床所在位置

(五)地质-地球化学自然重砂成矿模式

大余西华山地处南岭东西向岩浆-构造-成矿带,燕山造山运动期区域块断构造运动强烈,促使地幔热柱体的岩浆沿着深部构造变异带上升至下陆壳的适宜地带,在压力的降低和深部热能的补给下使该围岩物质熔融。在深熔-分熔作用下,易溶解部分形成了初始花岗岩质岩浆。初始岩浆的热流体,继续沿着构造脆弱带上升到上部陆壳的适宜地带。由于压力的进一步降低和上升热流体的作用,引起上部陆壳硅铝质沉积物和花岗岩类发生重熔,形成了规模巨大的花岗质岩浆房。与此同时,在燕山期多次断块构造活动下,岩浆房内的岩浆不断分异演化,流体沿断裂带多次脉动上升,逐步形成了西华山复式含矿花岗岩株。其时空演化模式见图6-36。

三、福建省清流行洛坑钨钼矿床

(一)矿床基本信息

福建省清流行洛坑钨钼矿床基本信息见表6-65。

表6-65 福建省清流行洛坑钨钼矿床基本信息表

序号	项目名称	项 目 描 述
1	经济矿种	钨、钼
2	矿床名称	福建省清流行洛坑钨钼矿床
3	行政隶属地	福建省清流县
4	矿床规模	特大型
5	中心坐标经度	116°30′00″E
6	中心坐标纬度	26°15′00″N
7	经济矿种资源量	保有钨资源量 $29.2981×10^4$ t,伴生钼资源量 $3.0646×10^4$ t

(二)矿床地质特征

行洛坑钨钼矿区位于闽西北隆起带南西部,浦城-武平北东向断裂带与罗源-明溪东西向构造带、永安-晋江北西向断裂带交会地段。

行洛坑钨钼矿是一个产于燕山中期斑状花岗岩体内的低品位大型以细网脉状为主的斑岩矿床。区内为一复式背斜,由次一级呈北北东向展布的行洛坑、北坑-国母洋倒转背斜及上地-延祥倒转向斜组成,轴面倾向南东。出露地层有震旦系—下古生界火山-沉积类复理石建造特征的浅变质岩系;上泥盆统滨海相碎屑沉积岩不整合于其上。矿床近侧出露上震旦统上部变质凝灰岩、变质凝灰质砂岩、变质长石石英砂岩、千枚岩夹硅质岩、大理岩及下寒武统下部千枚岩、变质砂岩夹硅质岩等。

行洛坑钨钼矿体主要位于复式岩体早期侵入的南岩体内及外接触带围岩中,有细网脉型黑(白)钨矿、钼矿和黑钨矿石英大脉两类矿体,其次在外接触带围岩中产有矽卡岩型的钨矿体。主要矿体为细网脉型黑(白)钨矿体(即斑岩型矿体),产于南岩体中,全岩式矿化,由无数含钨、钼石英微脉、线脉、小脉组成的网脉状、浸染状矿体,矿体与岩体没有明显界限(图6-37)。

矿体在剖面上呈3~4个锯齿状分支尖灭的楔形体,总长636.2m,地表出露长490m,倾向南南东,倾角51°~85°,最大厚度336m,平均厚度158.8m,最大延伸525m,平均297.7m,出露标高242~835m。

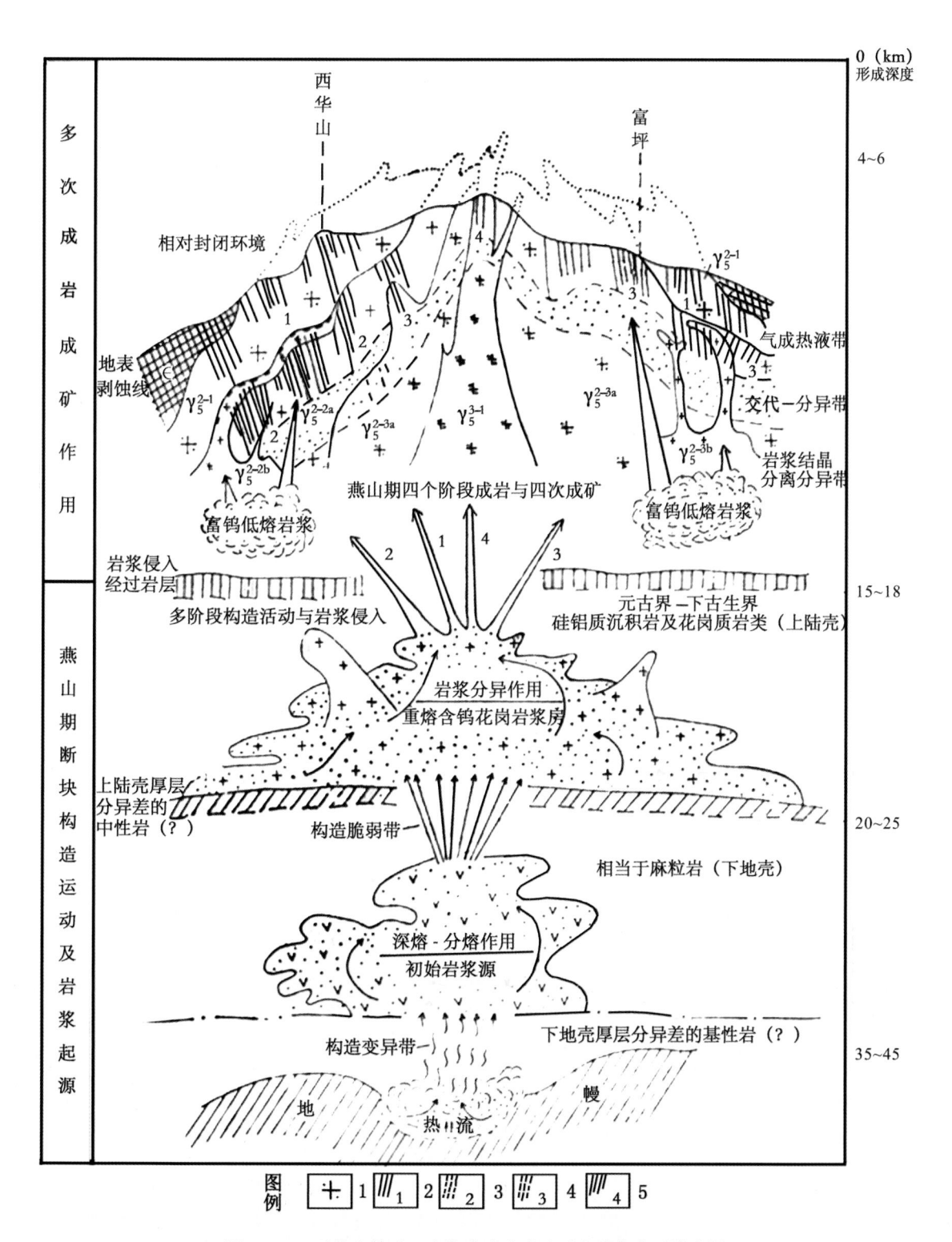

图 6-36 西华山钨矿田多期次成岩成矿时空演化典型模式图

∈. 寒武系浅变质岩系；γ_5^{3-1}. 燕山早期第一阶段斑状细粒花岗岩；γ_5^{2-3b}. 燕山早期第三阶段附加侵入细粒二云母花岗岩；γ_5^{2-3a}. 燕山早期第三阶段主侵入斑状中细粒黑云母花岗岩；γ_5^{2-2b}. 燕山早期第二阶段附加侵入含斑细粒二云母花岗岩；γ_5^{2-2a}. 燕山早期第二阶段主侵入中粒黑云母花岗岩；γ_5^{2-1}. 燕山早期第一阶段斑状中粒黑云母花岗岩；1. 钾长石化；2. 第一次 W、Mo 矿脉；3. 第二次 W（Mo、Bi）矿脉；4. 第三次 W、Be、Mo 矿脉；5. 第四次 W、Sn 矿脉

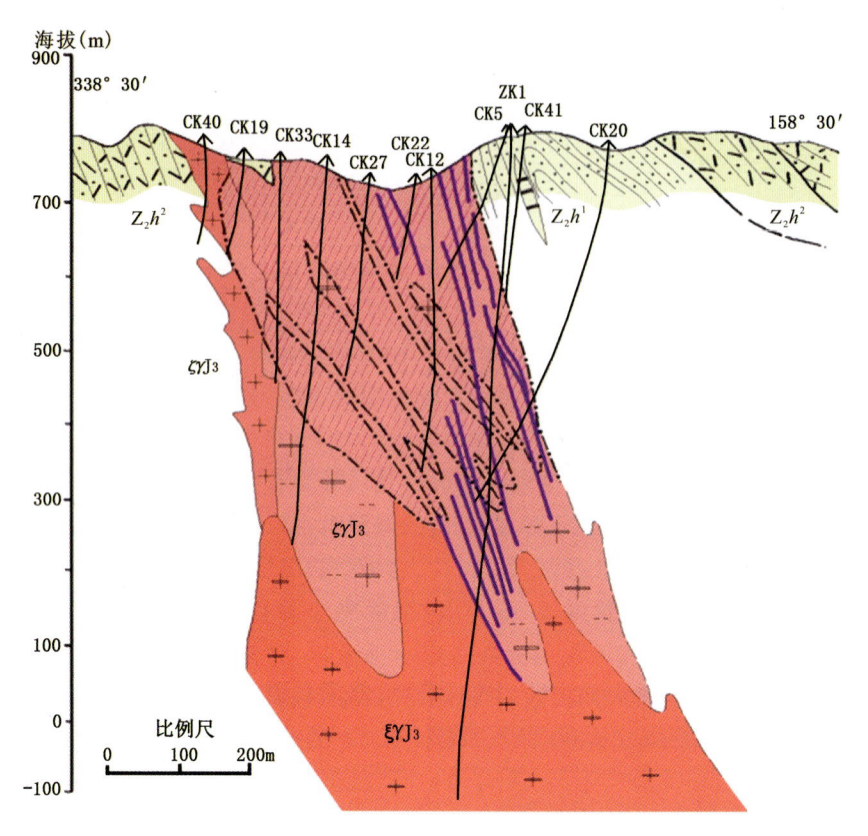

图 6-37 行洛坑钨矿 0 线地质剖面图

WO_3 富集标高为 300~800m,而钼富集区在标高 150~500m,显示出上钨、下钼的垂直分带特征。黑(白)钨石英大脉型矿体,呈脉组、脉带形成于岩体内外接触带中,大于 10cm 大脉有 70 多条,总体走向 NE50°,工业矿脉有 10 条,主要为硫化矿物、黑(白)钨石英大脉和含锡石、绿柱石黑钨矿石英脉。多集中分布于南岩体的南部内外接触带 50~60m 范围内,走向 NE60°~70°,倾向南东,倾角 50°~88°,长 71~477m,脉幅 0.08~1.33m,平均 0.17~0.57m,延深 64~429m,沿走向有膨大收缩、分支复合、尖灭侧现、追踪转折现象。WO_3 为 0.01%~44.65%,平均 0.557%~3.27%,常见砂包富矿。

矽卡岩型钨矿体,产于南岩体外接触带含钙岩石围岩中,1~5 层为单层,厚几米至 14m,总厚度 6~20m,普遍有矽卡岩钨矿化。矿体呈扁豆状,走向北东东,倾向南南东,倾角 50°~80°,离接触面 70~80m,已控制长 300m,厚 4~14m,平均 7.35m。

(三)自然重砂特征

矿区处在嵩溪镇(Sn-W-NbTa)Ⅰ级综合异常区,异常区完全与行洛坑钨钼矿区吻合,异常以黑钨矿、锡石为主(图 6-38),局部有白钨矿、铌钽铁矿;黑钨矿含量为少数几颗至 1.88g,最高 5.29~37.2g;锡石含量为少数几颗至 2.34g。异常吻合度较好,异常值较高,总体呈北西向展布。

异常具有矿物组合简单、含量高等特点,还有白钨矿、铌钽铁矿等矿物伴生。成矿地质条件好,有扩大矿床远景的希望,仍值得注意。

(四)地质-自然重砂找矿模型

通过典型矿床地球化学特征分析研究,初步建立地质-地球化学自然重砂找矿模型(表 6-66)。

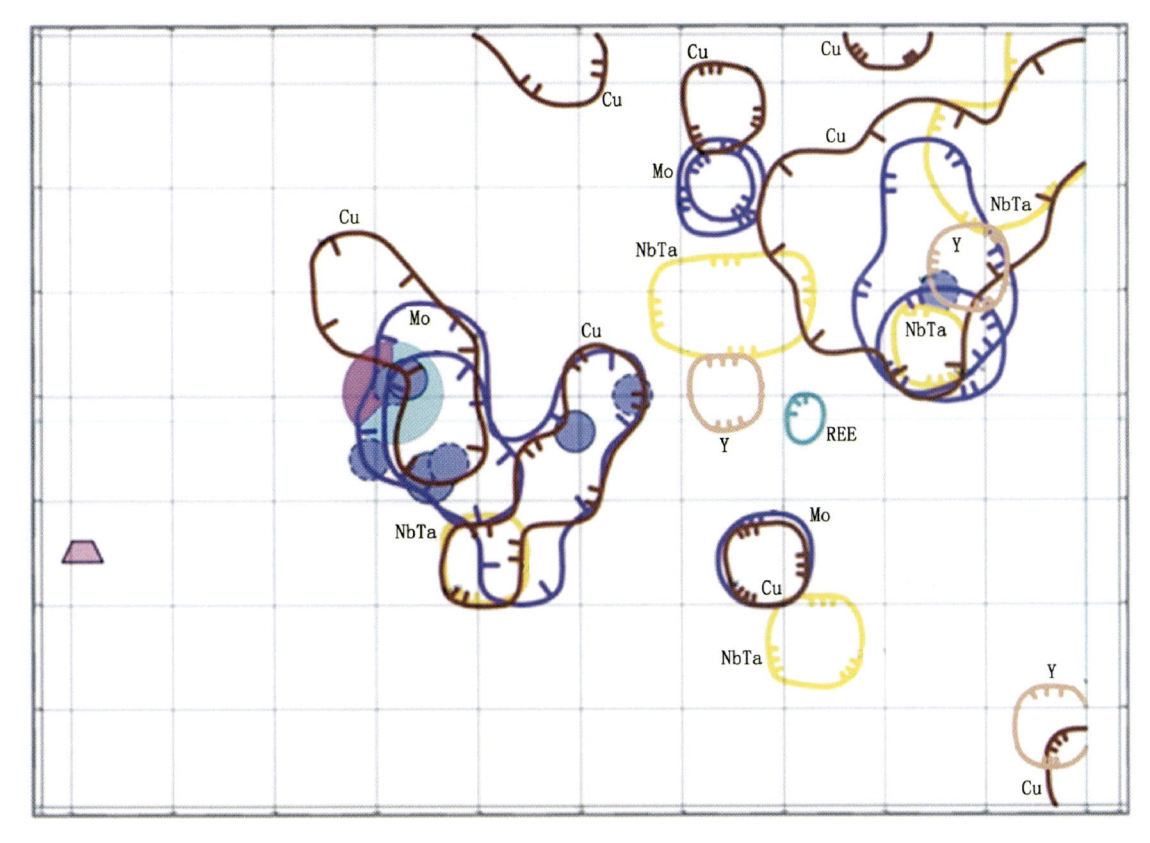

图 6-38 清流行洛坑及外围钨钼锡矿预测工作区自然重砂组合异常图

表 6-66 清流行洛坑钨钼矿床地质-自然重砂找矿模型

分　类		主　要　特　征
地质成矿条件和标志	大地构造背景	闽西北隆起带西南部
	主要控矿构造	以北东东、北东向断裂构造等为主，北西向断裂次之
	主要赋矿地层	震旦系三溪寨组和寒武系东坑口组、林田组
	侵入岩建造	燕山中期(晚侏罗世)正长花岗岩、黑云母二长花岗岩。燕山中期 U-Pb 同位素年龄为 150.5Ma，Rb-Sr 同位素年龄为 145.6Ma。燕山中期岩体为中深成壳幔混合源和壳源
	区域变质作用及建造	区域变质程度较低，主要为变质杂砂岩、变质粉砂岩、千枚岩、硅质岩，属砂泥质岩变质建造
	围岩蚀变	主要有钾长石化、蒙脱石-绢云母化、云英岩化、绢云母化、硅化
	成矿特征 矿体形态	斑岩型钨矿体主要分布于成矿岩体、岩株、岩脉内接触带，常以网脉状、细脉状形式成群、成带分布；或者岩体呈隐伏状，矿体产于岩体之上的三溪寨组、林田组浅变质岩中
	成矿特征 矿物组合	主要有黑钨矿、白钨矿、辉钼矿，其次有绿柱石、锡石、黄铜矿、黄铁矿、毒砂、铁闪锌矿、硫铅铋矿、自然铋等组合
	成矿特征 结构构造	矿石结构主要为自形—半自形粒状结构、他形粒状结构、不等粒状结构、蚀变斑状结构、花岗变晶交代结构等；矿石构造主要有带状构造、网格状构造、块状构造、浸染状构造
地球化学特征	区域地球化学异常特征	(1)为 W-Mo-Cu-Pb-Zn-Au-Ag-Bi-Sn-As-Sb-Cd-Mn 等多元素组合异常 (2)主成矿元素钨以及 Au-Ag-Cu 异常规模大，具明显三级浓度分带 (3)元素区域异常分带不明显，元素异常套合程度高
	自然重砂特征	异常具有矿物组合简单、含量高等特点，白钨矿、铌钽铁矿等矿物伴生

(五)地质-地球化学自然重砂成矿模式

行洛坑复式岩体定位深度1300~3000m,属中深成相与超浅成相斑岩之间的浅成相花岗岩。成岩温度:南岩体530~780℃,北岩体449~750℃,深部岩体486~710℃。成矿年龄与成岩年龄相近,含矿石英脉的脉侧热液白云母钾-氩法年龄为156.3~145.9Ma,形成于晚侏罗世中期(图6-39)。成矿岩体为钙碱性系列浅成超浅成相的中酸性、酸性斑状侵入体,成矿作用主要与行洛坑岩体密切相关:成矿物质与深源物质有关,行洛坑岩体是钨、钼成矿元素的主要供源体,其次围岩也提供一部分矿质,成矿方式主要是岩浆活动加热了含卤素的混合型地下水,并以岩体为中心,形成热卤水对流圈而富集成矿,故行洛坑钨钼矿属斑岩型矿床。

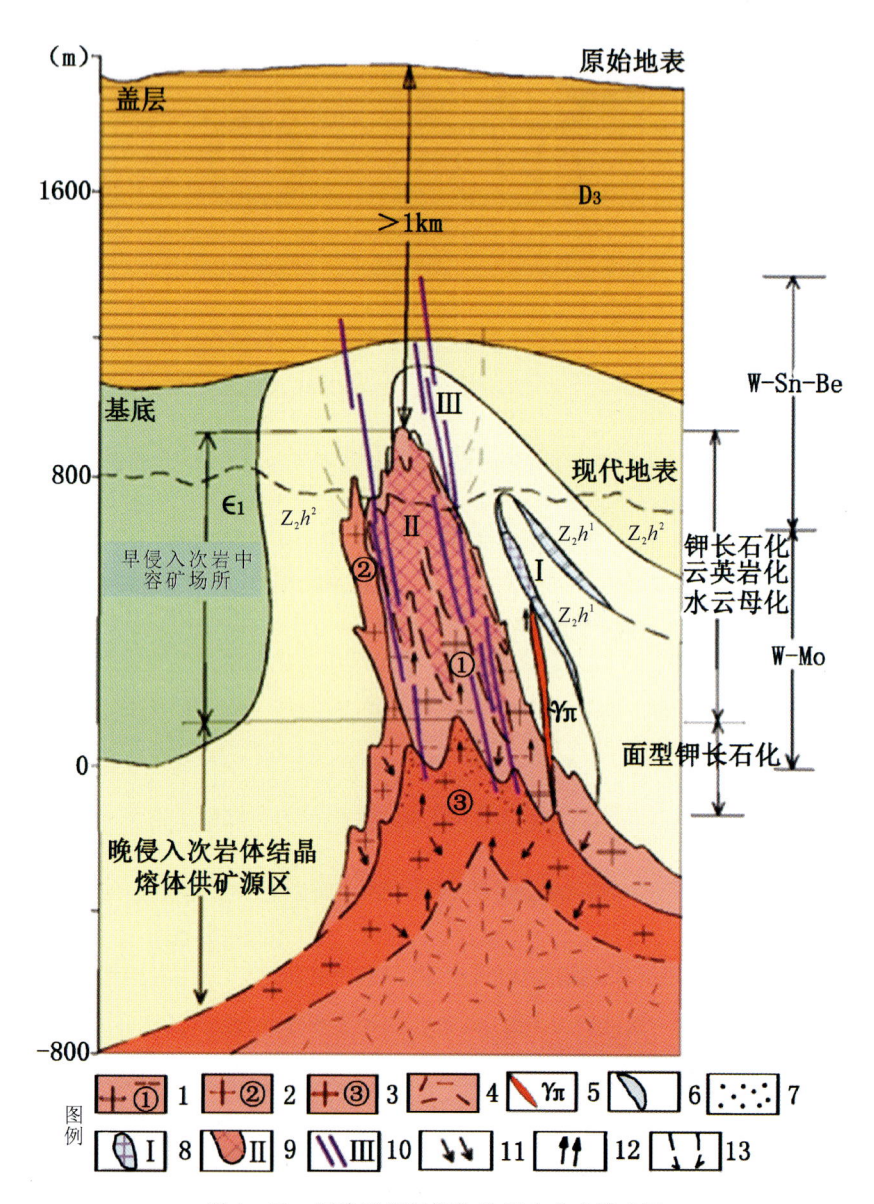

图6-39 福建清流行洛坑钨钼矿成矿模式图

1.中细粒似斑状黑云母花岗岩;2.细粒花岗岩;3.细粒似斑状花岗岩;4.结晶熔体;5.花岗斑岩脉;6.白云质灰岩夹层;7.面型钾长石化;8.矽卡岩白钨矿(化)体;9.细网脉状钨(钼)矿体;10.石英大脉钨矿体;11.岩浆退缩侵位分异结晶方向;12.成矿流体运移方向;13.下降大气水

四、福建省建瓯上房钨矿床

(一)矿床基本信息

福建省建瓯上房矽卡岩型钨矿床基本信息见表6-67。

表6-67 福建省建瓯上房矽卡岩型钨矿床基本信息表

序号	项目名称	项目描述
1	经济矿种	钨
2	矿床名称	福建省建瓯上房钨矿床
3	行政隶属地	福建省建瓯县
4	矿床规模	中型
5	中心坐标经度	118°33′30″E
6	中心坐标纬度	27°00′30″N
7	经济矿种资源量	探明资源量 WO_3 50 016t,平均品位 WO_3 0.236%

(二)矿床地质特征

矿区位于政和-大埔断裂带与浦城-永泰南北向断裂带、宁化-南平北东东向断裂带交会处。

区域上出露地层主要有古元古界大金山组($Pt_1 d$)黑云斜长变粒岩、黑云(二云)石英片岩夹斜长角闪岩,含石墨;中-新元古界龙北溪组($Pt_{2-3} l$)云母石英片岩、透辉(磁铁)石英岩夹大理岩、斜长角闪片岩,地层呈北北东向展布,分布范围较广。上述层位与区内的铜、铅、锌、银等成矿关系密切。

区内岩浆活动频繁,发育有晚侏罗世正长花岗岩($\xi\gamma J_3$)及晚侏罗世二长花岗岩($\eta\gamma J_3$)等,岩体多呈北北东、北东向展布。在岩浆活动末期多形成各种斑岩体(脉),并对钨矿形成提供了热源和矿源。

北北东、近南北向断裂构造发育,并以北东向断裂为主,控制区域岩体的空间展布。断裂具多期次活动特点,切割了变质岩地层和岩体。

矿区地层出露古元古界大金山组,广泛分布于矿区南部,总体呈北北东向展布,片理多倾向南东,倾角15°~70°。主要岩性为灰—深灰色黑云斜长变粒岩、黑云石英片岩、石英云母片岩,夹数层斜长角闪(片)岩。变质程度为低—高角闪岩相。原岩以富碳高铝的砂质岩类为主夹基性火山岩。大金山组是区内钨矿的赋矿围岩,受晚侏罗世花岗岩体侵入影响,岩体的接触带附近岩石强烈硅化、云英岩化,并发育挤压破碎等现象,形成同化混染带。

矿区位于近南北向和北东向大断裂带交会部位附近,断裂构造较发育。矿区主体为南北向、北东向构造,花岗斑岩体等脉岩主要沿断裂呈北东向展布,少量呈北西向展布,并控制地层及岩体的分布。

矿区侵入岩主要为晚侏罗世浅肉红色黑云母花岗岩及晚期花岗斑岩体等,前者呈岩株状,后者主要为隐伏或半隐伏岩体,在地表多呈北北东、北东向岩脉断续出露。晚侏罗世浅肉红色黑云母花岗岩分布于矿区西南部,具似斑状中细粒花岗结构,块状构造。矿物成分为钾长石45%~57%、斜长石10%~26%、石英30%~35%。在接触带上硅化、绢英岩化等蚀变强烈,局部地段形成构造角砾岩、碎粉岩等压碎岩,形成宽30~100m不等的蚀变带。

目前上房矿区下房矿段内发现两个钨矿化带,均呈北东向展布,其中Ⅰ号矿带是主矿带,工作程度相对较高。两个矿带分别对应不同的异常浓集中心。

钨矿体呈近平行的似层状展布(图6-40),赋存于肉红色含斑中细粒花岗岩外接触带的大金山组斜长角闪岩中,矿体总体走向大致为 NE40°,倾向南东,倾角 15°~35°。根据目前的工作成果,已发现的 10 余条钨矿体中有主矿体 3 条(编号Ⅲ、Ⅳ、Ⅴ):Ⅲ号矿体长 1192m,沿倾向延伸可达 450m,平均厚 12.40m,平均品位 WO_3 0.26%;Ⅳ号矿体长 1130m,沿倾向延伸可达 490m,平均厚 7.85m,平均品位 WO_3 0.233%;Ⅴ号矿体长 932m,沿倾向延伸可达 420m,平均厚 5.62m,平均品位 WO_3 0.233%。

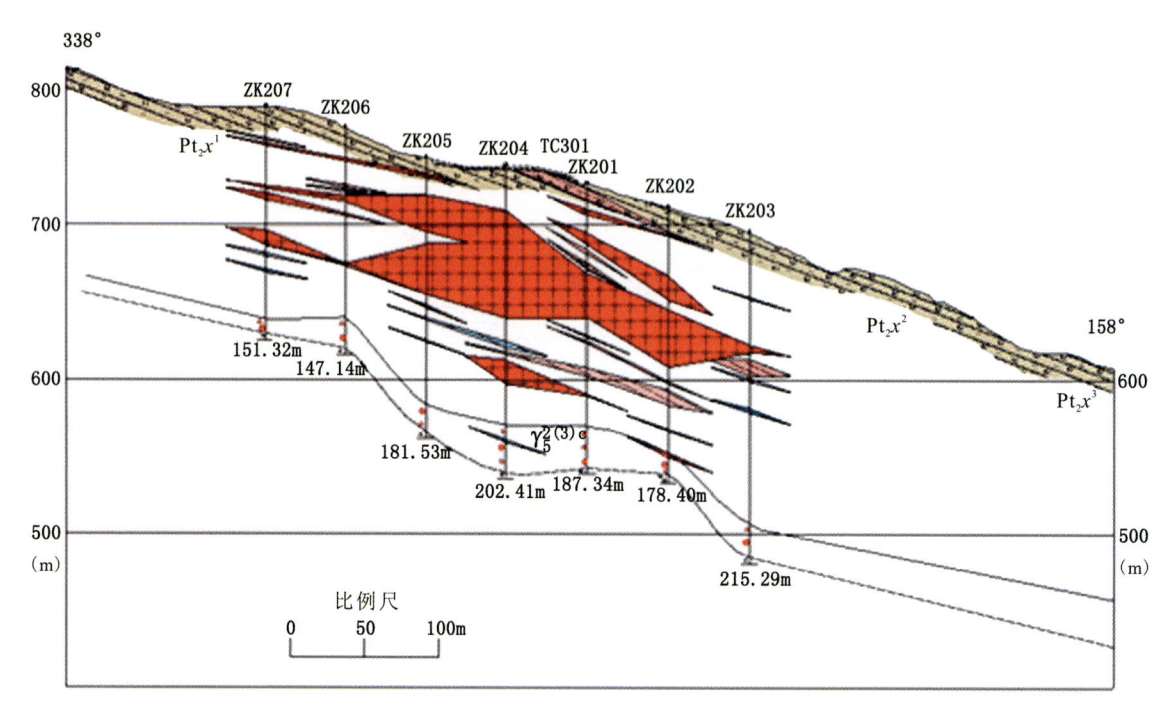

图 6-40 建瓯上房钨矿 2 线地质剖面图

(三)自然重砂特征

重砂异常以钨异常为主,异常面积达 45km²,外围有锡石、磷钇矿、铌钽铁矿等重砂异常。

(四)地质-地球化学自然重砂找矿模型

通过典型矿床地球化学特征的分析研究、归纳总结,可建立建瓯上房矽卡岩型钨矿床的地质-地球化学自然重砂找矿模型(表 6-68)。

(五)地质-地球化学自然重砂成矿模式

上房钨矿体产在浅肉红色含斑中细粒钾长花岗岩外接触带硅化、磁黄铁矿化、阳起石化斜长角闪岩或变粒岩中(其中混合质脉体一般不含矿)(图 6-41)。矿床具有垂直分带的特点,岩体外接触带为钨矿化,内接触带为钼矿化(即上钨下钼)。钨矿体受浅肉红色含斑中细粒钾长花岗岩隐伏岩体和地层双重控制,随着岩体向北东方向倾伏,矿体也跟着向北东方向倾伏,因此矿床的成矿作用是:政和-大埔断裂带与浦城-永泰南北向断裂带、宁化-南平北东东向断裂带交会区域控制富含钨、钼等矿质的浅肉红色含斑中细粒钾长花岗岩岩体的侵入,岩体侵入过程中部分钨、钼等矿质进入热液,其中部分钼离子与硫离子结合形成辉钼矿先沉淀充填在岩体内接触带裂隙中;部分钼离子与钨的络离子继续向上运移,在一定的温度压力下钨的络离子在岩体的顶部交代围岩中的含水钙硅酸盐矿物如阳起石或透闪石中的钙形成钨酸钙(白钨矿)沉淀,同时部分钼离子与硫离子形成辉钼矿继续沉淀,因此白钨矿与磁黄铁矿、阳起石、辉钼矿等共生。成因类型属高—中温热液矽卡岩型钨矿床,产于岩体外接触带。

表 6-68 福建省建瓯上房钨矿床地质-地球化学自然重砂找矿模型

分类			主要特征
地质成矿条件和标志	大地构造背景		政和-大埔断裂带与浦城-永泰南北向断裂带、宁化-南平北东东向断裂带交会处
	岩浆建造/岩浆作用		晚侏罗世花岗岩侵入
	成矿构造		与钨矿相关的主要是北东向断裂
	围岩蚀变		主要有硅化、阳起石化、绿帘石化及磁黄铁矿化
	成矿特征	矿体形态	呈似层状产出,倾角缓,为16°～35°
		矿物组合	白钨矿、辉钼矿、磁黄铁矿、黄铁矿
		结构构造	半自形粒状结构,细脉-浸染状构造、条带状构造
地球化学特征	区域地球化学特征		(1)处于钨的地球化学高背景带上 (2)元素组合:W-Bi-Cu-Mo-Ag-Pb-Zn (3)异常元素相互套合于矿床之上,分带不明显 (4)钨具主成矿元素特征明显
	矿床地球化学特征		(1)元素组合:W-Mo-Bi-Ag-Cu-Zn (2)组分分带:W-Mo-Bi(内)-Ag-Cu-Zn(外) (3)钨含量值极高,规模大,具明显主成矿元素异常特征

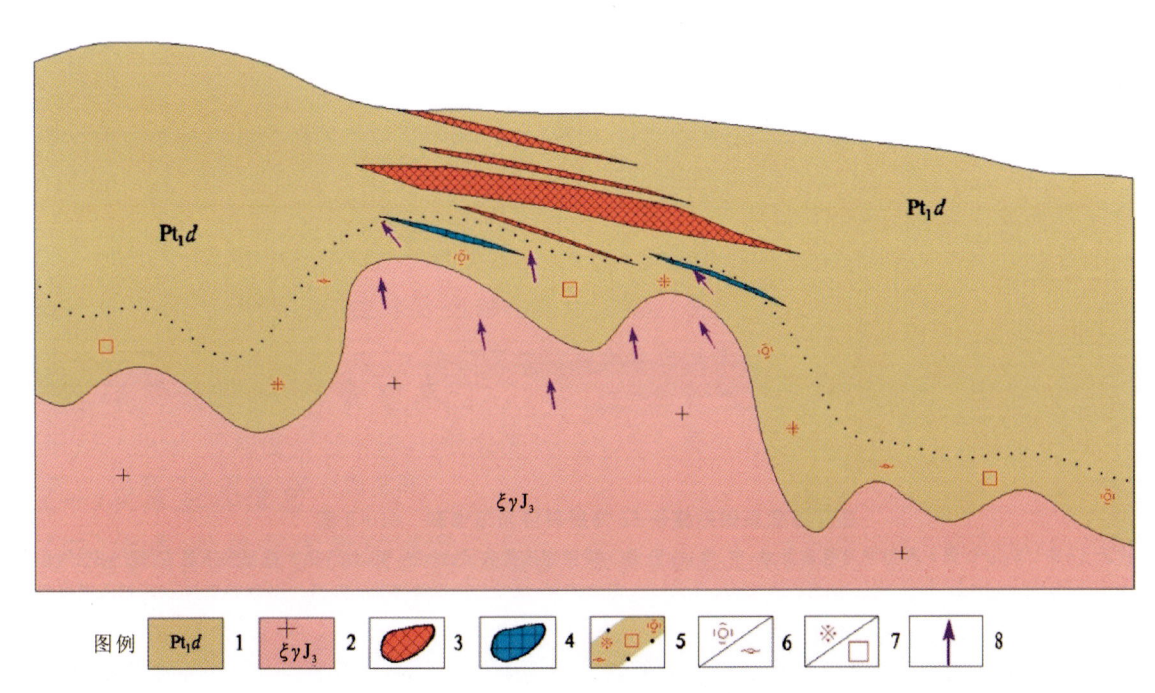

图 6-41 福建省建瓯上房钨矿成矿模式图

1.大金山组;2.晚侏罗世黑云母正长花岗岩;3.钨矿体;4.钼矿体;5.同化混染带;6.硅化/绿泥石化;7.绢英岩化/黄铁矿化;8.岩浆运移方向

第六节 钼矿床

一、安徽省金寨县沙坪沟钼矿床

（一）矿床基本信息

安徽省金寨县沙坪沟钼矿床基本信息见表6-69。

表6-69 安徽省金寨县沙坪沟钼矿床基本信息表

序号	项目名称	项 目 描 述
1	经济矿种	钼
2	矿床名称	安徽省金寨县沙坪沟钼矿床
3	行政隶属地	安徽省金寨县
4	矿床规模	特大型
5	中心坐标经度	东径 115.4833°～115.50000°
6	中心坐标纬度	北纬 31.54167°～31.55833°
7	经济矿种资源量	矿石量 127 514.4×10^4 t

（二）矿床地质特征

矿区位于秦岭-大别山钼成矿带东段，北西西向桐柏-磨子潭深大断裂与北东向商麻断裂的次级银山-泗河断裂交会部位的北东侧。

沙坪沟矿区出露地层较简单，主要为"孤岛状"出露的新元古界庐镇关岩群，向西与河南省境内的苏家河岩群相对应。据地质、地球物理资料分析，其属于北西向基底隆起带的被岩基吞噬后的残留部分（图6-42）。根据1∶5万区调工作成果，该岩群被解体为变形变质侵入体和变质表壳岩两部分。受中生代燕山期岩浆强烈活动影响，地层已被侵蚀、肢解，在地表零星分布，岩性主要为黑云斜长片麻岩、角闪斜长片麻岩和花岗片麻岩等。

区内因大面积岩浆岩侵入，残留地层零星分布，褶皱构造不发育，主要发育断裂构造，以北西向和北东向（60°左右）断裂最为发育，其中北西向断裂为主要的控矿构造。

区内岩浆岩发育，以燕山期岩浆活动最为强烈。根据岩体相互关系及岩性特征，区内岩浆岩被划分为4个独立单元，即银沙畈独立单元、达权店超单元（主要为吴老湾单元）、金刚山单元和银山复式杂岩体。

沙坪沟钼矿床共圈定钼矿体142个，主矿体只有1个，即M-1矿体（图6-43），是本矿床中规模最大的矿体，占总金属资源量的99.97%。数量众多的零星小矿体多围绕M-1号钼矿体分布，以分布在M-1号钼矿体两侧边部的居多。

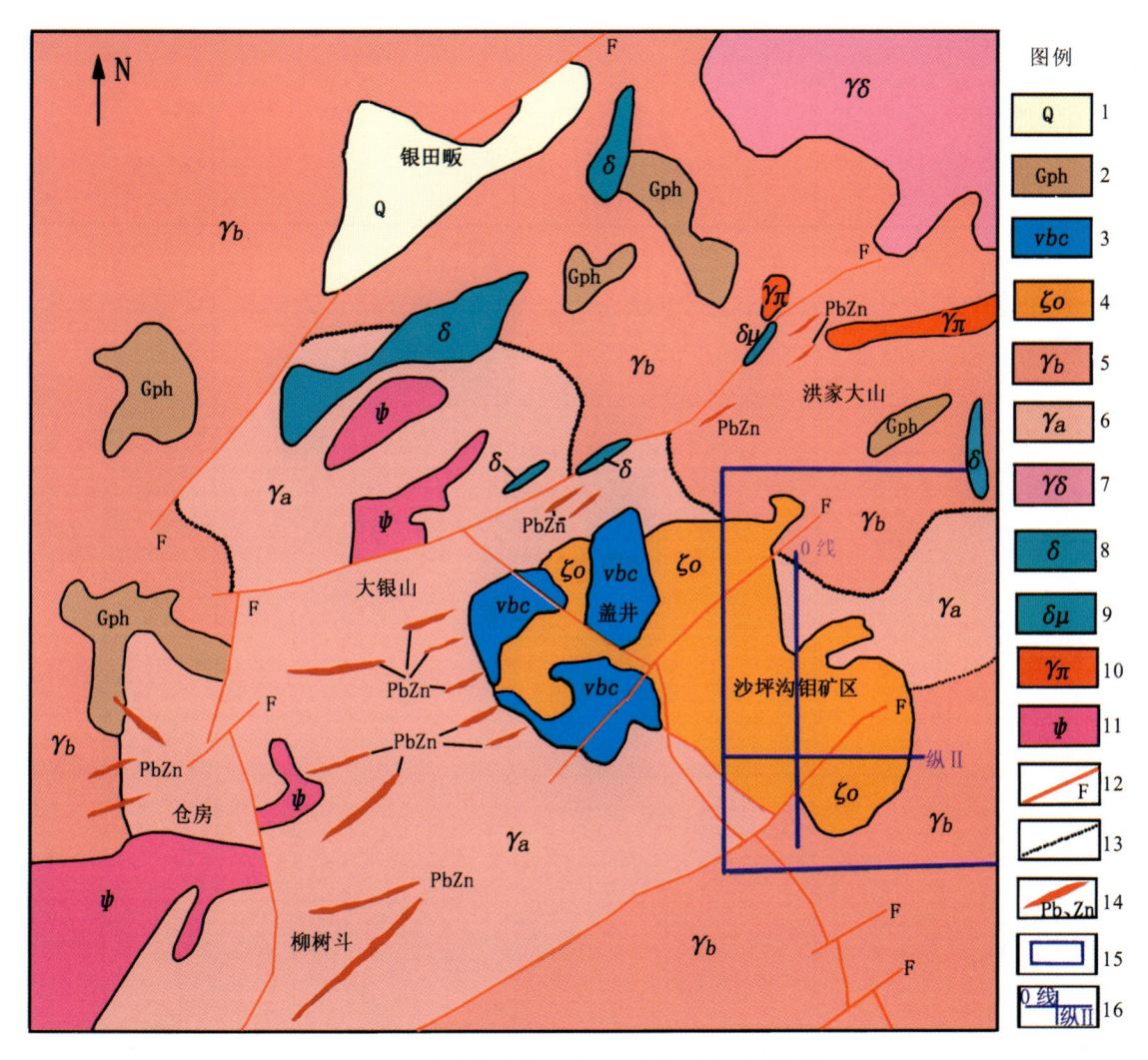

图 6-42 安徽省金寨县沙坪沟钼矿床地质简图

1.第四系；2.角闪斜长片麻岩；3.爆破角砾岩；4.石英正长岩；5.中粒花岗岩；6.细粒花岗岩；7.花岗闪长岩；8.闪长岩；9.闪长玢岩；10.花岗斑岩；11.角闪岩；12.断层；13.岩相界线；14.铅锌矿脉；15.沙坪沟钼矿区范围；16.勘探线位置及编号

（三）自然重砂特征

金寨预测工作区内钼矿产地有 3 处（表 6-70）。区内与钼矿有关的重砂异常有 16 个，包括钼族矿物异常 3 个（均为Ⅲ级异常）、铅族矿物异常 13 个（Ⅰ级异常 4 个、Ⅱ级异常 2 个、Ⅲ级异常 7 个）。需要指出的是，工作区中、西部等大部分地区位于 1∶20 万商城幅（横跨安徽、河南两省）图幅内，目前重砂数据库中 1∶20 万商城幅安徽境内约 2800km² 没有重砂矿物数据，且该区也未曾做过 1∶5 万重砂测量工作，权宜之计则全盘采纳 1∶20 万商城幅区调重砂成果。

石门寨铅族矿物Ⅰ级异常（《安徽省金寨预测工作区铅族矿物自然重砂异常图》编号为 6）位于金寨县石门寨一带，异常呈不规则形，面积 11.76km²。重砂取样 7 个，铅族异常样 6 个，铅族矿物一般含量 12～125 颗，最高含量达 0.097g。有 3 个样见到方铅矿，方铅矿立方体晶形完好，次生矿物有钼铅矿、磷氯铅矿、白铅矿、铅矾等，粒径一般为 0.1～0.4mm，最大者为 0.5～0.8mm。伴生矿物有黄铁矿、重晶石、白钨矿等。异常位于青山-药铺断裂带、金刚台-黄柏山断裂和上楼房-下楼房断裂等构造的复合部位，并发育北西西向的小断裂。区内广泛分布白垩纪二长花岗岩和花岗斑岩体，零星出露古元古界庐镇

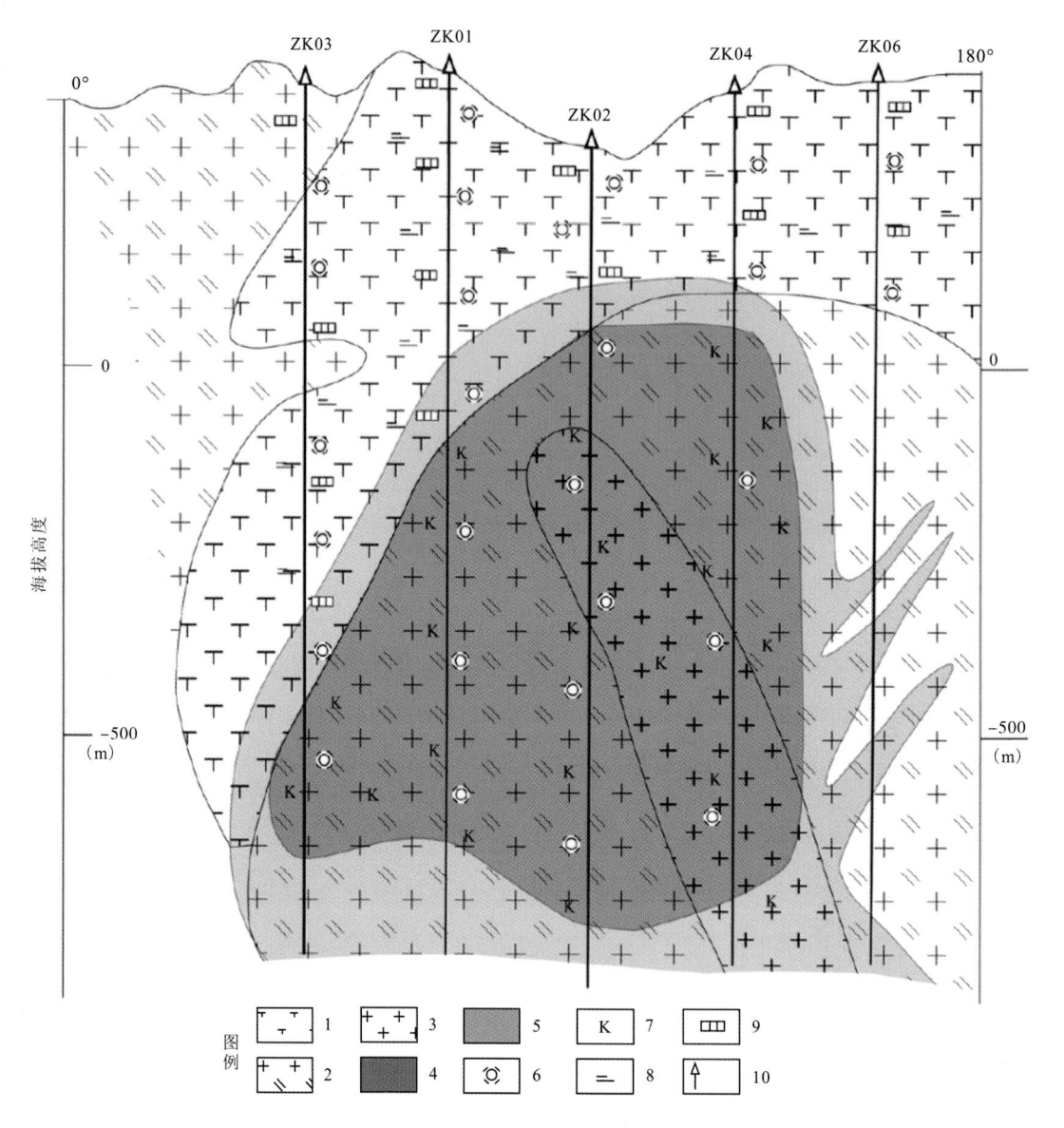

图 6-43 沙坪沟钼矿床 0 线地质剖面图

1.正长岩；2.二长花岗岩；3.花岗斑岩；4.工业钼矿体（$w(Mo)>0.06\%$）；5.低品位钼矿体（$0.03\%<w(Mo)<0.06\%$）；6.硅化；7.钾化；8.绢云母化；9.黄铁矿化；10.钻孔及编号

关群仙人冲组白云斜长片麻岩及大理岩透镜体。透镜体大理岩与岩体接触带有方铅矿化、黄铜矿化等。热液充填型关庙银冲小型铅锌矿床、低温热液型萤石矿点均落位于区内。该异常与土壤测量铅、钒异常部分重合。异常为铅锌矿床及岩体接触带方铅矿化、黄铜矿化所引起。受多期多向构造复合影响，热液活动频繁，所发现的矿脉受东西向断裂控制，为有利成矿地段，值得进一步工作，扩大矿床规模。

银山沟铅族矿物Ⅰ级异常（《安徽省金寨预测工作区铅族矿物自然重砂异常图》编号为 7）位于金寨县银山沟一带，异常呈不规则椭圆形，面积 $5.02km^2$。重砂取样 7 个，铅族异常样 5 个，铅族矿物含量介于 51～125 颗之间。伴生矿物有重晶石、黄铁矿等。异常位于北西向晓天-磨子潭深断裂以西，广泛分布白垩纪二长花岗岩和花岗斑岩体，零星出露古元古界庐镇关群仙人冲组白云斜长片麻岩及大理岩透镜体。北东向断裂发育，次级小断裂更发育。硅化、绢英岩化普遍，局部黄铁矿化、钾长石化。典型矿床如斑岩型沙坪沟特大型钼矿床、斑岩型银沙钼多金属小型矿床、热液型大小洪山铅锌矿点均落位于区内。该异常与土壤测量铅、钴、钒、铜异常部分重合。异常由区内已知矿床（点）所引起。

表 6-70　金寨预测工作区钼矿产地一览表

序号	矿床名称	经度	纬度	成因类型	主矿种规模
1	金寨县沙坪沟钼矿	115°29′30″E	31°33′14″N	斑岩型	特大型
2	金寨县青山钼矿	116°00′39″E	31°29′18″N	斑岩型	矿点
3	金寨县同兴寺钼矿	116°05′16″E	31°36′59″N	斑岩型	矿点

沙坪沟特大型斑岩型钼矿床位于1：20万商城幅图幅内，1：20万重砂数据库中没有重砂矿物数据。由1：20万商城幅矿调报告获知石门寨铅族矿物Ⅰ级异常和银山沟铅族矿物Ⅰ级异常彼此距离很近，为沙坪沟矿区及其外围的重砂异常。虽然没有重砂矿物数据，但从上述报告中重点描述的石门寨铅族矿物Ⅰ级异常可知，其铅族矿物由方铅矿、钼铅矿、磷绿铅矿等组成，再加上沙坪沟钼矿床地表有钼矿体存在的实际，说明沙坪沟地区存在钼族矿物异常可能性非常大。上述报告中虽然未说明银山沟铅族矿物Ⅰ级异常铅族矿物组成，但以此类推，钼族矿物异常存在的可能性非常大。

金寨县沙坪沟特大型斑岩型钼矿床研究资料表明，钼矿体主要产于花岗斑岩体内部，而钼矿体外围存在多处热液型铅锌矿体（如冬瓜山铅锌矿点、银沙小型多金属矿床、洪山铅锌矿点、银冲小型铅锌矿床），本区的铅族矿物异常主要分布于钼矿体的外围，与矿床特征是完全一致的。就成矿系列来说，从含矿斑岩体内部→外围，高温矿物→中低温矿物的分布与高—中低温矿体（床）分带现象是完全一致的。因此铅族重砂矿物异常可以作为预测工作区斑岩型钼矿重要的找矿标志之一。本区斑岩型钼矿重砂矿物的标型矿物组合为（钼族矿物＋)铅族矿物（＋白钨矿＋铋族矿物）。

（四）地质-自然重砂找矿模型

综合上述矿床地质特征和自然重砂特征，安徽省金寨县沙坪沟钼矿床的地质-自然重砂找矿模型可简化如表 6-71 所示。

（五）地质-地球化学自然重砂成矿模式

沙坪沟钼矿主要赋存于沙坪沟隐伏花岗斑岩体上部外接触带之中，花岗斑岩岩石类型属高硅富碱钙碱性（偏碱性）系列。根据东秦岭中酸性小岩体地质特征并与之对比，本区花岗斑岩以低 Sr(120×10^{-6})低 Yb(1.09×10^{-6})、弱的负 Eu 异常（δEu 0.65）和强的轻重稀土分异为特征，说明岩浆源区深度较大；区内钼矿石硫同位素组成集中于0值附近较小的变化范围，显示深源岩浆硫特征；矿石与岩石铅同位素组成具有较好的可比性，铅同位素组成变化范围基本相同，显示矿石与岩体具有相似的物源系统，说明燕山期酸性岩浆活动为矿床形成提供了重要的成矿物质。另外，花岗斑岩中可见微量粒（片）径 0.005~0.1mm 的辉钼矿、闪锌矿、黄铜矿、方铅矿等，说明其上部的成矿物质是由岩体提供的（图 6-44）。

表 6-71　安徽省金寨县沙坪沟钼矿床地质-自然重砂找矿模型

分类	项目名称	项　目　描　述
地质特征	矿床类型	斑岩型
	矿区地层与赋矿建造	中元古界庐镇关岩群变火山-沉积岩
	矿区岩浆岩	区内大面积分布燕山晚期中酸性偏碱性岩浆岩,岩石种类有石英(黑云母)正长岩、中细粒二长花岗岩及斜长角闪岩,中心出露爆破角砾岩
	矿区构造与控矿要素	矿区内构造主要表现为浅层次的压性、张扭性断裂,主要有北东向和北西向两组。区内断层、节理发育,大体由三部分组成:一是由区域构造派生的断层及对应的节理;二是与岩体主动侵入有关的挤压、剪切构造,如挤压面理、节理、断层;三是岩体原生节理。赋矿岩体银山杂岩体受区域断裂控制,矿体主要赋存于岩体内的原生节理与构造作用形成的节理中
	矿体空间形态	主矿体总体呈厚大的筒状,空间上表现为穹状形态特征,与花岗斑岩穹隆相对应。钼矿体在平面上投影呈北西-南东走向的近似椭圆形,四周边界较规则
	矿石类型	矿石类型较简单,主要分为两大类,即正长岩型和花岗岩型。主矿体上部和边部为正长岩型,中心部分为花岗岩型,矿体间无明显界线或标志层
	矿石矿物	矿石矿物主要为辉钼矿、黄铁矿,少量钛铁矿、磁铁矿等,含微量的方铅矿等;脉石矿物主要为钾长石、石英、斜长石,次为绢云母、黑云母,少量白云母、萤石、石膏、方解石等
	矿化蚀变	按蚀变矿物组合特征可分为三个大带,即绿泥石-碳酸盐化带、黄铁绢英岩化带、钾长石-钠长石化带
地球化学特征	区域岩石特征	高钼花岗斑岩的 SiO_2 含量变化范围为 75.2%～79.7%;Al_2O_3 含量中等,变化范围为 8.49%～10.25%;K_2O 的含量较高,变化范围为 6%～6.33%;CaO 的含量较低,变化范围为 0.09%～0.32%;总铁氧化物(Fe_2O_3)的含量变化范围为 0.6%～2.4%,而 Na_2O/K_2O 比值都小于1,全碱的含量(Na_2O+K_2O)变化范围为 6.2%～8.2%;里特曼指数为 1.1～1.7。总体来讲,花岗斑岩明显具偏酸性、钙碱性、低钠富钾低钙的特点
	原生晕特征	地球化学元素组合为 Pb-Zn-Ag-Cu-Mo-Nb。具明显水平分带现象,中心为 Mo、W、Nb 等高温元素异常,西南及西北为 Pb、Zn、Ag、Cu 异常,东北部为 Ga、Ba 异常
	次生晕特征	Pb-Zn-Ag-Cu 地球化学异常分布面积较大
	中大比例尺区域化探特征	与中国水系沉积物元素含量平均值相比,沙坪沟钼矿区明显富集的元素有 Sr、Na_2O、Ba、Zr、Ag、P、Pb、Cd、Bi、Zn、La、Co、V、Fe_2O_3、W、MgO、T;根据异常剖析图可见,在 1:5 万和 1:20 万水系沉积物中,沙坪沟矿区成矿指示元素组合分别为 Mo、Pb、Zn、Cu、Ag、Au、Sb 和 Mo、Bi、Pb、W、Zn、Mn、Ag、Cd
	自然重砂特征	重砂矿物的标型矿物组合为(钼族矿物+)铅族矿物(+白钨矿+铋族矿物)

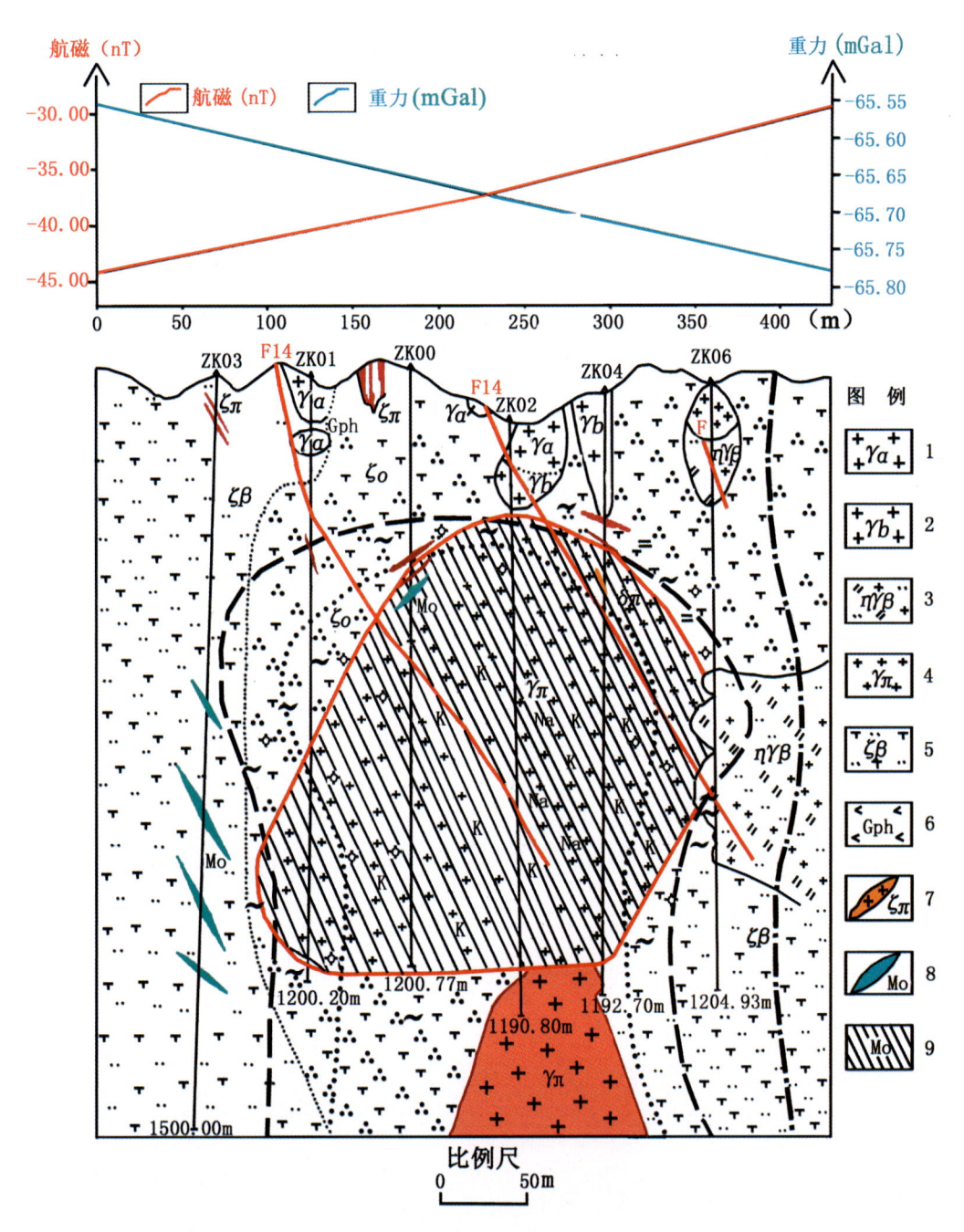

图 6-44 沙坪沟钼矿床模式

1. 细粒花岗岩；2. 中粒花岗岩；3. 黑云母二长花岗岩；4. 花岗斑岩；5. 黑云正长岩；6. 角闪斜长片麻岩；7. 正长斑岩；8. 脉状钼矿体；9. 钼矿体(含钼花岗斑岩)

二、安徽省池州市黄山岭铅锌钼矿床

(一)矿床基本信息

安徽省池州市黄山岭铅锌钼矿床基本信息见表 6-72。

表 6-72 安徽省池州市黄山岭铅锌钼矿床基本信息表

序号	项目名称	项 目 描 述
1	经济矿种	铅、锌、钼
2	矿床名称	安徽省池州市黄山岭铅锌钼矿床
3	行政隶属地	安徽省池州市
4	矿床规模	大型
5	中心坐标经度	117.63361°E
6	中心坐标纬度	30.45056°N
7	经济矿种资源量	钼金属量 151 606.79t,铅金属量 103 179.45t,锌金属量 35 375.76t

(二) 矿床地质特征

黄山岭铅锌钼矿床区域上位于扬子准地台下扬子台坳,东至-青阳深断裂呈北东向贯穿该区(梅村-牛背脊),成为沿江拱断褶带与皖南陷断带的分界线。区域地层属扬子地层区下扬子地层分区贵池地层小区,地层发育良好,除侏罗系、第三系缺失外,自寒武系至第四系均有出露(图6-45)。

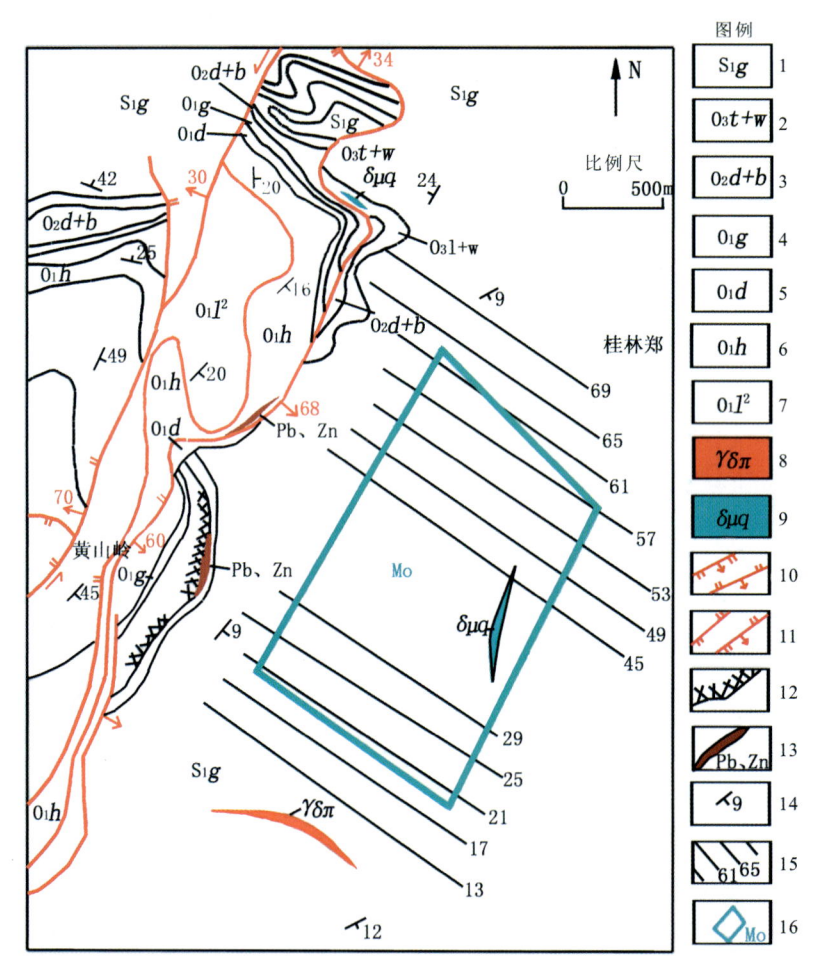

图 6-45 黄山岭铅锌钼矿床矿区地质简图

1.下志留统高家边组;2.上奥陶统汤头组、五峰组并层;3.中奥陶统大田坝组、宝塔组并层;4.下奥陶统牯牛降组;5.下奥陶统大湾组;6.下奥陶统红花园组;7.下奥陶统仑山组上段;8.花岗闪长斑岩脉;9.石英闪长玢岩脉;10.正断层、逆断层;11.平移断层、正平移断层;12.矽卡岩带;13.铅锌矿(化)体;14.地层产状;15.勘探线及编号;16.隐伏钼矿(化)体在地表的投影范围矿区自下奥陶统仑山组至下志留统高家边组均有出露。矿区内主要发育黄山岭背斜构造，属于大佛堂-安子山背斜的中段，轴迹走向 40°～60°，南西端开阔仰起，北东端收敛倾伏，区内长约 3km。核部地层为下奥陶统仑山组下段，两翼自仑山组上段至下志留统高家边组依次分布。南东翼倾向 130°左右，倾角 15°～25°，产状稳定。本矿田内 6 个主矿体中的 5 个（Ⅰ号、Ⅱ号、Ⅲ号、Ⅳ号、Ⅴ号矿体）均分布在该翼上奥陶统汤头组顶部矽卡岩带中。背斜北西翼倾向 320°左右，倾角 30°左右，该翼仅局部位于矿区内，地层出露不全。

区内断裂较简单，仅发育 F_1 断层。该断层总体走向 30°，倾向南东，倾角 45°左右。区内出露长约 1km。具先压后张的性质，对矿体无破坏作用。

区内岩浆岩以岩脉和隐伏岩基两种形式产出。岩石类型主要为酸性岩、中酸性岩。

矿体主要赋存于上奥陶统汤头组、下奥陶统仑山组，少量赋存于五峰组碳质硅质页岩或花岗岩中（图 6-46）。

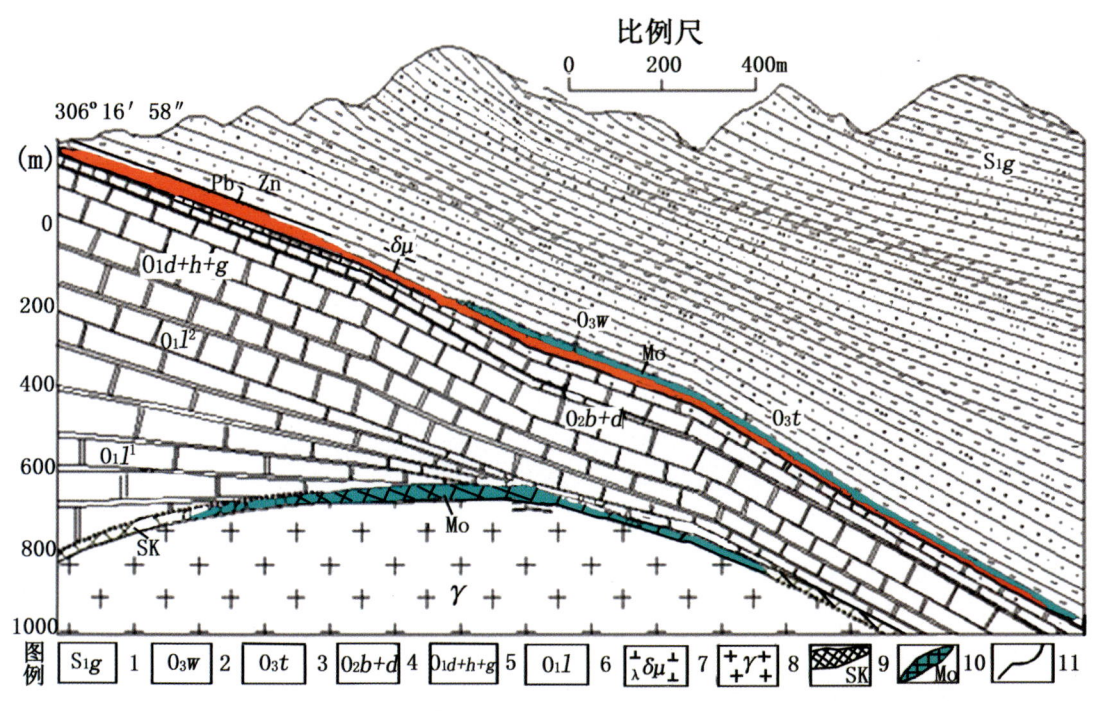

图 6-46 黄山岭矿区 41 线剖面简图

1. 下志留统高家边组；2. 上奥陶统五峰组；3. 上奥陶统汤头组；4. 中奥陶统大田坝组、宝塔组；5. 下奥陶统红花园组；6. 下奥陶统仑山组；7. 石英闪长玢岩；8. 花岗岩；9. 矽卡岩；10. 钼矿（化）体；11. 实测、推测地质界线

Ⅴ号矿体：矿体赋存于上奥陶统汤头组（透辉石）石榴石矽卡岩带中，极个别赋存于五峰组碳质硅质页岩或石英闪长玢岩中。

Ⅶ号矿体：矿体赋存于深部隐伏的花岗（斑）岩与仑山组下段白云质灰岩（白云岩）接触蚀变的透辉石石榴石矽卡岩带中，少量赋存于花岗岩中。

小矿体主要赋存于下奥陶统仑山组下段的白云质大理岩裂隙（或矽卡岩）中，少量赋存于花岗岩内。

（三）自然重砂特征

九华山—黄山预测工作区内钼矿产地有 24 处，其中矽卡岩型钼矿有 15 处，即黄山岭大型铅锌钼矿床、百丈岩中型钨钼矿床、鸡头山小型钨钼矿床、南山（岭脚）小型钨钼矿床、缧山铜矿点、金鸡洞铜矿点、杨美桥铜钼矿点、高大山铜钼矿点、神舟铜钼矿点、猴子洞铜矿点、低岭脚钨钼矿点、老山钨钼矿点、新岭钨钼矿点、石坦钼矿点、青罗山钨钼矿点。区内与钼矿有关的重砂异常有148个,包括钼族矿物异常22个(Ⅰ级异常6个、Ⅱ级异常2个、Ⅲ级异常14个)、白钨矿异常36个(Ⅰ级异常6个、Ⅱ级异常9个、Ⅲ级异常21个)、黑钨矿异常4个(Ⅱ级异常3个、Ⅲ级异常1个)、铋族矿物异常30个(Ⅱ级异常9个、Ⅲ级异常21个)、锡石异常13个(Ⅰ级异常1个、Ⅱ级异常4个、Ⅲ级异常8个)、铅族矿物异常43个(Ⅰ级异常2个、Ⅱ级异常8个、Ⅲ级异常33个)。

黄山岭铅族矿物、钼族矿物、铜族矿物、辰砂、白钨矿Ⅰ级综合异常由楼华铅族矿物Ⅰ级异常、楼华钼族矿物Ⅰ级异常、黄山岭铜族矿物Ⅰ级异常、黄山岭辰砂Ⅱ级异常、黄山岭白钨矿Ⅱ级异常综合构成,位于池州市梅街镇黄山岭一带。异常似椭圆形,呈北北东向展布,面积23.63km²。共取样93个,其中铅族异常样47个,一般含量50颗至0.01g/30kg,最高含量达2g/30kg;有6个样含钼族矿物,一般含量1~5颗,最高含量达200颗;有4个样含铜族矿物,含量介于10~50颗/30kg之间;有8个样含辰砂,含量介于10~50颗/30kg之间;白钨矿异常样20个,一般含量100颗至0.0245g/30kg,最高含量达1.3446g/30kg。伴生矿物有钛铁矿、独居石、锆石、金红石、刚玉、雄黄、自然金等。异常处于印支期龙桥-太平曹背斜的中段,出露奥陶系和下志留统高家边组。奥陶系主要为白云岩、灰岩等海相碳酸盐岩,高家边组主要为细碎屑沉积岩。燕山期似斑状花岗岩、石英闪长玢岩、正长斑岩呈岩基和岩席状隐伏,并伴有小的钾长岩脉、辉绿岩脉等脉岩侵入。东至-青阳深断裂呈北北东向纵贯全区,次级断裂和小褶曲发育。围岩蚀变大理岩化和角岩化普遍,南部见有矽卡岩化、钾长石化、硅化、黄铁矿化、绿帘石化、绿泥石化、绢云母化、铅锌矿化等。与土壤测量铅、锌异常大部分重合,与铜、银异常部分重合,成矿地质条件优异,寻找铅锌、铜、钼、金等矿产潜力巨大。异常可能主要由铅锌矿引起。典型矿床如层控矽卡岩型黄山岭大型铅锌银(铜钼)矿床、矽卡岩型姚街铅锌矿点、宋村黄铅锌矿化点、铁帽型马头小型金矿床均落位于区内。

高峰白钨矿、辉钼矿、铋族矿物Ⅰ级综合异常由高峰白钨矿Ⅰ级异常、盘台辉钼矿Ⅰ级异常、高峰铋族矿物Ⅱ级异常综合构成,位于安徽省泾县厚岸乡高峰一带,呈北西向展布,不规则形,面积24.78km²。共取样32个,其中白钨矿异常样31个,一般含量30~200颗,最高含量0.3g;有4个样含辉钼矿,一般含量4~8颗,最高含量16颗;有17个样含铋族矿物,一般含量5~30颗,最高含量0.3g。白钨矿呈浅黄色、淡绿色、白色,八面体双方锥状及碎块状,油脂光泽,透明—半透明,性脆,硬度小,粉末白色;粒径0.1~1.3mm。辉钼矿呈铅灰色、灰黑色、黑色,板状、片状、聚片状,金属光泽;粒径0.1~0.8mm。泡铋矿呈绿色、灰黑色、黑色,碎屑状、碎块状,油脂光泽或土状光泽;粒径0.1~1.1mm。伴生矿物有自然金、铅族矿物、辰砂、金红石等。异常处于黄柏岭次级背斜核部北西翼,出露震旦系、下寒武统黄柏岭组,中南部有早白垩世青阳二长花岗岩体,并有细粒花岗岩岩株,闪长玢岩、辉斜煌斑岩等岩脉主要分布在黄柏岭背斜的核部。北东向断裂发育,内接触带具云英岩化、矽卡岩化等蚀变,宽度在1m左右,外接触带大理岩化、矽卡岩化、角岩化等,并见辉钼矿-白钨矿等多金属矿化,与土壤测量汞、钒异常部分重合。异常经后续评价验证为钨钼矿体所引起。典型矿床如层控矽卡岩型百丈岩中型钨钼矿床(图6-47)、矽卡岩型石坦钼矿点均落位于区内。

区内其他重砂异常与矽卡岩型钼矿床(点)产生响应的有:①低岭脚白钨矿、钼族矿物、铋族矿物、锡石Ⅰ级综合异常(由石门高白钨矿Ⅰ级异常、低岭脚钼族矿物Ⅰ级异常、鸡头山铋族矿物Ⅱ级异常、低岭脚锡石Ⅱ级异常综合构成),区内有鸡头山小型钨矿床、低脚岭钨矿点。②阴山何家白钨矿、铋族矿物Ⅱ级综合异常(由石门高白钨矿Ⅰ级异常、阴山何家铋族矿物Ⅱ级异常综合构成),区内有老山钨钼矿点、新岭钨钼矿点。③朱家棚白钨矿、铋族矿物Ⅰ级综合异常(由朱家棚白钨矿Ⅰ级异常、朱家棚铋族矿物Ⅱ级异常综合构成),区内有南山(岭脚)小型钨钼矿床。④上金山白钨矿、铋族矿物Ⅱ级综合异常(由黄会山白钨矿Ⅰ级异常、上金山铋族矿物Ⅲ级异常综合构成),区内有青罗山钨钼矿点。⑤杨美桥白钨矿异常,区内有杨美桥铜钼矿点、高大山铜钼矿点。

综观全区,15处矽卡岩型钼矿床(点)之中10处有重砂异常与之响应,响应度为66.7%;其中4处钼矿床(点)均有重砂异常响应,充分显示了重砂异常对于寻找钼矿床的重要性和有效性。不同矿物异

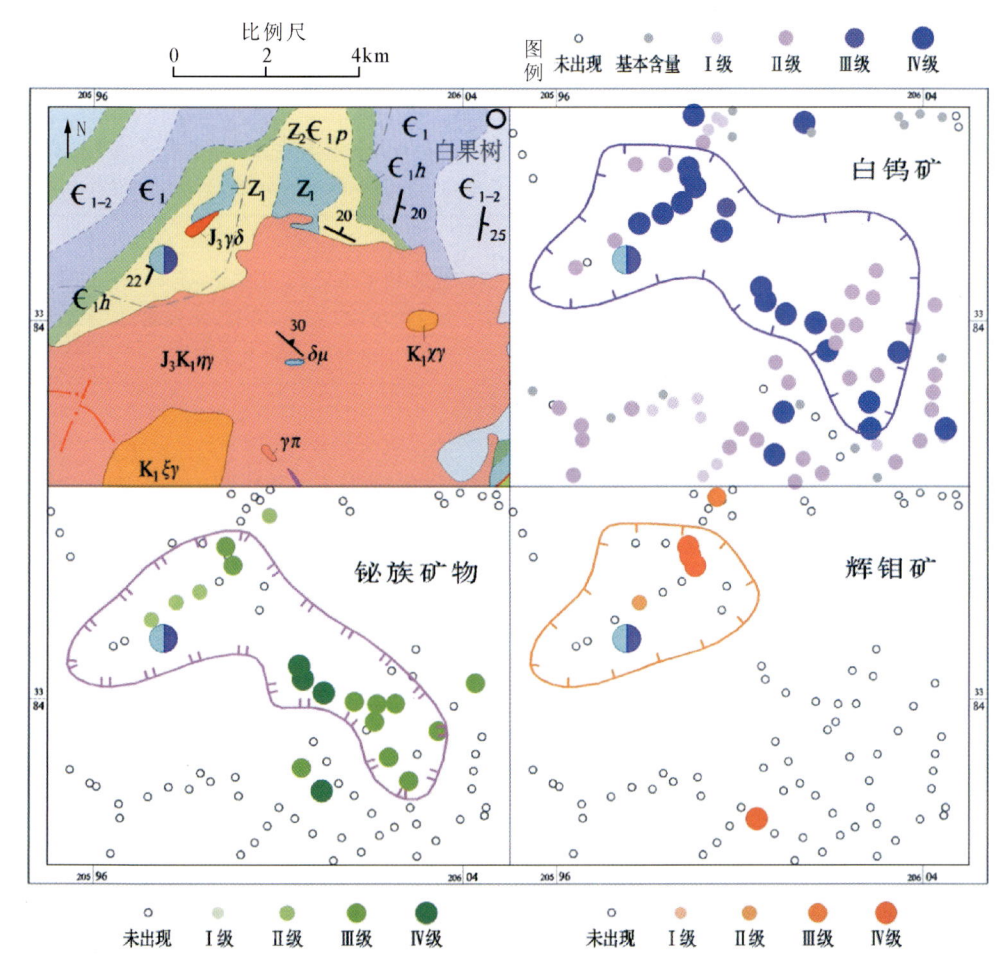

图 6-47　百丈岩钨钼矿自然重砂白钨矿、铋族矿物、辉钼矿异常剖析图

常与矽卡岩型钼矿床(点)的响应存在着程度上的差异,具体表现为:钼族矿物异常共响应 4 处钼矿床(点)(其中大型、中型、小型、矿点各 1 处);白钨矿异常共响应 10 处钼矿床(点)(其中大型 1 处、中型 1 处、小型 2 处、矿点 6 处);铋族矿物异常共响应 8 处钼矿床(点)(其中大型 1 处、中型 1 处、小型 2 处、矿点 4 处);锡石异常共响应 2 处钼矿床(点)(其中小型、矿点各 1 处);铅族矿物共响应 1 处钼矿床(为大型)。由此可见,不同矿物异常响应矽卡岩型钼矿床(点)的效果从高到底排序依次为:白钨矿、铋族矿物、钼族矿物、锡石、铅族矿物,而黑钨矿异常未参与响应。本区重砂异常矿物种类较多,但参与钼矿床(点)响应的主要为高温矿物:白钨矿、铋族矿物、钼族矿物、锡石,说明高温组合矿物异常对于寻找矽卡岩型钼矿的重要性。

本区矽卡岩型钼矿重砂矿物的标型矿物组合为白钨矿＋铋族矿物＋钼族矿物＋锡石＋铅族矿物。

(四)地质-地球化学-自然重砂找矿模型

综合上述矿床地质-地球化学自然重砂特征,安徽省池州市黄山岭铅锌钼矿床地质-地球化学自然重砂找矿模型可简化如表 6-73 所示。

表 6-73 安徽省池州市黄山岭铅锌钼矿床地质-地球化学自然重砂找矿模型

分类	项目名称	项目描述
地质特征	矿床类型	层控矽卡岩型
	矿区地层与赋矿建造	出露地层主要为下奥陶统仑山组至下志留统高家边组。矿区志留系高家边组(或五峰组)中 Mo、Cu、Pb、Zn(特别是 Mo)等元素含量较高,形成良好的原始"矿胚层",作为矿体的顶板,含硅质成分的岩性孔隙度小、塑性强,裂隙不发育,渗透性差,形成了良好的屏蔽层
	矿区岩浆岩	矿区内岩浆岩主要以岩(席)脉和岩基两种形态产出,在距地表 500m 以下有隐伏岩基。岩石类型为花岗斑岩、石英闪长玢岩(或闪长玢岩)、正长斑岩、钾长岩、辉绿玢岩五种类型,均为燕山期侵入体,其中花岗斑岩与石英闪长玢岩与矿化关系密切
	矿区构造与控矿要素	矿区内主要发育黄山岭背斜构造,属于大佛堂-刘街背斜的中段,轴迹走向 40°～60°,南西端开阔仰起,北东端收敛倾伏,区内长约 3km,核部地层为下奥陶统仑山组下段,两翼自仑山组上段至下志留统高家边组依次分布。其南东翼为本矿床所处位置,倾向 130°左右,倾角 15°～25°,产状稳定
	矿体空间形态	
	矿石类型	(1) V 号矿体以含钼石榴石矽卡岩为主,其次为含钼(透辉石化)大理岩,少量含钼碳质硅质页岩、含钼石英闪长玢岩。 (2) Ⅶ号矿体以含钼磁铁矿化矽卡岩为主(含钼石榴石矽卡岩),其次为含钼花岗岩,少量含钼透辉石化大理岩
	矿石矿物	矿石矿物主要为辉钼矿、磁铁矿、白钨矿、闪锌矿等。脉石矿物主要为石榴石、方解石、白云石等
	矿化蚀变	主要蚀变有大理岩化、矽卡岩化、磁铁矿化、角岩化、碳酸盐化、绿泥石化、绿帘石化、绢云母化
地球化学特征	区域岩石特征	古生代—早三叠世地层为中厚石灰岩和钙质页岩,是 W、Mo、Pb、Zn、Cu、Au、Ag 等金属矿床主要容矿层位
	原生晕特征	Pb、Zn、Ag、Ba 含量较高部位对应着矿体富集地段
	次生晕特征	Pb、Zn、Cu、Mn、Ag 等元素土壤异常带能较好地反映矿化露头
	中大比例尺化探特征	由南西向北东元素依 Ba、Pb、Zn、Ag→Cu→Mo(Sn、Zn)顺序排列,由地表至深部元素呈 Ba→Pb、Zn、Cu、Ag→Mo、Fe(Sn、Zn)分布规律
	区域化探特征	与中国水系沉积物元素含量平均值相比,明显富集的元素有 Au、Bi、Sb、Ag、Cd、Hg、Cu、Mo、Pb、As、Zn、W、Sn、Mn、Nb、La、Th、F、Ni、Zr、Ti;剖析图显示在黄山岭矿区存在明显异常的元素有 Pb、Zn、Mo、W、Sn、Ag、As、Cd
	自然重砂特征	重砂矿物的标型矿物组合为白钨矿+铋族矿物+钼族矿物+锡石+铅族矿物

(五)地质-地球化学自然重砂成矿模式

在南东东-北西西方向压应力作用下,形成了黄山岭背斜和 F_1、F_2 等断层。由于上奥陶统汤头组碳酸盐岩与下志留统高家边组碎屑岩岩性差异,在应力作用下产生层间滑脱;在后期拉伸应力场作用下,原生裂隙复活,并形成一系列张性裂隙,为矿液贯入提供了通道或沉淀场所。

含矿热液沿 F_2 断裂向北运移至黄山岭背斜的南东翼一侧的裂隙中。当含矿流体贯入汤头组顶部的层间裂隙,由于上覆五峰组的页岩、硅质岩等对含矿热液的阻挡屏蔽作用,促使矿液同下部碳酸盐岩层充分交代,并于该处"硅钙结合面"富集成矿。

含矿热液在温度较高时,在接触带附近通过与碳酸盐岩的交代作用形成矽卡岩化带。随着外部环境和成矿热液组分的改变,此时矿液处于还原条件下,析出大量的石英和金属硫化物;随着矿液中硫和成矿元素的减少,热液的性质也由酸性向偏碱性转变,此时开始析出碳酸盐岩矿物,很少有金属矿物产生,并继续沉淀石英。在主要成矿期结束以后,由于地下潜水位的改变,致使氧化还原界面下降,部分矿体处于氧化环境中,发生次生变化。

根据该矿床以上成矿条件的综述,建立黄山岭式层控矽卡岩型铅锌钼矿成矿模式(图6-48)。

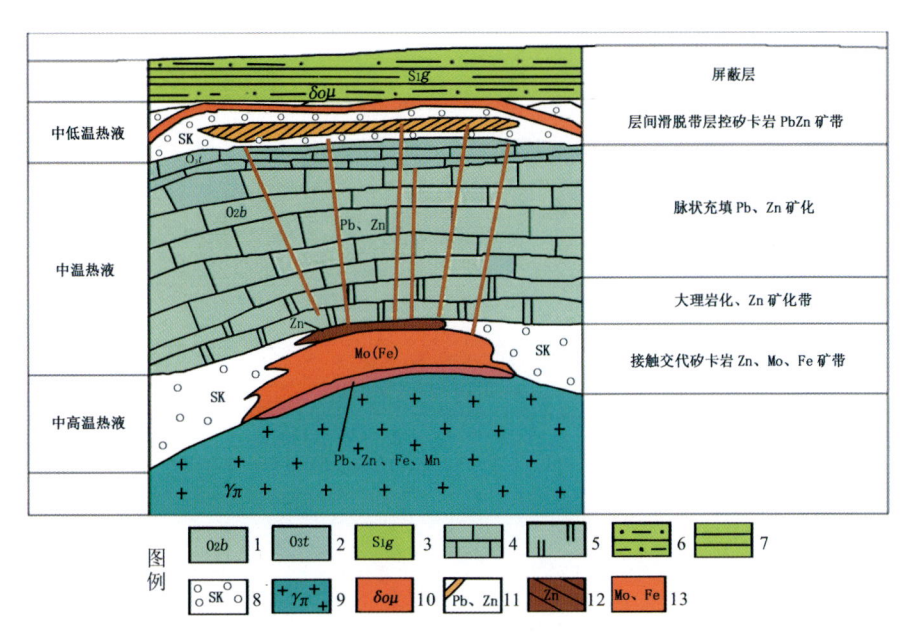

图6-48 黄山岭铅锌钼矿成矿模式图

1.中奥陶统宝塔组;2.上奥陶统汤头组;3.下志留统高家边组;4.灰岩(白云岩);5.大理岩;6.泥质粉砂岩;7.页岩;8.矽卡岩;9.花岗斑岩;10.石英闪长玢岩;11.铅锌矿体;12.锌矿体;13.钼矿体

三、浙江省青田石平川钼矿床

(一)矿床基本信息

浙江省青田石平川钼矿床基本信息见表6-74。

表6-74 浙江省青田石平川钼矿床基本信息表

序号	项目名称	项目描述
1	经济矿种	钼
2	矿床名称	浙江省青田石平川钼矿床
3	行政隶属地	浙江省青田县
4	矿床规模	中型
5	中心坐标经度	120°18′30″E
6	中心坐标纬度	28°15′45″N
7	经济矿种资源量	钼矿资源量 40 423t

(二)矿床地质特征

青田石平川钼矿典型矿床处于丽水-余姚断裂带与温州-镇海断裂带之间，所属大地构造位置为东南沿海岩浆弧温州-舟山俯冲型火山岩带(沿海外带)(J—K)。区域位置及矿区地质见图6-49。

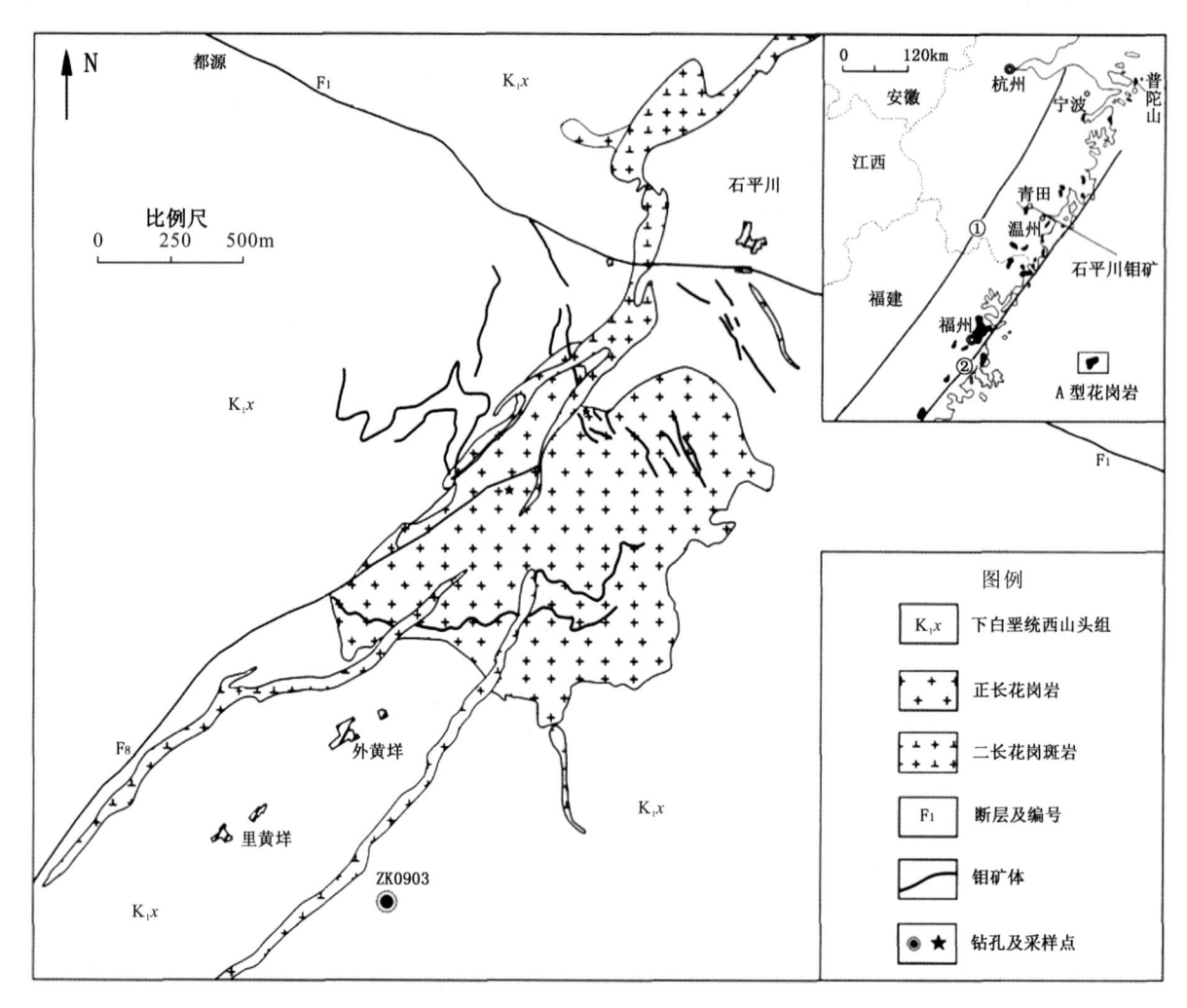

图6-49 青田石平川钼矿区地质略图(据李艳军等,2009,略作修改)
①丽水-余姚断裂；②长乐-南澳断裂

矿区内及其外围主要出露下白垩统磨石山群西山头组火山碎屑岩和火山碎屑沉积岩,其中赋矿岩石为流纹质玻晶屑凝灰岩、流纹质玻屑凝灰岩、流纹质含角砾晶玻屑凝灰岩。成矿侵入体主要为石平川正长花岗岩($\xi\gamma K_1$)，出露总面积约1.5km²，呈岩株状产出，平面上呈椭圆形，长轴走向北东。岩体与围岩呈侵入接触,接触面产状外倾,具波状起伏,并有分支现象。岩体成岩年龄为102.5±1.2Ma(LA-ICP-MS锆石U-Pb)，属早白垩世晚期岩浆活动的产物。

矿区位于石平川火山穹隆中心部位，北东向、北西向和近南北向三组断裂构造交接复合的一个构造软弱带岩浆侵入而形成穹隆，其中心部位大致在水牛塘附近，向四周倾伏，石平川岩体位于火山穹隆中部。含矿围岩及岩体接触带总体向外围倾斜，其中东、西、北侧与岩体接触面总体较陡，南缘相对较缓。火山穹隆构造裂隙是矿床主要容矿构造。

区内后期断裂构造十分发育,根据产状和其相互切割关系,大致可分为三组：北西向、北东-北北东向、北东东向断裂。断裂多次活动,早期具有张性结构面特征,晚期具有压(扭)性结构面特征。断裂带矿化蚀变局部较强，次级断裂局部成为容矿构造，与成矿关系密切。

矿区内共有大小矿脉百余条，主要有1号、2号、3号、5号、9号、13号、14号、19号、25号以及85号、86号、87号（隐伏）等主要矿脉，其中以1号、3号、5号、25号、85号、86号矿体的工业意义最大。矿体一般分布于岩体内外接触带距岩体顶面上下约100～200m范围内，围绕岩体呈不完整的环状分布。矿体产状及变化与岩体顶面产状及变化基本一致，具波状起伏或波状扭曲的形态特征。

矿体形态主要有两类：一类是倾角20°～30°的缓倾角似层状矿脉，如5号、25号、85号等矿脉，分布于岩体西侧、南侧和南西侧，在走向或倾向上具较明显的波状起伏；另一类是倾角40°～70°的陡倾角矿脉，如1号、3号等矿脉，分布于岩体北东侧，常由数条平行分布的矿脉组成脉带，呈雁行排列，倾向上常具波状扭曲。

矿区内矿体规模大小相差悬殊，一般长90～500m，厚1.37～3.90m，最大的矿体如25号矿体长可达1020m，最厚8.86m，规模小的如68号矿体长仅5m，厚0.2m；矿体平均品位钼一般为0.2%～0.4%，最高的如85号矿体钼品位达1.84%，而贫者如69号矿体钼品位仅为0.135%。

（三）自然重砂特征

通过对1∶20万温州幅（浙江省地质局区域地质调查队三分队，1979）重砂资料研究，发现在青田石平川钼矿区有6种矿物存在异常反映，它们分别是钼族矿物、铅族矿物、铋族矿物、白钨矿、锌族矿物、萤石。

从青田石平川钼矿分布图中可以看出，矿体附近钼族矿物与萤石出现密集的高含量点位，其下游位置铅族矿物也有较好的异常反映。范围内总计采样点数为344个，各矿物异常特征如下。

1. 钼族矿物异常特征

见钼族矿物的点位有83个，钼族矿物集中出现在矿体附近及其下游位置。各级含量出现情况：5级含量（含量＞1000）为6个、4级含量（含量101～1000）为5个、3级含量（含量11～100）为15个、1～2级含量（含量1～10）为57个。

矿物表面为钢灰色，金属光泽，呈薄碎状。粒径0.1～0.5mm。

2. 白钨矿异常特征

见白钨矿的点位有57个，异常点含量偏低，多出现在矿体下游地区。各级含量出现情况：5级含量（含量＞150）为0个、4级含量（含量51～150）为2个、3级含量（含量21～50）为4个、1～2级含量（含量1～20）为51个。

矿物大部分颗粒细小，个别大颗粒。粒径多为0.1～0.15mm，最大的有0.6mm。

3. 铋族矿物异常特征

见铋族矿物的点位有37个，异常点含量偏低，多出现在矿体下游地区。各级含量出现情况：5级含量（含量＞200）为0个、4级含量（含量51～200）为0个、3级含量（含量11～50）为8个、1～2级含量（含量1～30）为29个。

矿物表面有乳白色薄膜包裹，挑出3粒做铋反应，颜色分别为黑色、乳黄色、淡绿色。矿物粒径多为0.2～0.5mm，个别小的只有0.1mm。

4. 铅族矿物异常特征

见铅族矿物的点位有197个，大含量的异常点密集地出现在矿体下游地区。各级含量出现情况：5级含量（含量＞1000）为3个、4级含量（含量51～1000）为23个、3级含量（含量31～50）为10个、1～2级含量（含量1～30）为161个。

矿物呈扁平状，乳白色、奶黄色两种颜色，表面为黑褐色包裹，断口丝绢光泽，硬度小，粉末白色，粒径多为0.1～0.4mm。

5. 锌族矿物异常特征

见锌族矿物的点位有 11 个，含量较大的异常点密集地出现在矿体东侧另一水系的下游地区，仅 1 个 3 级含量点出现在矿体下游。各级含量出现情况：5 级含量(含量>50)为 1 个、4 级含量(含量 11~50)为 2 个、3 级含量(含量 7~10)为 1 个、1~2 级含量(含量 1~6)为 7 个。矿物粒径为 0.16~0.5mm。

6. 萤石异常特征

见萤石的点位有 22 个，异常点密集地出现在矿体附近。各级含量出现情况：5 级含量(含量>10 000)为 1 个、4 级含量(含量 41~10 000)为 2 个、3 级含量(含量 11~40)为 5 个、1~2 级含量(含量 1~10)为 14 个。

矿物呈不均匀紫色的半透明颗粒，硬度小，均质。粒径为 0.1~0.45mm。

(四)地质-地球化学自然重砂找矿模型

综合上述矿床地质特征和地球化学特征，浙江省青田石平川式岩浆热液型钼矿床的地质-地球化学自然重砂找矿模型可简化如表 6-75 所示。

表 6-75　浙江省青田石平川钼矿地质-地球化学自然重砂找矿模型

成矿要素		描 述 内 容
特征描述		岩浆热液钼矿
地质环境	岩浆岩条件	类型：浅部为细粒斑状碱性长石花岗岩，深部渐变为斑状黑云母钾长花岗岩，均属 SiO_2 过饱和、过碱性岩石 岩石地球化学：钼丰度高为 32×10^{-6}，为本区同类岩石的 2~3 倍，维氏值的 30 倍。岩体钾长石用钾-氩法测定，同位素年龄值为 116.3Ma。晚期(83.3Ma)钾长花岗斑岩斜贯矿区，切穿钼矿脉
	围岩条件	上侏罗统磨石山群(下部)流纹质晶屑凝灰岩，局部夹熔结凝灰岩；同位素年龄值为 147.6Ma
	成矿年代	116.3~83.3Ma
	构造背景	浙东南隆起区温州-临海坳陷带中的泰顺-青田坳断束
矿床特征	矿物组合	辉钼矿、黄铁矿为主，少量磁铁矿、白钨矿
	结构构造	石英辉钼矿石呈他形、隐粒状结构，条带状、浸染状、网脉状构造；绢云母石英辉钼矿石为显微花岗鳞片结构，浸染状构造
	蚀　变	绢英岩化、绿泥石化为主，伴黄铁矿化、硅化、钠长石化、黑云母化、碳酸盐化；分带不明显
	矿化特征	石英脉型钼矿化
	控矿条件	火山穹隆构造；花岗岩类岩株穿状侵入体；冷缩虚脱构造软弱带和不同方向的断裂构造
	矿体形态	脉状
地球化学特征	矿田地球化学水平分带	Mo-W、Bi-Sn(Be)
	预测地球化学要素	Mo(W、Sn、Bi、Be)综合异常

(五)地质-地球化学自然重砂成矿模式

石平川钼矿的形成经历了三个矿化阶段。早白垩世西山头组成岩后,伴随石平川正长花岗岩的侵入形成火山穹隆,成岩冷凝收缩,接触带内外形成一系列缓倾斜(部分为陡裂隙)环状断裂,岩浆期后成矿热液的上升运移在环状断裂空间沉淀成矿;随着深部岩浆的进一步冷凝成岩及区域构造活动,已形成的裂隙再次遭受破坏和碎裂,成矿热液的再次活动充填原成矿的裂隙和矿石角砾空间,矿体再次富集;成矿后期低温热液阶段矿化微弱。

综上所述,石平川钼矿床成因类型属岩浆期后高—中温热液充填脉型辉钼矿床。

四、福建省漳平北坑场钼矿床

(一)矿床基本信息

福建省漳平北坑场斑岩型钼矿床基本信息见表6-76。

表6-76 福建省漳平北坑场斑岩型钼矿床基本信息表

序号	项目名称	项 目 描 述
1	经济矿种	钼
2	矿床名称	福建省漳平北坑场钼矿床
3	行政隶属地	福建省漳平市
4	矿床规模	大型
5	中心坐标经度	117°41′45″E
6	中心坐标纬度	25°37′15″N
7	经济矿种资源量	累计探明钼金属量 11.75×10^4 t

(二)矿床地质特征

北坑场矿区位于Ⅵ-3华夏地块(闽西南坳陷)东侧,处于北东向政和-大埔断裂带与北西向永安-晋江大断裂带交会处,太华-长塔背斜的轴部。

北坑场钼矿是一个主要成矿于早白垩世由燕山晚期中-细粒黑云母花岗岩体侵入所形成的以钼矿为主伴生有褐铁矿的斑岩型矿床。其中钼矿床为细脉、网脉状矿床,铁矿属矽卡岩风化淋滤型褐铁矿。出露地层时代主要有晚泥盆世—石炭纪、二叠纪—三叠纪、白垩纪。

漳平市北坑场矿区钼铁矿由钼矿体和异体共生铁矿体两部分组成。靠近北坑场的花岗岩体西部的外接触带翠屏山组砂岩、细砂岩中发育规模较大的钼矿体(全岩蚀变矿化)。地表由于氧化作用破坏了矿体的完整,钼矿多已流失,仅保留部分低品位矿体和局部工业矿体,矿体分叉呈树枝状,深部可连成一体。地表已全部氧化为褐铁矿。矿体产于翠屏山组与溪口组断裂接触带中,呈长条带状,走向从南到北由近南北转向北东,倾向东—南东,倾角25°~48°,分布标高1025~1215m。本矿总体是一个长1170m,宽140~280m,厚68.13~334.66m似层状钼矿化体。

(三) 自然重砂特征

形成四个明显的重砂异常集中区。

前坪异常以黑钨矿、白钨矿、铅族矿物为主，异常总体重叠性较差。区内分布有大田太华、汤泉、万湖、南坑等十多个铁矿（点），银顶格多金属矿，铅山、张地两处铅矿，小华钨矿，汤泉锌矿等矿床（点）。从异常组合和分布特征分析，异常与铅、锌矿及钨矿关系密切。

后孟异常以黑钨矿、白钨矿为主，套合较好，见尤溪云路钼矿点。

上涌、桂洋异常以锡石、黑钨矿、白钨矿为主，伴生铅族矿物异常，锡、钨异常套合较好。

区内异常矿物组合较全，含量较高，颗粒也较粗，区内有铁、铅锌矿床（点）多处，成矿地质条件较好，异常密集出现，成矿地质条件较好，找矿远景较佳。

(四) 地质-地球化学自然重砂找矿模型

区内开展过不同比例尺化探工作，但总体归结为：异常具 Mo、W、Cu、Pb、Zn 为主的复杂多元素组合特征；据 1∶20 万～1∶5 万～1∶1 万不同比例尺化探工作成果，作为主成矿元素钼，异常均具较大规模分布，浓度梯度变化明显。异常规模由小比例尺化探工作的大面积异常分布以及中等含量特征，到大比例尺化探工作的异常面积缩小、含量急剧上升为主要特征。异常无论从元素组合、异常含量特征均具有一定的继承性关系。

通过典型矿床地球化学特征的分析研究，归纳总结漳平北坑场斑岩型钼矿典型矿床地质-地球化学自然重砂找矿模型（表 6-77）。

表 6-77 漳平北坑场钼矿床地质-地球化学自然重砂找矿模型

分　类			主　要　特　征
地质成矿条件和标志	成矿时代		早白垩世
	大地构造背景		北坑场矿区处于北东向政和-大埔断裂带与北西向永安-晋江大断裂带交会处，太华-长塔背斜的轴部
	岩浆建造/岩浆作用		燕山晚期中-细粒黑云母花岗岩体侵入
	成矿构造		燕山晚期侵入岩内外接触带，以北东向为主，次为北西向和近南北向，裂隙为储矿构造
	成矿特征	矿体形态	矿体分叉呈脉状、树枝状、条带状
		矿物组合	金属矿物以辉钼矿为主，含少量的闪锌矿、黄铜矿、黄铁矿、磁铁矿等。脉石矿物成分较复杂，且矿物结晶均较细小
		结构构造	矿石结构：矿石主要呈他形—半自形粒状结构、半自形片状结构或半自形粒状变晶结构 矿石构造：以细脉状、网脉状构造为主，少数为星散浸染状、条带状、角砾状构造
	赋矿地层		上二叠统翠屏山组至下三叠统溪口组
	围岩蚀变		主要的围岩蚀变有硅化、绢英岩化、碳酸盐化、萤石化等
地球化学特征	区域地球化学特征		(1) 处于区域钼高背景带上 (2) 元素组合：MoWBiSnCuPbZnAgMnSbCd，相互叠合于矿床之上 (3) 分带：钼异常具明显浓度分带，组分分带不明显
	矿床地球化学特征		(1) 元素组合：MoWBiSnCuPbZnAg，与区域地球化学异常组合类似 (2) 组分分带（由内向外）：MoBi(AgPb)- WMo - PbZnAgCuBi (3) 异常呈长椭圆面状展布，形态规则，钼异常具明显浓度分带，内带异常面积 $0.3 km^2$

(五)地质-地球化学自然重砂成矿模式

通过对北坑场钼矿床辉钼矿特征的分析研究,该矿床的形成大致经历了一个主要成矿期。在早白垩世花岗岩体的侵入过程中,成矿物质被运移至浅部,在岩体成岩后期或期后,发生热液及矿质富集。矿质沿岩体接触带的裂隙运动并在有利部位富集成矿(图6-50)。

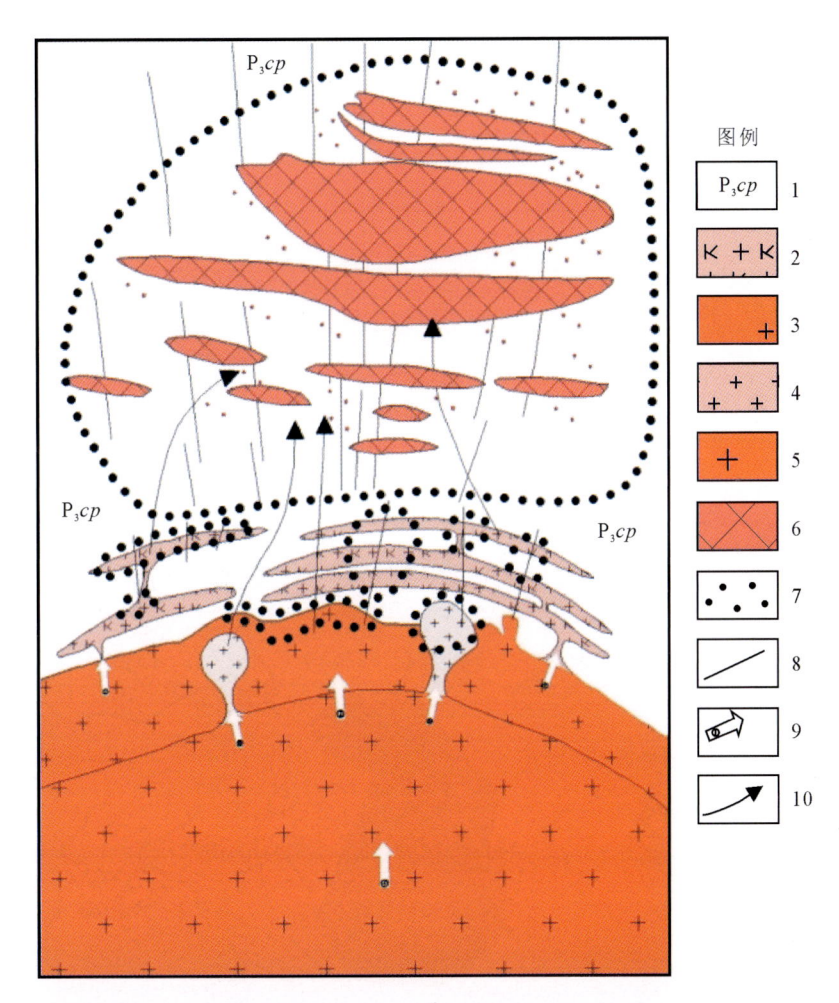

图6-50 福建省漳平北坑场矿区钼矿床成矿模式(据张达等,2010)
1.上二叠统翠屏山组砂岩及粉砂岩;2.细粒钾长花岗岩;3.细粒花岗岩;4.花岗斑岩;5.中粗粒花岗岩;6.辉钼矿体;7.硅化角岩化蚀变;8.断裂破碎带;9.岩浆侵位方位;10.成矿热液运移方向

第七节 锡矿床

一、江西省会昌岩背锡矿床

(一)矿床基本信息

江西省会昌岩背锡矿床基本信息见表6-78。

表 6-78 江西省会昌岩背锡矿床基本信息表

序号	项目名称	项　目　描　述
1	经济矿种	锡
2	矿床名称	江西省会昌岩背锡矿床
3	行政隶属地	江西省会昌县
4	矿床规模	中型
5	中心坐标经度	$115°40'15''E$
6	中心坐标纬度	$25°15'40''N$
7	经济矿种资源量	锡 91 159t,平均品位 0.8433%

(二)矿床地质特征

会昌岩背锡矿床处于武夷山隆断带南段西部武夷山环形构造的南西侧,北北东向光泽-寻乌推(滑)覆断裂带和东西向南雄-周田断裂带的复合部位及武夷山环形构造的南西侧;矿床产于横向叠加北北东向基底隆起之上的近东西向晚侏罗世火山盆地内,即蜜坑山火山穹隆(锡坑迳锡矿田)的东南部(图 6-51)。

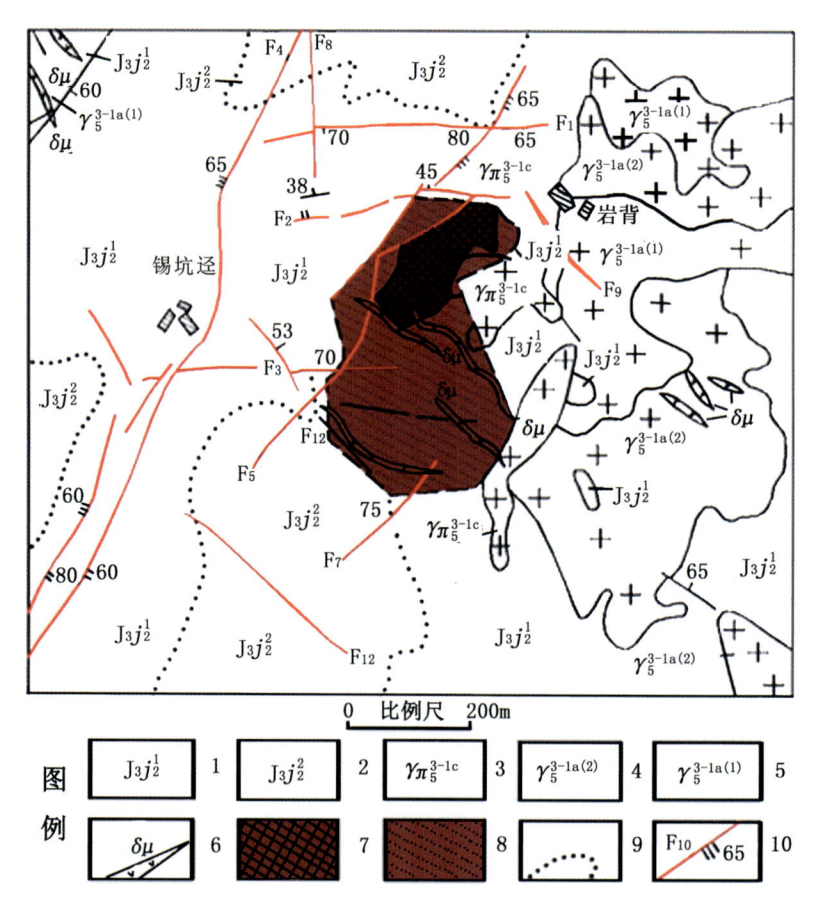

图 6-51 江西省会昌岩背锡矿区地质略图

1.上侏罗统鸡笼嶂组火山岩第二岩性段下部;2.第二岩性段中部;3.燕山晚期第一阶段补充侵入期花岗斑岩;
4.燕山晚期第一阶段主体侵入期中细粒花岗岩;5.燕山晚期第一阶段主体侵入期中粗粒花岗岩;6.闪长玢岩脉;
7.地表出露矿体;8.隐伏矿体;9.岩性段界线;10.断层及产状

矿区出露地层为上侏罗统鸡笼嶂组以流纹岩为主的火山岩,其铷-锶等时线年龄为138Ma,其中厚层晶屑凝灰熔岩夹石泡凝灰岩层含锡等成矿元素丰度较高,其锡平均含量46×10^{-6},局部峰值可高达848×10^{-6},为主要赋矿层位。

岩背次火山花岗杂岩处于蜜坑山花岗杂岩株南东侧,均属紧随晚侏罗世火山喷发(138Ma)之后的次火山浅成-超浅成相,铷-锶等时线年龄为103.9~123.3Ma,黑云母钾-氩年龄为128Ma,系燕山晚期第一阶段(早白垩世)岩浆活动的产物;可分为主体侵入期中粗粒似斑状黑云母花岗岩(γ_5^{3-1a})、中细粒似斑状黑云母花岗岩(γ_5^{3-1b})和补充侵入期花岗斑岩($\gamma\pi_5^{3-1c}$)。

会昌岩背锡矿床具体受北北东向压扭性断裂F_5、F_7与东西向挤压性断裂F_2、F_3以及北西向断裂或裂隙带复合控制。北北东向压扭性断裂局部偏转为近南北,并与东西向挤压性断裂共同形成"井"字形复合封闭构造。在所圈闭的地段内,主体侵入期次火山花岗杂岩株形成"碗形凹谷",其内补充期超浅成花岗斑岩及其形成的矿体四周边界均受两组挤压或压扭性断裂严格限制,显示出复合构造控制的斑岩体及其矿体就位。

矿体产于花岗斑岩的内、外接触带,其中2/3矿体位于外接触带厚层晶屑凝灰熔岩夹石泡凝灰岩火山岩层中。矿体平面呈椭圆状,纵剖面为扁平透镜状,在横剖面上矿体东南侧翘起,西侧分支尖灭。整个矿体形态为簸箕状,总体走向NE17°,倾向北西西,倾角18°左右。矿体长450m,宽30~250m,最大厚度约100m。

(三)自然重砂特征

1. 锡石-泡铋矿自然重砂组合异常及空间分布

会昌岩背预测工作区内共圈定锡石-泡铋矿自然重砂组合异常6个,累积总面积38.43km²。其中Ⅰ级异常1个(凤凰A004锡石-泡铋矿组合异常),面积为4.44km²,占异常总面积的11.55%;Ⅱ级异常2个(仁里寨、土伦坑锡石-泡铋矿组合异常),面积为16.77km²,占异常总面积的43.64%;Ⅲ级异常3个(洞头、九角、黄屋锡石-泡铋矿组合异常),面积为17.22km²,占异常总面积的44.81%。

各级组合异常集中分布于两处,分别为清溪乡以北地区和三标乡一带。

2. 锡石-泡铋矿自然重砂组合异常基本特征

锡石-泡铋矿组合异常形态较简单,均呈长椭圆状,轴向以北东向多见。组合异常面积为2.46~11.18km²不等。异常重砂矿物组合以锡石-泡铋矿为主,伴生重矿物有黑钨矿、毒砂、闪锌矿、锆石、阳起石、黄铜矿、黄铁矿、石榴石。各组合异常特征详见表6-79。

3. 锡石-黑钨矿自然重砂组合异常及空间分布

会昌岩背预测工作区内共圈定锡石-黑钨矿自然重砂组合异常10个,累积总面积79.22km²。其中Ⅰ级异常3个(坑径、凤凰A004、老屋下锡石-黑钨矿组合异常),面积为36.01km²,占异常总面积的45.46%;Ⅱ级异常3个(A004坑乡-A003背、仁里寨、铜坑嶂锡石-黑钨矿组合异常),面积为25.06km²,占异常总面积的31.63%;Ⅲ级异常4个(九角、秀坑、岗脑、新居锡石-黑钨矿组合异常),异常面积为18.15km²,占异常总面积的22.91%。

在空间分布上,各级组合异常集中分布于两处,分别为清溪乡以北和三标乡一带。

4. 锡石-黑钨矿自然重砂组合异常基本特征

锡石-黑钨矿组合异常形态较简单,均呈长椭圆状,轴向以北西向为主,北东向和近东西向次之。组合异常面积为2.46~16.94km²不等。异常重砂矿物组合以锡石-黑钨矿为主,伴生重矿物有独居石、电气石、金红石、黄铁矿、石榴石、符山石。各组合异常特征详见表6-80。

表 6-79 江西省会昌岩背预测工作区锡石-泡铋矿自然重砂组合矿物异常特征一览表

异常编号	重砂异常名称	异常级别	面积（km²）	异常形态	地质矿产概况
3	周田镇凤凰 A004 锡石-泡铋矿组合异常	Ⅰ级	4.44	呈长椭圆状北西走向	区内出露侏罗系鸡笼嶂组火山岩和南华系杨家桥群沙坝黄组变质杂砂岩，并见黑云母花岗岩出露。区内构造发育，异常区域内有会昌县凤凰嵊锡矿床 1 处。异常可能与矿点及岩浆热液有关
4	澄江镇仁里寨锡石-泡铋矿组合异常	Ⅱ级	5.59	呈椭圆状北东走向	区内出露南华系杨家桥群沙坝黄组变质杂砂岩，并见黑云母花岗岩出露。区内构造发育，异常区域内有寻乌县秦米寨钨锡矿点 1 处。异常可能与矿点及岩浆热液有关
5	三标乡土伦坑锡石-泡铋矿组合异常	Ⅱ级	11.18	呈长椭圆状北西走向	区内出露南华系杨家桥坝里组变质杂砂岩，并见黑云母花岗岩出露。区内构造发育，异常区域内有寻乌县长岭砂锡矿点 1 处，距离异常 2.5km 处寻乌县上长岭锡矿点 1 处。异常可能与矿点及岩浆热液有关
1	蔡坊乡九角锡石-泡铋矿组合异常	Ⅲ级	2.46	呈椭圆状北东走向	区内出露侏罗系鸡笼嶂组火山岩，并见黑云母花岗岩出露。异常可能与岩浆热液有关
2	清溪乡洞头锡石-泡铋矿组合异常	Ⅲ级	8.21	呈椭圆状北东走向	区内出露黑云母花岗岩，构造发育。异常可能与岩浆热液有关
6	寻乌县黄屋锡石-泡铋矿组合异常	Ⅲ级	6.55	呈椭圆状北东走向	区内出露侏罗系鸡笼嶂组火山岩，并见黑云二长花岗岩出露。异常可能与岩浆热液有关

表 6-80 江西省会昌岩背预测工作区锡石-黑钨矿自然重砂组合矿物异常特征一览表

异常编号	重砂异常名称	异常级别	面积（km²）	异常形态	地质矿产概况
4	清溪乡坑径锡石-黑钨矿组合异常	Ⅰ级	9.82	呈椭圆状北东走向	区内出露侏罗系鸡笼嶂组火山岩，并见黑云母花岗岩出露。区内构造发育，异常区域内有岩背锡矿 1 处。异常可能与矿点及岩浆热液有关
5	周田镇凤凰 A004 锡石-黑钨矿组合异常	Ⅰ级	9.25	呈长椭圆状北西走向	区内出露侏罗系鸡笼嶂组火山岩和南华系杨家桥群沙坝黄组变质杂砂岩，并见黑云母花岗岩出露。区内构造发育，异常区域内有凤凰嵊锡矿 1 处。异常可能与矿点及岩浆热液有关
9	三标乡老屋下锡石-黑钨矿组合异常	Ⅰ级	16.94	呈长椭圆状北西走向	区内出露南华系杨家桥群沙坝黄组变质杂砂岩，并见黑云母花岗岩出露。区内构造发育，异常区域内有寻乌县上长岭锡矿点、寻乌县长岭砂锡矿点。异常可能与矿点及岩浆热液有关
3	A004 坑乡-A003 锡石-黑钨矿组合异常	Ⅱ级	7.99	呈长椭圆状北西走向	区内出露黑云母花岗岩。区内构造发育，异常区域内有高嶂背钨矿点 1 处。异常可能与矿点及岩浆热液有关
7	澄江镇仁里寨锡石-黑钨矿组合异常	Ⅱ级	5.59	呈椭圆状北东走向	区内出露南华系杨家桥群沙坝黄组变质杂砂岩，并见黑云母花岗岩出露。区内构造发育，异常区域内有寻乌县秦米寨钨锡矿点 1 处。异常可能与矿点及岩浆热液有关

续表 6-80

异常编号	重砂异常名称	异常级别	面积（km²）	异常形态	地质矿产概况
8	澄江镇铜坑嶂锡石-黑钨矿组合异常	Ⅱ级	11.48	呈长椭圆状北西走向	区内出露南华系杨家桥群沙坝黄组变质杂砂岩，并见黑云母花岗岩出露。区内构造发育。异常可能与岩浆热液有关
1	蔡坊乡九角锡石-黑钨矿组合异常	Ⅲ级	2.46	呈椭圆状北东走向	区内出露侏罗系鸡笼嶂组火山岩，并见黑云母花岗岩出露。异常可能与岩浆热液有关
2	蔡坊乡秀坑锡石-黑钨矿组合异常	Ⅲ级	4.04	呈椭圆状北东走向	区内出露黑云母花岗岩。区内构造发育。异常可能与岩浆热液有关
6	周田镇岗脑锡石-黑钨矿组合异常	Ⅲ级	5.67	呈椭圆状南北走向	区内出露白垩系河口组石英砂岩。异常可能与地层有关
10	寻乌县新居锡石-黑钨矿组合异常	Ⅲ级	5.98	呈椭圆状东西走向	区内出露南华系杨家桥群沙坝黄组变质杂砂岩，并见黑云母花岗岩出露。区内构造发育。异常可能与岩浆热液有关

（四）地质-地球化学自然重砂找矿模型

综合上述矿床地质和地球化学自然重砂特征，会昌岩背锡矿床的地质-地球化学自然重砂找矿模型可简化如表 6-81 所示。

（五）地质-地球化学自然重砂成矿模式

会昌岩背次火山花岗杂岩的岩浆分异，主要表现为岩浆定位过程中富含气热组分和成矿物质的熔浆从上侵岩浆中的快速分离。这从与成矿直接有关的晚期补充侵入体成岩瘤状就位于主体侵入体的上部，呈"无根小岩体"产出得到证实。成岩成矿过程大体归纳为三大阶段。

第一阶段是"主体侵入"富碱金属和挥发分花岗质岩浆结晶分异-低熔残余岩浆分离阶段。随后，伴随"主体侵入"花岗质岩浆结晶分异过程中发生广泛的碱质交代作用，低熔残余岩浆进一步向富含挥发分、富成矿物质方向演化。

第二阶段是"补充侵入"低熔残余岩浆气热分馏-成矿流体分离阶段。该阶段形成"补充侵入体"和成矿热液流体两种成分截然不同的产物。

第三阶段为成矿演化阶段。富硫、富氟的成矿流体，当其温度降低至 400℃ 以下时，成矿压力为 27～46MPa，随着钾长石化或黄玉化，锡石基本上是在弱酸性-酸性、氧化还原电位偏高的条件下晶出沉淀的；锡石从成矿流体中的晶出主要取决于成矿体系中锡离子的活度及体系中的氧逸度和硫逸度。在早期黄玉石英化或黄玉云英岩化阶段，主要形成温度为 345～455℃，该阶段有少量锡石生成；随后，成矿热液温度下降至 340～290℃ 时，成矿体系进入锡石稳定区，开始出现大量锡石晶体沉淀；在绿泥石化或绢云母化阶段，成矿流体温度下降至 280～220℃，有利于锡石和大量黄铜矿、黄铁矿及闪锌矿等硫化物生成。

表 6-81　江西省会昌岩背锡矿床地质-地球化学自然重砂找矿模型

分　类		描　述　内　容
地质环境	成矿类型	为次火山花岗杂岩发展演化到花岗斑岩形成的斑岩型锡矿床
	岩石类型	上侏罗统鸡笼嶂组厚层晶屑凝灰熔岩夹石泡凝灰岩层为主的火山岩,为主要赋矿层位(铷-锶年龄 138Ma)。燕山晚期第一阶段(早白垩世)次火山浅成—超浅成花岗杂岩与成矿有关,其补充侵入期超浅成花岗斑岩"无根"瘤系高硅、富钾花岗质岩浆分异晚期残余熔浆的产物,与成矿有直接的成因联系
	矿体产状	矿体产于花岗斑岩的内、外接触带,其中 2/3 矿体位于外接触带厚层晶屑凝灰熔岩夹石泡凝灰岩层火山岩中
	成矿时代	燕山晚期成矿花岗斑岩瘤铷-锶年龄为 103.95±1.69Ma
	成矿环境	岩背锡矿床具体受北北东向压扭性断裂与东西向挤压性断裂以及北西向断裂或裂隙带所圈闭形成的"井"字形封闭"碗形凹谷"复合构造控制,其内补充期超浅成花岗斑岩及其形成的矿体四周边界均受两组挤压或压扭性断裂严格限制,显示出复合构造控制斑岩体及其矿体就位
	构造背景	北北东向光泽-寻乌推(滑)覆断裂带和东西向南雄-周田断裂带的复合部位及武夷山环形构造的南西侧;矿床产于横向叠加北北东向基底隆起之上的近东西向晚侏罗世火山盆地内
矿床特征	矿物组合	岩背斑岩型锡矿床中已发现矿物 36 种,其中金属矿物 16 种,以锡石、黄铜矿、黄铁矿为主,次为闪锌矿、方铅矿、黑钨矿,少量的辉银矿、含银辉铋矿、硫铋银矿等
	结构构造	矿石结构类型有鳞片变晶结构、斑状变晶结构、乳滴状结构等;构造以浸染状构造、细脉浸染状构造、角砾状构造为主
	蚀变	与花岗斑岩有关的面型蚀变,其蚀变类型有黄玉石英化、绢云母化、绿泥石化、硅化、碳酸盐化和高岭土化;锡(铜)矿化与绢云母化、绿泥石化蚀变关系密切,为浸染状矿化的主要矿化期。裂隙型蚀变可分为高温热液蚀变(黄玉石英化)、中温热液蚀变(绢云母化、绿泥石化)和低温热液蚀变(萤石、碳酸盐化)三种;该矿床内大量的裂隙型锡(铜)矿化,与该期黄玉化、绿泥石化关系极为密切
	控矿条件	北北东向推(滑)覆断裂带旁侧上侏罗统鸡笼嶂组上段下岩组晶屑凝灰熔岩夹石泡凝灰岩火山岩赋矿层位及角砾岩化地段,是矿床形成的首要前提;含矿次火山花岗质岩浆分异演化的晚期产物——高位超浅成高硅高钾的花岗斑岩,是矿床形成的必要条件;多组断裂复合构造所圈闭的"碗形凹谷"是控制花岗斑岩岩瘤及矿体产出的重要构造条件
	自然重砂特征	锡石-泡铋矿、锡石-黑钨矿重砂组合异常空间分布位置基本一致,且套合较好。根据区内重砂组合异常的空间分布格局、异常特征与已知矿产的关系,锡石-泡铋矿、锡石-黑钨矿重砂组合异常对寻找斑岩型锡矿资源具有良好的地球化学信息指示意义
	地球化学特征	Sn、Cu、Pb、Mo 等元素具三级浓度分带,浓集中心明显。元素的水平分带明显,Cu、Zn、Pb 均为边缘带的异常,Sn、W 为矿体中心地带的异常

综合岩背锡矿床成矿地质环境与矿床典型特征,结合其岩浆与成矿物质来源、成岩与成矿机制等方面的分析,初步拟定出会昌岩背锡矿床的成矿模式(图 6-52)。

通过对矿区锡、铜等多元素组合异常的综合剖析研究和隐伏成矿岩体预测的地球化学异常标志研究,为在矿区深部及外围寻找新的锡矿接替资源、为资源综合评价与利用研究、为矿种成因研究等提供了重要的地球化学信息依据。

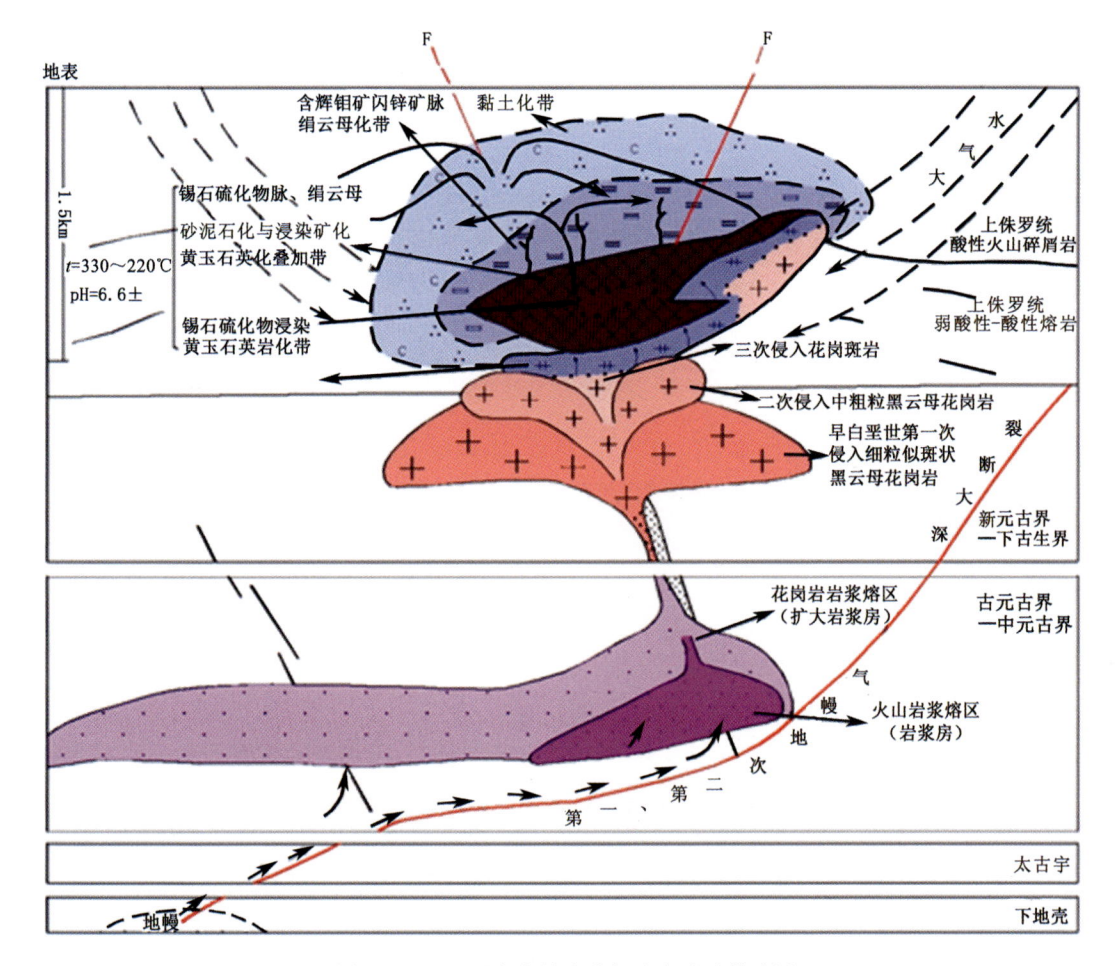

图 6-52　江西省会昌岩背锡矿床成矿模式图

二、江西省德安曾家垄锡矿床

(一)矿床基本信息

江西省德安曾家垄锡矿床基本信息见表 6-82。

表 6-82　江西省德安曾家垄锡矿床基本信息表

序号	项目名称	项目描述
1	经济矿种	锡
2	矿床名称	江西省德安曾家垄锡矿床
3	行政隶属地	江西省德安县
4	矿床规模	中型
5	中心坐标经度	115°40′25″E
6	中心坐标纬度	29°27′12″N
7	经济矿种资源量	锡 34 085t,平均品位 0.78%

(二) 矿床地质特征

德安曾家垄锡矿床处于下扬子地块江南东部隆起带与下扬子坳陷带南端，星子变质核杂岩南西，为一系列近北北东向弧形滑脱断裂带所围绕的彭山伸展穹隆构造北段近轴部的转折位置。

矿区大多数矿体均为环绕隐伏花岗岩体北峰东南侧外接触带的层状、似层状或透镜状矿体，一般离地面50～200m，共有大小矿体60余个，分别赋存于10个矿带中。矿体形态与地层产状一致，总体倾向NW320°～340°，倾角平缓，一般13°～25°。矿体连续性较好，最主要的有3个矿体：Ⅳ-1、Ⅵ-1、Ⅶ-1，产于震旦系陡山沱组岩性变异的层间滑脱破碎带中，矿体长500～800m，延深280～750m。

(三) 自然重砂特征

德安曾家垄大型砷锡锌矿床位于彭山锡石、白钨矿、黑钨矿、辰砂异常中部。锡石和白钨矿重砂在彭山短轴背斜的震旦系、寒武系中广泛地分布，该异常中尚有辉铜矿、黄铁矿、辰砂、雄黄、重晶石等多种矿物。出现于赣西北铜鼓图幅的海西期古阳寨岩体上的多处重砂矿物组合异常，均属于锡石、黑钨矿、白钨矿组合。赣南于都图幅在海西期大富足岩体上，亦分布有以锡石为主的黑钨矿和白钨矿组合异常，并受后期燕山期岩体侵入，使该组合成分复杂化，尚含辉铋矿、铌钽矿和磷钇矿等。锡石一般都来源于花岗岩。该图幅锡异常和钨异常分布迥异，在燕山早期的大埠和珠芒埠两处复式岩体中多以锡石异常为主，寒武系中多以钨异常为主。龙南图幅亦有相似情况。赣中新干图幅中部出现了锡石、白钨矿、黑钨矿、自然金、雄黄组合异常，反映了龙古山地区广泛分布震旦系含金围岩并与异常矿物组合相互联系。赣西北边陲杨北坑一带的锡石（伴有白钨矿）异常，反映了中侏罗世白云母花岗岩群分布区的重砂矿物特点。此外，赣北潘村地区的锡异常群，与该区众多的已知锡钨矿化相联系。该区燕山岩体群之间的前震旦系地层广泛发育，相连成片呈角岩化。岩体光谱分析，含锡0.001%～0.005%，含铌0.001%～0.005%，尚有镓、铯、钇等元素，形成潘村钨铜成矿区。此成矿区内外，重砂扩散也是很有代表性的。广丰图幅南部北武夷山地区的锡异常多含有辉钼矿，亦别具特点。龙南、定南、全南和安远寻乌地区广泛分布的锡异常，都与该区广泛发育的岩浆气热成矿作用相联系。锡石来源与伟晶岩、含锡石英脉、锡石硫化物（矿床）有关。吉水、赣州图幅的锡异常，多与锡石、黑钨矿床有关。兴国图幅锡异常的锡石，除来源于伟晶岩、石英脉外，还与侏罗系火山碎屑岩有关。高安图幅锡异常含铌钽铁矿、辰砂和自然金，来源于第三系红色砂砾岩。

(四) 地质-地球化学自然重砂找矿模型

德安曾家垄锡矿床地质-地球化学自然重砂找矿模型见表6-83。

表6-83　江西省德安曾家垄锡矿床地质-地球化学自然重砂找矿模型

分类		描 述 内 容
地质环境	成矿类型	曾家垄式锡石-硫化物型锡矿床
	岩石类型	成矿岩体为彭山隐伏岩体，侵入于伸展穹隆构造的核部，为早白垩世二云母-黑云母花岗岩瘤，岩石化学成分具高硅富碱、低钙镁铁、高挥发分、铝过饱和及稀土铕亏损等特点；微量元素 W、Sn、Li、Be、Rb 等较高；全岩 Sr^{87}/Sr^{86} 初始值 0.7179～0.7327，$\delta^{18}O$ 18.141‰ (SMOW)，属 S 型花岗岩
	矿体产状	矿体产于岩体外接触带，为层状、似层状或透镜状矿体，共有大小矿体60余个，分别赋存于10个矿带中，空间上总体自南东向北作叠瓦式排列，最主要的3个矿体产于震旦系陡山沱组岩性变异的层间滑脱破碎带中
	成矿时代	燕山晚期，成矿二云母-黑云母花岗岩瘤 Rb-Sr 同位素年龄为127Ma

续表 6-83

分类		描述内容
地质环境	成矿环境	多层次滑脱剥离断层及层间滑脱破碎带是控制矿带、矿体分布、矿体结构构造及矿化蚀变分带、矿化富集规律与成矿环境等的重要构造类型。大多数矿体均顺层分布,锡石硫化物(矽卡岩)型矿体与地层中的碳酸盐岩夹层有关
	构造背景	处于星子变质核杂岩南西,为一系列近北北东向弧形滑脱断裂带所围绕的彭山伸展穹隆构造北段近轴部的转折位置。矿区主要构造为彭山伸展穹隆核部及其下部滑脱断裂系
矿床特征	矿物组合	已有矿物达40多种,主要矿石矿物有锡石、磁黄铁矿、磁铁矿、闪锌矿、穆磁铁矿、黄铁矿、黄铜矿、毒砂、马来亚石等;主要脉石矿物有透辉石、透闪石、石榴石、符山石、阳起石、硅灰石、绿泥石、电气石、石英、云母、萤石等
	蚀变	蚀变类型主要为云英岩化、矽卡岩化、绿泥石化。从下往上依次为云英岩蚀变系列和矽卡岩蚀变系列。前者与基底滑脱断层中的构造裂隙关系密切,分别有云英岩化为主的毒砂矿床和绿泥石化为主的铅锌矿床;后者与次级滑脱断层及其派生的层间滑脱断层关系密切,主要为锡石矽卡岩等
	控矿条件	伸展穹隆及其多层次滑脱剥离断层和层间滑脱破碎带是矿床形成的首要前提;早白垩世高硅富碱、低钙镁铁、高挥发分二云母-黑云母花岗岩是矿床形成的必要条件
	风化剥蚀	矿床剥蚀程度浅,多为隐伏或半隐伏矿体

(五)地质-地球化学自然重砂成矿模式

构造-岩浆-成矿作用发生在燕山晚期,为区域伸展构造发展期,早期阶段彭山伸展穹隆下部滑脱剥离系形成,二云母碱长花岗岩、黑云母二长花岗岩和白岗岩侵位于伸展穹隆的核部,富含挥发分的岩浆经过花岗岩,形成锡石-云英岩型矿石;沿层间剥离断层,在震旦系内与碳酸盐岩交代形成矽卡岩和矽卡岩型锡矿。综合曾家垄锡矿床成矿地质环境与矿床典型特征,结合岩浆与成矿物质来源、成岩与成矿机制等方面的分析,初步拟定出德安曾家垄锡矿床成矿模式(图6-53)。

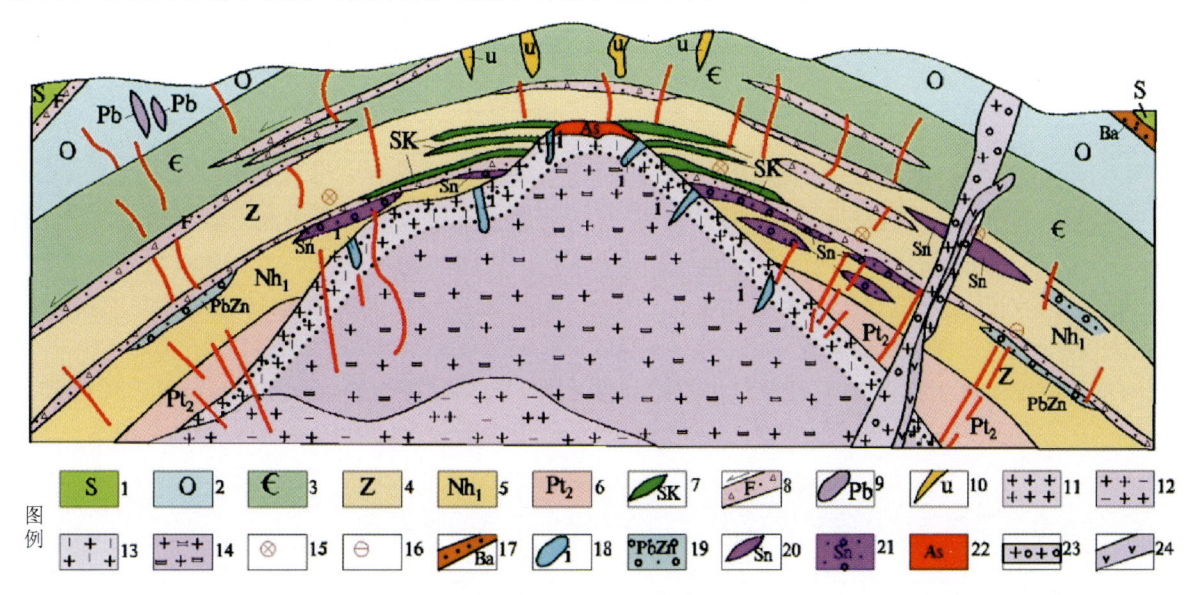

图6-53 德安曾家垄锡矿床成矿模式图

1.志留系碎屑岩类;2.奥陶系碳酸盐岩类;3.寒武系硅质、含磷碎屑岩类与碳酸盐岩类;4.震旦系石英砂砾岩、硅质岩类;5.南华系浅变质岩系;6.中元古界细碧角斑岩和复理石建造;7.矽卡岩;8.断裂破碎带;9.铅矿体;10.白岗岩脉;11.细粒白云母碱长花岗岩;12.黑云母二长花岗岩;13.白云母碱长花岗岩;14.二云母碱长花岗岩;15.锡矿;16.铅锌矿;17.重力滑动断裂带中重晶石矿体;18.电气石相锡石云英岩脉;19.砂砾岩型铅锌矿体;20.锡矿脉;21.低硫化物砂砾岩型锡矿体;22.萤石相云英岩毒砂矿体;23.花岗斑岩;24.基性岩脉

第七章　自然重砂资料应用综合研究

第一节　区域地质成矿研究

一、与区域矿床类型及找矿潜力有关的自然重砂矿物组合

1. 金刚石矿床：橄榄石＋铬尖晶石＋钛铁矿＋金红石（＋斜方辉石）

异常主要分布在浙江省、安徽省、江西省和江苏省境内，另外在湖北省、湖南省和福建省也有少许分布，其中浙江省有一个区域分布面积较大，其余面积都不大。共有金刚石矿床重砂异常11个，包括Ⅰ级异常3个、Ⅱ级异常8个。现将主要异常介绍如下。

湖北省通城县及南西方向区域异常，异常级别Ⅰ级，位于通城县城及南西方向，呈条带状分布，面积不大。

浙江衢州到杭州绍兴地幔物质重砂异常区域，异常级别Ⅱ级，位于东经118°～121°，北纬28.5°～30.6°，面积约$3×10^4 km^2$。区域呈不规则梯形，其中临安县到淳安县之间的条带区域异常点更密集。异常区域主要位于Ⅲ-71-③和Ⅲ-71-④构造区域上。

2. 金矿：自然金

金异常主要分布在福建省、安徽省、广东省、浙江省、江西省和湖北省境内，异常点均较稀薄，分布较零散。共有金矿重砂异常16个，均为Ⅱ级异常。

3. Sedex型（喷流-沉积型）铅锌矿床：方铅矿类＋闪锌矿＋石榴石＋电气石

异常主要分布在浙江省境内，广东省、湖南省、江苏省和安徽省也有一些分布。其中浙江省境内分布面积最大，最大的是浙江常山县到安吉县上虞县的不规则块状区域，浙江省洞宫山附近也有一块面积较大的异常区域，其他省份异常区域面积略小。共有Sedex型铅锌矿重砂异常29个，包括Ⅰ级异常9个、Ⅱ级异常20个。现将主要异常介绍如下。

浙江常山到安吉上虞Sedex型铅锌矿重砂异常区域，异常级别Ⅰ级，位于东经118°～121°，北纬28.5°～30.6°，面积约$3×10^4 km^2$。区域呈不规则块状，其中会稽山、昱岭附近区域异常点更密集。异常区域主要位于Ⅲ-71-③、Ⅲ-71-④和Ⅲ-71-⑤构造区域上。

4. 岩浆分异型铜镍硫化物矿床：黄铁矿＋黄铜矿＋石膏＋橄榄石

异常主要分布在浙江省境内，广东省、湖北省、江苏省和安徽省也有少许分布。其中浙江省境内分布面积最大，最大的是浙江常山县到安吉县上虞县的不规则块状区域，浙江省洞宫山和雁荡山附近另有两块面积较大的异常区域，其他省份异常区域面积较小。共有岩浆分异铜镍硫化物矿床重砂异常13个，包括Ⅰ级异常5个、Ⅱ级异常8个。现将主要异常介绍如下。

浙江常山到安吉上虞岩浆分异铜镍硫化物矿床重砂异常区域，异常级别Ⅰ级，位于东经118°～

121°,北纬28.5°～30.6°,面积约 $3\times10^4\,\mathrm{km}^2$。区域呈不规则块状,其中会稽山、昱岭和天目山附近区域异常点更密集。异常区域主要位于Ⅲ-71-③、Ⅲ-71-④和Ⅲ-71-⑤构造区域上。

5. 斑岩型铜钼矿床:黄铜矿+斑铜矿+辉钼矿+石膏+磁铁矿

异常主要分布在福建省、安徽省、广东省、浙江省、江西省和湖北省境内,除广东省和江西省有几个较大的异常区域外,其他区域较小,分布较零散。共有斑岩型铜钼矿重砂异常25个,包括Ⅰ级异常3个、Ⅱ级异常22个。

6. 矽卡岩型铜铅锌矿床:黄铜矿+方铅矿+闪锌矿+磁铁矿+石榴石+绿帘石

异常主要分布在浙江省境内,广东省、福建省、湖南省、湖北省、江苏省和安徽省也有一些分布。其中浙江省境内分布面积最大,最大的是浙江常山县到安吉县、上虞县的不规则块状区域,浙江省洞宫山和雁荡山附近另有两块面积较大的异常区域,其他省份异常区域面积略小。共有矽卡岩型铜铅锌矿重砂异常37个,包括Ⅰ级异常11个、Ⅱ级异常26个。现将主要异常介绍如下。

浙江常山到安吉上虞矽卡岩型铜铅锌矿重砂异常区域,异常级别Ⅰ级,位于东经118°～121°,北纬28.5°～30.6°之间,面积约 $3\times10^4\,\mathrm{km}^2$。区域呈不规则块状,其中会稽山附近区域异常点更密集。异常区域主要位于Ⅲ-71-③、Ⅲ-71-④和Ⅲ-71-⑤构造区域上。

7. 热液型金矿床:黄铁矿+斑铜矿+(银金矿)+明矾石

异常主要分布在浙江省境内,广东省、安徽省、江苏省、福建省、江西省和湖北省也有少许分散分布。异常区域最大的是浙江衢州到安吉绍兴的不规则块状区域,浙江省洞宫山和雁荡山附近另有两块面积较大的异常区域,其他区域较小。共有热液型金矿重砂异常21个,包括Ⅰ级异常6个、Ⅱ级异常15个。现将主要异常介绍如下。

浙江衢州到安吉绍兴热液型金矿重砂异常区域,异常级别Ⅰ级,位于东经118°～121°,北纬28.5°～30.6°之间,面积约 $3\times10^4\,\mathrm{km}^2$。区域呈不规则块状,其中会稽山、昱岭和天目山附近异常点更密集。异常区域主要位于Ⅲ-71-③、Ⅲ-71-④和Ⅲ-71-⑤构造区域上。

8. VMS型(火山成因块状硫化物矿床)铜铅锌矿:黄铜矿+黄铁矿+方铅矿+闪锌矿+重晶石

异常主要分布在浙江省、安徽省、江苏省和广东省境内,另外湖北省、湖南省、江西省和福建省也有少许分布,其中浙江省境内分布面积最大,其余省份区域数量虽多,但是面积均较小,有些省份分布面积很小。异常区域最大的是浙江衢州到杭州绍兴的块状区域,浙江还有两块较大的均在 $1000\,\mathrm{km}^2$ 以上的异常区域,安徽省和江苏省南京附近有几块较小的异常区域,其他省份的十几处异常区域更小。共有VMS型铜铅锌矿重砂异常23个,包括Ⅰ级异常6个、Ⅱ级异常17个。现将主要异常介绍如下。

浙江衢州到杭州绍兴VMS型铜铅锌矿重砂异常区域,异常级别Ⅰ级,位于东经118°～121°,北纬28.5°～30.6°之间,面积约 $3\times10^4\,\mathrm{km}^2$。区域呈不规则块状,其中东经120°～121°、北纬29.3°～29.8°之间的不规则矩形区域异常点更密集。异常区域主要位于Ⅲ-71-③和Ⅲ-71-④构造区域上。

二、与区域构造带相关的自然重砂矿物组合

华东地区地球化学推断线性构造特征如表7-1所示。

大别-苏鲁超高压变质带:可能自然重砂组合为镁铝榴石+透辉石+金红石+钛铁矿+磁铁矿+金刚石。

赣东北-皖南古碰撞缝合(蛇绿岩)带:可能自然重砂组合为磁铁矿+铬铁矿+钛铁矿+自然铂+尖晶石族+橄榄石+辉石+石榴石+磷灰石。

江山-绍兴断裂带(拼合带):作为华南最重要的大地构造边界带,是认识扬子、华夏两大地块碰撞、拼合与裂解等过程的关键。其西延至江西、湖南,南延至广西,是中国南方最有利的成矿区带。可能自

然重砂组合为磁铁矿＋铜矿族＋石榴石族＋黄铁矿族＋自然金＋透辉石＋磷灰石。

表 7-1 华东地区地球化学推断线性构造特征

级别	走向	规模(km)	依据	已知断裂名称	备注
1级	北北东	405	重砂异常线性分布	郯城-庐江断裂带	断裂端有多处小型金矿点
1级	北东	125	重砂高低值点分布界限	大别-苏鲁超高压变质带	多处大中型多金属矿分布在断裂两侧
1级	北东	497	重砂异常线性分布	赣东北-皖南古碰撞缝合（蛇绿岩）带	该断裂北东端见有多处大中型萤石矿及少量钨钼矿,中段有休宁县天井山中型金矿
1级	北东	421	重砂异常线性分布	江山-绍兴断裂带	平水铜矿、永平铜矿及多处小型金矿等分布于断裂两侧
2级	北西	411	重砂异常线性分布	长乐-南澳断裂带	该断裂两侧矿产地发育

长乐-南澳断裂带:其主变质变形期与东南沿海影响颇广的闽浙运动基本同时,动力变质作用的发生发展的期次、性质、影响范围、动力机制等不仅涉及到对该断裂带本身形成与演化过程的认识,而且还将有助于揭示华南晚中生代大地构造背景的演化过程与机制,对查明区域中生代成矿背景具有重要的启示作用。可能自然重砂组合为磁铁矿＋辉石类＋闪石类＋自然金＋石榴石＋锆石。

1. 铬铁矿＋磁铬铁矿

异常主要分布在浙江省境内,江苏省、安徽省和福建省也有少许分布。其中浙江省境内分布面积最大,最大的两个是浙江桐庐县和金华市附近的不规则区域,附近还有其他较小的不规则异常区域。共有铬铁矿重砂异常 23 个,包括Ⅰ级异常 5 个、Ⅱ级异常 18 个。现将主要异常介绍如下。

浙江桐庐县铬铁矿重砂异常区域,异常级别Ⅰ级。区域呈不规则圆状,其中桐庐县城附近区域异常点更密集。异常区域主要位于Ⅸ-1-5 构造区域上。

2. 钛铁矿＋辉石＋(橄榄石)

异常主要分布在浙江省、江西省、广东省、安徽省和江苏省境内,分布较零散。共有钛铁矿辉石橄榄石重砂异常 49 个,包括Ⅰ级异常 7 个、Ⅱ级异常 42 个。现将主要异常介绍如下。

浙江临安县钛铁矿辉石橄榄石重砂异常区域,异常级别Ⅰ级。区域呈不规则椭圆状,其中临安县城北西方向异常点更密集。异常区域主要位于Ⅸ-1-5 构造区域上。

3. 铬铁矿＋尖晶石＋金红石＋(橄榄石)

异常主要分布在浙江省、安徽省、江苏省境内,另外福建省、湖南省和湖北省也有少许分布,其中浙江省境内分布面积最大。异常区域最大的是浙江衢州到安吉绍兴的块状区域,安徽省和江苏省也有几处面积较大的异常区域。共有铬铁矿尖晶石金红石橄榄石重砂异常 30 个,包括Ⅰ级异常 8 个、Ⅱ级异常 22 个。现将主要异常介绍如下。

浙江衢州到安吉绍兴铬铁矿尖晶石金红石橄榄石重砂异常区域,异常级别Ⅰ级,位于东经 $118°\sim121°$、北纬 $28.5°\sim30.6°$ 之间,面积约 $3\times10^4 km^2$。区域呈不规则块状,其中浦江县和诸暨市附近区域异常点更密集。异常区域主要位于ⅩⅢ-1-1、ⅩⅢ-1-2 和Ⅸ-1-5 构造区域上。

4. 辉石＋角闪石

异常主要分布在浙江省境内,湖北省、安徽省、江苏省和福建省也有一些分布。其中浙江省境内分布面积最大。共有辉石角闪石重砂异常 13 个,包括Ⅰ级异常 6 个、Ⅱ级异常 7 个。现将主要异常介绍如下。

浙江临安县辉石角闪石重砂异常区域,异常级别Ⅰ级。区域呈不规则形状,其中临安县城北西方向异常点更密集,异常区域主要位于Ⅸ-1-5构造区域上。

5. (赤铁矿+褐铁矿)/黄铁矿

异常主要分布在浙江省、安徽省、江苏省和广东省境内,另外湖北省、江西省和福建省也有少许分布,其中浙江省境内分布面积最大。异常区域最大的是浙江衢州到安吉绍兴的块状区域,共有赤铁矿褐铁矿黄铁矿重砂异常17个,包括Ⅰ级异常5个、Ⅱ级异常12个。现将主要异常介绍如下。

浙江衢州到安吉绍兴赤铁矿褐铁矿黄铁矿重砂异常区域,异常级别Ⅰ级,位于东经118°~121°、北纬28.5°~30.6°之间,面积约$3×10^4 km^2$。区域呈不规则块状,其中东经119°~120°、北纬29.7°~30.6°和东经120°~121°、北纬29.3°~29.8°之间的两个不规则矩形区域异常点更密集。异常区域主要位于ⅩⅢ-1-1、ⅩⅢ-1-2和Ⅸ-1-5构造区域上。此外,洞宫山、雁荡山和南雁荡山附近两处异常区域面积较大,异常点比较密集,均为Ⅰ级异常。

6. 辰砂+锡石+电气石+锆石组合

异常主要分布在浙江省境内,湖北省、安徽省、江苏省、福建省、广东省和江西省也有一些分布。其中浙江省境内分布面积最大,最大的是浙江常山县到安吉县的不规则椭圆状区域,浙江省洞宫山附近也有一块面积较大的异常区域,其他省份异常区域面积略小。共有辰砂锡石电气石锆石重砂异常30个,包括Ⅰ级异常8个、Ⅱ级异常22个。现将主要异常介绍如下。

浙江常山到安吉辰砂锡石电气石锆石重砂异常区域,异常级别Ⅰ级,主要位于东经118°~120°、北纬28.5°~30.6°之间,面积约$3×10^4 km^2$。区域呈不规则椭圆状,其中昱岭和天目山附近区域异常点更密集。异常区域主要位于ⅩⅢ-1-1、ⅩⅢ-1-2和Ⅸ-1-5构造区域上。

三、构造区块自然重砂矿物组合

根据华东地区成矿带和构造带的分布,选择长江中下游、武夷山、南岭东段和钦杭成矿带(东段)、中下扬子构造岩浆带和大别-苏鲁超高压变质带,结合找矿主攻矿种及区内重大地质构造特征,选择自然重砂矿物组合。

长江中下游铁、铜、硫、金多金属成矿带:跨湖北、江西、安徽、江苏四省,面积约$10×10^4 km^2$。区内分布有大批以有色、冶金、钢铁、化工、建材等矿业经济为主的工业城市和工业基地,有关的大-中型企业多具备选、冶、深加工能力,与之配套的能源、交通基础设施完善。长江中下游成矿带是与中生代火山岩浆活动有关的铜金铁铅锌硫成矿带,位于扬子陆块北部江南隆起的两侧,控矿和含矿地层较多。燕山期铜金铁等大规模成矿作用发育,主要成矿类型有两种:一是接触交代型矿床,分布在长江中下游成矿带的壳幔混源花岗岩类与碳酸盐岩分布区;二是陆相火山岩型,特别是玢岩铁矿分布在中生代火山岩盆地——宁芜和庐枞火山岩盆地。本成矿带可划分为10个成矿远景区,其中在华东地区境内的有:江西九瑞铜金矿找矿远景区、安庆铜铁金找矿远景区、庐枞铁铜矿找矿远景区、贵池-青阳铜(金)找矿远景区、铜陵铜金(铁)找矿远景区、安徽繁昌铜铁矿找矿远景区、宁芜铁铜矿找矿远景区、宁镇铁铜铅锌矿找矿远景区、赣东北铜金找矿远景区。其中包括矽卡岩型、玢岩型、沉积改造型、斑岩型、层控热液叠改型、热液型、沉积型、风化壳型(铁帽型)等铁铜金矿床。可能自然重砂组合为磁铁矿+铜矿族+自然金+辉钼矿+白钨矿+辉铋矿+石榴石族+黄铁矿族+透辉石+磷灰石+锆石。

武夷山铜多金属矿成矿带:武夷成矿带位于浙西南、赣东、闽西、粤东北交界地带,面积约$12×10^4 km^2$。武夷成矿带属华夏古陆的重要组成部分,铜、铅、锌、金、银、锡、铁、锰等多金属矿产资源丰富,大中小型多金属矿床及矿化点普遍分布,矿床类型复杂多样。已发现110种矿产,探明储量的矿产60多种,大型矿床58处,中型130处;探明储量居全国前5位的矿种有钨等21种。该区是环太平洋中、新生代巨型构造-岩浆岩带中的重要成矿区之一,成矿远景区包括武夷山隆起银铜钼多金属成矿远景区、浙西南-闽中裂谷铅锌多金属成矿远景区、江西会昌-福建云霄铜多金属成矿远景区、永（安）-梅（州）坳陷铜铅锌多金属成矿远景区。可能自然重砂组合为铜矿族＋方铅矿＋闪锌矿＋白钨矿＋锡石＋毒砂＋辉钼矿＋磁铁矿＋石榴石族＋重晶石＋锆石。

南岭钨和钨多金属成矿带：跨越湖南、广东、广西、江西四省（区），面积约 $16×10^4 km^2$，横跨扬子、华夏两个板块，区域成矿地质条件优越。区内钨、锡、铋、铅锌、稀土等产量位居全国前列，是中国有色、稀有、稀土、放射性矿产的重要成矿远景区带，已探明大中矿床260余处，其中大型锡矿床12处，大型铅锌矿床8处，特别是柿竹园、凡口等特大型矿床享誉海内外。据粗略统计，截至2000年，南岭地区主要矿种锡、铅、锌、银占全国保有储量比例分别为63%、30%、22%、24%，已成为国内重要的有色金属资源基地和生产、加工基地。可能自然重砂组合为白钨矿＋锡石＋毒砂＋辉钼矿＋辉铋矿＋石榴石族＋磁铁矿＋锆石。

中下扬子构造岩浆带：可能自然重砂组合为磁铁矿＋铜矿族＋自然金＋辉钼矿＋石榴石族＋黄铁矿族＋透辉石＋锆石。

江南构造岩浆带：可能自然重砂组合为磁铁矿＋铜矿族＋石榴石族＋黄铁矿族＋自然金＋透辉石＋磷灰石。

浙赣构造岩浆岩带：可能自然重砂组合为铜矿族＋辉钼矿＋白钨矿＋自然金＋辉铋矿＋石榴石族＋黄铁矿族＋透辉石＋磷灰石＋锆石。

1. 与岩浆岩有关的钨锡钼矿：白钨矿、黑钨矿、锡石、辉钼矿、毒砂

异常主要分布在浙江省和安徽省境内，广东省和江西省也有少许分布。异常区域面积均较小，分布较零散。共有与岩浆岩有关钨锡钼矿重砂异常17个，均为Ⅱ级异常。

2. 与岩浆热液有关的铜铅锌矿：黄铜矿、方铅矿、闪锌矿

异常主要分布在浙江省境内，广东省、湖南省、江西省和安徽省也有少许分布。其中浙江省境内分布面积最大，最大的是浙江常山到安吉县的不规则椭圆状区域，浙江省洞宫山附近也有一处面积较大的异常区域。共有与岩浆热液有关铜铅锌矿重砂异常17个，均为Ⅱ级异常。现将主要异常介绍如下。

浙江常山到安吉与岩浆热液有关的铜铅锌矿重砂异常区域，异常级别Ⅱ级，主要位于东经118°～120°、北纬28.5°～30.6°之间，面积约 $3×10^4 km^2$。区域呈不规则椭圆状，其中天目山附近区域异常点略密集。异常区域主要位于ⅩⅢ-1-1、ⅩⅢ-1-2和Ⅸ-1-5构造区域上。

3. 沉积型铜矿：黄铜矿、辉铜矿、斑铜矿

异常主要分布在浙江省、安徽省、广东省、江西省和湖北省境内，异常点均较稀薄，分布较零散。共有沉积型铜矿重砂异常16个，均为Ⅱ级异常。

4. 蛇绿岩：橄榄石、铬铁矿、辉石、蛇纹石

异常主要分布在浙江省境内，江苏省、安徽省和福建省也有少许分布。其中浙江省境内分布面积最大，最大的是浙江常山县到安吉县的不规则椭圆状区域，浙江省洞宫山附近也有一处面积较大的异常区域。共有蛇绿岩重砂异常14个，包括Ⅰ级异常5个、Ⅱ级异常9个。现将主要异常介绍如下。

浙江常山到安吉蛇绿岩重砂异常区域，异常级别Ⅰ级，主要位于东经118°～120°、北纬28.5°～30.6°之间，面积约 $3×10^4 km^2$。区域呈不规则椭圆状，其中天目山和桐庐县附近区域异常点更密集。异常区域主要位于ⅩⅢ-1-1、ⅩⅢ-1-2和Ⅸ-1-5构造区域上。

5. 基性岩分布：钛铁矿、辉石（通过基性岩分布带反映区域构造展布特征）

异常主要分布在浙江省、江西省、广东省和江苏省境内。其中浙江省和江西省分布面积较大，且基本呈北东方向分布。共有基性岩重砂异常25个，其中Ⅰ级异常4个、Ⅱ级异常21个。现将主要异常介绍如下。

浙江临安县基性岩重砂异常区域，异常级别Ⅰ级。区域呈不规则形状，其中临安县城北西方向异常点更密集。异常区域主要位于Ⅸ-1-5构造区域上。

6. 反映地幔物质的矿物:铬铁矿、尖晶石、金红石(橄榄石)(通过上地幔物质来源反映深部构造格架)

异常主要分布在浙江省、安徽省和江苏省境内。其中浙江省有一处分布面积较大,其余面积不大。共有地幔物质重砂异常8个,包括Ⅰ级异常5个、Ⅱ级异常3个。现将主要异常介绍如下。

浙江衢州到杭州绍兴地幔物质重砂异常区域,异常级别Ⅰ级,位于东经118°~121°、北纬28.5°~30.6°之间,面积约$3\times10^4\text{km}^2$。区域呈不规则梯形,其中诸暨市、江浦县附近和桐庐县附近异常点更加密集。异常区域主要位于ⅩⅢ-1-1、ⅩⅢ-1-2和Ⅸ-1-5构造区域上。

第二节 地质找矿应用研究

一、郯庐断裂带金刚石找矿

在研究郯庐断裂带地质背景特征、成矿地质条件、金刚石矿床矿物学特征及重砂指示矿物的基础上,选择并确定金刚石矿床自然重砂指示矿物组合为橄榄石+铬尖晶石+钛铁矿+金红石(+斜方辉石)。

郯庐断裂带出现铬尖晶石类异常的重砂样品数量为3217个,主要由铬铁矿(2075个)、尖晶石(977个)和铬尖晶石(164个)组成,出现率4.84%,含量多集中在5~50粒/30kg之间,集中分布于皖东张八岭地区、含山县—巢湖市—庐江县、东至县昭潭镇、绩溪县—歙县一带,与蛇纹岩有密切成生关系的王庄—桃林一线以东至安峰山水库—东海县一线以西之间的东海群分布区,利国花岗闪长岩、闪长玢岩和盱眙、六合玄武岩分布区,宁镇、宜溧南部的中酸性侵入体附近。

郯庐断裂带钛铁矿分布比较广泛,区内均可见,出现钛铁矿的重砂样品数量为22562个,出现率为70.39%,高含量的钛铁矿多出现在与区内榴辉岩体分布有关的大别山区和东海群分布区,与区内震旦纪辉绿岩有关的徐州黑山—宿羊山一带及徐州大庙—寨山一线,以及与晚第三纪玄武岩分布有关的盱眙断褶带和六合-江浦断褶带。

郯庐断裂带出现金红石的重砂样品数量为28219个,出现率为75.56%,不仅与钛铁矿分布相似,而且与之相关程度较高,二者互为伴生矿物。最高含量为6553600颗/30kg,一般为1~10000颗/30kg,大部分区域金红石含量普遍较低,且处于分散状态,异常多出现在与区内榴辉岩体分布有关的安徽长江以北和江苏东海群分布区。

郯庐断裂带出现辉石的重砂样品数量为2778个,包括辉石(2701个)、紫苏辉石(71个)、古铜辉石(3个)和顽火辉石(3个),出现率为6.55%;橄榄石数量为106个。分布于安徽明光—来安、太湖县、天堂寨和萧县,江苏东海群分布区、徐州震旦纪辉绿岩分布区和盱眙、六合-江浦晚第三纪玄武岩分布区。

二、钦杭成矿带(东段)找矿评价

在研究钦杭成矿带(东段)地质背景特征、成矿地质条件、典型矿床矿物学特征及重砂指示矿物的基础上,选择并确定黄铜矿、方铅矿、自然铅、钼铅矿、自然金、辰砂、黑钨矿、白钨矿和锡石9种自然重砂做单矿物含量分级图。

通过自然重砂单矿物含量分级图研究,发现重砂高含量点呈带状分布,与成矿区块和构造岩浆带分布一致,主要有怀玉山地区和武夷北地区。

1. 怀玉山地区

异常位于玉山县—上饶市—横峰县一线以北,总体呈北东东向展布,包括玉山紫湖、三清、怀玉、南山、樟树、上饶望仙、临湖、郑坊、华坛山、石人和横峰葛源等,面积1931.6km²。区域出露地层如下。

中元古界称张村岩群,包括韩源岩组的绿色凝灰质石英杂砂岩、含碳绢云千枚岩,绢云板岩中夹基性熔岩并含蛇绿混杂岩,椰树底岩组的灰绿色条纹条带状板岩。

新元古界下南华统休宁组为砂砾岩、灰白色含砾石英砂岩、长石岩屑砂岩夹含碳粉砂质页岩,上南华统南沱组为冰碛泥砾岩。

下震旦统朝阳组为青灰色钙质粉砂岩、白云质粉砂岩、白云质灰岩夹磷块岩;上震旦统皮园村组为白云岩。

下寒武统荷塘组为含碳硅质页岩或硅质板岩,底部为石煤层;中寒武统杨柳岗组为灰黑色泥质灰岩夹钙质页岩,顶部夹白云岩;上寒武统华严寺组灰黑色条纹条带状灰岩夹瘤状灰岩,西阳山组为黑色泥质灰岩,透镜状灰岩夹黑色粉砂质页岩。

奥陶系下部以泥页岩为主,夹少量碳酸盐岩;中部黄绿色笔石页岩相至黑色硅质岩、碳质页岩;上部为瘤状灰岩至黄色钙质泥页岩。

志留系为灰绿、黄绿及紫红色板岩、粉砂岩及砂岩等。

泥盆系为滨海相沉积。

石炭系下部黄龙组为白云岩及白云质灰岩、灰岩;上部船山组以灰岩为主夹少量白云质灰岩。

下二叠统栖霞组为碳酸盐岩;中二叠统茅口组为灰岩、硅质岩、页岩夹灰岩;上二叠统为硅质岩、硅质页岩。

三叠系为灰白色鲕粒白云岩、白云岩夹砾屑灰岩。

侏罗系为砂砾级、砂级碎屑沉积建造,紫红色砂砾岩、砂岩、泥岩和陆相火山岩系。

白垩系河流-湖泊相碎屑岩与火山岩及中、酸性火山熔岩互层,杂色泥砂质沉积夹火山碎屑及少量熔岩。

区域构造表现为盖层构造以近东西向复式褶皱为主体的构造型式。

岩浆活动强烈,代表性岩体有怀玉山岩体和黄土岭岩体。

已知矿产有弋阳蒋家山热液型铜矿,旭光小型淋积型金矿,小型中温热液型铅锌矿,玉山南冲小型钨钼铜矿;西山、大桥头、路底和罗家岭金矿点,小羊堂锡铜矿点,枫林锡矿点,上饶陇首铜矿点等。

存在Mo、Bi、Sn、W、Ag、Cu、Zn、Pb、As和Sb等元素地球化学异常,多元素组合杂乱叠置,较集中的有葛源和三清组合异常中心。

蓟县纪至早青白口世深海火山浊流或细碧角斑岩系含金、铜丰度高,震旦系莲沱组、休宁组为含铜(银)砂岩层,是有利的锡、钨、铅、锌赋矿层位,寒武系底部含铀、钒、钼、石煤(石墨)、重晶石碳质页岩组合,广布华南地区;中寒武统—奥陶系的碳酸盐岩为钨多金属矿床的重要赋矿层位,具有铜多金属成矿有利条件,且已发现了铜铅锌钨钼锡等矿化;尤其是多金属矿床前缘指示元素异常发育,异常面积较大,是寻找大型铅锌多金属矿床有利地区。

2. 武夷北地区

矿区位于贵溪、铅山、上饶和广丰一线以南,总体呈北东东向展布,包括贵溪耳口、冷水、樟坪、文坊、塘湾、弋阳叠山、港口、铅山永平、稼轩、英将、石塘、紫溪、武夷山、篁碧、天柱山、大源、陈坊、上饶五府山和广丰岭底等地,面积4281.3km²。

地处扬子板块与华南板块拼接带南侧,华南板块北东缘的武夷隆起区,位于中国东部环太平洋成矿带的内带,武夷银多金属成矿带北段。武夷隆起区于加里东运动时期的褶皱造山带,在印支-燕山期转为陆内造山,使武夷地区成为多期次复合造山带。区域出露地层如下。

中元古界铁砂街岩组和田里岩组以灰绿色绢云千枚岩、片岩为主,间夹变细粒杂砂岩、含碳千枚岩、大理岩、含锰大理岩,其中铁砂街岩组夹细碧岩、石英角斑岩组成的"双峰式"火山岩系列。

新元古界南华系杨家桥群为巨厚浅变质的灰色泥砂质和部分凝灰质的细碎屑含冰碛含铁沉积。

下震旦统坝里组为深灰色中细粒长石石英砂岩、粉砂岩、粉砂质板岩组成的浊积相类复理石建造;上震旦统老虎塘组以黄白色、灰色硅质岩为主,夹砂岩、千枚岩。

寒武系八村群总体为一套以陆源碎屑岩为特征的槽盆相浊流复理石沉积;下寒武统牛角河组为灰黑色砂板岩夹含碳硅质板岩;中寒武统高滩组为灰绿、黄绿色厚层细粒长石石英砂岩;上寒武统水石组为灰绿、黄绿色粉砂质板岩、板岩夹灰绿色长石石英砂岩。

泥盆系为滨海相沉积。

石炭系下部黄龙组为白云岩及白云质灰岩、灰岩;上部船山组以灰岩为主夹少量白云质灰岩。

下二叠统栖霞组为碳酸盐岩;中二叠统茅口组为灰岩、硅质岩、页岩夹灰岩;上二叠统为硅质岩、硅质页岩。

三叠系为滨海相紫红色细碎屑岩。

侏罗系为砂砾级、砂级碎屑沉积建造,紫红色砂砾岩、砂岩、泥岩和陆相火山岩系。

白垩系为河流-湖泊相碎屑岩与火山岩及中、酸性火山熔岩互层,杂色泥砂质沉积夹火山碎屑及少量熔岩。

武夷隆起区主要构造为北北东向展布的花岗岩-构造隆起带和一系列巨大的断裂带,它们主要形成于印支-燕山早期陆内造山阶段,后经燕山晚期伸展作用的改造形成了现今的盆岭构造格局。在区域上华南褶皱系赣中南褶皱的鹰潭-安远深断裂及鹰潭-瑞昌大断裂控制成矿。

岩浆侵入和喷发活动强烈,震旦系混合岩、加里东期斜长花岗岩、燕山期花岗岩类和中酸性喷发岩广布。

产出铜、铁、铅、锌、金、银和钨矿等,代表性的有铅山永平式岩浆热液型铜硫(钨)矿、鹅湖小型中温热液铜矿和小型交代型金矿、陈坊小型热液充填多金属矿和叠生层控多金属矿及矽卡岩型铁矿、石溪次火山热液金矿与中温热液金矿化、石塘大型矽卡岩型硫铁矿,文坊、耳口和塘湾稀土矿,贵溪冷水坑式火山岩型陆相银铅锌矿,弋阳旭光小型接触交代型铜矿等。

存在Pb、Ag、Mo、Bi、Sn、Sb、As、Au、Zn、W和Cu元素地球化学异常,多元素组合杂乱叠置,较集中的有陈坊、叠山和耳口组合异常中心。

区内上南华统杨家桥群含铁矿层,寒武系所夹碳质页岩或黑色页岩与灰岩较多,为区域上含W、Sn、Pb、Zn等多种成矿元素的高丰度层位。晚古生代沉积岩相突变带,岩组中夹有少量中酸性火山凝灰岩层,与沿古深断裂带发生的浅海热水喷流沉积有关,也是永平、七宝山、枫林等层控-叠改型铜多金属矿床的赋矿层位。晚侏罗世—早白垩世地层为含铀、银、铜、铅、锌、锡、金陆相酸性火山岩组合。具有铜铅锌银多金属成矿有利条件,且已发现铜、铅锌、金、银、钨和铁等矿化,尤其是多金属矿床前缘指示元素异常发育,异常面积较大,是寻找铜铅锌银多金属矿床有利地区。

第八章 结论与建议

第一节 结 论

一、资料性结论

(1) 首次应用计算机方法进行了自然重砂数据处理,利用 GIS 地理信息系统技术,进行自然重砂各类基础图件和成果图件的编制;对全区和预测区的异常图均进行了属性挂接建库。异常圈定充分考虑了地质、矿产、汇水盆地、地形等要素,能较准确、有效地反映异常特征。

(2) 对华东地区 1:20 万自然重砂数据库数据进行了修正和补充完善;收集并录入了 86 幅 1:5 万图幅共 43 634 个采样点的自然重砂样品数据,使华东地区自然重砂数据库更趋向完整。

(3) 从已有资料分析,华东地区运用重砂测量方法找矿是有效的,重砂测量所提供的找矿信息是可靠的。自然重砂矿物异常的分布是十分复杂的,它反映了全区成矿地质条件的多样性。通过这次矿产资源潜力评价编图工作,发现很多异常分布具有一定的规律性,区域重砂是一项方法简单而收获大的找矿手段。重砂矿物异常对地球化学异常起到定性补充作用,特别对金、钨、锡、稀土类矿床的预测找矿效果明显,是开展区域地质、地球物理、地球化学和遥感地质等调查的重要补充。

安徽省部分金矿床(诸如大巩山金矿、砂金矿和东溪金矿等)及金红石砂矿床是由 1:20 万区调重砂异常所提供的找矿信息而发现的,还有一些黑钨矿、金等矿点,也是通过对自然重砂异常经加密检查后而确定。本次工作采用同一种矿物(族)、统一的异常下限和含量分级方法,以及新的异常评定等级原则,在 1:50 万自然重砂异常图上重新确定异常等级。虽然利用统一标准对异常等级作了修正,但由于省内 1:20 万各图幅重砂矿物含量、成矿条件和地质背景的异同,因此难以达到同种矿物、相同等级的异常,在不同地区具有相同的找矿效果。从利用 1:5 万区调重砂成果来看,1:5 万区调是在 1:20 万区调工作的基础上进行的。由于重砂取样密度大,研究程度高,所圈定的异常也比较多,1:5 万重砂异常的面积比较小,因而所提供的找矿信息更准确。

福建省自然重砂异常具有明显的区带分布特征,大体上以北东向展布为主,与区域构造和地质体的分布密切相关,其中以闽西北的清流-浦城和闽西南的大田-南靖两大区块最为集中。福建省共圈定自然重砂单矿物异常 870 个,综合异常 68 个,远景预测区 46 个,为区域矿产预测和工作部署提供了矿物学依据。

江苏省(含上海市)圈定 20 个重砂异常带,不同的异常带的特征主要由所在带的地质、构造、矿产分布等决定。根据重砂矿物共生组合及对找矿的指示意义,划分了寻找铁、铜、铅锌、金、磷矿产远景区 6 个,为上述矿种预测提供自然重砂方面的研究依据。全省共圈出重砂矿物异常区 45 个,其中Ⅰ类异常区 4 个、Ⅱ类异常区 12 个、Ⅲ类异常区 29 个。预测区共圈出自然重砂综合异常区 105 个,其中Ⅰ级仅 9 个、Ⅱ级 40 个、Ⅲ级 56 个,直接指示铜、铅锌、金、锡多金属重砂异常有 71 个,其余异常除反映地质背景外,还对寻找中—低温硫化多金属具有一定的间接指示意义。本次异常圈定的综合异常与前人圈出的异常总体比较吻合,且大部分重砂异常还伴有相应的化探异常,也反映出本次预测区圈定的综合异常可信度较高。

江西省通过对全省 1:20 万区调重砂数据的整理研究,圈定出 1:50 万铜族矿物、铅族矿物、金、锡石、白钨矿、黑钨矿等矿物自然重砂异常。全面对铁、铝、铜、铅锌、金、钨、锑、稀土、磷等预测矿种(组)的典型矿床、预测工作区自然重砂异常特征和解释推断开展了综合研究,对不同矿种(组)的不同预测类型在矿产预测中的应用进行了信息的提起和综合分析。在圈定的矿物组合异常中,就矿物异常来说,找矿效果最好的是黑钨矿、白钨矿、锡石类异常,其次是铌钽稀土类。它反映该区域钨锡占主要优势,但从考虑矿种原次生矿物间可保存性和异常显示能力有很大差异的角度来看,不能武断地判定异常优势就是相应的矿种优势。从矿物学角度估计区域找矿潜力,最值得关注的是钨和锡的找矿突破。

浙江省全省共圈出单矿物异常 876 个、组合矿物异常 494 个、综合异常 160 个。其中新圈单矿物异常 187 个、组合矿物异常 221 个。首次按矿产成矿温度分别圈定低温矿物综合异常 64 个、中温矿物综合异常 49 个、高温矿物综合异常 47 个。并根据重砂异常区的分布特征及地质、矿产等因素,划分了 6 个异常带,这 6 个异常带的划分不但基本上反映了浙江省重砂异常分布的一般规律,同时也指出了找矿的方向。

二、研究性结论

(1)依照项目办要求,系统整理了华东地区自然重砂样品数据,优选了与预测矿种相关的 40 种自然重砂矿物,对华东地区铜、铅锌、钨、金、锑、稀土、磷、锡、钼、镍、锰、银、硫铁矿、硼、萤石、重晶石 16 个矿种(组)进行了综合研究,制作了大量基础图件和综合图件,并按要求挂接了属性,建立了自然重砂异常空间数据库,为本课题研究和后人利用提供了丰富和可靠的基础资料。

(2)在华东五省完成省级及预测工作区项目的基础上,系统总结了华东地区区域自然重砂矿物特征,开展了异常解释评价工作,汇总了本次研究矿种各预测工作区的自然重砂矿物异常特征。

(3)在充分利用现有自然重砂矿物资料的基础上,结合华东地区重要典型矿床的综合研究,对其重砂矿物特征、异常特征及成矿模式进行了分析总结,建立了华东地区主要矿床成因类型地质-地球化学自然重砂找矿模型。

(4)选择特征重砂矿物,开展了与区域矿床类型及找矿潜力、区域构造带、构造成矿区块相关的自然重砂组合矿物异常研究。

(5)通过自然重砂资料应用研究,参与到郯庐断裂带金刚石找矿和钦杭成矿带(东段)找矿评价中,进一步明确了郯庐断裂带、怀玉山地区和武夷北地区的找矿方向,取得了较好的效果。

第二节 存在的问题与建议

(1)重砂原始资料时间跨度大,新老资料很难对比,特别是老的原始资料在清查转抄中发现有些问题无法弥补,甚至资料不全,难免有些遗漏之处。以往重砂取样、淘洗、鉴定质量及对重砂单矿物描述等方面的资料更是缺少。

(2)重砂异常在找矿过程中具有独到的作用,但也受其他有关因素的影响和干扰,使之带有某些局限性。如重砂异常对于埋深浅的脉状矿床找矿效果好,而对于埋深大的矿床及具铁锰帽的矿床效果差,特别是一些不稳定矿物则很少出现单矿物和异常。由于自然重砂没有矿物的标型特征等重要数据,给异常解释带来一定的困难。

(3)由于时间紧、任务重,本次研究工作还欠深入。若能综合分析现有的全部地质(特别是预测区的建造构造图)、地球化学和物探资料,圈出异常的可靠程度和信息度还会提高。由于时间紧、技术人员偏少等因素,在综合研究方面的工作做得还不够深入。

(4)由于缺乏重砂工作实践,以及时间和人力关系,工作中肯定存在不足甚至错误,敬请批评指正。

总之,通过本次工作,取得了一定的成果,但由于多种因素的影响,还存在一定的不足与错误之处。望同行和专家批评指正,以使本书更加完善,更好地为"矿产资源潜力评价"工作和找矿服务。

参考文献

安徽省地质调查院.安徽省国土资源遥感综合调查与成果整理及数据集成[R].2004
安徽省地质矿产局.安徽省区域地质志[R].1989
安徽省地质矿产局区域地质调查队.安徽省区域矿产总结[R].1989
安徽省地质矿产局区域地质调查队.安徽省区域重砂成果[R].1989
常印佛,刘湘培,吴言昌.长江中下游铜铁成矿带[M].北京:地质出版社,1991
地质矿产部.数字化地质图图层及属性文件格式[DDZ/T 0197—1997][S]
地质矿产术语分类代码标准[GB/T 9649—2009][S].2009
福建省地质矿产局.福建省区域地质志[R].1985
福建省地质矿产局.福建省区域矿产总结[R].1985
国土资源部.物探化探遥感自然重砂综合信息评价技术要求(试用版)[S].2007
江苏省地质矿产局第六地质大队.江苏省赣榆县西北部1∶5万化探、重砂资料整理及异常查证报告[R].1989
江西省地矿调研大队.1∶50万江西省重砂矿物扩散异常分布图说明书[R].1982
江西省地矿调研大队.江西省1∶20万分幅矿产图说明书[R].1964—1982
江西省地矿调研大队.江西省重砂测量方法试验总结报告[R].1980
江西省地质矿产局区域地质调查大队.江西省地貌图说明书[R].1985
全国矿产资源潜力评价数据模型(自然重砂分册)[V3.10][S].2009
浙江省地质矿产厅.浙江省自然重砂单矿物综合异常编图说明书[R].1992
浙江省区域地质调查大队.浙江省区域地质志[R].1982
浙江省区域地质调查大队.浙江省区域矿床总结[R].1984
浙江省区域地质调查大队.浙江省区域重砂成果说明书[R].1984
中国地质调查局.地质调查元数据内容与结构标准[S].2001
中华人民共和国区域地质矿产调查报告[R].1∶20万南京幅、马鞍山市幅、铜陵幅、宣城幅、安庆幅、太湖幅、湖口幅、合肥幅、六安幅、岳西幅、祁门幅、屯溪幅等.1977
中华人民共和国区域地质矿产调查报告[R].1∶5万繁昌县幅、横山桥幅、黄墓渡幅、矾山镇幅、将军庙幅、枞阳县幅、义津桥幅、汤沟镇幅、巢县幅、槐林咀幅、庐江县幅、石涧埠幅等.1989